高等职业教育土建类"十四五"系列教材

建设工程招投标与合同管理

JIANSHE

GONGCHENG ZHAOTOUBIAO

YU HETONG GUANLI

主　编　程志雄　李　班

副主编　叶群利　郑晓茜

　　　　吴学荣　阚张飞

　　　　王国利　程明龙

　　　　王　辉

华中科技大学出版社
http://www.hustp.com
中国·武汉

内 容 简 介

　　教材由多所高职高专一线教学经验丰富的教师和有关行业企业专家担任主编和副主编,根据国家最新的相关法律法规、标准规范文件,吸收了近年来建设工程招投标与合同管理方面的许多典型的工程实践案例,特别方便教师进行课程思政的教学。教材重点讲述了建设工程招投标、建设工程合同管理、建设工程索赔、FIDIC施工合同条件等方面的基本理论和知识。教材共分7个学习情境,主要内容包括建设工程承发包与招投标认知,建设工程招标,建设工程投标,建设工程招投标的开标、评标与定标,建设工程合同,建设工程索赔,FIDIC施工合同条件。为了便于组织教学和读者自学,各学习情境前面有知识目标、能力目标、重点与难点、情境案例,后面有思考题、习题。

　　为便于信息化教学,教材附有二维码数字资源链接,包含丰富的网络课程资源。教材可作为高等职业技术学院、高等专科学校的建筑工程专业、工程管理类及相关专业的教学用书,也可作为建设单位、建筑企业、工程咨询单位及政府主管部门从事建设工程招投标与合同管理的各类工程管理专业人员的自学参考书。

　　为了便于课程教学,作者可以免费提供课件资源,教师可以利用网络课程进行教学。

图书在版编目(CIP)数据

建设工程招投标与合同管理/程志雄,李班主编.—武汉:华中科技大学出版社,2021.11(2023.1重印)
ISBN 978-7-5680-7840-5

Ⅰ.①建… Ⅱ.①程… ②李… Ⅲ.①建筑工程-招标 ②建筑工程-投标 ③建筑工程-经济合同-管理
Ⅳ.①TU723

中国版本图书馆 CIP 数据核字(2021)第 262838 号

建设工程招投标与合同管理

Jianshe Gongcheng Zhaotoubiao yu Hetong Guanli

程志雄 李 班 主编

策划编辑:康　序
责任编辑:康　序
责任监印:朱　玢
出版发行:华中科技大学出版社(中国·武汉)　　　电话:(027)81321913
　　　　　武汉市东湖新技术开发区华工科技园　　　邮编:430223
录　　排:武汉创易图文工作室
印　　刷:武汉开心印印刷有限公司
开　　本:787mm×1092mm　1/16
印　　张:20.75
字　　数:528千字
版　　次:2023年1月第1版第2次印刷
定　　价:58.00元

前言

————● ○ ○ ○

　　建设工程招投标与合同管理是工程建设中十分重要的工作,也是建筑施工企业(承包商)主要的生产经营活动之一。施工企业能否中标获得施工任务,并通过完善的合同管理及其他方面的管理而取得好的经济效益,关系到企业的生存与发展。因此,招投标与合同管理在企业整个经营管理活动中具有十分重要的地位和作用。

　　教材由多所高职高专一线教学经验丰富的教师和有关行业企业专家担任主编和副主编,根据国家现行的《中华人民共和国建筑法》《中华人民共和国招标投标法》《中华人民共和国招标投标法实施条例》《中华人民共和国民法典》、2017年新版的《标准施工招标文件》《建设工程施工合同(示范文本)》(GF—2017—0201)和《FIDIC施工合同条件》,2018年起实施的《必须招标的工程项目规定》和《必须招标的基础设施和公用事业项目范围规定》,以及作者收集整理的国内外招投标与合同管理有关的参考资料等,结合工程实践编写而成,意在使立志从事工程建设管理工作的学生及工程建设管理人员学习、掌握建设工程招投标及合同管理的理论和方法。

　　教材主要介绍了建设工程承发包与招投标认知,建设工程招标,建设工程投标,建设工程招投标的开标、评标与定标,建设工程合同,建设工程索赔,FIDIC施工合同条件。同时,教材还编入了许多典型的工程实践案例,特别方便教师进行课程思政的教学。教材具有较强的针对性、实用性和通读性,可作为高职高专院校建筑工程、工程管理、工程造价、建筑经济与管理等专业的课程教学用书,也可作为在职职工的岗位培训用书,还可作为广大建筑工程管理人员自学的参考书。

　　教材由黄冈职业技术学院程志雄,李班主编。编写的具体分工如下:黄冈职业技术学院程志雄编写学习情境1、2、3、4和附录,程明龙编写学习情境5的5.6～5.8节,叶群利编写学习情境6,李班编写学习情境7;郑州职业学院郑晓茜编写学习情境5的5.1节;长江职业学院吴学荣编写学习情境5的5.2节;扬州中瑞酒店职业学院阚张飞编写学习情境5的5.3～5.4节;宁夏建设职院王国利编写学习情境5的5.5节;湖北长诺项目管理有限公司董事长王辉编写学习情境5的5.9节。全书由程志雄和王辉审稿。

　　教材是一本"互联网＋"数字化创新的"双高"建设教材,引入了"云学习"在线教育创新理论,增加了与课程知识点相关的配套资源。学生通过手机扫描文中的二维码,可以反复学习教材中重难点的微课、动画、虚拟仿真等动态化素材,帮助理解知识点,使学习更有效;老师可以利用课程的资源库,尤其是配套的 PPT、习题库和动态化素材等,使教学更方便。

  教材在编写过程中参考了大量文献资料、工程实践案例等,在此向其作者致以衷心的感谢。同时,对付出辛勤劳动的编辑同志表示深切谢意!

  由于编写时间及编者水平有限,教材中不足及疏漏之处在所难免,敬请广大读者、同行和专家批评指正。

编 者

2022 年 11 月

目录

建设工程承发包与招投标认知

　　甲建设单位需建设一幢办公楼,与乙建筑总承包单位签订了建设工程总承包合同。经甲建设单位同意,乙建筑总承包单位分别与丙建筑设计院签订了工程勘察设计合同,与丁建筑工程公司签订了工程施工合同。乙建筑总承包单位与丙建筑设计院在勘察设计合同中约定由丙建筑设计院来完成办公楼及其附属工程的设计,并按勘察设计合同的约定交付有关的设计文件和资料。乙建筑总承包单位与丁建筑工程公司在施工合同中约定由丁建筑工程公司根据丙建筑设计院提供的设计图纸进行施工,工程竣工时根据国家有关验收规定和设计图纸进行竣工验收。合同签订后,丙建筑设计院未对现场进行仔细勘察即自行进行设计,按时将设计文件和有关资料交付给丁建筑工程公司,丁建筑工程公司按照丙建筑设计院提供的设计图纸进行施工。工程竣工后,甲建设单位会同有关质量监督部门对工程进行验收,发现工程存在严重的质量问题,给甲建设单位带来了重大损失,出现问题的原因是设计不符合规范。丙建筑设计院以与甲建设单位没有合同关系为由拒绝承担责任,乙建筑总承包单位又以自己不是设计人为由推卸责任,甲建设单位因此将丙建筑设计院作为被告向法院起诉。

　　问题:分析此案例中存在的问题。

案例解析

首先,《中华人民共和国建筑法》第二十八条规定:"禁止承包单位将其承包的全部建筑工程转包给他人,禁止承包单位将其承包的全部建筑工程肢解以后以分包的名义分别转包给他人。"本案例中,乙建筑总承包单位作为总承包人不自行施工,而将工程的全部工作内容转包给他人,虽经发包人同意,但违反了法律禁止性规定,乙建筑总承包单位与丙建筑设计院和丁建筑工程公司签订的两个分包合同均属无效合同。建设行政主管部门应按照《中华人民共和国建筑法》和《建设工程质量管理条例》的有关规定,对其进行行政处罚。

其次,《中华人民共和国建筑法》第二十九条规定:"建筑工程总承包单位可以将承包工程中的部分工程发包给具有相应资质条件的分包单位;但是,除总承包合同中约定的分包外,必须经建设单位认可。施工总承包的,建筑工程主体结构的施工必须由总承包单位自行完成。建筑工程总承包单位按照总承包合同的约定对建设单位负责;分包单位按照分包合同的约定对总承包单位负责。总承包单位和分包单位就分包工程对建设单位承担连带责任。禁止总承包单位将工程分包给不具备相应资质条件的单位。禁止分包单位将其承包的工程再分包。"因此,对工程质量问题,乙建筑总承包单位作为总承包人应当承担责任,丙建筑设计院和丁建筑工程公司也应该依法分别对甲建设单位承担责任。

1.1 建设工程承发包

1.1.1 建设工程承发包的概念

建设工程承发包是一个交易活动的两个方面,即建设工程的发包与承包,是指发包方将拟建工程的全部或者部分内容通过合同委托给承包方,由承包方按照合同的约定来完成相应工作的一种交易行为,双方的权利和义务在合同中进行约定。发包方与承包方签订承包合同,总承包单位与分包单位签订分包合同,通过合同来明确双方各自的权利与义务,承包方通过完成工程项目的全部或部分建设任务,从发包方处获得相应的报酬。

建设工程承发包应注意以下几点:

① 建设工程承发包合同必须采用书面形式;

② 建设工程承发包中禁止出现行贿受贿行为;

③ 工程承包单位必须具有承担拟建工程项目的相应资格;

④ 提倡总承包、禁止肢解分包,即建设单位不得将应当由一个承包单位完成的建设工程分解成若干部分发包给不同的承包单位。

工程建设项目的整个建设过程可以划分为可行性研究阶段、勘察设计阶段、施工准备阶段、施工阶段、竣工验收以及工程的交付使用等阶段,建设工程承发包的内容就是建设过程中各个阶段的相关工作。对于发包方来说,发包方可以将建设工程的全部工作发包给一个承包单位,也可以将建设工程的各项工作分别发包给若干个承包单位;对于承包方来说,一个承包单位可以承担一项建设工程建设过程中的全部工作,也可以承担建设过程中某一阶段的全部工作或部分工作。

1.1.2 建设工程发包方式

建设工程发包可以采取直接发包和招标发包两种方式。

1. 直接发包

直接发包是指发包方在国家法律法规允许的情况下,选择一个合格的承包单位,双方可以直接通过协商来确定建设工程的价格、工期以及各自的权利与义务的一种发包方式。

建设工程
发包方式

2. 招标发包

招标发包是指发包方首先通过依法发布招标信息,拟定招标文件,明确建设工程要求和合同的主要条款,吸引若干承包商参加投标竞争,各投标单位按照发包方的要求递交投标文件,明确建设工程的价格、工期、质量以及双方的权利义务等条件,然后通过开标、评标、定标的过程,从这若干个投标单位中择优选择承包商的一种发包方式。

直接发包只适用于一些不适合进行招标的涉及国家安全、国家秘密、抢险救灾或者属于利用扶贫资金实行以工代赈、需要使用农民工等特殊情况的建设工程。《中华人民共和国招标投标法实施条例》第九条规定,有下列情形之一的,可以不进行招标:①需要采用不可替代的专利或者专有技术;②采购人依法能够自行建设、生产或者提供;③已通过招标方式选定的特许经营项目投资人依法能够自行建设、生产或者提供;④需要向原中标人采购工程、货物或者服务,否则将影响施工或者功能配套要求;⑤国家规定的其他特殊情形。

招标发包是我国现阶段建设工程发包采用的主要发包方式,招标发包可以充分利用市场竞争机制,为业主提供合适的承包单位,从而达到有效的规避风险、保证工程质量、控制工程工期、节约投资的目的。同样,市场竞争也可以促进建筑企业加大自身的建设与发展的投入,提高技术水平和管理水平,从而提高其综合竞争力,有效地推进建设市场的规范化与发展。对于必须进行招标发包的工程建设项目,《工程建设项目招标范围和规模标准规定》做了明确的规定。

1.1.3 建设工程承包方式

建设工程承包与建设工程发包相对,是指具有从事建筑活动法定从业资格的单位,通过投标或其他方式,承揽工程建设任务,并按约定完成工程建设任务取得报酬的行为。建设工程的承包单位,包括对建设工程进行总承包的总承包单位和承包分包工程的分包单位。

1. 按照承发包者之间的相互关系

按照承发包者之间的相互关系,建设工程承包方式可以分为总承包、分承包、独家承包、联合承包和直接承包。

1) 总承包

总承包指一个工程建设项目的设计、施工、材料、设备的采购等全部工作或建设过程中某个阶段的全部工作,由一个工程承包单位负责组织实施,这样的工程承包单位称之为总承包单位。

常见的总承包单位有管理咨询公司、勘察设计单位、一般的建筑单位、设计-施工一体化的大建筑公司等。总承包单位可以将其承包的工程中的部分工程发包给具有相应资质的分包单位，并对分包单位的工作进行协调和监管。一般情况下，业主仅与该总承包单位签订合同，而不与分包单位产生直接关系，分包单位与总承包单位签订分包合同，分包单位按照分包合同的约定对总承包单位负责，总承包单位和分包单位就分包工程向业主承担连带责任。

2）分承包

分承包简称分包，指总承包单位将总承包工程中的部分工程（如土方、模板、钢筋等分项工程，钢结构制作和安装、卫生设备安装、电梯安装等专业工程）分包给分包单位施工的方式。分包单位通常为专业工程公司，例如装饰工程公司、设备安装公司、工业锅炉公司等。国际上现行的分包方式主要有两种：一种是由建设单位指定分包单位，与总承包单位签订分包合同；另一种是总承包单位自行选择分包单位签订分包合同，但是必须经业主认可。

3）独家承包

独家承包指承包单位不实行分包，完全依靠自身力量完成施工任务的一种承包方式。独家承包一般仅适用于一些规模较小、技术上要求比较简单的工程。

4）联合承包

联合承包指由两个或两个上的承包单位联合从发包单位承包一项建设工程，进行联合承包的各单位推选一名代表与发包单位签订承包合同，联合体共同对发包单位负责的一种承包方式。参加联合体的各单位应签订联合体协议，但各单位仍然是各自独立进行经营的企业，只是在共同承包的工程项目上，根据预先达成的联合协议，承担各自的义务并分享共同的收益，包括投入的资金数额、工作人员的派遣、机械设备和临时设施的费用分摊、利润的分享以及风险的分担等，对承包合同承担连带责任。

采用联合承包方式，由于存在多家企业联合，联合体在资金上更加雄厚，技术和管理上可以取长补短，发挥企业各自的优势，这样更有能力承包大规模的工程任务。在国际工程承包中，外国承包企业与工程所在国的承包企业进行联合承包，有利于承包单位了解当地的国情、民间习俗、法律法规等，从而迅速地、顺利地开展工作。联合承包方式一般适用于大型的、结构比较复杂的工程项目。

5）直接承包

直接承包是指不同的承包人就同一个工程项目分别与发包人签订承包合同，各承包人根据承包合同直接对发包人负责。各承包人之间不存在总承包、分承包的关系，现场的协调工作可以由发包人自己去做，也可以由发包人委托一个承包单位牵头去做，还可以由发包人聘请专门的项目经理去做现场的协调工作。

2. 按照承包的范围和内容

按照承包的范围和内容，建设工程承包可以分为全过程承包、阶段承包和专项承包。

1）全过程承包

全过程承包又称"统包""一揽子承包"，指承包单位按照发包单位提出的使用要求和竣工期限，对建设工程建设的全过程实行总承包，直到建设工程达到交付使用要求。采用这种承包方式的工程，俗称"交钥匙工程"。全过程承包对承包单位的要求较高，有能力承担该项任务的单位较少，因此，承包的总费用要比业主对不同工作内容分别进行单独招标高，这种招标方式一般适用于业主的工程项目建设过程管理能力较差的中小型工程。

2）阶段承包

阶段承包是指承包单位对建设过程中某一阶段或某些阶段的工程任务进行承包的一种承包形式，如分别对可行性研究阶段、勘察设计阶段、施工阶段等阶段的任务进行承包。

3）专项承包

专项承包又称专业承包，指承包单位对工程建设项目的某个专业工程进行的承包，如勘察设计阶段的工程地质勘察、施工阶段的分部分项工程施工等。专业工程的专业性较强，多由相关的专业承包单位进行承包，如可行性研究中的辅助研究项目、工程地质勘察、基础或结构工程设计、材料设备采购、供电系统设计、空调系统设计、防灾系统的设计、深基础施工、金属结构制作和安装、通风设备安装和电梯安装、生产职工培训等。

案例 1-1

甲建设单位需建设一幢办公楼，与乙建筑总承包单位签订了建设工程总承包合同。经甲建设单位同意，乙建筑总承包单位分别与丙建筑设计院签订了工程勘察设计合同，与丁建筑工程公司签订了工程施工合同。乙建筑总承包单位与丙建筑设计院在勘察设计合同中约定由丙建筑设计院来完成办公楼及其附属工程的设计，并按勘察设计合同的约定交付有关的设计文件和资料。乙建筑总承包单位与丁建筑工程公司在施工合同中约定由丁建筑工程公司根据丙建筑设计院提供的设计图纸进行施工，工程竣工时根据国家有关验收规定和设计图纸进行竣工验收。合同签订后，丙建筑设计院未对现场进行仔细勘察即自行进行设计，按时将设计文件和有关资料交付给丁建筑工程公司，丁建筑工程公司按照丙建筑设计院提供的设计图纸进行施工。工程竣工后，甲建设单位会同有关质量监督部门对工程进行验收，发现工程存在严重的质量问题，给甲建设单位带来了重大损失，出现问题的原因是设计不符合规范。丙建筑设计院以与甲建设单位没有合同关系为由拒绝承担责任，乙建筑总承包单位又以自己不是设计人为由推卸责任，甲建设单位因此将丙建筑设计院作为被告向法院起诉。

试分析此案例中存在的问题。

解析

首先，《中华人民共和国建筑法》第二十八条规定："禁止承包单位将其承包的全部建筑工程转包给他人，禁止承包单位将其承包的全部建筑工程肢解以后以分包的名义分别转包给他人。"本案例中，乙建筑总承包单位作为总承包人不自行施工，而将工程的全部工作内容转包给他人，虽经发包人同意，但违反了法律禁止性规定，乙建筑总承包单位与丙建筑设计院和丁建筑工程公司签订的两个分包合同均属无效合同。建设行政主管部门应按照《中华人民共和国建筑法》和《建设工程质量管理条例》的有关规定，对其进行行政处罚。

其次，《中华人民共和国建筑法》第二十九条规定："建筑工程总承包单位可以将承包工程中的部分工程发包给具有相应资质条件的分包单位；但是，除总承包合同中约定的分包外，必须经建设单位认可。施工总承包的，建筑工程主体结构的施工必须由总承包单位自行完成。建筑工程总承包单位按照总承包合同的约定对建设单位负责；分包单位按照分包合同的约定对总承包单位负责。总承包单位和分包单位就分包工程对建设单位承担连带责任。禁止总承包单位将工程分包给不具备相应资质条件的单位。禁止分包单位将其承包的工程再分包。"因此，对工程质量问题，乙建筑总承包单位作为总承包人应当承担责任，丙建筑设计院和丁建筑工程公司也应该依法分别对甲建设单位承担责任。

1.2 建筑市场

1.2.1 建筑市场的概念

建筑市场是指以建筑产品承发包交易活动为主要内容的市场。建筑市场有广义的建筑市场和狭义的建筑市场之分。狭义的建筑市场一般指有形建筑市场,有固定的交易场所。广义的建筑市场包括有形建筑市场和无形建筑市场,是从事建筑经营活动的场所和在建筑经营活动中形成的各种经济关系的总和。建筑市场覆盖了工程项目的前期规划、勘察、设计、招投标、施工、竣工验收、交付使用、保修期结束的全过程,发包方与承包方进行的各种交易以及相应的材料机械设备的供应等一切与建筑生产有关的活动都是在建筑市场中进行的。

按照工程项目进行的过程划分,建筑市场可以划分为勘察设计市场、建筑施工市场、建筑构配件市扬、房屋装饰市场、维修市场等;按生产要素划分,建筑市场可以划分为建筑劳务市场、建筑材料设备物资市场、建筑技术市场和信息咨询服务市场等;按地域划分,建筑市场可以划分为国内建筑市场和国外建筑市场、地方建筑市场和全国性建筑市场;按建筑企业的专业划分,建筑市场可以划分为土方工程市场、基础工程市场、主体结构工程市场、装修工程市场等。

建筑市场经过近几年来的发展已经形成由发包人、承包人、咨询服务机构和市场组织管理者组成的市场主体,由建筑产品和建筑生产过程为对象组成的市场客体,由招投标为主要交易形式的市场竞争机制,由资质管理为主要内容的市场监督管理体系以及我国特有的有形建筑市场等。这些要素共同构成了完整的建筑市场体系,如图 1-1 所示。

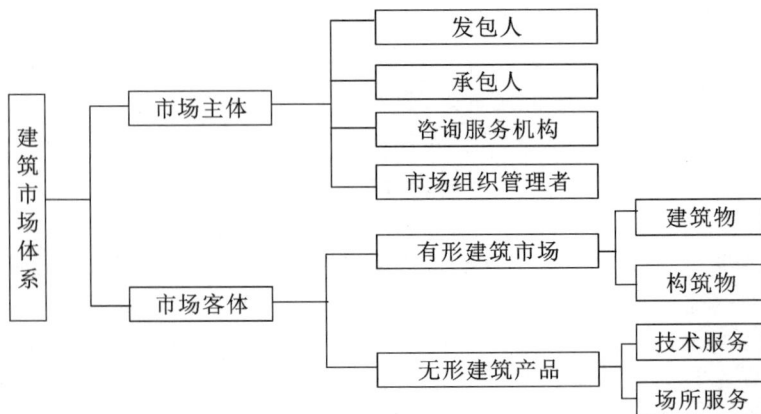

图 1-1 建筑市场体系

1.2.2 我国的建筑市场管理体制

我国的建筑市场管理体制是建立在社会主义公有制基础之上的。计划经济时期,无论是建设单位还是施工企业、材料供应部门,均隶属于不同的政府管理部门,各个政府部门主要通过行政手段管理企业。国家各个部委均有本行业关于建设管理的规章,有各自的勘察、设计、施工、招标投标、质量监督等管理制度,形成对建筑市场的分割。随着社会主义市场经济体制的逐步建立,政府在机构设置上也进行了很大的调整,除保留少量行业管理部门外,撤销了众多专业政府部门,并将政府部门与所属企业脱钩,为建筑市场管理体制的改革提供了良好的条件,使原先的部门管理逐步向行业管理转变。

1.2.3 建筑市场的主体和客体

1.建筑市场的主体

1)业主

业主是指既有进行某种工程的需求,又有工程建设资金和各种准建手续,在建筑市场中发包建设任务,并最终得到建筑产品,达到投资目的的法人、其他组织和个人。业主可以是学校、医院、工厂、房地产开发公司,也可以是政府及政府委托的资产管理部门,还可以是个人。在我国工程建设中,业主常被称为建设单位或发包人。

2)承包商

承包商是指有一定生产能力、技术装备、流动资金,具有承包工程建设任务的营业资格,能够按照业主的要求,提供不同形态的建筑产品,并获得工程价款的建筑业企业。按照他们进行生产的主要形式的不同,承包商分为勘察、设计单位,建筑安装企业,混凝土预制构件、非标准件制作等生产厂家,商品混凝土供应站,建筑机械租赁单位,以及专门提供劳务的企业等;按照他们的承包方式不同,承包商分为施工总承包企业、专业承包企业、劳务分包企业。在我国工程建设中,承包商又被称为乙方。

3)工程咨询服务机构

工程咨询服务机构是指具有一定注册资金和相应的专业服务能力,持有从事相关业务执照,能对工程建设提供估算测量、管理咨询、建设监理等智力型服务或代理,并取得服务费用的咨询服务机构和其他为工程建设服务的专业中介组织。工程咨询服务机构作为政府、市场、企业之间联系的纽带,具有政府行政管理不可替代的作用。在此种情况下诞生的"造价通"等建材询价网站,大大地方便了造价信息的查询。发达市场的工程咨询服务机构是市场体系成熟和市场经济发达的重要表现。

2.建筑市场的客体

建筑市场的客体,一般称作建筑产品,是建筑市场的交易对象,既包括有形建筑产品,又包括无形产品,即各类智力型服务。

在不同的生产交易阶段,建筑产品表现为不同的形态。建筑产品可以是咨询公司提供的咨询报告、咨询意见或其他服务,也可以是勘察设计单位提供的设计方案、设计图纸、勘察报告,还可以是生产厂家提供的混凝土构件、非标准预制构件等产品,还可以是施工企业生产的各种各样的建筑物和构筑物。

1)建筑产品的特点

(1)建筑产品具有固定性。建筑产品一般在选定的地点上建造,建筑物与土地相连,建成后只能在固定的地点使用,不可移动。固定性是建筑产品与一般工业产品最大的区别。

(2)建筑产品具有多样性。建筑产品不能像一般工业产品那样批量生产,建筑产品受不同使用功能、地方、民族风格、建设地点的条件等诸多因素的影响,在形式、结构、装饰等方面具有多样性。

(3)建筑产品具有体量庞大性。建筑产品与一般工业产品相比,体型庞大,自重也大,且要占用大片土地和大量空间。

(4)建筑产品在功能上具有集成性。建筑产品是一个完整的固定资产实物体系,是为满足人们生活和生产活动而建造的,其工艺设备、采暖通风、供水供电、卫生设备、办公自动化系统、通讯自动化系统等各类设施错综复杂,这些设施共同满足人们生活和生产活动的需要。

(5)建筑产品的存蓄时间长。建筑产品建成后,其使用年限较长,临时性结构的设计使用年限为 5 年,易于替换的结构构件的设计使用年限为 25 年,普通房屋和构筑物的设计使用年限为 50 年,纪念性建筑物和特别重要的建筑结构的设计使用年限为 100 年。

2)建筑市场的特点

建筑产品的生产周期长,工程量大,造价高,建设过程的不同阶段对承包单位的能力和特点要求不同,决定了建筑市场交易贯穿于建筑产品生产的整个过程。从工程建设的咨询、设计、施工任务的发包开始到工程竣工、保修期结束,发包方与承包方、分包方进行的各种交易以及相关的商品混凝土供应、构配件生产、机械设备的租赁等活动,都是在建筑市场中进行的。生产活动和交易活动交织在一起,使建筑市场在许多方面不同于其他产品市场。

(1)建筑市场中的建筑产品的生产和交易具有统一性。建筑产品在空间上的固定性,要求施工人员和施工机械只能随建筑物不断流动。从工程的勘察、设计、施工任务的发包,到工程竣工,发包方与承包方、咨询方进行的各种交易与生产活动交织在一起。

(2)建筑市场交易具有的长期性。建筑产品的庞大性,决定了建筑施工的周期长。建筑产品在建造过程中要投入大量的劳动力、材料、机械等,因此,与一般的工业产品相比,其生产周期长,交易持续时间长。

(3)建筑产品完工后不可逆转。建筑产品一旦进入生产阶段,其产品不可能退换,也难以重新建造,否则双方都将承受巨大的损失。所以,建筑产品的最终产品质量是由建设各阶段的成果的质量决定的。设计、施工必须按照规范和标准进行,才能保证生产出合格的建筑产品。

(4)建筑市场交易具有阶段性。建筑产品的庞大性以及建筑产品生产工作的复杂性决定了建筑产品交易具有阶段性。

(5)建筑市场交易具有高额性。建筑产品的规模大、投资高,决定了建筑市场的交易具有高额性。

(6)建筑市场交易具有公开性。建筑市场的交易方式以招投标为主要方式,交易行为受到法律法规的约束和监督,遵循公开、公平、公正、诚信的原则。

1.2.4　建筑市场的资质管理

建筑市场的资质管理包括两类:一类是对从业企业的资质管理;另一类是对专业人士的资格管理。

在建筑市场中,工程建设活动的主体主要是业主、承包方(包括供应商)、勘察设计单位和工程咨询机构。《中华人民共和国建筑法》规定,对从事建筑活动的施工企业、勘察单位、设计单位和工程咨询机构(含监理单位)实行资质管理。

工程勘察设计企业资质管理如表 1-1 所示。建筑业企业(承包商)资质管理如表 1-2 所示。

表 1-1　工程勘察设计企业资质管理

企业类别	资质分类	等级	承担业务范围
勘察企业	综合资质	甲级	承担工程勘察业务范围和地区不受限制
	专业资质(分专业设立)	甲级	承担本专业工程勘察业务范围和地区不受限制
		乙级	可承担本专业工程勘察中、小型工程项目,承担工程勘察业务范围和地区不受限制
		丙级	可承担本专业工程勘察中、小型工程项目,承担工程勘察业务限定在省、自治州、直辖市行政区范围内
	劳务资质	不分级	承担岩土工程治理、工程钻探凿井等工程勘察劳务工作,承担工程勘察劳务工作的地区不受限制
设计企业	综合资质	不分级	承担工程设计业务范围和地区不受限制
	行业资质(分专业设立)	甲级	承担相应行业建设项目的工程设计业务范围和地区不受限制
		乙级	承担相应行业的中、小型建设项目的工程设计业务范围和地区不受限制
		丙级	承担相应行业的中、小型建设项目的工程设计业务范围和地区限制在省、自治州、直辖市行政区范围内
	专项资质(分专业设立)	甲级	承担大、中、小型专项工程设计项目,地区不受限制
		乙级	承担中、小型专项工程设计项目,地区不受限制

表 1-2　建筑业企业(承包商)资质管理

企业类别	等级	承包工程范围
施工总承包企业(12 类)	特级	(以房屋建筑工程为例)可承担各类房屋建筑工程的施工
	一级	(以房屋建筑工程为例)可承担单项建安合同额不超企业注册资本金 5 倍的下列房屋建筑工程的施工:(1)40 层及以下、各类跨度的房屋建筑工程;(2)高度 240 m 及以下的构筑物;(3)建筑面积 20 万 m² 及以下的住宅小区或建筑群体
	二级	(以房屋建筑工程为例)可承担单项建安合同额不超过企业注册资本金 5 倍的下列房屋建筑工程的施工:(1)28 层及以下、各类单跨跨度 36 m 以下的房屋建筑工程;(2)高度 120 m 及以下的构筑物;(3)建筑面积 12 万 m² 及以下的住宅小区或建筑群体
	三级	(以房屋建筑工程为例)可承担单项建安合同额不超过企业注册资本金 5 倍的下列房屋建筑工程的施工:(1)14 层及以下、各类单跨跨度 24 m 以下的房屋建筑工程;(2)高度 70 m 及以下的构筑物;(3)建筑面积 6 万 m² 及以下的住宅小区或建筑群体
专业承包企业(60 类)	一级	(以土石方工程为例)可承担各类土石方工程的施工
	二级	(以土石方工程为例)可承担单项合同额不超过企业注册资本金 5 倍且 60 万 m³ 及以下的石方工程的施工
	三级	(以土石方工程为例)可承担单项合同额不超过企业注册资本金 5 倍且 15 万 m³ 及以下的石方工程的施工
劳务分包企业(13 类)	一级	(以木工作业为例)可承担各类木工作业分包业务,但单项合同额不超过企业注册资本金 5 倍
	二级	(以木工作业为例)可承担各类木工作业分包业务,但单项合同额不超过企业注册资本金 5 倍

　　目前,已有明确资质等级评定条件的有工程监理、招标代理、工程造价等咨询机构。

　　目前,我国已经确定专业人士的种类有建筑师、结构工程师、建造师、监理工程师、造价工程师等。从业资格和注册条件为大专以上的专业学历、参加全国统一考试、成绩合格、具有相关专业的实践经验等。

1.2.5　建设工程交易中心

1. 建设工程交易中心的性质与作用

1)建设工程交易中心的性质

　　建设工程交易中心是服务性机构,不是政府管理部门,也不是政府授权的监督机构,本身并不具备监督管理职能。但建设工程交易中心又不是一般意义上的服务机构,其设立必须得到政府或政府授权主管部门的批准,并非任何单位和个人可随意成立;它不以营利为目的,旨在为建立公开、公正、平等竞争的招投标制度服务,只可经批准收取一定的服务费。

2)建设工程交易中心的作用

建设工程交易中心的设立,对国有投资的监督制约机制的建立、规范建设工程承发包行为、将建筑市场纳入法制化的管理轨道有着重要的作用,是符合我国特点的一种好形式。

建设工程交易中心建立以来,实行集中办公、公开办事制度和程序以及一条龙的"窗口"服务,不仅有力地促进了工程招投标制度的推行,而且遏制了违法违规行为,对于防止腐败、提高管理透明度起到了显著的效果。

2. 建设工程交易中心的基本功能和运行原则

建设工程交易中心的基本功能包括信息服务功能、场所服务功能和集中办公功能。建设工程交易中心的运行原则包括信息公开原则、依法管理原则、公平竞争原则、属地进入原则和办事公正原则。

3. 建设工程交易中心运作的一般程序

按照有关规定,建设项目进入建设工程交易中心后,一般按图 1-2 所示的程序运行。

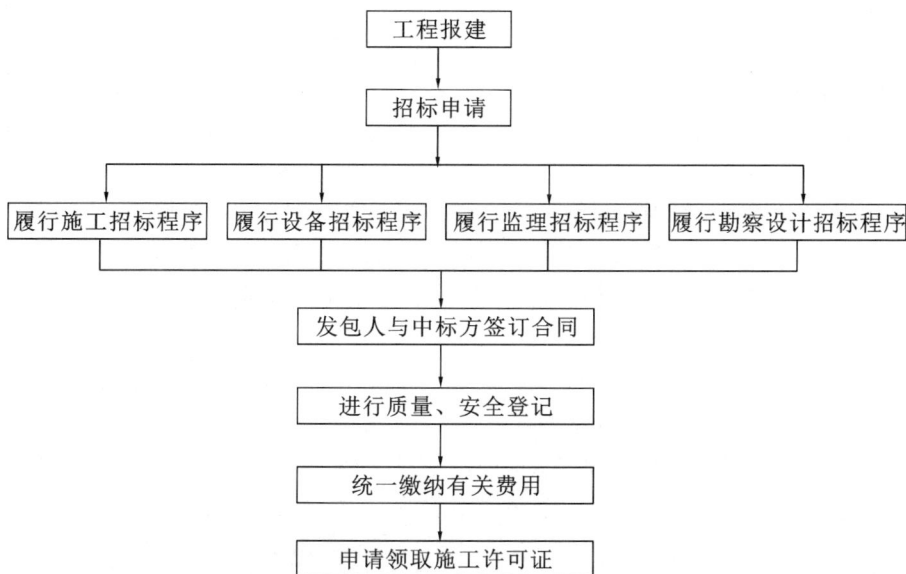

图 1-2　建设工程交易中心建设项目程序运行图

1.3　建设工程招投标认知

1.3.1　建设工程招投标的概念

建设工程招标是指招标人或招标人委托的招标代理机构通过发布招标公告或以投标邀请

函的形式,邀请潜在的投标人来参加竞争,按照规定的程序和办法从中选择条件优越的投标人作为中标者,并与其签订中标合同,由其来完成工程项目建设任务的一种法律行为。

建设工程投标是指投标人根据招标人的要求,在规定期限内向招标单位递交投标文件及报价,争取中标获得工程承包权的一种法律行为。

招标与投标是一种商业交易行为,是一个交易过程的两个方面。建设工程招投标是建设工程招标与投标的一个习惯称谓,是确定工程项目承发包关系的一种方式,是建设工程承发包在市场经济条件下的产物。对建设工程的发包方来说,他们进行的业务是招标;对建设工程的承包方来说,他们进行的业务是投标。建设工程招投标除了包含"招标"和"投标"的这两个概念外,还包括招标和投标的后续过程——开标、评标、定标。

开标是指在投标文件递交截止时间后,招标人在规定的时间和地点,邀请投标人的法定代表人或授权代理人出席,当众拆封所有标书并宣读投标文件中的投标人名称、投标价格以及其他主要内容的过程。

评标是指招标人按照招标文件的要求,依法组建招标小组或专门的评标委员会,根据评标原则和评标方法,对投标单位的报价、工期、质量、主要材料、施工方案或施工组织设计、以往业绩、社会信誉等方面进行综合分析和评价,公正合理的选择中标单位的过程。

定标又称决标,是指在中标单位选定,并由招标管理机构核准后,招标人向中标单位发出中标通知书,正式通知投标人已被择优录取。定标对招标人而言是授标,对投标人而言则是中标。

建设工程招标投标的工作内容非常广泛,包括确定建设项目的招标范围、决定建设项目招标的方式和建设项目招标的程序、编制建设项目招标投标文件、编制标底、审查标底、投标报价、开标、评标、定标等,所有这些环节的工作都必须遵循《中华人民共和国招标投标法》。实行建设工程招投标制,有助于确保工程项目的质量、控制工程项目的工期、降低工程造价、提高经济效益、健全市场竞争机制。

《中华人民共和国招标投标法》规定,在中华人民共和国境内进行工程建设项目的招投标,包括项目的勘察、设计、施工、监理以及与工程建设有关的重要设备、材料等的采购。建设工程招投标是双方当事人依法进行的经济活动,受国家法律保护和约束,招标投标是在双方当事人意愿一致的基础上的一种交易行为,是市场经济发展的产物,招标投标活动可以使招标投标双方获得双赢。

1.3.2 建设工程招投标的分类

建设工程招标投标多种多样,按照不同的标准可以进行不同的分类。

1. 按照工程建设程序分类

按照工程建设程序,建设工程招投标可以分为建设工程可行性研究招投标、建设工程勘察设计招投标、建设工程施工招投标。

(1)建设工程可行性研究招投标是指对建设工程的可行性研究阶段的任务进行的招标投标,目的是委托专门的咨询机构或设计机构对拟建项目的可行性进行研究和论证。中标单位要根据发包方的要求,向发包方提供一份完整的可行性研究报告,并对其负责。中标单位所提供的可行性研究报告,应获得发包方的认可。

（2）建设工程勘察设计招投标是对工程建设项目勘察设计阶段的勘察设计任务进行的招标投标，目的是委托专门的勘察设计单位承担工程测量、水文地质勘察、工程地质勘察和设计工作。建设工程勘察设计中标单位要根据发包方的要求，向发包方提供勘察设计成果，并对其负责。

（3）建设工程施工招投标是指对工程建设项目施工阶段的施工任务进行的招标投标，包括施工现场的准备、土建工程、设备安装工程、环境绿化工程等任务的招标投标。中标单位必须按照发包方的要求完成项目任务。

2. 按照工程承发包的范围分类

按照工程承发包的范围，建设工程招投标可以分为工程总承包招投标、工程分承包招投标和工程专项承包招投标。

（1）工程总承包招投标是指对工程建设项目的全部建设任务或实施阶段（勘察、设计、施工等）的全过程进行的招投标。

（2）工程分承包招投标是指总承包单位依法将其中标范围内的工程任务，通过招标投标的方式，分包给具有相应资质的分包单位，中标的分包单位与总承包单位就分包工程向发包方承担连带责任。

（3）工程专项承包招投标是指对某些比较复杂或专业性较强、有特殊要求的单项工程进行的招标投标。

3. 按照行业业务性质分类

按照行业业务性质，建设工程招投标可以分为建设工程勘察招投标，建设工程设计招投标，建设工程施工招投标，建设工程监理招投标和建设工程设备、材料采购招投标。建设工程监理招标是项目业主为了加强工程项目的管理，将对承包方的监督、协调、管理、控制等任务委托给最佳的监理单位。建设工程设备、材料采购招标一般是由业主按招标程序直接进行招标，其招标程序与土建工程大致相同。

4. 按照工程建设项目的构成分类

按照工程建设项目的构成，建设工程招投标可以分为建设项目招投标、单项工程招投标、单位工程招投标。

（1）建设项目招投标是指对一个工程建设项目（如一所学校）的全部工程进行的招投标。

（2）单项工程招投标是指对一个工程建设项目所包含的若干单项工程（如教学楼、图书馆、办公楼等）进行的招投标。

（3）单位工程招投标是指对一个单项工程所包含的若干单位工程（如土建工程、工艺设备工程、给排水工程等）进行的招投标。

为了防止出现肢解发包的情况，一般不允许进行分部分项工程的招投标，但允许进行特殊专业工程的招投标。

5. 按照工程是否具有涉外因素分类

按照工程是否具有涉外因素，建设工程招投标可以分为国际工程招投标和国内工程招投标。

（1）国际工程招投标即面向国际市场的招投标，是指对有不同国家或国际组织参与的建设工程进行的招标投标，包括本国的国际工程（习惯上称涉外工程）招投标和国外的国际工程招投标两个部分。国际工程招投标要求招投标人制作完整的英文招（投）标文件，在国际上通过各种媒介刊登招标公告。

（2）国内工程招投标即面向国内市场的招投标，是指对本国没有涉外因素的建设工程进行的招标投标，只在国内媒体上刊登招标公告。

无论是国际工程招投标还是国内工程招投标，其基本原则都是一致的，但在具体做法上有所差异。随着我国加入 WTO，我国的建筑市场也逐步与国际接轨，国内工程招投标和国际工程招投标在做法上的差异将会逐步缩小。

1.3.3 建设工程招投标遵循的基本原则

《中华人民共和国招标投标法》第五条明确规定招标投标活动应当遵循公开、公平、公正和诚实信用的原则。

1. 公开原则

（1）招标信息应公开。依法必须进行招标的项目，招标公告应当通过国务院发展改革部门指定的报刊、信息网络或者其他媒介发布。无论是招标公告、资格预审公告还是投标邀请函，都应当载明招标人的名称和地址、招标项目的性质、数量、实施的地点和时间及获取招标文件的办法等事项，以便潜在投标人做出是否参加投标竞争的决定。

（2）招标投标过程应公开。首先是开标过程要公开。开标应当邀请所有投标人参加，在招标文件中规定的投标文件提交截止时间前，招标人收到的所有投标文件，开标时都应当众拆封，并唱读投标文件中投标报价等主要内容。其次是评标的标准和办法要公开。评标的标准和办法应当在提供给所有投标人的招标文件中载明，评标应当严格按照招标文件中载明的标准和办法进行，招标文件没有规定的评标标准和方法不得作为评标的依据。招标人不得与投标人就投标价格、招标方案等实质性内容进行谈判。最后是中标结果要公开。中标人确定后，招标人应当向中标人发出中标通知书，同时，将中标结果通知所有未中标的投标人。投标人或者其他利害关系人对依法必须进行招标的项目的评标结果有异议的，应当在中标候选人公示期间提出。招标人应当自收到异议之日起 3 日内做出答复，做出答复前，应当暂停招标投标活动。

2. 公平原则（针对投标人）

招标投标属于民事法律行为，公平是指民事主体的平等。在招标投标活动中，招标人要给予所有投标人平等的机会，使其享有同等的权利，履行同等的义务。招标人不得以任何理由排斥或歧视任何投标人。依法必须进行招标的项目，其招标投标活动不受地区或部门的限制，任何单位和个人不得违法限制或排斥本地区、本系统以外的法人或其他组织参加投标，不得以任何方式非法干涉招标投标活动。

《中华人民共和国招标投标法实施条例》第三十二条规定，招标人不得以不合理的条件限制、排斥潜在投标人或者投标人。招标人有下列行为之一的，属于以不合理条件限制、排斥潜在投标人或者投标人：

① 就同一招标项目向潜在投标人或者投标人提供有差别的项目信息；

② 设定的资格、技术、商务条件与招标项目的具体特点和实际需要不相适应或者与合同履

建设工程招投标遵循的基本原则

行无关;

③ 依法必须进行招标的项目以特定行政区域或者特定行业的业绩、奖项作为加分条件或者中标条件;

④ 对潜在投标人或者投标人采取不同的资格审查或者评标标准;

⑤ 限定或者指定特定的专利、商标、品牌、原产地或者供应商;

⑥ 依法必须进行招标的项目非法限定潜在投标人或者投标人的所有制形式或者组织形式;

⑦ 以其他不合理条件限制、排斥潜在投标人或者投标人。

3. 公正原则(针对招标人)

招标人在招标投标活动中要严格按照公开的招标条件和程序办事,按照统一的标准衡量每一个投标人的优劣,同等地对待每一个投标竞争者,不得偏袒任何一方。进行资格审查时,招标人应当按照资格预审文件或招标文件中载明的资格审查的条件、标准和方法对潜在投标人或投标人进行资格审查,不得改变载明的条件或以没有载明的条件进行资格审查。评标委员会应当按照招标文件确定的评标标准和方法,对投标文件进行评审和比较。

4. 诚实信用原则

招标投标活动是以订立采购合同为目的的民事活动,招标投标活动要遵循诚实信用原则,要求招投标双方都要诚实守信,不得有欺骗、背信的行为。招标人不得以任何形式搞虚假招标,招标人应当对招标文件的内容负责。招标人应当提供完备的招标文件,尽可能详细地、具体地、如实地说明拟建工程的情况和合同条件,出具全面准确的图纸、规范、工程地质和水文等资料,使投标单位对工程范围、技术要求和合同责任更加清楚明了。投标人不得以他人的名义投标或者以其他方式弄虚作假、骗取中标;招标人与中标人应当按照招标文件和中标人的投标文件订立合同,中标人不得将中标项目转让或肢解后转让给他人,也不得将中标项目违法分包给他人。违反诚实信用原则、给他方造成损失的一方,要依法承担相应的责任。

案例 1-2

2019 年初,某建设单位欲新建一批住宅楼,在当地电视台发出招标公告,公告发出后,有二十多家建筑单位进行投标。甲投标单位经充分核算后,投标报价为 470 万元,并认为依此数额,该工程利润已不明显。建设单位组织开标后,乙投标单位的投标报价为 430 万元。两个单位的投标报价均低于标底(490 万元)。最后乙投标单位因价格更低的优势中标,建设单位与乙签订了总价包死的施工合同。该工程竣工后,建设单位与乙投标单位实际结算的价款为 500 万元。甲投标单位得知此事后,认为该建设单位未依照既定标价履约,实际上侵害了自己的权益,遂向法院起诉,要求该建设单位赔偿自己在投标过程中的支出等损失。试分析甲投标单位提出的赔偿要求是否合理。

解析

建设单位与乙投标单位签订的是总价包死合同,依照法律规定,通过招标投标方式竞争决定的总价合同不能因工程量、设备及原材料价格等因素的变化而改变,当事人投标报价时应当考虑到一切风险因素,是一种高风险的承诺。合同双方不能自行变更总价,自行变更总价实质上侵犯了其他投标人公平竞价的权利,这样势必会纵容招标人与投标人之间的串通行为,这种行为违反了招投标中的公开、公平、公正的原则,对其他投标人的权益造成了损害,所以甲投标单位提出的赔偿要求合理。

1.3.4 建设工程招投标的作用

1. 鲁布革工程经验

我国国内建设工程的招投标是从 20 世纪 80 年代开始的。1982 年开始的鲁布革水电站引水工程是水利电力部门进行的第一个国际公开招标工程,通过发布招标公告、编制招标文件、资格预审、发售招标文件、公开开标、评标、定标等一系列程序,最终确定日本大成公司中标。当时参加投标的公司有日本大成公司、日本前田公司、意美合资英波吉洛联营公司、中国贵华-西德霍兹曼联营公司、南斯拉夫能源工程公司、法国 SBTP 公司、中国闽昆-挪威 NIS 联营公司以及联邦德国霍克蒂夫公司 8 家大公司,经过公平竞争,日本大成公司以低标价(8463 万元)、合理的施工方案、确保工期等综合优势一举夺标,并于 1984 年 7 月 14 日与建设方签订合同,合同价为 8463 万元,合同工期为 1597 天。1984 年 11 月 24 日,工程正式开工,大成公司采用施工总承包制,安排在现场的日本的管理以及技术人员为 30 人左右,雇用我国水电十四局的职工 400 多人,1988 年 8 月 13 日,工程正式竣工,工程质量综合评价为优良,竣工工期为 1457 天,比合同工期提前了 122 天,工程初步结算价为 9100 万元,仅为标底的 60.8%,比合同价仅增加了 7.53%。

在 20 世纪 80 年代初,我国仍然处于计划经济体制时期,建筑市场尚未形成,鲁布革水电站引水工程进行国际招标,按照 FIDIC 合同进行合同管理,在当时具有相当大的超前性,其主要管理经验如下:

① 将招投标竞争机制引入我国工程建设领域;

② 工程施工采用总承包方式;

③ 将工程建设监理制引入我国工程建设领域;

④ 使用精干的管理机构和工作队伍;

⑤ 进行科学的项目管理、严格的合同管理、合理的施工组织。

鲁布革工程取得的成绩和经验,对我国工程建设领域的发展与改革发挥了重要的作用,促使我国结合国情大力推行工程建设招投标制、项目建设业主责任制和工程建设监理制。

2. 建设工程招投标的作用

推行建设工程招投标制对我国建筑市场的规范发展具有很好的促进作用,主要表现在以下几个方面。

1)有利于工程造价的合理化、科学化

在工程招标投标活动中,投标人之间最集中、最激烈的竞争往往表现为价格的竞争,招标人通过对各投标竞争者的报价、技术力量、质量保障体系等条件进行综合评价,从中选择报价低、技术力量强、质量保障体系可靠、具有良好信誉的承包商作为中标者,因此投标人之间价格的竞争有利于控制工程成本,使工程造价趋于合理的价格水平,更符合其价值。

2)有利于创造公平竞争的市场环境

工程招投标的公平不仅体现在招标人与投标人之间的地位上,更体现在投标人与投标人之间的地位上。作为投标人,其综合技术经济实力决定了其市场地位,与其企业行政级别毫无关系,承包商只能通过在价格、质量、售后服务等方面展开竞争,以尽可能充分地满足招标人的要求,取得商业机会,体现了市场竞争中的人人平等原则。

3)有利于遏制建设领域的腐败行为

工程建设招投标是招标、投标双方按照法定程序进行交易的法律行为,双方的行为都受到法律的约束。在招投标过程中,设立专门的机构对招标投标活动进行监督管理、从专家库中抽取专家进行评标,使工程建设项目承发包活动变得公开、公平、公正,有效地减少了暗箱操作、徇私舞弊行为,有力地遏制了行贿受贿等腐败现象的发生。

4)有利于承包商自身的建设与发展

在招标投标活动中,投标人之间表现最激烈的竞争虽然是价格的竞争,但是《中华人民共和国招标投标法》明确提出"投标人不得以低于成本的报价竞标",投标单位人员素质、技术装备、技术水平、管理水平也必须参与竞争,投标单位要想在竞争中获胜,就必须在报价、技术、实力、业绩等诸多方面展现优势。因此,投标人要想在市场竞争中取胜,就必须加大自身建设的投入,提高技术水平和管理水平,促进整个建筑行业的技术进步和管理水平的提高,使我国工程建设项目的质量得到普遍提高,工期也得到合理缩短。

1.3.5 建设工程招投标主体

建设工程招投标主体是指建设工程招标投标活动的主要参与者,包括建设工程招标人、建设工程招标代理机构、建设工程投标人和政府监督管理部门。

1. 建设工程招标人

《中华人民共和国招标投标法》规定:招标人是依法提出招标项目、进行招标的法人或者其他组织。其中,法人指具有民事权利能力和民事行为能力,并依法享有民事权利、承担民事义务的组织,包括企业法人、机关法人、事业单位法人、社会团体法人;其他组织是指不具备法人条件的组织,包括有法人组织的分支机构,企业之间或企业、事业单位之间联营、合伙组织,个体工商户,农村承包经营户等。

建设工程招标人通常是拟建项目的投资人,即项目业主或建设单位,包括各类企业单位、事业单位、政府机关、团体、合伙企业、个人独资企业、外国企业以及企业的分支机构等,其在招投标中的主要任务是对投标单位进行资格审查,编制招标文件和招标标底,组织开标、评标等事宜。

招标人自行进行招标的,应当具有编制招标文件和组织评标的能力,具体条件包括以下几个方面:

① 招标单位是法人或依法成立的其他组织;
② 有与招标工程相适应的经济、技术、管理等方面的专业人员;
③ 有从事同类工程建设项目招标的经验;
④ 设有专门的招标机构或拥有3名以上专职招标业务人员;
⑤ 有组织编制招标文件的能力;
⑥ 有审查投标单位资质的能力;
⑦ 有组织开标、评标、定标的能力。

招标人不得泄露招标投标活动中应当保密的情况和资料,不得与投标人串通损害国家利益、社会公共利益或者他人合法权益,招标人的权利与义务如表1-3所示。

表 1-3　招标人的权利与义务

权利	义务
（1）自行组织招标或委托招标代理机构进行招标； （2）对投标人进行资格审查； （3）主持开标； （4）择优选择中标单位或授权评标委员会直接确定中标人； （5）依法享有的其他权利	（1）遵守法律法规、规章制度； （2）不得侵犯投标人的合法权益； （3）委托招标代理机构进行招标时，向招标代理机构提供所需资料并支付委托费用； （4）合理地编制招标文件； （5）设有标底的，应保密； （6）依法组建评标机构； （7）接受招标投标管理机构的监督与管理； （8）与中标人签订并履行合同义务； （9）履行依法约定的其他义务

2. 建设工程招标代理机构

不具备自行进行招标事宜能力的招标人，应当委托具有相应资格的工程招标代理机构代理招标，委托的业务范围可以包括招标方案的拟定，招标文件和资格预审文件的编制和出售，投标人资格的审查，标底的编制，组织投标人进行现场踏勘，组织开标、评标，协助招标人定标，草拟合同等事项。招标代理机构必须是依法设立、从事招标代理业务并提供相关服务的社会中介组织，应当具备以下条件：

① 有从事招标代理业务的营业场所和相应资金；

② 有能够编制招标文件和组织评标的相应专业力量；

招标代理机构与行政机关和其他国家机关不得存在隶属关系或者其他利益关系，即招标代理机构依法独立成立，不得隶属于政府、行政主管等部门，也不得与之存在利益关系。招标代理机构是独立的中介机构。招标代理机构应当在招标人委托的范围内办理相应的招标事宜，并应当遵守招标投标法关于招标人的规定，不得泄露应当保密的，与招标投标活动相关的情况和资料，不得与招标人、投标人串通损害国家利益、社会公共利益以及他人的合法权益。

建设工程招标代理机构作为民事代理人，享有一定的权利，并应履行一定的义务，如表 1-4 所示。

表 1-4　招标代理机构的权利与义务

权利	义务
（1）组织并参与招标投标活动； （2）按照招标文件的规定，对投标人进行资格审查； （3）按照规定标准收取相应的招标代理费用； （4）招标人授予的其他权利	（1）遵守法律法规、规章制度； （2）维护委托人（即招标人）的合法权益； （3）组织编制招标文件，并对招标文件进行解释，对其所代理的业务负责； （4）接受招标投标管理机构的监督与管理； （5）履行依法约定的其他义务

3. 建设工程投标人

投标人是指响应招标,按照招标文件的要求,参加投标竞争的法人或者其他组织。根据《中华人民共和国招标投标法》的规定,自然人不能成为工程建设项目的投标人。建设工程投标人在招标投标活动中的主要任务是根据招标文件的要求准备资格预审文件、投标文件,进行报价,参加开标,同业主协商,最后签订合同。

投标人应当有符合国家规定的注册资本,有与其从事的建筑活动相适应的、具有法定执业资格的专业技术人员,有从事相应建筑活动所应有的技术装备。投标人参与拟建项目的投标时,应当具备承担招标项目的能力,投标人应当具备国家对投标人资格条件的有关规定和招标文件对投标人资格条件的有关规定,包括对投标人的法人地位、企业资质、财务状况、技术、实力、才能,在激烈的投标竞争中取得建设项目的装备、业绩、生产许可证等方面的规定。投标人只有具备了技术、经济、管理、信誉等方面的能力,才能取得承包权。投标人的权利与义务如表1-5所示。

表1-5　投标人的权利与义务

权利	义务
(1) 平等地获得和利用招标信息; (2) 按照招标文件的要求自主投标; (3) 要求招标人或招标代理机构对招标文件中的有关问题进行答疑; (4) 投标截止日期前有权改变投标或放弃投标; (5) 参加开标; (6) 质询、控告、检举招标过程中的违法违规行为	(1) 遵守法律法规、规章制度; (2) 保证所提供的投标文件的真实性; (3) 提供投标保证金或其他形式的担保; (4) 对投标文件中的有关问题进行澄清和答疑; (5) 中标后与招标人签订承包合同并履行合同,未经招标人同意不得转让或分包合同; (6) 接受招标投标管理机构的监督与管理; (7) 履行依法约定的其他义务

投标人不得相互串通投标或者与招标人串通投标,不得向招标人以及评标委员会成员行贿谋取中标,不得以他人名义投标或者以其他方式弄虚作假骗取中标;投标人不得以任何方式干扰、影响评标工作。有以下几种情形的法人或者其他组织不能成为投标人:

① 属于招标人的不具有独立法人资格的附属机构(单位)不能成为投标人;

② 为招标项目前期准备提供设计或咨询服务的单位不能成为投标人,但设计施工总承包的除外;

③ 招标项目的监理人不能成为投标人;

④ 招标项目的代建人不能成为投标人;

⑤ 为招标项目提供招标代理服务的企业不能成为投标人;

⑥ 与招标项目的监理人、代建人或招标代理机构同为一个法定代表人的单位不能成为投标人;

⑦ 与招标项目的监理人、代建人或招标代理机构相互控股或参股的企业不能成为投标人;

⑧ 为招标项目的监理人、代建人或招标代理机构工作的企业不能成为投标人。

4. 政府监督管理部门

招标投标活动的政府监管部门即招标投标活动的行政执法部门。目前,国务院明确的政府监督管理部门主要有国家发展和改革委员会、住房和城乡建设部、铁道部、交通运输部(包括民航局)、水利部、商务部、工业和信息化部等行业行政主管部门。根据不同项目的特点,各有关部门应在各自的职权范围内分别负责监督和管理。

经政府或政府主管部门批准设立的隶属于同级建设行政主管部门的省、市、县(市)建设工程招标投标办公室,代表政府行使监管职能,须与建设工程交易中心和工程招标代理机构实行机构分设、职能分离,其主要职权如下:

① 办理工程建设项目报建登记;

② 审查发放招标组织资质证书、招标代理机构资质证书及标底编制单位的资质证书;

③ 受理招标人申报的招标申请,审查和认定招标工程应当具备的招标条件、招标人的招标资质或招标代理人的招标代理资质以及采用的招标方式;

④ 审查认定招标人申报的招标文件,对招标人提出的对发出后的招标文件的修改要求进行审批;

⑤ 复查投标人的投标资质;

⑥ 对标底进行审定,可以直接审定,也可以委托建设银行或者其他有能力的单位审核后再审定;

⑦ 对评标、定标办法进行审查认定;

⑧ 对开标、评标、定标活动进行现场监督;

⑨ 对招标投标活动进行全过程监督;

⑩ 核发或者与招标人联合发出中标通知书;

⑪ 审查合同草案,对承发包合同的签订和履行进行监督;

⑫ 对招标人和投标人在招标投标活动中或履行合同过程中发生的纠纷进行调解;

⑬ 查处建设工程招投标方面的违法行为,并依法实施相应的行政处罚。

政府监督管理部门的工作人员有徇私舞弊、滥用职权、玩忽职守等违法行为的,依法给予行政处分,构成犯罪的,还应依法追究其刑事责任。

5. 招标投标活动主要参与者应具备的基本知识

工程建设项目的招投标工作是一项非常复杂的工作,这项工作涉及的知识领域也非常广泛,招标投标活动的主要参与者都应当具备法律、技术、管理、经济等学科的知识。

1)法律知识

工程建设项目的招标投标活动是在法律法规的约束下展开的,在我国,以《中华人民共和国招标投标法》为基础,衍生出了《工程建设项目招标范围和规模标准规定》《工程建设项目勘察设计招标投标办法》《工程建设项目货物招标投标办法》《政府采购货物和服务招标投标管理办法》《评标专家和评标专家库管理暂行办法》《评标委员会和评标方法暂行规定》《工程建设项目招标投标活动投诉处理办法》《招标投标违法行为记录公告暂行办法》《中华人民共和国招标投标法实施条例》等一系列配套法规。不管是招标方还是投标方,都应该掌握相关的法律法规,依法进行招标投标活动。

2）技术知识

招标投标活动针对的对象是拟建的建设项目,而任何一个建设项目的建设都是与工程技术相联系的。招标投标的过程也会涉及工程技术,如建设项目施工拟采用的方法、工艺流程、标准规范等。招投标当事人都应当熟悉工程建设项目的客观规律及基本建设程序,专业技术知识应有一定的深度。

3）管理知识

招标投标的管理是建设项目全过程管理中的一个重要环节。招标人需要组织好招标和评标,投标人需要组织好投标,这就要求招标人和投标人具备一定深度和广度的管理知识,通过有效的管理来保证招标投标过程的顺利完成。

4）经济知识

招标投标的过程也处处涉及经济知识,最典型的表现是在投标报价方面。所以,招标人和投标人要掌握经济方面的知识,尤其是工程估价方面的知识,以避免经济知识的不足给自身造成损失。

1.3.6 电子招投标概述

为了规范电子招标投标活动,促进电子招标投标健康发展,国家发展和改革委员会、工业和信息化部、监察部、住房和城乡建设部、交通运输部、铁道部、水利部、商务部等部门依据《中华人民共和国招标投标法》《中华人民共和国招标投标法实施条例》等法律法规,联合制定了《电子招标投标办法》及其附件《电子招标投标系统技术规范》。《电子招标投标办法》是我国推行电子招投标的纲领性文件,是我国招投标行业发展的一个重要里程碑。该办法分为总则,电子招标投标交易平台,电子招标,电子投标,电子开标、评标和中标,信息共享与公共服务,监督管理,法律责任,附则等 9 章,共 66 条,2013 年 5 月 1 日起施行。下面对电子招投标进行简单介绍。

电子招投标概述

1. 电子招投标的概念

电子招投标是以数据电文形式完成的招标投标活动,通俗来说,就是部分或者全部抛弃纸质文件,借助计算机和网络完成的招标投标活动。

2. 起草《电子招标投标办法》及其附件的背景

推行电子招投标,是中央惩防体系规划、工程专项治理,以及《中华人民共和国招标投标法实施条例》明确要求的一项重要任务,对于提高采购透明度、节约资源和交易成本、促进政府职能转变具有非常重要的意义,特别是在利用技术手段解决弄虚作假、暗箱操作、串通投标、限制排斥潜在投标人等招标投标领域突出问题方面,有着独特优势。为推动电子招投标长远健康发展,国家发改委会同国务院有关部门起草了《电子招标投标办法》及其附件《电子招标投标系统技术规范》。

电子招标投标办法

3. 推行电子招投标的必要性

1）解决当前招标投标领域突出问题的需要

推行电子招投标,为充分利用信息技术手段解决招标投标领域突出问题创造了条件。例如,通过匿名下载招标文件,招标人和投标人在投标截止前难以知晓潜在投标人的名称、数量,有助于防止围标串标;通过网络终端直接登录电子招投标系统,不仅方便了投标人,还有利于防止通过投标报名排斥潜在投标人,增强了招标投标活动的竞争性。此外,电子招投标具有整合信息、提高透明度、如实记载交易过程等优势,有利于建立健全信用惩戒机制、防止暗箱操作、有效查处违法行为。

2) 保障招标投标活动安全的需要

电子招投标专业性、技术性很强,如果没有统一的规则和技术标准,对电子招投标系统建设进行必要的规范,容易出现流程设计不合法、系统程序"后门"、信息安全漏洞等问题。因此,有必要制定《电子招标投标办法》,从制度和技术层面,对系统设计、技术标准、安全管理等提出要求,有效保证电子招投标的安全可靠。

3) 建立信息共享机制的需要

由于没有统一的交易规则和技术标准,各电子招投标数据格式不同,也没有标准的数据交互接口,电子招投标信息无法交互和共享,甚至形成新的技术壁垒,影响了统一开放、竞争有序的招标投标大市场的形成。因此,有必要制定《电子招标投标办法》,为招标投标信息共享提供必要的制度和技术保障。

4) 转变行政监督方式的需要

与传统纸质招标的现场监督、查阅纸质文件等方式相比,电子招投标的行政监督方式有了很大变化,最大区别在于利用信息技术,可以实现网络化、无纸化的全面、实时和透明监督。因此,有必要制定《电子招标投标办法》,对行政监督的内容、方式等进行规范,提高行政监督的有效性。

4. 电子招投标系统简介

1) 电子招投标系统的概念

电子招投标系统是以网络技术为基础,招标、投标、评标、合同等业务全过程实现数字化、网络化、高度集成化的系统,主要由网络安全系统与网上业务系统两部分组成。

电子招投标系统不但要解决招标方关于招标文件的电子发布、传送、招标公告发布、招标文件的下载等方面的问题,而且要解决投标方关于投标文件的投递安全性,投标时间的准确性与有效性,以及不同地域的评标专家同时对电子标书的阅读、评审、相互之间交流的安全性、准确性等的问题。另外,电子招投标系统还要提供丰富的招标项目历史数据,投标商历史数据,拟招标产品的丰富资料,可以满足不同要求的多种数据仓库、数据挖掘、数据共享、数据查询、数据分析等功能。该系统最根本的问题是安全性和可靠性,重要特色是信息高度集成,信息更新速度快,信息的查询分析功能强大。

2) 电子招投标系统的三大平台

电子招投标市场发展的最终目标,是在全国范围内建立起交易平台、公共服务平台和行政监督平台三大平台,以及分类清晰、功能互补、互联互通的电子招投标系统,最终实现所有招标项目全过程电子化。

3) 电子招投标系统的特点和作用

电子招投标系统和传统的基于书面文件的招标系统相比,具有突出的特点:解决了传统招投标模式中"公平、公正、公开"与"择优""质量""效率"的矛盾。与其他媒体相比,互联网技术由于其开放性、交互性和普及性更高,其公开程度能够得到充分的保证;互联网由于公开性,可以得到更多的社会监督,公正性也能得到充分的保证;由于能够保证招投标过程的公开性、公正性,公平也得到了保证。电子招投标系统拥有能够满足不同要求的多种数据仓库、数据挖掘、数据共享、数据查询、数据分析等功能,可以把评委从繁重的审阅工作中解放出来,因此,招投标工作的"质量"和"效率"能够得到保证。

电子招投标系统有如下的作用:

① 能促进招标机构与招标管理部门自身内部的规范化管理;

② 有利于提高招标机构内部资源的利用率;

③ 可以提高招标的公开性和透明度,促进竞争,保证招标的公正与公开。

4)电子招投标系统的主要内容

电子招投标系统提供了电子标书,数字证书加解密,计算机辅助开、评标等技术,全面实现了资格标、技术标和商务标的电子化和计算机辅助评标,支持电子签到、流标处理和中标锁定,支持电子评标报告和招投标数字档案,极大地提高了招投标的效率,节省了招投标的成本。可支持的类型包括工程、货物、服务类招标投标。系统建设的主要内容如下:

① 引入数字证书,解决投标人网上身份认证问题,并解决电子文件的法律有效性问题;

② 建立统一登录门户,兼顾数字证书用户和普通账号用户;

③ 建立物资供应商预登记系统,加强物资供应商入围管理;

④ 引入电子签章,使之符合传统工作习惯,并可直观感受;

⑤ 引入电子标书,实现电子化招投标;

⑥ 引入电子标书加解密技术,解决电子投标文件安全性问题;

⑦ 建立协同工作平台,实现业务自动流转,辅助个人办公管理;

⑧ 建立计算机辅助开标系统,加快开标效率;

⑨ 建立计算机辅助评标系统,减轻评标负担,解决评标难题;

⑩ 建立招投标数字档案系统,实现招投标文件自动归档;

⑪ 统一信息标准,实现业务数据自动统计;

⑫ 建立领导查询系统,为领导提供自助查询统计服务;

⑬ 建立短信服务平台,保障重要通知及时送达;

⑭ 建立安全保障系统,解决网上招投标安全性问题。

思考题

1. 什么是建设工程承发包?建设工程发包与承包的方式有哪些?

2. 简述建筑市场体系的结构组成。

3. 简述建筑产品与建筑市场的特点。

4. 什么是建设工程招投标?建设工程招投标应遵循哪些基本原则?

5. 简述建设工程招投标主体各自的权利与义务。

6. 简述建设工程招投标主体应具备的基本条件。

7. 简述电子招投标的概念及推行的必要性。

8. 简述电子招投标系统的概念、特点和作用。

习 题

一、单选题

1. 招标信息公开是相对的，一些需要保密的事项是不能公开的。例如，（   ）在确定中标结果之前不能公开。

A. 评标委员会成员名单　　　　　　　　B. 投标邀请书

C. 资格预审公告　　　　　　　　　　　D. 招标活动的信息

2. 承包人仅提供劳务而不承担供应任何材料的义务，此种承包方式称为（   ）。

A. 包工不包料　　　　　　　　　　　　B. 统包

C. 包工部分包料　　　　　　　　　　　D. 包工包料

3. 发包人供应的材料设备运抵现场经过清点后，应当由（   ）保管。

A. 发包人　　　　　　　　　　　　　　B. 承包人

C. 工程师　　　　　　　　　　　　　　D. 发包人与承包人共同

4. 招标人选择招标代理机构时，（   ）不是应满足的条件。

A. 招标代理机构必须是法人组织　　　　B. 有从事招标代理业务的营业场所

C. 有能够编制招标文件的能力　　　　　D. 有组织评标的相应专业力量

5. 与邀请招标相比，公开招标的最大优点是（   ）。

A. 节省招标费用　　　　　　　　　　　B. 招标时间短

C. 减小合同履行过程中承包不违约的风险　D. 竞争激烈

6. 在招标投标活动中，招标人要给予所有投标人平等的机会，招标人不得以不合理的条件限制、排斥潜在投标人或者投标人。这体现了工程招投标应遵循的（   ）原则。

A. 公开　　　B. 公平　　　C. 公正　　　D. 自愿　　　E. 诚实信用

7. 招标人在招标投标活动中要严格按照公开的招标条件和程序办事，按照统一的标准衡量每一个投标人的优劣，同等地对待每一个投标竞争者，不得偏袒任何一方。这体现了工程招投标应遵循的（   ）原则

A. 公开　　　B. 公平　　　C. 公正　　　D. 自愿　　　E. 诚实信用

8. 招标投标制度意在鼓励竞争，防止垄断，提高投资效益和社会效益，其作用不包括（   ）

A. 节省资金，确保质量和工期　　　　　B. 促进企业间的公平竞争

C. 提高投资效益和社会效益　　　　　　D. 节约业主的管理费用

9. 公开招标是指招标人以（   ）的方式邀请不特定的法人或者其他组织投标。

A. 投标邀请书　　　　　　　　　　　　B. 招标公告

C. 合同谈判   D. 行政命令

10. 提交投标文件的投标人少于（ ）个的,招标人应当依法重新招标。

A. 2   B. 3

C. 4   D. 5

二、多选题

1. 建设工程发包方式可以分为（   ）。

A. 直接发包   B. 间接发包

C. 招标发包   D. 谈判发包

2. 以下是建筑市场主体的是（   ）。

A. 发包方   B. 咨询服务机构

C. 建设行政主管部门   D. 承包方

E. 政府部门

3. 建设工程招投标应遵循的基本原则有（   ）。

A. 公开   B. 公平

C. 公正   D. 自愿

E. 诚实信用

4. 建设工程招投标应遵循公开的原则,以下对公开原则描述正确的有 （   ）。

A. 招标信息应公开   B. 开标过程应公开

C. 评标的标准和程序应公开   D. 中标结果应公开

E. 评标委员会成员信息应公开

5.《中华人民共和国招标投标法》规定的招标方式包括（   ）。

A. 公开招标   B. 询价招标

C. 直接发包   D. 邀请招标

E. 谈判招标

6. 按照《中华人民共和国招标投标法》的要求,招标人如果自行办理招标事宜,应具备的条件包括（   ）。

A. 有编制招标文件的能力

B. 已发布招标公告

C. 具有开标场地

D. 有组织评标的能力

E. 已委托公证机关公证

7. 招标代理机构所具备的条件包括（   ）。

A. 有从事招标代理业务的营业场所和相应资金

B. 有审查招标单位资质的能力

C. 有组织评标的相应专业力量

D. 符合法律规定的其他条件

E. 有能够编制招标文件的能力

8.招投标主体应具备的基本知识包括（　　）。

A.法律知识　　　　　　　　B.技术知识

C.管理知识　　　　　　　　D.经济知识

9.电子招投标系统的平台包括（　　）。

A.学习平台　　　　　　　　B.交易平台

C.公共服务平台　　　　　　D.行政监督平台

鲁布革水电站
引水工程招标案例

学习情境1　建设工程
承发包与招投标认知

习题参考答案

学习情境 2

建设工程招标

■ **情境案例**

　　某建设单位采用公开招标的方式选择承包单位,在招标文件中对省内与省外投标人提出了不同的资格要求,并规定 2021 年 9 月 30 日为投标截止时间。A、B 等多家承包单位参加了投标,B 承包单位 10 月 5 日才提交投标保证金。10 月 3 日,招标办主持举行了开标会。经过评标委员会的综合评定,最后确定 A 单位为中标单位。

　　问题:(1) 招标文件中对省内与省外投标人提出了不同的资格要求是否妥当,为什么?

　　(2) 投标截止时间与开标时间不同是否妥当,为什么?

　　(3) 招标办主持开标会是否妥当,为什么?

　　(4) B 单位 10 月 5 日提交投标保证金是否妥当,为什么?

■ **案例解析**

　　(1)招标文件中对省内与省外投标人提出了不同的资格要求不妥当。因为公开招标应当平等地对待所有的投标人。

　　(2) 投标截止时间与开标时间不同不妥当。因为《中华人民共和国招标投标法》规定开标应当在提交投标文件截止时间的同一时间公开进行。

　　(3) 招标办主持开标会不妥当。开标会应当由招标人或其代理人主持。

　　(4) B 单位 10 月 5 日提交投标保证金不妥当。投标保证金应在投标截止时间前提交。

2.1 建设工程招标

2.1.1 建设工程招标方式

按照《中华人民共和国招标投标法》和《中华人民共和国招标投标法实施条例》的规定,国内建设工程招标分为公开招标和邀请招标两种方式。

**建设工程
招标方式**

1. 公开招标

公开招标又称为无限竞争招标,是指招标单位以招标公告的方式邀请不特定的法人或者其他组织参加投标。招标单位通过招投标管理部门指定的报刊、广播、电视等公众媒介方式发布招标公告,有意愿参与投标的承包商均可参加资格审查,资格审查合格的承包商可购买招标文件参加投标。

采用公开招标方式,参与投标的单位多、范围广、竞争激烈,业主有较大的选择余地,有利于降低工程造价,提高工程质量和缩短工期。由于投标单位多且参差不齐,招标工作量大,组织工作复杂,需要投入较大的人力、物力、财力,招标过程所需的时间比较长,此类招标方式主要适用于投资额度大,工艺、结构复杂的较大型的工程项目。

2. 邀请招标

邀请招标又称为有限竞争性招标,是指招标单位以投标邀请书的方式邀请特定的法人或其他组织参加投标。这种方式是不发布招标公告,业主根据自己的经验和所掌握的各种信息资料,选择并邀请有实力的投标单位来投标的招标方式。采用邀请招标方式,一般应邀请5～10家投标单位参加投标,最少应不得少于3家。

与公开招标相比,邀请招标方式的目标更加集中,不需要发布招标公告,不需要进行资格预审,简化了招标程序,招标的组织工作较容易,招标的工作量小,能够节约招标费用,缩短招标时间。邀请招标虽然不进行资格预审,但是投标人仍需要按照招标文件中的有关要求在投标书中报送有关的资质资料,在评标时,招标人以资格后审的形式对投标单位的资质进行审查。由于采用邀请招标方式,参加投标的单位较少,招标人择优选择承包单位的余地较小,可能会失去发现最适合承担拟建项目的承包商的机会。

公开招标和邀请招标都必须按规定的招标程序进行,招标人均要通过招标、开标、评标、定标程序来确定中标单位,最后与中标单位签订承包合同。公开招标和邀请招标都要制订统一的招标文件,投标人都必须按招标文件的规定进行投标,投标人在投标截止时间后不能对投标书中的内容做出实质上的修改。

2.1.2 建设工程招标范围和标准

1. 建设项目必须招标的范围和规模标准

根据《中华人民共和国招标投标法》和《工程建设项目招标范围和规模标准规定》,在中华人民共和国境内进行下列工程建设项目的勘察、设计、施工、监理及与工程建设有关的重要设备、材料等的采购,必须进行招标。

(1) 大型基础设施、公用事业等关系社会公共利益、公众安全的项目。关系社会公共利益、公众安全的基础设施项目包括煤炭、石油、天然气、电力、新能源等能源基础设施项目;铁路、公路、管道、水运、航空及其他交通运输业等交通运输基础设施项目;电信枢纽、通信、信息网络等通信基础设施项目;防洪、灌溉、排涝、引(供)水、滩涂治理、水土保持、水利枢纽等水利基础设施项目;道路、桥梁、地铁和轻轨交通、污水排放及处理、垃圾处理、地下管道、公共停车场等城市设施项目,生态环境保护项目以及其他基础设施项目。关系社会公共利益、公众安全的公用事业项目包括供水、供电、供气、供热等市政工程项目,科技、教育、文化等项目;体育、旅游等项目,卫生、社会福利等项目,商品住宅(包括经济适用住房)项目,其他公用事业项目。

(2) 全部或部分使用国有资金投资或者国家融资的项目。使用国有资金投资的项目包括使用各级财政预算资金的项目,使用纳入财政管理的各种政府性专项建设基金的项目,使用国有企业事业单位自有资金且国有资产投资者实际拥有控制权的项目。国家融资的项目包括使用国家发行债券所筹资金的项目,使用国家对外借款或担保所筹资金的项目,使用国家政策性贷款的项目,国家授权投资主体融资的项目以及国家特许的融资项目。

(3) 使用国际组织或外国政府贷款、援助资金的项目,包括使用世界银行、亚洲开发银行等国际组织贷款资金的项目,使用外国政府及其机构贷款资金的项目,使用国际组织或外国政府援助资金的项目。

(4) 法律和行政法规规定必须进行招标的其他项目。

根据《中华人民共和国招标投标法》的规定,国家发展和改革委员会 2018 年 3 月发布了《必须招标的工程项目规定》,明确了必须招标项目的具体范围和规模标准。

(1) 全部或者部分使用国有资金投资或者国家融资的项目。

① 使用预算资金 200 万元以上,并且该资金占投资额 10% 以上的项目。

② 使用国有企业事业单位资金,并且该资金占控股或者主导地位的项目。

(2) 使用国际组织或外国政府贷款、援助资金的项目。

① 使用世界银行、亚洲开发银行等国际组织贷款、援助资金的项目。

② 使用外国政府及其机构贷款、援助资金的项目。

(3) 不属于(1)、(2)规定情形的大型基础设施、公用事业等关系社会公共利益、公众安全的项目,必须招标的具体范围由国务院发展改革部门会同国务院有关部门按照确有必要、严格限定的原则制订,报国务院批准。

(4) 以上规定范围内的项目,其勘察、设计、施工、监理以及与工程建设有关的重要设备、材料等的采购达到下列标准之一的,必须招标:

① 施工单项合同估算价在 400 万元以上;

② 重要设备、材料等货物的采购,单项合同估算价在 200 万元以上;

③ 勘察、设计、监理等服务的采购,单项合同估算价在 100 万元以上。同一项目中可以合并进行的勘察、设计、施工、监理以及与工程建设有关的重要设备、材料等的采购,合同估算价合计达到前款规定标准的,必须招标。

2. 依法必须公开招标的项目

《中华人民共和国招标投标法实施条例》第八条规定:国有资金占控股或者主导地位的依法必须进行招标的项目,应当公开招标。

建设工程招标
范围和标准

3. 经审批后可以进行邀请招标的项目

(1)《中华人民共和国招标投标法》第十一条规定:国务院发展计划部门确定的国家重点项目和省、自治区、直辖市人民政府确定的地方重点项目不适宜公开招标的,经国务院发展计划部门或者省、自治区、直辖市人民政府批准,可以进行邀请招标。

(2)《中华人民共和国招标投标法实施条例》第八条规定:国有资金占控股或者主导地位的依法必须进行招标的项目,应当公开招标;但有下列情形之一的,可以邀请招标:

① 技术复杂、有特殊要求或者受自然环境限制,只有少量潜在投标人可供选择;

② 采用公开招标方式的费用占项目合同金额的比例过大。

国家重点建设项目的邀请招标,应当经国务院发展计划部门批准;地方重点建设项目的邀请招标,应当经各省、自治区、直辖市人民政府批准。

4. 可以不进行招标的项目

(1)《中华人民共和国招标投标法》第六十六条规定:涉及国家安全、国家秘密、抢险救灾或者属于利用扶贫资金实行以工代赈、需要使用农民工等特殊情况,不适宜进行招标的项目,按照国家有关规定可以不进行招标。

(2)《中华人民共和国招标投标法实施条例》第九条规定,有下列情形之一的,可以不进行招标:

① 需要采用不可替代的专利或者专有技术;

② 采购人依法能够自行建设、生产或者提供;

③ 已通过招标方式选定的特许经营项目投资人依法能够自行建设、生产或者提供;

④ 需要向原中标人采购工程、货物或者服务,否则将影响施工或者功能配套要求;

⑤ 国家规定的其他特殊情形。

案例 2-1

某政府投资 1800 万元兴建天然气服务站项目,项目审批核准部门核准了该项目的公开招标内容,包括设计、建筑安装工程、监理、主要设备和材料。其中,建筑安装工程估价为 700 万元,设备估价为 400 万元。

问题:建筑安装工程项目和设备部分是否属于依法必须进行招标的项目? 若工期较紧张,招标方能否采用邀请招标的方式确定设备供应单位?

解析

本案例中的建筑安装工程施工费用为 700 万元,设备估价为 400 万元,依据《必须招标的工程项目规定》的规定,政府投资项目的施工单项合同估算价在 400 万元以上,重要设备、材料等货物的采购,单项合同估算价在 200 万元以上,都属于依法必须招标的项目。

招标方不能自行采用邀请招标的方式确定设备供应单位。因为该项目的设备采购部分已经经过项目审批核准部门核准为公开招标,在执行过程中不能随意调整,必须调整时,应报原项目审批核准部门重新核准后,才能按新的核准意见执行。

2.1.3 建设工程招标的条件和程序

1. 建设工程招标的条件

招标人和建设项目必须符合国家的有关规定才能进行招标。例如,招标人应当有满足招标项目施工需要的资金安排;需要履行项目审批手续的应当履行审批手续,取得批准以后才可以进行招标等。不得在未办理报批手续或批准尚未获准的情况下,开始发售招标文件,或者先施工后招标。

1) 招标人自行招标应当具备的条件

《中华人民共和国招标投标法》规定,招标人具有编制招标文件和组织评标能力的,可以自行办理招标事宜。

为了保证招标行为的规范化、科学地评标,达到招标选择承包人的预期目的,招标人应满足以下要求:

① 有与招标工作相适应的经济、法律咨询和技术管理人员;

② 有组织编制招标文件的能力;

③ 有审查投标单位资质的能力;

④ 有组织开标、评标、定标的能力。

利用招标方式选择承包单位属于招标单位自主的市场行为,因此,《中华人民共和国招标投标法》规定,招标人具有编制招标文件和组织评标能力的,可以自行办理招标事宜,向有关行政监督部门进行备案即可。如果招标单位不具备上述要求,则必须委托具有相应资质的招标代理机构代理招标。

2) 建设工程招标应具备的条件

《中华人民共和国招标投标法》规定,招标项目按照国家有关规定需要履行项目审批手续的,应当先履行审批手续,取得批准。招标人应当有满足招标项目施工需要的资金安排,并应当在招标文件中如实载明。

对于建设工程施工招标而言,依法必须招标的工程建设项目,应当具备下列条件才能进行施工招标:

① 招标人已经依法成立;

② 初步设计及概算应当履行审批手续的,已经批准;

③ 招标范围、招标方式和招标组织形式等应当履行核准手续的,已经核准;

④ 有满足招标项目施工需要的资金安排;

⑤ 有招标所需的设计图纸及技术资料。

案例 2-2

某单位欲建一个污水处理厂,没有通过主管部门的核准,初步设计尚未完成,概算也没做出,更没有履行审批手续,便自行组织了招标。试分析该案例中的不妥之处。

解析

依法必须进行招标的工程建设项目应当具备以下条件才能进行施工招标:①招标人已经依法成立;②初步设计及概算应当履行审批手续的,已经批准;③招标范围、招标方式和招标组织形式等应当履行核准手续的,已经核准;④有满足招标项目施工需要的资金安排;⑤有招标所需的设计图纸及技术资料。

因此,该案例存在以下不妥之处。

(1) 招标前未通过主管部门的核准不妥。在招标前,招标范围、招标方式或招标组织形式等

应当履行核准手续。

（2）初步设计尚未完成，概算也没做出，便进行招标不妥。招标项目应当完成初步设计及概算并履行审批手续，得到批准后方可进行招标。

（3）建设单位自行进行招标的应当具备自行组织招标的条件，并且得到核准。

2. 建设工程招标的程序

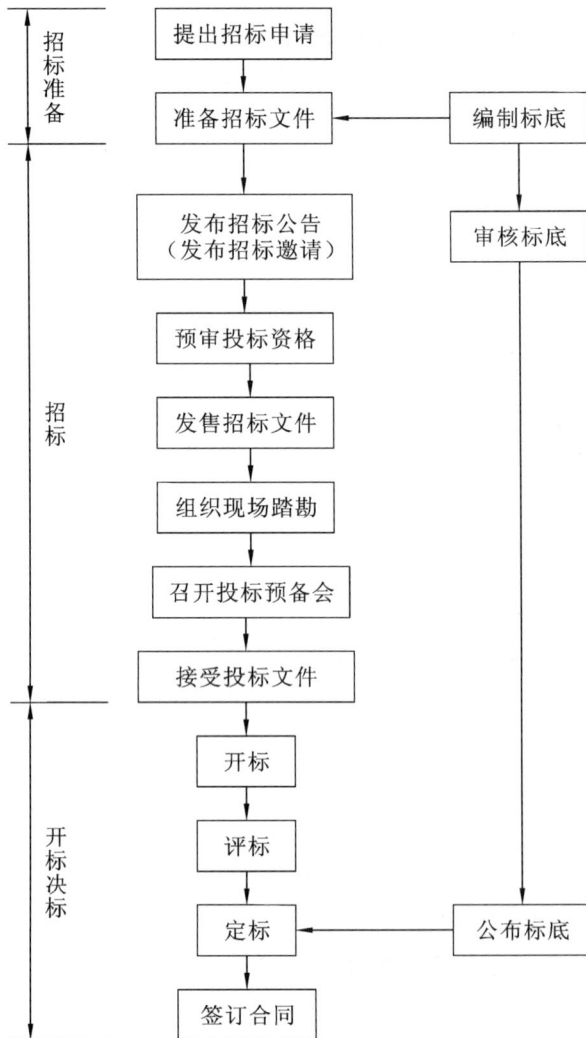

建设工程招标的程序如图 2-1 所示，大致分为招标准备、招标和开标决标三个阶段。

建设工程招标程序

图 2-1　建设工程招标的程序

（1）招标准备阶段即从办理招标申请开始到发出招标公告或发出投标邀请函为止的时间段。在招标准备阶段，招标人的主要工作有办理工程报建手续、组建招标机构、选择招标方式、编制招标有关文件和标底、办理招标备案手续等。

（2）招标阶段也是投标单位的投标阶段，是从发布招标公告或发出投标邀请函之日起到投标截止之日的时间段。在招标阶段，招标人的主要工作为发布招标公告或发出投标邀请书、发售招标文件、组织现场踏勘、召开投标预备会和接收投标文件等,需进行资格预审的还应在招标公告发出之后进行资格预审。

(3) 开标决标阶段即从开标之日起到与中标人签订合同为止的时间段。此阶段招标人的主要工作是开标、评标、定标和签订合同,并将结果通知未中标者以及退还投标保函。

招标文件自发售之日起至停止出售的持续时间,最短不得少于 5 个工作日。招标文件发售之日至投标文件递交截止之日,最短不得少于 20 天,使投标单位具有充分的时间来编制投标文件。对于需要澄清的或修改的招标文件,招标人最后发出的修改的招标文件(补遗书)至投标截止之日,最短不得少于 15 日,不足 15 日的,招标人应当顺延提交投标文件的截止时间。依法必须进行招标的项目,招标人应当自收到评标报告之日起 3 日内公示中标候选人,公示期不得少于 3 日。招标人应当自发出中标通知书之日起 15 日内向有关部门提交招标投标情况的书面报告。招标人与中标人应当自中标通知书发出之日起 30 日内,按照招标文件和中标人投标文件的规定签订书面合同。招标人应当在书面合同签订后 5 日内向中标人和未中标的投标人退还投标保证金及银行同期存款利息。

以建设工程施工招标为例,招标方、投标方在招投标过程中的工作内容如表 2-1 所示。

表 2-1　招标方、投标方在招投标过程中的工作内容

阶段	主要工作步骤	招标方	投标方
招标准备阶段	提出招标申请	向建设主管部门的招标管理机构提出招标申请	准备投标资料、项目资料、企业内部等资料;研究招投标法规;组建投标小组
	组建招标机构	组建招标机构	
	选择招标方式	划分标段;确定合同类型;确定招标方式	
	准备招标文件	招标公告;资格预审文件及申请表;招标文件	
	编制标底	编制标底;报主管部门审批	
招标阶段	邀请承包商参加资格预审	刊登资格预审公告;编制资格预审文件;发出资格预审文件	购买资格预审文件;填报资格预审文件
	资格预审	分析资格预审材料;确定资格预审合格的单位;邀请合格投标商参加投标	回函收到邀请
	发售招标文件	发售招标文件	购买招标文件;研究招标文件
	投标人考察现场	安排现场踏勘日期;现场介绍	参加现场踏勘;询价;准备投标书
	对招标文件澄清和补遗	向投标者发布招标补遗	回函收到澄清和补遗
	投标者提问	接受提问,准备答复;答复(信件方式或者会谈方式)	提出问题;参加标前会议;回函收到答复
	投标书的提交和接收	接收投标书,记录日期和时间;退还过期投标书;保护有效投标书的安全至开标	递交投标文件(包括投标保函);回函收到过期投标书

续表

阶段	主要工作步骤	招标方	投标方
开标决标阶段	开标	组织开标	参加开标会议
	评标	评标；要求投标商提交澄清资料；召开澄清会议；编写评标报告；做出授标决定	提交澄清资料；解答有关问题
	授标	发出中标通知书；要求中标单位提交履约保函；进行合同谈判；准备合同文件；签订合同；通知未中标者，并退回投标保函	回函收到通知；提交履约保函；参加合同谈判；签订合同；未中标者收到通知及回函；中标者签约

2.1.4 建设工程施工招标的资格审查

1. 资格审查的概念

资格审查是指招标人审查投标人是否具备投标的资格。

2. 资格审查的分类

建设工程施工招标的资格审查

根据《中华人民共和国招标投标法实施条例》的有关规定，资格审查分为资格预审和资格后审。资格预审是指在投标前对潜在投标人进行的资格审查；资格后审是指在开标后对投标人进行的资格审查。通常，公开招标采用资格预审，只有资格预审合格的施工单位才允许参加投标。

3. 资格预审与资格后审的区别

资格预审是指招标人通过发布招标资格预审公告，向不特定的潜在投标人发出投标邀请，并组织招标资格审查委员会按照招标资格预审公告和资格预审文件确定的资格预审条件、标准和方法，对投标申请人的经营资格、专业资质、财务状况、类似项目业绩、履约信誉、企业认证体系等条件进行评审，确定合格的潜在投标人。资格预审的目的是排除那些不合格的投标人，进而降低招标人的采购成本，提高招标工作的效率，可以吸引实力雄厚的投标人参加竞争。资格预审可以减少评标阶段的工作量、缩短评标时间、减少评审费用、避免不合格投标人浪费不必要的投标费用，但延长了招标投标的过程，增加了招标投标双方资格预审的费用。资格预审方法比较适合于技术难度较大或投标文件编制费用较高，且潜在投标人数量较多的招标项目。

资格后审是指在开标后的初步评审阶段，评标委员会根据招标文件规定的投标资格条件对投标人资格进行评审，投标资格评审合格的投标文件进入详细评审。资格后审可以避免招标与投标双方资格预审的工作环节和费用，缩短招标投标过程，有利于增强投标的竞争性，但在投标人过多时会增加社会成本和评标工作量。资格后审的内容和资格预审基本相同。这种审查方式通常在工程规模不大、预计投标人不会很多或者实行邀请招标的情况下采用，可以节省资格审查的时间和人力，有助于提高效率和降低招标费用。

4. 资格审查的主要内容

对潜在投标人或者投标人的资格审查主要审查以下内容：

① 是否具有独立订立合同的权利；

② 是否具有履行合同的能力，包括专业、技术资格和能力，资金、设备和其他物质设施状况，管理能力，经验、信誉和相应的从业人员；

③ 是否处于被责令停业、投标资格被取消状态，财产被接管、冻结，破产状态；

④ 在最近三年内是否存在骗取中标、严重违约及重大工程质量问题；

⑤ 法律、行政法规规定的其他资格条件。

为了证明投标单位符合规定要求的投标合格条件和履约合同的能力，参加资格预审的投标单位应提供如下资料：

① 有关确定法律地位原始文件的副本（包括营业执照、资质等级证书及非本国注册的施工企业经建设单位行政主管部门核准的资质文件）；

② 在过去三年内完成的与本合同相似的工程的情况和现在履行的合同的工程情况；

③ 提供管理和执行本合同拟在施工现场和不在施工现场的管理人员和主要施工人员的情况；

④ 提供完成本合同拟采用的主要施工机械设备情况；

⑤ 提供完成本合同拟分包的项目及其分包单位的情况；

⑥ 提供财务状况情况，包括近两年经过审计的财务报表，下一年级财务预测报告；

⑦ 有关目前和过去两年参与或涉及诉讼案的资料。

5．资格预审的程序

1）发布资格预审公告、编制资格预审文件

招标人采用资格预审办法对潜在投标人进行资格审查的，应当发布资格预审公告、编制资格预审文件。

依法必须进行招标的项目的资格预审公告，应当在国务院发展改革部门依法指定的媒介发布。在不同媒介发布的同一招标项目的资格预审公告的内容应当一致。指定媒介发布依法必须进行招标的项目的境内资格预审公告不得收取费用。

编制依法必须进行招标的项目的资格预审文件，应当使用国务院发展改革部门会同有关行政监督部门制定的标准文本。

2）发售资格预审文件

招标人应当按照资格预审公告规定的时间、地点发售资格预审文件。资格预审文件的发售期不得少于5日。招标人发售资格预审文件收取的费用应当限于补偿印刷、邮寄的成本支出，不得以营利为目的。招标人应当合理确定提交资格预审申请文件的时间。依法必须进行招标的项目提交资格预审申请文件的时间，应自资格预审文件停止发售之日起不得少于5日。依法必须招标项目在资格预审文件停止发出之日止，获取资格预审文件的申请人少于三个的，招标人应当重新进行资格预审或者不经资格预审直接招标。

招标人可以对已发出的资格预审文件进行必要的澄清或者修改。澄清或者修改的内容可能影响资格预审申请文件编制的，招标人应当在提交资格预审申请文件截止时间至少3日前，以书面形式通知所有获取资格预审文件的潜在投标人；不足3日的，招标人应当顺延提交资格预审申请文件的截止时间。潜在投标人或者其他利害关系人对资格预审文件有异议的，应当在提交资格预审申请文件截止时间2日前提出。招标人应当自收到异议之日起3日内做出答复；做出答复前，应当暂停招标投标活动。

3）资格预审

资格预审应当按照资格预审文件载明的标准和方法进行。

国有资金控股或者占主导地位的依法必须进行招标的项目，招标人应当组建资格审查委员会审查资格预审申请文件。资格审查委员会及其成员应当遵守《中华人民共和国招标投标法》和《中华人民共和国招标投标法实施条例》的有关评标委员会及其成员的规定。

招标人在进行资格审查时，不得改变或补充载明的资格审查标准和方法，或者以没有载明的资格审查标准和方法对潜在投标人或者投标人进行资格审查，不得以不合理的条件限制、排斥潜在投标人或者投标人，不得对潜在投标人或者投标人实行歧视待遇。任何单位和个人不得以行政手段或者其他不合理方法限制投标人的数量。

4）发出资格预审结果通知书

资格预审结束后，招标人应当及时向资格预审申请人发出资格预审结果通知书。未通过资格预审的申请人不具有投标资格。通过资格预审的申请人少于 3 人时，应当重新招标。

招标人采用资格后审办法对投标人进行资格审查的，应当在开标后由评标委员会按照招标文件规定的标准和方法对投标人的资格进行审查。

案例 2-3

某发包方拟建一个项目，采取公开招标的方式进行招标。甲承包商通过资格预审后，购买了招标文件，并对招标文件进行了仔细研究，认为招标人提出的工期要求及工期每拖延 1 天罚款额为合同价的 1‰ 的规定过于苛刻。甲承包商认为，若要达到该工期要求，必须采取特殊措施，从而大大增加成本，甲承包商还认为，原设计结构方案采用框架剪力墙体系过于保守。因此，甲承包商首先按照业主的原方案进行了报价，同时，在投标文件中提出业主的工期要求难以实现，并按照自己认为合理的工期（比招标人要求的工期增加 6 个月）编制施工进度计划并据此报价，还建议将框架剪力墙体系改为框架体系，并对这两种结构体系进行了技术经济分析和比较，证明框架体系不仅能保证工程结构的可靠性和安全性、增加使用面积、提高空间利用的灵活性，还可以降低造价。该承包商将技术标和商务标分别封装，在封口处加盖本单位公章，在法定代表人签字后，在投标截止日期前 1 天上午将投标文件报送业主。次日（即投标截止日当天）下午，在规定的开标时间前 1 小时，该承包商又递交了一份补充材料，声明将原报价降低 3%。但是招标方的有关工作人员认为，根据国际上"一标一投"的惯例，一个承包商不得递交两份投标文件，因此拒收承包商的补充材料。

开标会由市招投标办的工作人员主持，市公证处有关人员到会，各投标单位代表均到场。开标前，市公证处人员对各投标单位的资质进行审查，并对所有投标文件进行审查，确认所有投标文件均有效后，正式开标。主持人宣读投标单位名称、投标价格、投标工期和有关投标文件的重要说明。试分析该项目招标程序中存在的问题。

解析

该项目招标程序中存在以下问题。

（1）招标方的有关工作人员不应拒收承包商的补充材料。理由：投标方在投标截止时间之前所递交的任何正式书面文件都是有效文件，都应当作为投标文件的有效组成部分，补充材料与原投标文件共同构成一份投标文件,而不是两份相互独立的投标文件。

（2）开标会不应由市招投标办的工作人员主持。理由:根据《中华人民共和国招标投标法》,开标会应由招标单位主持,并宣读投标单位名称、投标价格、投标工期和有关投标文件的重要说明。

（3）市公证处人员无权对各投标单位的资质进行审查。理由:投标单位已经通过资格审查,即在投标之前已经完成资格审查工作,公证处人员无权再对投标单位的资格进行审查,其责任在于现场确认开标的公正性和合法性。

2.1.5　建设工程施工招标资格预审文件的主要内容

根据《中华人民共和国标准施工招标资格预审文件》,建设工程施工招标资格预审文件的内容有资格预审公告、申请人须知、资格审查办法(包括合格制和有限数量制)、资格预审申请文件格式和项目建设概况等。

1. 资格预审公告

招标人采用资格预审办法对潜在投标人进行资格审查的,应当发布资格预审公告。资格预审公告应当在国务院发展改革部门依法指定的媒介发布。在不同媒介发布的同一招标项目的资格预审公告的内容应当一致。资格预审公告应当说明招标条件、项目概况与招标范围、申请人资格要求、资格预审方法(合格制或有限数量制)、资格预审文件的获取方式、资格预审文件的递交时间和地点、发布公告的媒介以及招标人的联系方式等。

2. 申请人须知

申请人须知一般包括以下内容。

1）总则

总则的内容有项目概况,资金来源和落实情况,招标范围、计划工期和质量要求,申请人资格要求,语言文字以及费用承担情况等。

申请人不得存在下列情形之一:

① 为招标人不具有独立法人资格的附属机构(单位);

② 为本标段前期准备提供设计或咨询服务的,但设计施工总承包的除外;

③ 为本标段的监理人、代建人;

④ 为本标段提供招标代理服务的;

⑤ 与本标段的监理人、代建人或招标代理机构同为一个法定代表人的;

⑥ 与本标段的监理人、代建人或招标代理机构相互控股或参股的;

⑦ 为本标段的监理人、代建人或招标代理机构工作的;

⑧ 被责令停业的,被暂停或取消投标资格的,财产被接管或冻结的;

⑨ 在最近三年内有骗取中标或严重违约或重大工程质量问题的。

2）资格预审文件

（1）资格预审文件的组成。资格预审文件包括资格预审公告、申请人须知、资格审查办法、资格预审申请文件格式、项目建设概况,以及对资格预审文件的澄清和对资格预审文件的修改。

当资格预审文件、资格预审文件的澄清或修改等在同一内容的表述上不一致时,以最后发出的书面文件为准。

(2)资格预审文件的澄清。申请人应仔细阅读和检查资格预审文件的全部内容,如有疑问,应在规定的时间前以书面形式(包括信函、电报、传真等可以有形表现所载内容的形式),要求招标人对资格预审文件进行澄清。招标人应在规定的时间前,以书面形式将澄清内容发给所有购买资格预审文件的申请人,但不指明澄清问题的来源。申请人收到澄清后,应在规定的时间内以书面形式通知招标人,确认已收到该澄清。

(3)资格预审文件的修改。在规定的时间前,招标人可以书面形式通知申请人修改资格预审文件。在规定的时间后修改资格预审文件的,招标人应相应顺延申请截止时间。申请人收到修改的内容后,应在规定的时间内以书面形式通知招标人,确认已收到该修改。

3)资格预审申请文件的编制

(1)资格预审申请文件的组成。资格预审申请文件包括资格预审申请函、法定代表人身份证明或附有法定代表人身份证明的授权委托书、联合体协议书;申请人基本情况表、近年财务状况表、近年完成的类似项目情况表、正在施工和新承接的项目情况表、近年发生的诉讼及仲裁情况、其他材料(见申请人须知前附表)。

(2)资格预审申请文件的编制要求。资格预审申请文件应按"资格预审申请文件格式"进行编写,如有必要,可以增加附页,并作为资格预审申请文件的组成部分。法定代表人授权委托书必须由法定代表人签署。

申请人基本情况表应附申请人营业执照副本及其年检合格的证明材料、资质证书副本和安全生产许可证等材料的复印件。近年财务状况表应附经会计师事务所或审计机构审计的财务会计报表,包括资产负债表、现金流量表、利润表和财务情况说明书的复印件。近年完成的类似项目情况表应附中标通知书和(或)合同协议书、工程接收证书(工程竣工验收证书)的复印件;每张表格只填写一个项目,并标明序号。正在施工和新承接的项目情况表应附中标通知书和(或)合同协议书的复印件,每张表格只填写一个项目,并标明序号。近年发生的诉讼及仲裁情况应说明相关情况,并附法院或仲裁机构做出的判决、裁决等有关法律文书的复印件。

(3)资格预审申请文件的装订、签字。申请人应按要求编制完整的资格预审申请文件,用不褪色的材料书写或打印,并由申请人的法定代表人或其委托代理人签字或盖单位章。资格预审申请文件中的任何改动之处应加盖单位章或由申请人的法定代表人或其委托代理人签字确认。

资格预审申请文件正本一份,正本和副本的封面上应清楚地标记"正本"或"副本"字样。当正本和副本不一致时,以正本为准。资格预审申请文件正本与副本应分别装订成册,并编制目录。

4)资格预审申请文件的递交

(1)资格预审申请文件的密封和标识。资格预审申请文件的正本与副本应分开包装,加贴封条,并在封套的封口处加盖申请人单位章。封套上应清楚地标记"正本"或"副本"字样。未按上述要求密封和加写标记的资格预审申请文件,招标人不予受理。

(2)资格预审申请文件的递交。递交资格预审申请文件的地点和截止时间在申请人须知附表中规定。申请人所递交的资格预审申请文件不予退还。逾期送达或者未送达指定地点的资格预审申请文件,招标人不予受理。

5）资格预审申请文件的审查

资格预审申请文件由招标人组建的审查委员会负责审查。审查委员会应根据申请人须知前附表规定的方法和资格审查办法中规定的审查标准，对所有已受理的资格预审申请文件进行审查。没有规定的方法和标准不得作为审查依据。

6）通知和确认

招标人在规定的时间内以书面形式将资格预审结果通知申请人，并向通过资格预审的申请人发出投标邀请书。通过资格预审的申请人收到投标邀请书后，应在规定的时间内以书面形式明确表示是否参加投标。在规定时间内未表示是否参加投标或明确表示不参加投标的，不得再参加投标。因此造成潜在投标人数量不足 3 个的，招标人重新组织资格预审或不再组织资格预审而直接招标。

7）申请人的资格改变

通过资格预审的申请人组织机构、财务能力、信誉情况等资格条件发生变化，使其不再实质上满足资格审查办法规定标准时，其投标不被接受。

8）纪律与监督

严禁申请人向招标人、审查委员会成员和与审查活动有关的其他工作人员行贿。在资格预审期间，申请人不得邀请招标人、审查委员会成员以及与审查活动有关的其他工作人员到申请人单位参观考察，或出席申请人主办、赞助的任何活动。申请人不得以任何方式干扰、影响资格预审的审查工作，否则将导致其不能通过资格预审。招标人、审查委员会成员，以及与审查活动有关的其他工作人员应对资格预审申请文件的审查、比较进行保密，不得在资格预审结果公布前透露资格预审结果，不得向他人透露可能影响公平竞争的有关情况。申请人和其他利害关系人认为本次资格预审活动违反法律、法规和规章规定的，有权向有关行政监督部门投诉。

申请人须知前附表如表 2-2 所示。

表 2-2　申请人须知前附表

条款号	条款名称	编列内容
1.1.2	招标人	名称： 地址： 联系人： 电话：
1.1.3	招标代理机构	名称： 地址： 联系人： 电话：
	项目名称	
	建设地点	
	资金来源	
	出资比例	

条款号	条款名称	编列内容
	资金落实情况	
	招标范围	
	计划工期	计划工期：_____日历天 计划开工日期：_____年_____月_____日 计划竣工日期：_____年_____月_____日
	质量要求	
	申请人资质条件、能力和信誉	资质条件： 财务要求： 业绩要求： 信誉要求： 项目经理（建造师，下同）资格： 其他要求：
	是否接受联合体资格预审申请	□　不接受 □　接受，应满足下列要求：
	申请人要求澄清资格预审文件的截止时间	
	招标人澄清资格预审文件的截止时间	
	申请人确认收到资格预审文件澄清的时间	
	招标人修改资格预审文件的截止时间	
	申请人确认收到资格预审文件修改的时间	
	申请人需补充的其他材料	
	近年财务状况的年份要求	_____年
	近年完成的类似项目的年份要求	_____年
	近年发生的诉讼及仲裁情况的年份要求	_____年
	签字或盖章要求	
	资格预审申请文件副本份数	_____份
	资格预审申请文件的装订要求	
	封套上写明	招标人的地址： 招标人全称： _____（项目名称）_____标段施工招标资格 预审申请文件在_____年_____月_____日 _____时_____分前不得开启。
	申请截止时间	_____年____月____日____时____分
	递交资格预审申请文件的地点	
	是否退还资格预审申请文件	

条款号	条款名称	编列内容
	审查委员会人数	
	资格审查方法	
	资格预审结果的通知时间	
	资格预审结果的确认时间	
	需要补充的其他内容	

3. 资格审查办法（合格制）

资格审查分为初步审查和详细审查。符合初步审查标准和详细审查标准规定的申请人均通过资格预审。

1）审查程序

（1）初步审查。审查委员会依据初步审查标准对资格预审申请文件进行初步审查，有一项因素不符合审查标准的，不能通过资格预审。

（2）详细审查。审查委员会依据详细审查标准对通过初步审查的资格预审申请文件进行详细审查，有一项因素不符合审查标准的，不能通过资格预审。通过资格预审的申请人还不得存在下列任何一种情形：①不按审查委员会要求澄清或说明；②申请人须知总则中申请人不得存在的任何一种情形；③在资格预审过程中弄虚作假、行贿或有其他违法违规行为。

（3）资格预审申请文件的澄清。在审查过程中，审查委员会可以用书面形式，要求申请人对所提交的资格预审申请文件中不明确的内容进行必要的澄清或说明。申请人的澄清或说明应采用书面形式，并不得改变资格预审申请文件的实质性内容。申请人的澄清和说明内容属于资格预审申请文件的组成部分。招标人和审查委员会不接受申请人主动提出的澄清或说明。

2）审查结果

审查委员会按照审查程序对资格预审申请文件进行审查后，确定通过资格预审的申请人名单，并向招标人提交书面审查报告。通过资格预审的申请人的数量不足3人时，招标人重新组织资格预审或不再组织资格预审而直接招标。

资格审查办法（合格制）前附表如表2-3所示。

表 2-3　资格审查办法（合格制）前附表

条款号	审查因素		审查标准
2.1	初步审查标准	申请人名称	与营业执照、资质证书、安全生产许可证一致
		申请函签字盖章	有法定代表人或其委托代理人签字或加盖单位章
		申请文件格式	符合资格预审申请文件格式的要求
		联合体申请人	提交联合体协议书，并明确联合体牵头人（如有）
		……	……

续表

条款号	审查因素	审查标准
2.2 详细审查标准	营业执照	具备有效的营业执照
	安全生产许可证	具备有效的安全生产许可证
	资质等级	符合申请人须知的规定
	财务状况	符合申请人须知的规定
	类似项目业绩	符合申请人须知的规定
	信誉	符合申请人须知的规定
	项目经理资格	符合申请人须知的规定
	其他要求	符合申请人须知的规定
	联合体申请人	符合申请人须知的规定
	……	……

4. 资格审查办法(有限数量制)

审查委员会依据资格审查办法规定的审查标准和程序,对通过初步审查和详细审查的资格预审申请文件进行量化打分,按得分由高到低的顺序确定通过资格预审的申请人。通过资格预审的申请人不超过资格审查办法规定的数量。

1)审查程序

(1)初步审查。审查委员会依据初步审查标准对资格预审申请文件进行初步审查,有一项因素不符合审查标准的,不能通过资格预审。

(2)详细审查。审查委员会依据详细审查标准对通过初步审查的资格预审申请文件进行详细审查,有一项因素不符合审查标准的,不能通过资格预审。通过资格预审的申请人还不得存在下列任何一种情形:①不按审查委员会要求澄清或说明;②申请人须知总则中申请人不得存在的任何一种情形;③在资格预审过程中弄虚作假、行贿或有其他违法违规行为。

(3)资格预审申请文件的澄清。在审查过程中,审查委员会可以用书面形式,要求申请人对所提交的资格预审申请文件中不明确的内容进行必要的澄清或说明。申请人的澄清或说明应采用书面形式,并不得改变资格预审申请文件的实质性内容。申请人的澄清和说明内容属于资格预审申请文件的组成部分。招标人和审查委员会不接受申请人主动提出的澄清或说明。

(4)评分。通过详细审查的申请人不少于3人且没有超过规定数量的,均通过资格预审,不再进行评分。如果通过详细审查的申请人数量超过规定数量,审查委员会依据评分标准进行评分,按得分由高到低的顺序进行排序。

2)审查结果

审查委员会按照审查程序对资格预审申请文件进行审查后,确定通过资格预审的申请人名单,并向招标人提交书面审查报告。通过资格预审的申请人的数量不足3人时,招标人重新组织资格预审或不再组织资格预审而直接招标。

资格审查办法(有限数量制)前附表如表2-4所示。

表 2-4 资格审查办法（有限数量制）前附表

条款号		条款名称	编列内容
1		通过资格预审的人数	
2		审查因素	审查标准
2.1	初步审查标准	申请人名称	与营业执照、资质证书、安全生产许可证一致
		申请函签字盖章	有法定代表人或其委托代理人签字或加盖单位章
		申请文件格式	符合资格预审申请文件格式的要求
		联合体申请人	提交联合体协议书，并明确联合体牵头人（如有）
		……	……
2.2	详细审查标准	营业执照	具备有效的营业执照
		安全生产许可证	具备有效的安全生产许可证
		资质等级	符合申请人须知的规定
		财务状况	符合申请人须知的规定
		类似项目业绩	符合申请人须知的规定
		信誉	符合申请人须知的规定
		项目经理资格	符合申请人须知的规定
		其他要求	符合申请人须知的规定
		联合体申请人	符合申请人须知的规定
		……	……
2.3	评分标准	评分因素	评分标准
		财务状况	……
		类似项目业绩	……
		信誉	……
		认证体系	……
		……	……

5．资格预审申请文件格式

资格预审申请文件包括资格预审申请函、法定代表人身份证明或附有法定代表人身份证明的授权委托书、联合体协议书、申请人基本情况表、近年财务状况表、近年完成的类似项目情况表、正在施工的和新承接的项目情况表、近年发生的诉讼及仲裁情况以及其他材料等，按一定的格式编制。

6．项目建设概况

项目建设概况包括项目说明、建设条件、建设要求、其他需要说明的情况等。

案例 2-4

某市拟建一条隧道,该工程全部由政府投资,为该市建设规划的重要项目之一且已列入地方年度固定资产投资计划,概算已经主管部门批准,征地工作尚未全部完成,施工图及有关技术资料齐全。招标人决定对该项目进行施工招标。招标人估计除本市施工企业参加投标外,还可能有外省市施工企业参加投标,因此,招标人委托工程咨询单位编制了两个标底,准备分别用于对本市和外省市施工企业投标价格的评定。招标人对投标单位就招标文件所提出的所有问题统一做了书面答复,并以备忘录的形式分发给各投标单位,为简明起见,答疑记录的表格形式如表 2-5 所示。

表 2-5 答疑记录的表格形式

序号	问题	提问单位	提问时间	答复
1				
……				
n				

在对投标单位的提问做出书面答复后,招标人组织各投标单位对施工现场进行了踏勘。由于某种原因,招标人决定将收费站工程从原招标范围内删除,因此,在投标截止日期前 10 天,招标人将该决定书面通知了各投标单位。

问题:(1)招标人对投标单位进行资格预审应包括哪些内容?

(2)试分析该项目施工招标的不妥之处。

解析

(1)招标人对投标单位进行资格预审应包括以下内容:①投标单位概况;②投标单位近三年完成工程的情况;③投标单位目前正在履行的合同情况;④投标单位的资源情况,如财务、管理、技术、劳动力、设备等方面的情况;⑤其他资料(各种奖励或处罚等)。

(2)该项目施工招标存在以下不妥之处。

① 本项目征地工作尚未全部完成,不具备施工招标的必要条件,因此,尚不能进行施工招标。

② 不应编制两个标底,根据规定,一个工程只能编制一个标底,不能对不同的投标单位采用不同的标底进行评标。

③ 招标人对投标单位的提问只能针对具体的问题做出明确答复,不应提及具体的提问单位(投标单位)。《中华人民共和国招标投标法》第二十二条规定,招标人不得向他人透露已获取招标文件的潜在投标人的名称、数量以及可能影响公平竞争的有关招标投标的其他情况。

④ 招标人如需改变招标范围或变更招标文件,应在投标截止日期至少 15 日(而不是 10 日)前以书面形式通知所有招标文件收受人。根据《中华人民共和国招标投标法》的规定,对于需要澄清或修改的招标文件,招标人最后发出的修改的招标文件(补遗书)至投标截止之日,最短不得少于 15 日,不足 15 日的,招标人应当顺延提交投标文件的截止时间。

⑤ 现场踏勘应安排在书面答复投标单位提问之前,因为投标单位在现场踏勘后也可能对施工现场条件提出问题。

2.2 建设工程招标文件的编制

2.2.1 建设工程招标的主要工作

建设工程招标的主要工作因招标的内容不同各有差异,但都类似地经过招标准备、招标、决标成交三个阶段。现以施工招标为例,阐述建设工程招标的主要工作。

1. 招标准备阶段的主要工作

(1) 建设单位向建设行政主管部门提出招标申请。

(2) 组建招标机构。

(3) 确定发包内容、合同类型和招标方式。

(4) 准备招标文件,包括招标公告、资格预审文件和招标文件等。

(5) 编制标底,报主管部门审批。

2. 招标阶段的主要工作

(1) 邀请承包商投标:发布资格预审公告,编制并发出资格预审文件。

(2) 资格预审:分析资格预审材料,发出资格预审合格通知书。

(3) 发售招标文件。

(4) 组织现场踏勘。

(5) 对招标文件进行澄清和补遗。

(6) 接受投标人提问并以函件或会谈纪要的方式答复。

(7) 接受投标书:记录接受投标书的时间,保护有效期内的投标书。

3. 决标成交阶段的主要工作

(1) 开标。

(2) 评标。

(3) 招标结果备案。

(4) 授标:发出中标通知书,进行合同谈判,签订合同,退回未中标人的投标保函。

2.2.2 建设工程招标文件的主要内容

建设工程招标文件是建设工程招标投标活动中最重要的法律文件,它不仅规定了完整的招标程序,而且提出了各项技术标准和交易条件,拟列了合同的主要条款。招标文件是评标委员会评审的依据,是投标人编制投标文件的重要依据,是招标单位与中标单位签订合同的基础。根据《房屋建筑和市政工程标准施工招标文件》(2010年版)和《标准施工招标文件》的规定,招标文件主要由以下内容组成:招标公告(或投标邀请书)、投标人须知、评标办法、合同条款及格式、工程量清单、图纸、技术标准和要求、投标文件格式等。

建设工程施工招标
文件的主要内容

1. 招标公告

招标人采用公开招标方式的,应当发布招标公告。依法必须进行招标的项目的招标公告,可通过国家指定的报刊、信息网络或者其他媒介公开发布。招标公告的主要内容有招标条件,工程建设项目概况与招标范围,投标人资格要求,招标文件获取的时间、方式、地点和价格,投标文件递交的截止时间和地点,公告发布的媒体以及招标人的联系方式等。

2. 投标邀请书

招标人采用邀请招标方式的,应当编制投标邀请书,应当在投标邀请书中载明项目名称、被邀请人名称、招标条件、项目概况与招标范围、投标人资格要求、招标文件的获取、投标文件的递交、确认和联系方式等内容。

3. 投标人须知

投标须知是招标人对投标人的所有的实质性要求和条件,指导投标人正确地进行投标报价的文件,告诉投标人应遵循的各项规定,以及编制标书和投标时应注意和考虑的问题,避免投标人对招标文件内容的疏忽或错误的理解。因此,投标须知所列条目应清晰、内容明确,其包括的内容有总则、招标文件、投标文件、投标、开标、评标、合同授予、重新招标和不再招标、纪律和监督、需要补充的其他内容等。

一般在投标人须知前还有"投标人须知前附表"。它将投标人须知中重要条款规定的内容用一个表格的形式列出来。主要作用有两个方面:一是将投标人须知中的关键内容和数据摘要列表,起到强调和提醒的作用,为投标人迅速掌握投标人须知内容提供方便,但必须与招标文件相关章节内容一致;二是对投标人须知正文中交由前附表明确的内容给予具体约定。投标人须知前附表如表 2-6 所示。

表 2-6 投标人须知前附表

条款号	条款名称	编列内容
1.1.2	招标人	名称: 地址: 联系人: 电话:
1.1.3	招标代理机构	名称: 地址: 联系人: 电话:
1.1.4	项目名称	
1.1.5	建设地点	
1.2.1	资金来源	
1.2.2	出资比例	
1.2.3	资金落实情况	
1.3.1	招标范围	

续表

条款号	条款名称	编列内容
1.3.2	计划工期	计划工期：_____日历天 计划开工日期：_____年_____月_____日 计划竣工日期：_____年_____月_____日
1.3.3	质量要求	
1.4.1	投标人资质条件、能力和信誉	资质条件： 财务要求： 业绩要求： 信誉要求： 项目经理（建造师，下同）资格： 其他要求：
1.4.2	是否接受联合体投标	□ 不接受 □ 接受，应满足下列要求：
1.9.1	踏勘现场	□ 不组织 □ 组织，踏勘时间： 踏勘集中地点：
1.10.1	投标预备会	□ 不召开 □ 召开，召开时间： 召开地点：
1.10.2	投标人提出问题的截止时间	
1.10.3	招标人书面澄清的时间	
1.11	分包	□ 不允许 □ 允许，分包内容要求： 分包金额要求： 接受分包的第三人资质要求：
1.12	偏离	□ 不允许 □ 允许
2.1	构成招标文件的其他材料	
2.2.1	投标人要求澄清招标文件的截止时间	
2.2.2	投标截止时间	_____年_____月_____日_____时_____分
2.2.3	投标人确认收到招标文件澄清的时间	
2.3.2	投标人确认收到招标文件修改的时间	
3.1.1	签字或盖章要求	
3.3.1	投标有效期	
3.4.1	投标保证金	投标保证金的形式： 投标保证金的金额：

续表

条款号	条款名称	编列内容
3.5.2	近年财务状况的年份要求	_____年
3.5.3	近年完成的类似项目的年份要求	_____年
3.5.5	近年发生的诉讼及仲裁情况的年份要求	_____年
3.6	是否允许递交备选投标方案	□ 不允许 □ 允许
3.7.4	投标文件副本份数	_____份
3.7.5	装订要求	□ 不分册装订 □ 分册装订
4.1.2	封套上写明	招标人的地址： 招标人名称： _____（项目名称）_____标段投标文件 在_____年_____月_____日_____ 时_____分前不得开启
4.2.2	递交投标文件地点	
4.2.3	是否退还投标文件	□ 否 □ 是
5.1	开标时间和地点	开标时间:同投标截止时间 开标地点：
5.2	开标程序	密封情况检查： 开标顺序：
6.1.1	评标委员会的组建	评标委员会构成：_____人。其中,招标人代表_____人,专家_____人： 评标专家确定方式：
7.1	是否授权评标委员会确定中标人	□ 是 □ 否,推荐的中标候选人数：
7.3.1	履约担保	履约担保的形式： 履约担保的金额：

10.需要补充的其他内容

10.1 词语定义

10.2 招标控制价

招标控制价	□ 不设招标控制价 □ 设招标控制价,招标控制价为

投标人须知的主要内容如下。

1）总则

招标人要在总则中说明项目概况、资金来源和落实情况、招标范围、计划工期和质量要求、投标人资格要求、投标费用承担、保密、语言文字、计量单位、踏勘现场、投标预备会、分包和偏离等问题。

（1）投标人须知前附表规定接受联合体投标的,除应符合投标人须知前附表的要求外,还应遵守以下规定:①联合体各方应按招标文件提供的格式签订联合体协议书,明确联合体牵头人和各方权利义务;②由同一专业的单位组成的联合体,按照资质等级较低的单位确定资质等级;③联合体各方不得再以自己的名义单独或参加其他联合体在同一标段中投标。

（2）投标人准备和参加投标活动发生的费用自理。

（3）投标人须知前附表规定组织踏勘现场的,招标人按投标人须知前附表规定的时间、地点组织投标人踏勘项目现场。

（4）投标人须知前附表规定召开投标预备会的,招标人按投标人须知前附表规定的时间和地点召开投标预备会,澄清投标人提出的问题。

（5）分包。投标人拟在中标后将中标项目的部分非主体、非关键性工作进行分包的,应符合投标人须知前附表规定的分包内容、分包金额和接受分包的第三人资质要求等限制性条件。

（6）偏离。投标人须知前附表允许投标文件偏离招标文件某些要求的,偏离应当符合招标文件规定的偏离范围和幅度。

2）招标文件

（1）招标文件的内容。招标文件的内容包括招标公告(或投标邀请书)、投标人须知、评标办法、合同条款及格式、工程量清单、图纸、技术标准和要求、投标文件格式、投标人须知前附表规定的其他材料。对招标文件所做的澄清、修改,是招标文件的组成部分。

（2）招标文件的澄清。投标人应仔细阅读和检查招标文件的全部内容。如发现缺页或附件不全,投标人应及时向招标人提出,以便补齐。如有疑问,投标人应在投标人须知前附表规定的时间前以书面形式(包括信函、电报、传真等可以有形地表现所载内容的形式)要求招标人对招标文件进行澄清。招标文件的澄清将在投标人须知前附表规定的投标截止时间 15 天前以书面形式发给所有购买招标文件的投标人,但不指明澄清问题的来源。如果澄清发出的时间距投标截止时间不足 15 天,相应延长投标截止时间。投标人在收到澄清后,应在投标人须知前附表规定的时间内以书面形式通知招标人,确认已收到该澄清。

（3）招标文件的修改。在投标截止时间 15 天前,招标人可以书面形式修改招标文件,并通知所有已购买招标文件的投标人。如果修改招标文件的时间距投标截止时间不足 15 天,相应延长投标截止时间。投标人收到修改内容后,应在投标人须知前附表规定的时间内以书面形式通知招标人,确认已收到该修改。

3）投标文件

（1）投标文件的组成。投标文件应包括下列内容:投标函及投标函附录、法定代表人身份证明或附有法定代表人身份证明的授权委托书、联合体协议书、投标保证金、已标价工程量清单、施工组织设计、项目管理机构、拟分包项目情况表、资格审查资料、投标人须知前附表规定的其他材料。投标人须知前附表规定不接受联合体投标的,或投标人没有组成联合体的,投标文件不包括联合体协议书。

（2）投标报价。投标人应按工程量清单的要求填写相应表格。投标人在投标截止时间前修改投标函中的投标总报价时，应同时修改工程量清单中的相应报价。

（3）投标有效期。在投标人须知前附表规定的投标有效期内，投标人不得要求撤销或修改其投标文件。出现特殊情况需要延长投标有效期时，招标人以书面形式通知所有投标人延长投标有效期。投标人同意延长的，应相应延长其投标保证金的有效期，但不得要求或被允许修改、撤销其投标文件；投标人拒绝延长的，其投标失效，但投标人有权收回其投标保证金。

（4）投标保证金。投标人在递交投标文件的同时，应按投标人须知前附表规定的金额、担保形式和投标文件格式中规定的投标保证金格式递交投标保证金，并作为其投标文件的组成部分。联合体投标的，其投标保证金由牵头人递交，并应符合投标人须知前附表的规定。投标人不按要求提交投标保证金的，其投标文件作废标处理。招标人最迟应当在书面合同签订后5日内向中标人和未中标的投标人退还投标保证金及银行同期存款利息。有下列情形之一的，投标保证金将不予退还：①投标人在规定的投标有效期内撤销或修改其投标文件；②中标人在收到中标通知书后，无正当理由拒签合同协议书或未按招标文件规定提交履约担保。

（5）资格审查资料。投标人基本情况表应附投标人营业执照副本及其年检合格的证明材料、资质证书副本和安全生产许可证等材料的复印件。近年财务状况表应附经会计师事务所或审计机构审计的财务会计报表，包括资产负债表、现金流量表、利润表和财务情况说明书的复印件，具体年份要求见投标人须知前附表。近年完成的类似项目情况表应附中标通知书和（或）合同协议书、工程接收证书（工程竣工验收证书）的复印件，具体年份要求见投标人须知前附表，每张表格只填写一个项目，并标明序号。正在施工和新承接的项目情况表应附中标通知书和（或）合同协议书复印件，每张表格只填写一个项目，并标明序号。近年发生的诉讼及仲裁情况应说明相关情况，并附法院或仲裁机构的判决、裁决等有关法律文书复印件，具体年份要求见投标人须知前附表。

（6）备选投标方案。除投标人须知前附表另有规定外，投标人不得递交备选投标方案。允许投标人递交备选投标方案的，只有中标人所递交的备选投标方案方可予以考虑。评标委员会认为中标人的备选投标方案优于其按照招标文件要求编制的投标方案的，招标人可以接受该备选投标方案。

（7）投标文件的编制。投标文件应按投标文件格式进行编写，如有必要，可以增加附页，作为投标文件的组成部分。投标文件应当对招标文件的工期、投标有效期、质量要求、技术标准和要求、招标范围等实质性内容做出响应。投标文件应用不褪色的材料书写或打印，并由投标人的法定代表人或其委托代理人签字或盖单位章。委托代理人签字的，投标文件应附法定代表人签署的授权委托书。投标文件应尽量避免涂改、行间插字或删除。如果出现上述情况，改动之处应加盖单位章或由投标人的法定代表人或其授权的代理人签字确认。签字或盖章的具体要求见投标人须知前附表。投标文件正本一份，副本份数见投标人须知前附表。正本和副本的封面上应清楚地标记"正本"或"副本"的字样。当副本和正本不一致时，以正本为准。投标文件的正本与副本应分别装订成册，并编制目录，具体装订要求见投标人须知前附表的规定。

4）投标

（1）投标文件的密封和标记。投标文件的正本与副本应分开包装，加贴封条，并在封套的封口处加盖投标人单位章。投标文件的封套上应清楚地标记"正本"或"副本"字样，封套上应写明的其他内容见投标人须知前附表。未按要求密封和加写标记的投标文件，招标人不予受理。

（2）投标文件的递交。投标人应在规定的投标截止时间前递交投标文件。投标人递交投标文件的地点见投标人须知前附表。除投标人须知前附表另有规定外，投标人所递交的投标文件不予退还。招标人收到投标文件后，向投标人出具签收凭证。逾期送达的或者未送达指定地点的投标文件，招标人不予受理。

（3）投标文件的修改与撤回。在规定的投标截止时间前，投标人可以修改或撤回已递交的投标文件，但应以书面形式通知招标人。投标人修改或撤回已递交投标文件的书面通知应按照要求签字或盖章。招标人收到书面通知后，向投标人出具签收凭证。修改的内容为投标文件的组成部分。修改的投标文件应按照规定进行编制、密封、标记和递交，并标明"修改"字样。

5）开标

（1）开标时间和地点。招标人在规定的投标截止时间（开标时间）和投标人须知前附表规定的地点公开开标，并邀请所有投标人的法定代表人或其委托代理人准时参加。

（2）开标程序。主持人按下列程序进行开标：①宣布开标纪律；②公布在投标截止时间前递交投标文件的投标人名称，并点名确认投标人是否派人到场；③宣布开标人、唱标人、记录人、监标人等有关人员姓名；④按照投标人须知前附表的规定检查投标文件的密封情况；⑤按照投标人须知前附表的规定确定并宣布投标文件开标顺序；⑥设有标底的，公布标底；⑦按照宣布的开标顺序当众开标，公布投标人名称、标段名称、投标保证金的递交情况、投标报价、质量目标、工期及其他内容，并记录在案；⑧投标人代表、招标人代表、监标人、记录人等有关人员在开标记录上签字确认；⑨开标结束。

6）评标

（1）评标委员会。评标由招标人依法组建的评标委员会负责。评标委员会由招标人或其委托的招标代理机构熟悉相关业务的代表，以及有关技术、经济等方面的专家组成。评标委员会成员人数以及技术、经济等方面专家的确定方式见投标人须知前附表。

评标委员会成员有下列情形之一的，应当回避：①招标人或投标人的主要负责人的近亲属；②项目主管部门或者行政监督部门的人员；③与投标人有经济利益关系，可能影响对投标公正评审的；④曾因在招标、评标以及其他与招标投标有关活动中从事违法行为而受过行政处罚或刑事处罚的。

（2）评标原则。评标活动遵循公平、公正、科学和择优的原则。

（3）评标。评标委员会按照评标办法规定的方法、评审因素、标准和程序对投标文件进行评审。评标办法没有规定的方法、评审因素和标准，不作为评标依据。

7）合同授予

（1）定标方式。除投标人须知前附表规定评标委员会直接确定中标人外，招标人依据评标委员会推荐的中标候选人确定中标人，评标委员会推荐中标候选人的人数见投标人须知前附表。

（2）中标通知。在规定的投标有效期内，招标人以书面形式向中标人发出中标通知书，同时将中标结果通知未中标的投标人。

（3）履约担保。在签订合同前，中标人应按投标人须知前附表规定的金额、担保形式和招标文件合同条款及格式规定的履约担保格式向招标人提交履约担保。联合体中标的，其履约担保由牵头人递交，并应符合投标人须知前附表规定的金额、担保形式和招标文件合同条款及格式规定的履约担保格式要求。中标人不能按要求提交履约担保的，视为放弃中标，其投标保证金不予退还；给招标人造成的损失超过投标保证金数额的，中标人还应当对超过部分予以赔偿。

（4）签订合同。招标人和中标人应当自中标通知书发出之日起 30 天内，根据招标文件和中标人的投标文件订立书面合同。中标人无正当理由拒签合同的，招标人取消其中标资格，其投标保证金不予退还；给招标人造成的损失超过投标保证金数额的，中标人还应当对超过部分予以赔偿。发出中标通知书后，招标人无正当理由拒签合同的，招标人向中标人退还投标保证金；给中标人造成损失的，还应当赔偿损失。

8）重新招标和不再招标

（1）重新招标。有下列情形之一的，招标人将重新招标：①投标截止时间止，投标人少于 3 人；②经评标委员会评审后否决所有投标。

（2）不再招标。重新招标后投标人仍少于 3 人或者所有投标被否决的，属于必须审批或核准的工程建设项目，经原审批或核准部门批准后不再进行招标。

9）纪律和监督

招标过程应遵守纪律并受到监督。

10）需要补充的其他内容

需要补充的其他内容见投标人须知前附表。

4. 评标办法

评标办法分为经评审的最低投标价法和综合评估法。采用经评审的最低投标价法时，评标委员会对满足招标文件实质要求的投标文件，根据评标办法规定的量化因素及量化标准进行价格折算，按照经评审的投标价由低到高的顺序推荐中标候选人，或根据招标人授权直接确定中标人，但投标报价低于其成本的除外。经评审的投标价相等时，投标报价低的优先；投标报价也相等时，招标人自行确定中标人。采用综合评估法时，评标委员会对满足招标文件实质性要求的投标文件，按照评标方法规定的评分标准进行打分，并按得分由高到低顺序推荐中标候选人，或根据招标人授权直接确定中标人，但投标报价低于其成本的除外。综合评分相等时，投标报价低的优先；投标报价也相等时，招标人自行确定中标人。

5. 合同条款及格式

合同条款及格式规定了通用条款、专用条款、合同协议书、履约担保以及预付款担保的格式。

6. 工程量清单

《建设工程工程量清单计价规范》规定了采用工程量清单方式招标时清单的编制原则、内容和方法等，工程量清单是招标文件的组成部分，其准确性和完整性由招标人负责。工程量清单载明了建设工程分部分项工程项目、措施项目、其他项目的名称和相应数量以及规费、税金项目等内容的明细清单。招标工程量清单是指招标人依据国家标准、招标文件、设计文件以及施工现场实际情况编制的，随招标文件发布的，供投标报价的工程量清单，包括其说明和表格。已标价工程量清单是指构成合同文件组成部分的投标文件已标明价格，经算术性错误修正（如有）且承包人已确认的工程量清单，包括其说明和表格。招标人在招标文件中提供的是"招标工程量清单"，投标文件中投标人依据招标工程量清单进行的报价是"已标价工程量清单"。

7. 图纸

图纸是合同文件的重要组成部分，是编制工程量清单以及投标报价的重要依据。图纸是投标人拟订施工方案、确定施工方法，以及提出替代方案、计算投标报价必不可少的资料。投标人应对图纸进行仔细阅读理解,若发现错误应及时跟发包人沟通,会同设计单位协商解决。

8. 技术标准和要求

技术标准和要求也是合同文件的组成部分。施工技术规范大多套用国家及有关部门编制的规范、规程内容,它是施工过程中承包商控制质量和工程师检查验收的主要依据,只有严格按照规范进行施工与验收才能保证获得一项合格的工程。规范、图纸和工程量表又是投标人在投标时必不可少的参考资料,投标人依据这些资料拟订施工规划,包括施工方案、施工工序等,并据此进行工程估价和投标报价。因此,在拟订技术规范时,既要满足设计要求、保证工程的施工质量,又不能过于苛刻,因为过于苛刻的要求会使投标人抬高报价。编写规范时,招标人可引用国家正式颁布的规范,但必须结合本工程的具体环境和要求来选用,往往还需由监理工程师编制一部分适用于本工程的具体技术规定和要求。规范的内容一般包括工程的全面描述,工程所采用材料的技术要求,施工质量要求,工程记录、计量方法和支付的有关规定,验收的标准和规定,其他不可预见因素的规定。

9. 投标文件格式

投标文件格式的主要作用是为投标人编制投标文件提供固定的格式和编排顺序,以规范投标文件的编制,同时便于评标委员会评标,一般包括投标文件封面、目录、投标函及投标函附录、法定代表人身份证明或其授权委托书、联合体协议书、投标保证金、已标价工程量清单、施工组织设计、项目管理机构、拟分包项目情况表、资格审查资料以及其他材料等。

投标单位应对组成招标文件的内容进行全面阅读。投标文件实质上有不符合招标文件要求的投标,将有可能被拒绝。招标人编制的招标文件的内容违反法律、行政法规的强制性规定,违反公开、公平、公正和诚实信用原则,影响潜在投标人投标的,依法必须进行招标的项目的招标人应当在修改招标文件后重新招标。

案例 2-5

某建设单位拟建造一幢办公楼,采用公开招标方式选择施工承包单位。招标文件要求提交投标文件和投标保证金的截止时间为 2021 年 6 月 30 日。该投资公司于 2021 年 4 月 6 日发出招标公告,共有 6 家建筑施工单位参加了投标。第 5 家施工单位于 2021 年 7 月 2 日提交投标保证金。开标会于 2021 年 7 月 3 日由该省建委主持。第 6 家施工单位在开标前向建设单位要求撤回投标文件和退还投标保证金。经过综合评选,最终确定第 2 家施工单位中标。建设单位(甲方)与中标单位(乙方)按规定签订了施工承包合同,合同约定开工日期为 2021 年 9 月 15 日。

问题:(1)第 5 家施工单位递交的投标文件是否有效?说明理由。

(2)第 6 家施工单位在开标前是否有权向建设单位要求撤回投标文件和退还投标保证金?

(3)该招标过程是否存在不妥之处?若存在,请指出。

解析

(1)第 5 家施工单位递交的投标文件应作废标处理。

理由:招标文件要求提交投标文件和投标保证金的截止时间为 2021 年 6 月 30 日,而第 5 家施工单位于 2021 年 7 月 2 日提交投标保证金,没有在规定的时间内提交投标保证金,故投标文件应作废标处理。

(2)第 6 家施工单位在投标截止时间前有权向建设单位要求撤回投标文件和退还投标保证金,招标方应当退还投标保证金。

理由：投标单位在投标截止时间前撤回投标文件，招标单位无权没收其投标保证金；投标单位在投标截止时间后撤回投标文件，招标方应没收投标保证金。也就是说，投标单位在投标有效期内不得撤回投标文件，如撤回，招标单位有权没收其投标保证金。

（3）该招标过程存在以下不妥之处。

① 开标会由该省建委主持不妥。开标会应当由业主或其委托的招标代理机构主持。

② 投标截止时间和开标时间不一致不妥。根据招标投标法的规定，投标截止时间即为开标时间，二者应是同一时间。

2.2.3 招标文件的澄清与修改

在提交投标文件截止时间前，招标人可以对已发出的招标文件进行必要的澄清或者修改。澄清或者修改的内容可能影响投标文件编制的，招标人应当在投标截止时间至少 15 日前，以书面形式通知所有获取招标文件的潜在投标人；不足 15 日的，招标人应当顺延提交投标文件的截止时间。对招标文件的澄清与修改，应当注意以下几点。

建设工程招标文件
的澄清与修改

1）招标人有权对招标文件进行澄清与修改

招标文件发出后，无论何种原因，招标人可以针对发现的错误或遗漏，在规定时间内主动解答潜在投标人提出的问题时进行澄清或者修改，改正差错，避免损失。

2）澄清与修改的时限

招标人对已发出的招标文件的澄清与修改，按《中华人民共和国招标投标法》第 23 条和《中华人民共和国招标投标法实施条例》第 21 条的规定，应当在提交投标文件截止时间至少 15 日前通知所有购买招标文件的潜在投标人。

3）澄清或修改的内容应为招标文件的组成部分

按照《中华人民共和国招标投标法》第 23 条关于招标人对招标文件澄清和修改应"以书面形式通知所有招标文件收受人，该澄清或修改的内容为招标文件的组成部分"的规定，招标人可以直接采取书面形式，也可以采用召开投标预备会的方式进行解答和说明，但最终必须将澄清与修改的内容以书面方式通知所有招标文件收受人并作为招标文件的组成部分。

潜在投标人或者其他利害关系人对招标文件有异议的，应当在投标截止时间 10 日前提出。招标人应当自收到异议之日起 3 日内做出答复；做出答复前，应当暂停招标投标活动。

2.2.4 建设工程施工招标文件的编制原则

招标文件的编制必须做到系统、完整、准确、明了，即提出要求的目标明确，使投标人一目了然。招标文件的编制应遵循以下基本原则。

（1）要确定建设单位和建设项目是否具备招标条件。不具备招标条件的项目须委托具有相应资质的咨询、监理单位代理招标。

（2）必须遵守招标投标法及有关贷款组织的要求，因为招标文件是中标者签订合同的基础。违反法律、法规和国家有关规定的合同属于无效合同。招标文件必须符合《中华人民共和国招标投标法》等多项有关法规、法令等。

（3）应公正、合理地处理招标人与投标人的关系，保护双方的利益。如果招标人在招标文件中不恰当地过多将风险转移给投标人一方,势必迫使投标人加大风险费用,提高投标报价,而最终还是招标人一方增加支出。

（4）招标文件应正确、详尽地反映项目的真实情况,这样才能使投标者在客观可靠的基础上投标,减少签约、履约的争议。

（5）招标文件各部分的内容必须统一。这个原则是为了避免备份文件之间的矛盾。招标文件涉及投标者须知、合同条件、规范、工程量表等多项内容。如果文件各部分之间矛盾多,就会给投标工作和履行合同的过程中带来许多争端,甚至影响工程的施工。

2.2.5　建设工程施工招标文件编制应注意的问题

（1）用醒目的方式标明招标的实质性要求和条件。

（2）招标文件不得含有倾向或者排斥潜在投标人的内容。

（3）招标人不得以不合理的工期限制或者排斥投标人或者潜在投标人。

（4）招标人应当在招标文件中载明投标有效期。投标有效期从提交投标文件的截止之日起算。

（5）招标文件应当明确规定评标标准和方法。招标文件应当明确规定评标时除价格以外的所有评标因素,以及如何将这些因素量化或者如何根据这些因素进行评估。在评标过程中,招标文件中规定的评标标准、方法和中标条件不得改变。

（6）工期长的项目,招标文件可规定工程造价的调整方法。施工招标项目工期超过十二个月的,招标文件中可以规定工程造价指数体系、价格调整因素和调整方法。

（7）招标人可以要求投标人在提交符合招标文件规定的投标文件外,提交备选投标方案,但应当在招标文件中做出说明,并提出相应的评审和比较办法。

（8）招标人可以通过信息网络或者其他媒介发布电子招标文件,招标文件应明确规定电子招标文件应当和书面招标文件一致,具有同等法律效力。当电子招标文件与书面招标文件不一致时,应以书面招标文件为准。

案例 2-6

某高校投资建造一座教学楼,拟采用工程量清单以公开招标的方式进行施工招标。业主委托有相应招标和造价咨询资质的咨询企业编制招标文件和最高投标限价,招标文件包括如下规定:①项目投标保证金从投标企业的普通账户转出;②招标人不组织项目现场踏勘活动;③投标人对招标文件有异议的,应当在投标截止时间15日前提出;④招标人设有最高投标限价和最低投标限价,高于最高投标限价或低于最低投标限价的投标人报价均按废标处理;⑤投标保证金有效期比投标有效期长一个月;⑥中标人的履约保证金为最高投标限价的10%;⑦投标人资格条件之一是近3年承包过高校教学楼工程;⑧缺陷责任期为3年,期满后退还预留的质量保证金。

投标和评标过程发生以下事件。

事件1:投标人A为外地企业,对项目所在区域不熟悉,向招标人申请希望招标人安排一名工作人员陪同踏勘现场,招标人同意安排一位普通工作人员陪同投标人踏勘现场。

事件2:投标过程中,投标人F在开标前1小时口头告知招标人,撤回了已提交的投标文件,要求招标人3日内退还其投标保证金。

事件 3:评标发现,投标人 A 的每项单价都是投标人 B 的相应项目单价的 1.2 倍。

事件 4:评标委员会某成员认为投标人 D 与招标人曾经在多个项目上合作过,从有利于招标人的角度,建议优先选择投标人 D 为中标候选人。

问题:(1) 请逐一分析招标文件规定的①～⑧项内容是否妥当,分别说明理由。

(2) 针对事件 1 和事件 2,招标人应如何处理?

(3) 针对事件 3 和事件 4,评标委员会应如何处理?

解析

(1) ① 不妥。投标保证金必须从企业的基本账户转出。

② 妥当。招标人可以自主确定是否组织项目现场踏勘活动。

③ 不妥。投标人对招标文件有异议的,应当在投标截止时间前提出。

④ 招标人设有最高投标限价,高于最高投标限价的投标人报价按废标处理妥当。《中华人民共和国招标投标法实施条例》规定,招标人可以设定最高投标限价;《建设工程工程量清单计价规范》规定,国有资金投资建设项目必须编制招标控制价(最高投标限价),高于招标控制价的投标人报价按废标处理。招标人设有最低投标限价不妥,《中华人民共和国招标投标法实施条例》规定,招标人不得规定最低投标限价。

⑤ 不妥。投标保证金有效期应与投标有效期一致。

⑥ 不妥。中标人的履约保证金应不超过中标合同价的 10%;

⑦ 不妥。不应设定"承包过高校教学楼工程",根据《中华人民共和国招标投标法》的相关规定,招标人不得以不合理条件限制或排斥投标人,此条违反了公平原则。

⑧ 不妥。缺陷责任期最长不得超过 24 个月。

(2) 事件 1:招标人的做法不妥当。根据《中华人民共和国招标投标法》及《中华人国共和国招标投标法实施条例》的规定,投标人不能单独组织投标人踏勘现场。

事件 2:投标人 F 口头告知招标人撤回投标文件不妥,投标人撤回已提交的投标文件,应当在投标截止时间前书面通知招标人;要求招标人 3 日内退还其投标保证金不妥,投标保证金应当自收到投标人书面撤回通知之日起 5 日内退还。

(3) 事件 3:评标委员会可以认定投标人 A 和投标人 B 串标,因为他们的报价呈现规律性变化。

(4) 事件 4:评标委员会的做法不妥当,评标委员会应按照招标文件规定的评标标准和评标方法对各投标文件进行评审,按照得分高低的顺序推荐中标候选人。

2.3 建设工程招标标底的编制

2.3.1 建设工程招标标底的概念及作用

1. 建设工程招标标底的概念

建设工程招标标底是由招标人或招标人委托的具有编制标底资格和能力的中介咨询机构,

根据招标项目的具体情况,编制的完成招标项目所需的全部费用,是根据国家规定的计价依据和计价办法计算出来的工程造价,是招标人对建设工程的期望价格。

建设工程招标标底是审核建设工程投标报价的依据,是评标、定标的参考,在开标前要严格保密,不许泄露。接受委托编制标底的中介咨询机构不得再受托编制标底项目的投标,也不得为该项目的投标人编制投标文件或者提供咨询。

2. 建设工程招标标底的作用

建设工程招标标底是招标人对拟建工程的预期价格,对工程招标阶段的工作有一定的作用:

① 标底是招标人控制建设工程投资,确定工程合同价格的参考依据;

② 标底是衡量、评审投标人投标报价是否合理的尺度和依据。

因此,标底应根据国家公布的统一的项目编码、统一的项目名称、统一的项目特征、统一的计量单位、统一的工程量计算规则,以及招标工程的施工图纸、招标文件,参照国家规定的技术标准、定额进行编制,必须以严肃认真的态度和科学合理的方法进行,应当实事求是,综合考虑和体现发包方和承包方的利益,编制切实可行的标底,真正发挥标底的作用。

《中华人民共和国招标投标法》没有明确规定招标工程是否必须设置标底,招标人可根据工程的实际情况自己决定是否需要编制标底。一般情况下,即使采用无标底招标方式进行工程招标,招标人在招标时还是需要对招标工程的建造费用做出估计,使心中有一个基本价格底数,可以对各个投标价格的合理性做出理性的判断。

2.3.2 建设工程招标标底的编制原则和依据

1. 建设工程招标标底的编制原则

标底是招标人控制投资、确定招标工程造价的重要手段,在计算时要求科学合理、计算准确。标底应当参考国务院和省、自治区、直辖市人民政府建设行政主管部门制定的工程造价计价办法和计价依据,以及其他有关规定,根据市场价格信息,由招标人或其委托的有相应资质的中介咨询机构进行编制。

标底的编制过程应该遵循以下原则。

(1)标底应根据国家公布的统一的项目编码、统一的项目名称、统一的项目特征、统一的计量单位、统一的工程量计算规则,以及招标工程的施工图纸、招标文件,参照国家、行业或地方批准发布的定额和国家、行业、地方规定的技术标准规范,以及要素市场价格确定的工程量编制。

(2)标底应力求与市场的实际变化相吻合,要有利于投标者的竞争,并保证工程的质量。

(3)标底应由直接费、间接费、利润、税金等组成,一般应控制在批准的总概算(或修正概算)内。

(4)标底应考虑人工、材料、设备、机械台班等价格变化因素,还应包括不可预见费(特殊情况)、措施费、保险费、风险费等。要求优良的工程还应增加相应的费用。

(5)一个工程项目只能编制一个标底。

(6)标底必须经招标管理机构审定。

2. 建设工程招标标底编制的依据

标底一般依据工程招标文件的发包内容、范围和工程量清单,参照现行有关工程消耗定额和人工、材料、机械等要素的市场平均价格，结合常规施工组织设计方案编制。各类建设工程招标标底编制的主要强制性、指导性或参考性依据如下：

① 各行业建设工程工程量清单计价规范；

② 国家或省级行业建设主管部门颁发的计价定额和计价办法；

③ 建设工程设计文件及相关资料；

④ 招标文件的工程量清单及有关要求；

⑤ 工程施工现场地质、水文勘察资料，现场环境和条件及反映相应情况的有关资料；

⑥ 采用的施工组织设计、施工方案、施工技术措施等；

⑦ 工程建设项目相关标准、规范、技术资料；

⑧ 工程造价管理机构或物价部门发布的工程造价信息或市场价格信息；

⑨ 其他相关资料。

2.3.3 建设工程招标标底的编制方法和程序

1. 建设工程招标标底的编制方法

2014 年 2 月 1 日起施行《建筑工程施工发包与承包计价管理办法》第六条规定：全部使用国有资金投资或者以国有资金投资为主的建筑工程，应当采用工程量清单计价；非国有资金投资的建筑工程，鼓励采用工程量清单计价。第九条规定：招标标底应当依据工程计价有关规定和市场价格信息等编制。

建设工程招标标底的编制方法和程序

我国建设工程招标标底的编制，常用的编制方法有以下几种。

（1）工料单价法。工料单价仅包括人工费、材料费和机具费，又称为直接费单价。工料单价法是根据施工图纸及技术说明，按照预算定额规定的分部分项工程子目，逐项计算工程量，再套用相应项目定额单价（或单位估价表单价）确定定额直接费，按规定的费用标准确定间接费、利润和税金，加上材料调价系数和适当的不可预见费，汇总后作为工程标底价格的基础。

（2）综合单价法。采用综合单价法编制标底价格时，根据统一的项目编码、统一的项目名称、统一的项目特征、统一的计量单位、统一的工程量计算规则，以及招标工程的施工图纸、招标文件等计算工程量，形成工程量清单，综合单价确定以后，填入工程量清单，与各分部分项工程量相乘得到合价，再加上规费和税金即可得到标底。

2. 建设工程招标标底的编制程序

（1）确定标底的编制单位。标底由招标人自行编制或委托具有编制标底资格和能力的中介咨询机构编制。

（2）按要求提供完整的资料，以便进行标底计算，包括施工方案、施工组织设计等。

（3）参加交底会及现场踏勘。标底编审人员均应参加施工图交底会及现场踏勘、招标预备会，便于标底的编审工作。

（4）确定人工、材料、机械设备的市场价格，采用固定价格的工程，应测算施工周期内的人工、材料、设备和机械台班价格波动风险系数。

（5）确定施工方案或施工组织设计中的计费内容。

（6）标底编制，编制人员应严格按国家的有关政策、规定，科学公正地编制标底。

（7）标底送审，未经审查的标底一律无效。

（8）标底价格审定交底。对采用工料单价法编制的标底，主要审定以下内容：工程量计算是否准确、项目套用和费用计取是否正确等。对采用综合单价法编制的标底，主要审查以下内容：标底计价内容、综合单价组成分析、设备市场供应价格、措施费等。采取暗标的标底审定完后应及时封存，直至开标时，所有接触过标底价格的人均负有保密责任，不得泄露，否则将追究法律责任。

案例 2-7

某建设单位对拟建工程进行施工招标，设有标底。评标时，评标委员会发现甲投标人的报价明显低于其他投标人的报价，并且低于标底。评标委员会该如何处理？

解析

《评标委员会和评标方法暂行规定》第二十一条规定："在评标过程中，评标委员会发现投标人的报价明显低于其他投标报价或者在设有标底时明显低于标底，使得其投标报价可能低于其个别成本的，应当要求该投标人作出书面说明并提供相关证明材料。投标人不能合理说明或者不能提供相关证明材料的，由评标委员会认定该投标人以低于成本报价竞标，其投标应作废标处理。"

因此，本案例中，评标委员会应当书面要求投标人做出书面说明，并提供相关证明材料（如采用新工艺、管理措施）。若投标人不能合理说明或者不能提供证明材料，评标委员会应当认定该投标人以低于成本价竞标，其投标作为废标处理。

2.4 招标控制价的编制

建设工程招标控制价
的概念及作用

2.4.1 招标控制价的概念

在《建设工程工程量清单计价规范》（GB 50500—2018）中，招标控制价的定义是招标人根据国家或省级、行业建设主管部门颁发的有关计价依据和办法，以及拟定的招标文件和招标工程量清单，结合工程具体情况编制的招标工程的最高投标限价。

2.4.2 招标控制价的作用

（1）招标控制价作为招标人能够接受的最高交易价，可以使招标人有效控制项目投资，防止恶性投标带来的投资风险。

（2）有利于增强招投标过程的透明度。招标控制价的编制，淡化了标底的作用，避免了工程招标中的弄虚作假、暗箱操作等违规行为，并消除了因工程量不统一而引起的在标价上的误差，有利于正确评标。

（3）招标控制价与招标文件同步编制，作为招标文件的一部分，并与招标文件一同公布，有利于引导投标人投标报价，避免了投标人无标底情况下的无序竞争。

（4）招标人在编制招标控制价时通常按照政府规定的标准进行编制，即招标控制价反映的是社会平均水平。

（5）招标控制价可以为工程变更新增项目确定单价提供计算依据。招标人可在招标文件中规定：当工程变更项目合同价中没有相同或类似项目时，可参照招标时招标控制价编制原则编制综合单价，再按原招标时中标价与招标控制价相比下浮相同比例确定工程变更新增项目的单价。

（6）招标控制价可作为评标时的参考依据，避免出现较大的偏离。设置招标控制价克服了无标底评标时对投标人的报价评审缺乏参考依据的问题。招标控制价是招标人根据清单规范、国家或省级、行业建设主管部门颁发的计价定额和计价办法，费用或费用标准的政策规定（有幅度的应按幅度的上限执行），建设工程设计文件及相关资料，招标文件中的工程量清单及有关要求，工程造价管理机构发布的工程造价信息（工程造价信息没有发布的按市场价），施工现场实际情况及合理的常规施工方法等其他相关资料编制的。这说明了招标控制价能反映工程项目和市场实际情况，而且反映的是社会平均水平。目前还有很多施工企业尚未制定反映其实际生产水平的企业定额，不能用企业定额作为评标的依据，因此，用招标控制价作为评标时的参考依据，具有一定的科学性和较强的可操作性。

2.4.3　招标控制价编制的一般规定和依据

1. 招标控制价编制的一般规定

（1）国有资金投资的建设工程招标，招标人必须编制招标控制价。国有资金投资的工程实行工程量清单招标，为了客观、合理地评审投标报价和避免哄抬标价，避免国有资产流失，招标人必须编制招标控制价，规定最高投标限价。根据《中华人民共和国招标投标法》第二十二条的

建设工程招标控制价
编制的一般规定和依据

规定，"招标人设有标底的，标底必须保密"。实行工程量清单招标后，由于招标方式的改变，标底保密这个法律规定已不能起到有效遏止哄抬标价的作用，我国有的地区和部门已经发生了在招标项目上所有投标人的报价均高于标底的现象，致使中标人的中标价高于招标人的预算，对招标工程的招标人造成了困扰。因此，为了客观、合理地评审投标报价和避免哄抬标价，避免国有资产流失，招标人应编制招标控制价，作为招标人能够接受的最高交易价格。

（2）招标控制价应由具有编制能力的招标人或受其委托具有相应资质的工程造价咨询人员编制和复核。招标控制价应由招标人负责编制，当招标人不具有编制招标控制价的能力时，可委托具有工程造价咨询资质的工程造价咨询人员编制。

（3）工程造价咨询人员接受招标人委托编制招标控制价时，不得再就同一工程接受投标人委托编制投标报价。

（4）招标控制价应按照规范的编制与复核的相关规定编制，不应上浮或下调。根据《建设工程质量管理条例》第十条"建设工程发包单位，不得迫使承包方以低于成本的价格竞标"的规定，

招标人应在招标文件中如实公布招标控制价,不得对所编制的招标控制价进行上浮或下调。

（5）当招标控制价超过批准的概算时,招标人应报原概算审批部门审核。我国对国有资金投资项目的投资控制实行的是投资概算控制制度,项目投资原则上不能超过批准的投资概算。因此,在工程招标发包时,当编制的招标控制价超过批准的概算,招标人应当将其报原概算审批部门重新审核。

（6）招标人应在发布招标文件时公布招标控制价,同时应将招标控制价及有关资料报送工程所在地或有该工程管辖权的行业管理部门的工程造价管理机构备查。招标控制价的公开性决定了招标控制价不同于标底,无须保密。为体现招标的公平、公正性,防止招标人有意抬高或压低工程造价,招标人应在招标文件中如实公布招标控制价,同时,招标人应将招标控制价报工程所在地或有该工程管辖权的行业管理部门的工程造价管理机构备查。招标人设有最高投标限价的,应当在招标时公布最高投标限价的总价,以及各单位工程的分部分项工程费、措施项目费、其他项目费、规费和税金。

2．招标控制价编制的依据

招标控制价编制的依据如下:

① 建设工程工程量清单计价规范及国家相关的计量规范;

② 国家或省级、行业建设主管部门颁发的计价定额和计价办法;

③ 建设工程设计文件及相关资料;

④ 拟定的招标文件及招标工程量清单;

⑤ 与建设项目相关的标准、规范、技术资料;

⑥ 施工现场情况、工程特点及常规施工方案;

⑦ 工程造价管理机构发布的工程造价信息,当工程造价信息没有发布时,参照市场价;

⑧ 其他的相关资料。

2.4.4　招标控制价与标底的区别及优势

1．招标控制价与标底的区别

（1）招标控制价是事先公布的最高限价。投标价不能高于招标控制价。标底是严格保密的,开标唱标后公布,不是最高限价。投标价、中标价都有可能突破标底。

建设工程招标
控制价与标底的
区别及优势

（2）招标控制价只起到最高限价的作用,投标人的报价都要低于该价,而且招标控制价不参与评分,也不在评标中占有权重,只是作为具体建设项目工程造价的参考。标底在评标过程中一般参与评标,在评标过程中占有权重,所以说标底能影响哪个投标人中标。

（3）评标时,投标报价不能超过招标控制价,否则废标。标底是招标人期望的中标价,投标价格越接近这个价格越容易中标。当所有的竞标价格过分低于标底价格或者过分高于标底价格时,发包人可以宣布流标,不承担责任。

2．招标控制价的优势

在《建设工程工程量清单计价规范》(GB 50500—2013)中,为解决标底招标和无标底招标存在的问题,促使我国各省市关于控制最高限价规定的统一,不再使用标底的称谓,而统一定义为"招标控制价"。对比发现,新规范规定的招标控制价与各省市控制最高限价的规定是类似的,目的都是控制投资,避免投标人串标、哄抬标价。设立招标控制价招标与设标底招标和无标底招标相比的优势如下:

① 可有效控制投资,防止恶性哄抬报价带来的投资风险;

② 提高了透明度,避免了暗箱操作、寻租等违法活动的产生;

③ 可使各投标人自主报价、公平竞争,符合市场规律,投标人的自主报价,不受标底的左右;

④ 既设置了控制上限又尽量地减少了招标人对评标基准价的影响。

2.4.5 招标控制价的编制应注意的问题

1．招标控制价不宜设置过高

在招标文件中,公开招标控制价,为投标人围标、串标创造了条件。招标控制价实际上是"最高上限",不是"最低下限",其价位是社会平均水平。因此,公开了招标控制价,投标人就有了报价的目标,招标人与投标人之间存在价格信息不对称,只要投标人相互串通,"协定"一家中标单位(或投标人联合起来轮流"坐庄"),投标人不用考虑中标机会概率,就能达到较高预期利润。招标控制价不宜过高,因为只要投标不超过招标控制价都是有效投标,投标人可能围绕这个最高限价串标、围标。

2．招标控制价不宜设置过低

如果公布的招标控制价远远低于市场平均价,就会影响招标效率,可能出现无人投标的情况,因为按此价投标将无利可图,不按此价投标会成为无效投标。招标人不得不修改招标控制价进行二次招标。另外,如果招标控制价设置太低,从信息经济学角度分析,若投标人能够提出低于招标控制价的报价,可能是因其实力雄厚,管理先进,确实能够以较其他投标者低得多的成本建设该项目。但更可能的情况是,该投标人并无明显的优势,而是恶性低价抢标,最终提供的工程的质量不能满足招标人的要求,或中标后在施工过程中以变更、索赔等方式弥补成本。

3．招标控制价的编制应考虑施工中可能应用的施工方法和可能的风险

招标控制价应根据编制依据和相关清单计价规范的要求进行编制并考虑现场施工环境,常规施工方案,人工、材料价格变化等内容,价格中应包含一定的风险费用,也就是说,招标控制价的编制应考虑承包商在报价时可能考虑的一切因素,这样的价格才可能是一个科学合理的控制价格。

案例 2-8

某政府投资的市区内河道清淤及边坡加固工程,采用了工程量清单计价方式,招标控制价设置为 880 万元,招标控制价组成中提供了详细的分部分项工程量清单及报价表。某施工单位在规定的时间和地点购买了此招标文件,针对工程量清单进行了初步报价,结果发现该施工单位若要完成招标范围内的全部工程,其成本价为 1420 万元,不加利润、规费和税金的价格已远远超过了该招标控制价。逐项对比招标控制价和投标报价的分部分项工程及措施项目的报价发现,该招标控制

价的组价内容只考虑了常规的施工方法和套用了该市的消耗量定额,没有针对该工程具体、复杂的施工环境进行充分考虑,因此产生的组价是一个不符合现实的价格。该施工单位根据河道环境实地考察并结合切实可行的施工方案的内容向招标方在规定的时间内提出了需要答疑的内容,但是招标方坚持招标控制价没有问题,该施工单位遂放弃了该项目的投标。

2.5 建设工程施工招标文件编制实例

××建设工程施工招标文件

第一章 招标公告

××建设工程施工招标公告

1. 招标条件

××建设工程已由相关部门批准建设,招标人为××公司,建设资金为财政资金。项目已具备招标条件,现对该项目施工进行公开招标。

2. 项目概况与招标范围

××建设工程计划投资 3000 万元,计划工期为 300 日历天。招标范围为图纸范围内的所有内容。建设地点为××县。

3. 投标人资格要求

本次招标要求投标人具备房屋建筑施工总承包二级及以上资质,并在人员、设备、资金等方面具有相应的施工能力。本工程不接受联合体投标。

4. 招标文件的获取

(1) 凡有意参加投标者,请于 2018 年 2 月 4 日至 2018 年 2 月 8 日,每日上午 8 时至 11 时 30 分,下午 14 时 30 分至 17 时 30 分,在××县招投标中心由拟投入的建造师本人持法人委托书购买招标文件。

(2) 招标文件每套售价 2000 元,售后不退。

(3) 报名时需提供以下加盖单位公章的复印件资料两套:

① 有效的企业资质证书;

② 有效的企业营业执照;

③ 有效的安全生产许可证;

④ 有效的组织机构代码证;

⑤ 税务登记证;

⑥ 拟投入的建造师及项目管理班子(附建造师登记照片一张);

⑦ ××县外企业已取得××市住建局备案证明。

5. 投标文件的递交

（1）投标文件递交的截止时间为 2018 年 3 月 13 日 9 时，地点为××县招投标中心。

（2）逾期送达的、未送达指定地点的或者未按招标文件密封的投标文件，招标人不予受理。

6. 发布公告的媒介

本次招标公告在××县行政服务中心（http://www.××.com/）发布。

公告同时在××县××咨询公司（http://www.××.com）发布。

7. 联系方式

招标人：＿＿＿＿＿＿＿＿＿＿

地　址：＿＿＿＿＿＿＿＿＿＿

联系人：＿＿＿＿＿＿＿＿＿＿

电　话：＿＿＿＿＿＿＿＿＿＿

传　真：＿＿＿＿＿＿＿＿＿＿

网　址：＿＿＿＿＿＿＿＿＿＿

开户银行：＿＿＿＿＿＿＿＿＿＿

账　号：＿＿＿＿＿＿＿＿＿＿

第二章　投标人须知

投标人须知前附表

条款号	条款名称	编列内容
1.1.2	招标人	名称：×× 地址：×× 联系人：×× 电话：××
1.1.3	招标代理机构	名称：×× 地址：×× 联系人：×× 电话：××
1.1.4	项目名称	××建设工程
1.1.5	建设地点	××
1.2.1	资金来源及出资比例	财政资金
1.2.2	资金落实情况	已落实
1.3.1	招标范围	图纸范围内的所有内容
1.3.2	计划工期	计划工期：300 日历天
1.3.3	质量要求	合格

续表

条款号	条款名称	编列内容
1.4.1	投标人资质条件、能力和信誉	资质条件:房屋建筑施工总承包二级及以上资质 项目经理资格:注册建造师 财务要求:近两年财务报表 业绩要求:有类似工程经历 其他要求:不接受联合体投标
1.9.1	踏勘现场	√不组织
1.10.1	投标预备会	√不召开
1.10.2	投标人提出问题的截止时间	投标截止时间20日前
1.10.3	招标人书面澄清的时间	投标截止时间15日前
1.11	偏离	√不允许
2.1	构成招标文件的其他材料	
2.2.1	投标人要求澄清招标文件的截止时间	收到异议3日内
2.2.2	投标截止时间	2018年3月13日9时
2.2.3	投标人确认收到招标文件澄清的时间	收到澄清3日内
2.3.2	投标人确认收到招标文件修改的时间	收到修改3日内
3.1.1	构成投标文件的其他材料	见评分办法
3.2.3	最高投标限价	3000万元
3.3.1	投标有效期	60日历天
3.4.1	投标保证金	投标保证金的形式:银行转账 投标保证金的金额:40万元
3.5.2	近年财务状况的年份要求	近2年,指2011年起
3.5.3	近年完成的类似项目的年份要求	近2年,指2011年起
3.6.3	签字或盖章要求	投标文件必须签字或盖章
3.6.4	投标文件份数	一正二副共三份
3.6.5	装订要求	刷胶装订
4.1.2	封套上写明	招标人名称: (项目名称)投标文件在__年__月__日__时__分前不得开启
4.2.2	递交投标文件地点	××招投标中心
4.2.3	是否退还投标文件	√否
5.1	开标时间和地点	开标时间:同投标截止时间 开标地点:××招投标中心

条款号	条款名称	编列内容
5.2	开标程序	密封情况检查:投标人互检 开标顺序:投标文件送达逆顺序
6.1.1	评标委员会的组建	评标委员会构成:5 人 评标专家确定方式:由招标人从××招投标中心专家库中随机抽取。
7.1	是否授权评标委员会确定中标人	√否,推荐的中标候选人数:1~3 名
7.2	中标候选人公示媒介	
7.4.1	履约担保	履约担保的形式:现金 履约担保的金额:合同价的 10%
9	需要补充的其他内容	
	电子招标投标	√否
	计价方式	清单计价
	投标文件送达方式	法定代表人或委托代理人携证送达
	评标方法	综合评估法
	招标代理费	按计价格〔2002〕1980 号和发改价格(2011)534 号文支付,文件附后
	××招投标中心交易费	按相关文件由中标人支付
	其他	国家、省市有关规定

1.总则

1.1 项目概况

1.1.1 根据《中华人民共和国招标投标法》等有关法律、法规和规章的规定,本招标项目已具备招标条件,现对本项目施工进行招标。

1.1.2 本招标项目的招标人:见投标人须知前附表。

1.1.3 本招标项目的招标代理机构:见投标人须知前附表。

1.1.4 本招标项目名称:见投标人须知前附表。

1.1.5 本招标项目的建设地点:见投标人须知前附表。

1.2 资金来源和落实情况

1.2.1 本招标项目的资金来源及出资比例:见投标人须知前附表。

1.2.2 本招标项目的资金落实情况:见投标人须知前附表。

1.3 招标范围、计划工期、质量要求

1.3.1 本招标项目的招标范围:见投标人须知前附表。

1.3.2 本招标项目的计划工期:见投标人须知前附表。

1.3.3 本招标项目的质量要求:见投标人须知前附表。

1.4 投标人的资格要求

1.4.1　投标人应具备的承担本项目施工的资质条件、能力和信誉。

① 资质条件：见投标人须知前附表。

② 项目经理资格：见投标人须知前附表。

③ 财务要求：见投标人须知前附表。

④ 业绩要求：见投标人须知前附表。

⑤ 其他要求：见投标人须知前附表。

1.4.2　投标人不得存在下列情形之一：

① 为招标人不具有独立法人资格的附属机构（单位）；

② 为本招标项目前期准备提供设计或咨询服务；

③ 为本招标项目的监理人；

④ 为本招标项目的代建人；

⑤ 为本招标项目提供招标代理服务；

⑥ 与本招标项目的监理人、代建人或招标代理机构同为一个法定代表人；

⑦ 与本招标项目的监理人、代建人或招标代理机构相互控股或参股；

⑧ 为本招标项目的监理人、或代建人或招标代理机构工作；

⑨ 被责令停业；

⑩ 被暂停或取消投标资格；

⑪ 财产被接管或冻结；

⑫ 在最近三年内有骗取中标、严重违约或重大工程质量问题的（限制违规问题的时限、地域范围）。

1.4.3　单位负责人为同一人或者存在控股、管理关系的不同单位,不得同时参加本招标项目的投标。

1.5　费用承担

投标人准备和参加投标活动发生的费用自理。

1.6　保密

参与招标投标活动的各方应对招标文件和投标文件中的商业和技术等秘密保密,违者应对由此造成的后果承担法律责任。

1.7　语言文字

招标投标文件使用的语言文字为中文。专用术语使用外文的,应附中文注释。

1.8　计量单位

所有计量单位均采用中华人民共和国法定计量单位。

1.9　踏勘现场

1.9.1　投标人须知前附表规定组织踏勘现场的,招标人按投标人须知前附表规定的时间、地点组织投标人踏勘项目现场。

1.9.2　投标人踏勘现场发生的费用自理。

1.9.3　除招标人的原因外,投标人自行负责在踏勘现场发生的人员伤亡和财产损失。

1.9.4　招标人在踏勘现场时介绍的工程场地和相关的周边环境情况,供投标人在编制投标文件时参考,招标人不对投标人据此做出的判断和决策负责。

1.10　投标预备会

1.10.1　投标人须知前附表规定召开投标预备会的,招标人按投标人须知前附表规定的时间和地点召开投标预备会,澄清投标人提出的问题。

1.10.2　投标人应在投标人须知前附表规定的时间前,以书面形式将提出的问题送达招标人,以便招标人在会议期间澄清。

1.10.3　投标预备会后,招标人在投标人须知前附表规定的时间内,将对投标人所提问题的澄清,以书面形式通知所有购买招标文件的投标人。该澄清内容为招标文件的组成部分。

1.11　偏离

投标人须知前附表允许投标文件偏离招标文件某些要求的,偏离应当符合招标文件规定的偏离范围和幅度。

2.　招标文件

2.1　招标文件的组成

2.1.1　本招标文件包括如下内容:

① 招标公告;

② 投标人须知;

③ 评标办法;

④ 合同条款及格式;

⑤ 工程量清单;

⑥ 图纸;

⑦ 技术标准和要求;

⑧ 投标文件格式;

⑨ 投标人须知前附表规定的其他材料。

2.1.2　根据本章第1.10款、第2.2款和第2.3款对招标文件所做的澄清、修改为招标文件的组成部分。

2.2　招标文件的澄清

2.2.1　投标人应仔细阅读和检查招标文件的全部内容,如发现缺页或附件不全,应及时向招标人提出,以便补齐,如有疑问,应在投标人须知前附表规定的时间前以书面形式(包括信函、电报、传真等可以有形地表现所载内容的形式,下同),要求招标人对招标文件进行澄清。

2.2.2　招标文件的澄清将以书面形式发给所有购买招标文件的投标人,但不指明澄清问题的来源。如果澄清发出的时间距投标人须知前附表规定的投标截止时间不足15天,并且澄清内容影响投标文件编制,相应延长投标截止时间。

2.2.3　投标人在收到澄清后,应在投标人须知前附表规定的时间内以书面形式通知招标人,确认已收到该澄清。

2.3　招标文件的修改

2.3.1　招标人可以书面形式修改招标文件,并通知所有已购买招标文件的投标人。但如果修改招标文件的时间距投标截止时间不足15天,并且澄清内容影响投标文件编制,相应延长投标截止时间。

2.3.2　投标人收到修改内容后,应在投标人须知前附表规定的时间内以书面形式通知招标人,确认已收到该修改。

2.4　异议

如无异议,事后不得投诉。

3．投标文件

3.1　投标文件的组成

投标文件应包括下列内容：

① 投标函及投标函附录；

② 法定代表人身份证明或附有法定代表人身份证明的授权委托书；

③ 投标保证金；

④ 已标价工程量清单；

⑤ 施工组织设计；

⑥ 项目管理机构；

⑦ 资格审查资料；

⑧ 投标人须知前附表规定的其他材料。

3.2　投标报价

3.2.1　投标人应按"第五章　工程量清单"的要求填写相应表格。

3.2.2　投标人应充分了解施工场地的位置、周边环境、道路、装卸、保管、安装限制以及影响投标报价的其他因素。投标人根据投标设计，结合市场情况进行投标报价。

3.2.3　投标人在投标截止时间前修改投标函中的投标报价总额时，应同时修改已标价工程量清单中的相应报价，投标报价总额为各分项金额之和。此修改须符合本章第4.3款的有关要求。

3.2.4　招标人设有最高投标限价的，投标人的投标报价不得超过最高投标限价，最高投标限价或其计算方法在投标人须知前附表中载明。

3.2.5　投标报价的其他要求见投标人须知前附表。

3.3　投标有效期

3.3.1　除投标人须知前附表另有规定外，投标有效期为60天。

3.3.2　在投标有效期内，投标人撤销或修改其投标文件的，应承担招标文件和法律规定的责任。

3.3.3　出现特殊情况需要延长投标有效期的，招标人以书面形式通知所有投标人延长投标有效期。投标人同意延长的，应相应延长其投标保证金的有效期，但不得要求或被允许修改或撤销其投标文件；投标人拒绝延长的，其投标失效，但投标人有权收回其投标保证金。

3.4　投标保证金

3.4.1　投标人须知前附表规定递交投标保证金的，投标人在递交投标文件的同时，应按投标人须知前附表规定的金额、担保形式和"第八章　投标文件格式"规定的或者事先经过招标人认可的投标保证金格式递交投标保证金，并作为其投标文件的组成部分。

3.4.2　投标人不按本章第3.4.1项要求提交投标保证金的，评标委员会将否决其投标。

3.4.3　招标人与中标人签订合同后5日内，向未中标的投标人和中标人无息退还投标保证金。

3.4.4　有下列情形之一的，投标保证金将不予退还：

① 投标人在规定的投标有效期内撤销或修改其投标文件；

② 中标人在收到中标通知书后，无正当理由拒签合同协议书或未按招标文件规定提交履约担保。

③ 签合同时向招标人提交附加条件。

3.4.5　投标保证金收款单位：＿＿＿＿＿＿＿＿＿＿＿＿＿＿＿＿

账号：_____　　开户银行：_____

3.5　资格审查资料

3.5.1　投标人基本情况表应附投标人营业执照及其年检合格的证明材料、资质证书副本和安全生产许可证等材料的复印件。

3.5.2　近年财务状况表应附财务会计报表，包括资产负债表、现金流量表、利润表和财务情况说明书的复印件，具体年份要求见投标人须知前附表。

3.5.3　近年完成的类似项目情况表应附中标通知书和（或）合同协议书、工程接收证书（工程竣工验收证书）的复印件，具体年份要求见投标人须知前附表，每张表格只填写一个项目，并标明序号。

3.5.4　正在施工和新承接的项目情况表应附中标通知书和（或）合同协议书的复印件，每张表格只填写一个项目，并标明序号。

3.5.5　近年发生的诉讼及仲裁情况应说明相关情况，并附法院或仲裁机构做出的判决、裁决等有关法律文书的复印件，具体年份要求见投标人须知前附表。

3.5.6　投标人须知前附表规定接受联合体投标的，本章第3.5.1项至第3.5.5项规定的表格和资料应包括联合体各方的情况。

3.6　投标文件的编制

3.6.1　投标文件应按"第八章　投标文件格式"进行编写，如有必要，可以增加附页，作为投标文件的组成部分。其中，投标函附录在满足招标文件实质性要求的基础上，可以提出比招标文件要求更有利于招标人的承诺。

3.6.2　投标文件应当对招标文件的工期、投标有效期、质量要求、技术标准和要求、招标范围等实质性内容做出响应。

3.6.3　投标文件应用不褪色的材料书写或打印，并由投标人的法定代表人或其委托代理人签字或盖单位章。委托代理人签字的，投标文件应附法定代表人签署的授权委托书。投标文件应尽量避免涂改、行间插字或删除。如果出现上述情况，改动之处应加盖单位章或由投标人的法定代表人或其授权的代理人签字确认。签字或盖章的具体要求见投标人须知前附表。

3.6.4　投标文件正本一份，副本份数见投标人须知前附表。正本和副本的封面上应清楚地标记"正本"或"副本"的字样。当副本和正本不一致时，以正本为准。

3.6.5　投标文件的正本与副本应分别装订成册，具体装订要求见投标人须知前附表。

4.　投标

4.1　投标文件的密封和标记

4.1.1　投标文件应进行包装、加贴封条，并在封套的封口处加盖投标人单位章。

4.1.2　投标文件封套上应写明的内容见投标人须知前附表。

4.1.3　未按本章第4.1.1项或第4.1.2项要求密封和加写标记的投标文件，招标人应拒收。

4.2　投标文件的递交

4.2.1　投标人应在本章第2.2.2项规定的投标截止时间前递交投标文件。

4.2.2　投标人递交投标文件的地点：见投标人须知前附表。

4.2.3　除投标人须知前附表另有规定外，投标人递交的投标文件不予退还。

4.2.4　招标人收到投标文件后，向投标人出具签收凭证。

4.2.5　逾期送达的、未送达指定地点的或未按招标文件要求密封的投标文件，招标人不予受理。

4.3 投标文件的修改与撤回

4.3.1 在本章第 2.2.2 项规定的投标截止时间前,投标人可以修改或撤回已递交的投标文件,但应以书面形式通知招标人。

4.3.2 投标人修改或撤回已递交的投标文件的书面通知应按照本章第 3.6.3 项的要求签字或盖章。招标人收到书面通知后,向投标人出具签收凭证。

4.3.3 投标人撤回投标文件的,招标人自收到投标人的书面通知之日起 5 日内退还已收取的投标保证金。

4.3.4 修改的内容为投标文件的组成部分。修改的投标文件应按照本章第 3 条、第 4 条的规定进行编制、密封、标记和递交,并标明"修改"字样。

5. 开标

5.1 开标时间和地点

招标人在本章第 2.2.2 项规定的投标截止时间(开标时间)和投标人须知前附表规定的地点公开开标,并邀请所有投标人的法定代表人或其委托代理人准时参加。

5.2 开标程序

主持人按下列程序进行开标:

① 宣布开标纪律;

② 公布在投标截止时间前递交投标文件的投标人的名称,并点名确认投标人是否派人到场;

③ 宣布开标人、唱标人、记录人、监标人等有关人员的姓名;

④ 按照投标人须知前附表的规定检查投标文件的密封情况;

⑤ 按照投标人须知前附表的规定确定并宣布投标文件开标顺序;

⑥ 设有标底的,公布标底;

⑦ 按照宣布的开标顺序当众开标,公布投标人名称、投标保证金的递交情况、投标报价、质量目标、工期及其他内容,并记录在案;

⑧ 规定最高投标限价计算方法的,计算并公布最高投标限价;

⑨ 投标人代表、招标人代表、监标人、记录人等有关人员在开标记录上签字确认;

⑩ 开标结束。

5.3 开标异议

投标人对开标有异议的,应当在开标现场提出,招标人当场做出答复,并记录。如无异议,事后不得投诉。

6. 评标

6.1 评标委员会

6.1.1 评标由招标人依法组建的评标委员会负责。评标委员会由有关技术、经济等方面的专家组成。评标委员会成员人数以及技术、经济等方面的专家的确定方式见投标人须知前附表。

6.1.2 评标委员会成员有下列情形之一的,应当回避:

① 投标人或投标人主要负责人的近亲属;

② 项目主管部门或者行政监督部门的人员;

③ 与投标人有经济利益关系;

④ 曾因在招标、评标以及其他与招标投标有关活动中从事违法行为而受过行政处罚或刑事处罚；

⑤ 与投标人有其他利害关系。

6.2 评标原则

评标活动遵循公平、公正、科学和择优的原则。

6.3 评标

评标委员会按照"第三章　评标办法"规定的方法、评审因素、标准和程序对投标文件进行评审。"第三章　评标办法"没有规定的方法、评审因素和标准，不作为评标依据。

7. 合同授予

7.1 定标方式

除投标人须知前附表规定评标委员会直接确定中标人外，招标人依据评标委员会推荐的中标候选人确定中标人，评标委员会推荐中标候选人的人数见投标人须知前附表。

7.2 中标候选人公示

招标人在投标人须知前附表规定的媒介公示中标候选人，投标人对中标候选人有异议的，必须在中标公示期内提出。如无异议，事后不得投诉。

7.3 中标通知

在本章第3.3款规定的投标有效期内，招标人以书面形式向中标人发出中标通知书，同时将中标结果通知未中标的投标人。

7.4 履约担保

7.4.1 在签订合同前，中标人应按投标人须知前附表规定的担保形式和招标文件"第四章　合同条款及格式"规定的或者事先经过招标人书面认可的履约担保格式向招标人提交履约担保。除投标人须知前附表另有规定外，履约担保金额为中标合同金额的10%。联合体中标的，其履约担保由联合体各方或者联合体的牵头人提交。

7.4.2 中标人不能按本章第7.4.1项要求提交履约担保的，视为放弃中标，其投标保证金不予退还，给招标人造成的损失超过投标保证金数额的，中标人还应当对超过部分进行赔偿。

7.5 签订合同

7.5.1 招标人和中标人应当自中标通知书发出之日起30天内，根据招标文件和中标人的投标文件订立书面合同。中标人无正当理由拒签合同的，招标人取消其中标资格，其投标保证金不予退还，给招标人造成的损失超过投标保证金数额的，中标人还应当对超过部分进行赔偿。

7.5.2 发出中标通知书后，招标人无正当理由拒签合同的，招标人向中标人退还投标保证金；给中标人造成损失的，还应当赔偿损失。

8. 纪律和监督

8.1 对招标人的纪律要求

招标人不得泄露招标投标活动中应当保密的情况和资料，不得与投标人串通损害国家利益、社会公共利益或者他人的合法权益。

8.2 对投标人的纪律要求

投标人不得相互串通投标或者与招标人串通投标，不得向招标人或者评标委员会成员行贿谋取中标，不得以他人名义投标或者以其他方式弄虚作假骗取中标；投标人不得以任何方式干扰、影响评标工作。

8.3 对评标委员会成员的纪律要求

评标委员会成员不得收受他人的财物或者其他好处,不得向他人透露对投标文件的评审和比较、中标候选人的推荐情况以及与评标有关的其他情况。在评标活动中,评标委员会成员应当客观、公正地履行职责,遵守职业道德,不得擅离职守,影响评标程序正常进行,不得使用"第三章 评标办法"没有规定的评审因素和标准。

8.4 对与评标活动有关的工作人员的纪律要求

与评标活动有关的工作人员不得收受他人的财物或者其他好处,不得向他人透露对投标文件的评审和比较、中标候选人的推荐情况以及与评标有关的其他情况。在评标活动中,与评标活动有关的工作人员不得擅离职守,影响评标程序正常进行。

8.5 投诉

投标人和其他利害关系人认为本次招标活动违反法律、法规和规章规定的,有权向有关行政监督部门投诉。

9. 需要补充的其他内容

需要补充的其他内容:见投标人须知前附表。

第三章 评标办法(综合评估法)

评标办法前附表

条款号	评审因素		评审标准
2.1.1	形式评审标准	投标人名称	与营业执照、资质证书、安全生产许可证一致
		投标函签字盖章	有法定代表人或其委托代理人签字或加盖单位章
		投标文件格式	符合"第八章 投标文件格式"的要求
		报价唯一	只能有一个有效报价
		组织机构代码证	有效
		税务登记证	有
2.1.2	资格评审标准	营业执照(审原件)	具备有效的营业执照
		安全生产许可证(审原件)	具备有效的安全生产许可证
		资质等级(审原件)	符合"第二章 投标人须知"第1.4.1项的规定
		项目经理(审原件)	符合"第二章 投标人须知"第1.4.1项的规定
		财务要求	符合"第二章 投标人须知"第1.4.1项的规定
		业绩要求(审原件)	符合"第二章 投标人须知"第1.4.1项的规定
		其他要求	符合"第二章 投标人须知"第1.4.1项的规定
		项目管理班子(审原件)	提供技术负责人及五大员证件

条款号	评审因素		评审标准
2.1.3	响应性评审标准	投标报价	符合"第二章 投标人须知"第3.2.3项的规定
		投标内容	符合"第二章 投标人须知"第1.3.1项的规定
		工期	符合"第二章 投标人须知"第1.3.2项的规定
		工程质量	符合"第二章 投标人须知"第1.3.3项的规定
		投标有效期	符合"第二章 投标人须知"第3.3.1项的规定
		投标保证金	符合"第二章 投标人须知"第3.4.1项的规定
		权利义务	符合"第四章 合同条款及格式"的规定
		技术标准和要求	符合"第七章 技术标准和要求"的规定
		承诺	投标人对项目质量、安全、工期、不拖欠农民工工资、不更换项目经理的承诺
2.2.1	分值构成(总分100分)		施工组织设计:100分,占总分值的10% 项目管理机构:100分,占总分值的20% 投标报价:100分,占总分值的70%
2.2.2	评标基准价计算方法		有效投标报价超过五个时(含五个),取值为去掉投标报价中最高和最低价后的算术平均值乘以(1−F%);有效投标报价少于五个时,取值为所有报价的算术平均值乘以(1−F%)。(其中F为竞争下浮率,本工程F的值取3)
2.2.3	投标报价的偏差率计算公式		偏差率=100%×(投标人报价−评标基准价)/评标基准价

条款号	评分因素		评分标准
2.2.4 (1)	施工组织设计评分标准	内容完整性和编制水平(20)	施工组织设计的针对性、完整性和编制水平,酌情评分
		施工方案与技术措施(20)	土石方、基础等各主要分部施工方法符合项目实际,工艺先进,方法科学合理、可行,能指导具体施工,优良工程应有创优措施。缺一项扣5分,每项施工方法内容不完整、不具体扣2分,每项施工方法不能指导具体施工扣5分,直至扣完本项分
		质量管理体系与措施(10)	有专门的质量技术管理班子和制度,且人员配备合理,制度健全。主要工序应有质量技术保证措施和手段,自控体系完整,能有效保证技术质量,达到承诺的质量标准。人员配备不合理扣2分,制度不健全扣2分,主要工序无质量技术保证措施一项扣1分,质量自控体系不能满足施工工艺和质量技术标准要求扣3分,直至扣完本项分

续表

条款号		评审因素	评审标准
2.2.4 (1)	施工组织设计评分标准	安全管理体系与措施(10)	有专门的安全管理人员和制度,且人员配备合理,制度健全,各道工序安全技术措施符合实际且满足 JGJ 59—2011 的安全技术标准要求,有安全保证承诺。现场防火、社会治安安全措施得力。人员配备不齐全、不合理扣 1 分,安全管理制度不健全扣 1 分,各道工序安全技术措施不符合实际、不符合标准规定一项扣 1 分,无安全保证承诺扣 1 分,直至扣完本项分
		文明施工及环境保护管理体系与措施(10)	应有现场文明施工计划、环境保护措施,且计划内容达到相关标准要求。各项措施周全、具体、有效。有具体的现场文明施工目标承诺。无现场文明施工计划或计划内容不周全扣 1 分,计划内容达不到文明施工相关标准扣 1 分,无具体现场文明施工目标承诺扣 1 分,直至扣完本项分
		工程进度计划与措施(10)	在施工工艺、施工方法、材料选用、劳动力安排、技术等方面有保证工期的具体措施且措施得当。有控制工期的施工进度计划。施工进度计划安排不合理或无进度计划扣 2 分,无具体工期保证措施扣 2 分,措施考虑不周全扣 1 分,直至扣完本项分
		资源配备计划(10)	投入的施工材料有详细计划且计划周密,数量、选型配置、进场数量、时间安排合理,满足施工需要。投入的材料无计划扣 3 分,不全或漏项扣 2 分,制定的计划不能满足施工要求扣 2 分,直至扣完本项分
		承诺(10)	有承诺、有奖惩,酌情扣分
2.2.4 (2)	项目管理机构评分标准	项目经理任职资格与业绩(50)	项目经理资历,根据项目经理的简历、工程经历及获得的表彰,酌情评分,该项最高得 50 分
		技术负责人(20)	项目技术负责人资历,根据技术负责人的简历、工程经历及获得的表彰,酌情评分,该项最高得 20 分
		项目管理班子(30)	拟派该工程管理的五大员(施工员、造价员、质检员、安全员、材料员),人员齐备、专业配套,具备相关岗位证书,人员素质高、业绩优,酌情评分,该项最高得 30 分
2.2.4 (3)	投标报价评分标准	偏差率	当投标报价等于评标基准价时,得满分,即 100 分;当投标报价高于评标基准价时,每高于评标基准价 1.0%扣 3 分,扣完为止;当投标报价低于评标基准价时,每低于评标基准价 1.0%扣 2 分,扣完为止

1. 评标方法

本次评标采用综合评估法。评标委员会对满足招标文件实质性要求的投标文件,按照本章第 2.2 款规定的评分标准进行打分,并按得分由高到低顺序推荐中标候选人,或根据招标人的授权直接确定中标人,但投标报价低于其成本的除外。综合评分相等时,投标报价低的投标人优先中标;投标报价也相等时,由招标人或其授权的评标委员会自行确定中标人。

2. 评审标准

2.1 初步评审标准

2.1.1 形式评审标准:见评标办法前附表。

2.1.2 资格评审标准:见评标办法前附表。

2.1.3 响应性评审标准:见评标办法前附表。

2.2 分值构成与评分标准

2.2.1 分值构成。

(1)施工组织设计:见评标办法前附表。

(2)项目管理机构:见评标办法前附表。

(3)投标报价:见评标办法前附表。

2.2.2 评标基准价计算。

评标基准价计算方法:见评标办法前附表。

2.2.3 投标报价的偏差率计算。

投标报价的偏差率计算公式:见评标办法前附表。

2.2.4 评分标准。

(1)施工组织设计评分标准:见评标办法前附表。

(2)项目管理机构评分标准:见评标办法前附表。

(3)投标报价评分标准:见评标办法前附表。

3. 评标程序

3.1 初步评审

3.1.1 评标委员会可以要求投标人提交"第二章 投标人须知"第3.5.1项至第3.5.4项规定的有关证明和证件的原件,以便核验。评标委员会依据本章第2.1款规定的标准对投标文件进行初步评审。有一项不符合评审标准的,评标委员会应当否决投标。

3.1.2 投标人有以下情形之一的,评标委员会应当否决其投标:

①"第二章 投标人须知"第1.4.3项规定的任何一种情形;

②串通投标、弄虚作假、行贿等违法行为;

③不按评标委员会的要求澄清、说明或补正。

3.1.3 投标报价有算术错误的,评标委员会按以下原则对投标报价进行修正,修正的价格经投标人书面确认后具有约束力。投标人不接受修正价格的,评标委员会应当否决其投标。

(1)投标文件中的大写金额与小写金额不一致的,以大写金额为准。

(2)总价金额与依据单价计算出的结果不一致的,以单价金额为准修正总价金额,但单价金额小数点有明显错误的除外。

3.1.4 工程量清单中的投标报价有其他错误的,评标委员会按以下原则对投标报价进行修正,修正的价格经投标人书面确认后具有约束力。投标人不接受修正价格的,评标委员会应当否决其投标。

(1)招标人给定的工程量清单漏报了某个工程子目的单价、合价或总额价,或所报单价、合价和总额价减少了报价范围,则漏报的工程子目单价、合价和总额价或单价、合价和总额价中减少的报价内容视为已含入其他工程子目的单价、合价和总额价。

　　(2) 招标人给定的工程量清单多报了某个工程子目的单价、合价或总额价,或所报单价、合价或总额价增加了报价范围,则从投标报价中扣除多报的工程子目报价中增加了报价范围的部分报价;

　　(3) 当单价与数量的乘积与合价(金额)虽然一致,但投标人修改了该子目的工程数量,则其合价按招标人给定的工程数量乘以投标人所报单价进行修正。

　　3.1.5　修正后的最终投标报价若超过最高投标限价(如有),评标委员会应当否决投标。

　　3.1.6　修正后的最终投标报价仅作为签订合同的一个依据,不参与评标价得分的计算。

　　3.2　详细评审

　　3.2.1　评标委员会按本章第2.2款规定的量化因素和分值进行打分,并计算出综合评估得分。

　　(1) 按本章第2.2.4(1)项目规定的评审因素和分值计算出施工组织设计的得分 A。

　　(2) 按本章第2.2.4(2)项目规定的评审因素和分值计算出项目管理机构的得分 B。

　　(3) 按本章第2.2.4(3)项目规定的评审因素和分值计算出投标报价的得分 C。

　　3.2.2　评分分值计算保留小数点后两位,小数点后第三位"四舍五入"。

　　3.2.3　投标人得分＝A＋B＋C。

　　3.2.4　评标委员会发现投标人的报价明显低于其他投标报价,或者在设有标底时明显低于标底,使其投标报价可能低于其个别成本的,应当要求该投标人做出书面说明并提供相应的证明材料。投标人不能合理说明或者不能提供相应证明材料的,评标委员会应当认定该投标人以低于成本的投标报价竞标,否决其投标。

　　3.3　投标文件的澄清和说明

　　3.3.1　在评标过程中,评标委员会可以书面形式要求投标人对所提交的投标文件中不明确的内容进行书面澄清或说明。评标委员会不接受投标人主动提出的澄清、说明。

　　3.3.2　澄清、说明不得改变投标文件的实质性内容。投标人的书面澄清、说明属于投标文件的组成部分。

　　3.3.3　评标委员会对投标人提交的澄清、说明有疑问的,可以要求投标人进一步澄清、说明,直至满足评标委员会的要求。

　　3.4　评标结果

　　3.4.1　除按照投标人须知前附表的授权直接确定中标人外,评标委员会按照得分由高到低的顺序推荐中标候选人。

　　3.4.2　评标委员会完成评标后,应当向招标人提交书面评标报告。

　　3.4.3　招标人确定排名第一的中标候选人为中标人。排名第一的中标候选人放弃中标、因不可抗力不能履行合同、不按招标文件要求提交履约保证金,或者被查实存在影响中标结果的违法行为等情形,不符合中标条件的,招标人按照评标委员会提出的中标候选人名单排序依次确定其他中标候选人为中标人,也可以重新招标。

第四章　合同条款及格式

　　略。

第五章　工程量清单

　　略。

第六章　图纸

略。

第七章　技术标准和要求

略。

第八章　投标文件格式

略。

思考题

1. 简述建设工程招标方式及特点。
2. 简述建设工程招标范围和标准。
3. 简述建设工程招标应具备的条件。
4. 简述建设工程的招标程序。
5. 简述资格审查的主要内容。
6. 简述资格审查的程序。
7. 简述建设工程招标文件的主要内容。
8. 简述建设工程施工招标文件的编制原则。
9. 简述建设工程施工招标文件编制应注意的问题。
10. 简述建设工程招标标底的概念及作用。
11. 简述建设工程招标标底的编制原则。
12. 简述招标控制价的概念及作用。
13. 简述招标控制价与标底的区别及优势。

习题

一、单选题

1.《中华人民共和国招标投标法》于（　　）起开始实施。

A. 2000 年 7 月 1 日　　　　　　　　　　　B. 1999 年 8 月 30 日

C. 2000 年 1 月 1 日　　　　　　　　　　　D. 1999 年 10 月 1 日

2. 招标公告与投标邀请书上应当载明（　　），以及获取招标文件的办法。

A. 招标人的名称和地址，项目的质量、数量，项目的实施地点及时间

B. 招标人的名称，项目地址，项目的质量、数量及项目的实施时间

C. 招标人的名称和地址，项目的性质、数量，项目的实施地点及实施时间

D. 招标人的名称和地址，项目的性质、数量，项目的招标地点及时间

3. 招标程序:①成立招标组织;②发布招标公告或发出投标邀请书;③编制招标文件和标底;④组织投标单位踏勘现场,并对招标文件答疑;⑤对投标单位进行资格审查,并将审查结果通知各申请投标者;⑥发售招标文件。下列招标程序排序正确的是(   )。

A.①②③⑤④⑥   B.①③②⑥⑤④

C.①③②⑤⑥④   D.①⑤⑥②③④

4. 招标文件应明确投标准备时间,该时间是指(   )。

A. 从发布招标公告或者发出邀请至投标截止的时间

B. 从发放招标文件之日至发出中标通知书的时间

C. 从开始发放招标文件之日至投标截止的时间

D. 招标文件中载明的投标有效期的时间

5. 按照有关文件规定,关于招标人根据招标项目本身的特点和需要,对潜在投标人或者投标人进行的资格审查,以下说法中正确的是(   )。

A. 资格预审是在开标时对投标人的资质条件、业绩、信誉、技术、资金等方面进行的资格审查

B. 进行资格预审的招标项目一般不再进行资格后审

C. 资格后审有助于增强投标的竞争性,因此优于资格预审

D. 资格预审与资格后审不仅在时间上不同,内容与标准也是有差异的

6. 某施工企业参加某市政道路工程投标,该招标项目的估算价为 6000 万元,则其应提交的投标保证金不超过(   )万元。

A. 30   B. 60   C. 80   D. 120

7. 当出现招标文件中的某项规定与招标人对投标人质疑问题的书面回答不一致时,应以(   )为准。

A. 招标文件中的规定

B. 现场考察时招标单位的口头解释

C. 招标单位在会议上的口头解答

D. 发给每个投标人的书面质疑解答文件

8. 施工招标阶段,招标人发给投标人的下列书面文件中,不是对招标人和投标人有约束力的招标文件的组成部分的是(   )。

A. 投标须知   B. 资格预审表

C. 合同专用条款   D. 对投标人书面质疑的解答

9. 施工招标文件的内容一般不包括(   )。

A. 工程量清单   B. 资格预审条件   C. 合同条件   D. 投标须知

10. 根据《中华人民共和国招标投标法》的规定,招标人需要对发出的招标文件进行澄清或修改时,应当在招标文件要求提交投标文件的截止时间至少(   )天前,以书面形式通知所有招标文件收受人。

A. 10   B. 15   C. 20   D. 30

11. 编制工程施工招标标底时,分部分项工程量的单价为直接费。直接费根据人工、材料、机械的消耗量及其相应价格确定。间接费、利润、税金按照有关规定另行计算。这种方法称为(   )。

A. 工料单价法　　　　B. 综合单价法　　　　C. 清单计价法　　　　D. 其他方法

12. 下列内容中,属于招标文件中投标人须知内容的是(　　)。

A. 评标标准和方法　　　　　　　　B. 合同的主要条款

C. 工期要求和质量标准　　　　　　D. 投标文件格式

13. 施工招标的资格预审主要侧重于对承包人(　　)进行审查。

A. 企业总体能力是否适合招标工程　　B. 投标书是否实质性响应招标文件

C. 投标书的报价是否低于成本　　　　D. 是否具有编写投标书的能力

14. 在建设工程招标投标活动中,招标文件应当规定一个适当的投标有效期。投标有效期的开始计算之日为(　　)。

A. 开始发放招标文件之日　　　　　　B. 投标人提交投标文件之日

C. 投标人提交投标文件截止之日　　　D. 停止发放招标文件之日

15. 经有关部门审批,可以不招标的项目是(　　)。

A. 技术复杂的工程

B. 受自然环境限制,只有少量潜在投标人可供选择的工程

C. 采购人依法能够自行建设的工程

D. 施工合同估算价为 300 万元的乡镇卫生院工程

16. 在现场考察时,招标单位向投标单位介绍工程情况,投标人由此得出的推论是(　　)。

A. 由业主负责　　　　　　　　　　B. 由设计单位负责

C. 由承包商负责　　　　　　　　　D. 由业主与承包商各负一半

17. 关于工程招标的性质,下列说法中正确的是(　　)。

A. 招标是要约　　　　　　　　　　B. 投标是承诺

C. 招标公告是要约　　　　　　　　D. 中标通知书是承诺

18. 以下对招标特点的描述不正确的是(　　)。

A. 公开招标选择承包商的范围较广,择优率高

B. 公开招标时间较长,费用高

C. 邀请招标需要进行资格预审

D. 邀请招标缩短招标时间,节约招标费用

19. 工程量清单是招标文件的组成部分,其内容不包括(　　)。

A. 分部分项工程量清单　　　　　　B. 措施项目清单

C. 其他项目清单　　　　　　　　　D. 直接工程费用清单

20. 施工公开招标进行资格预审时,不能作为资格审查内容的是(　　)。

A. 投标人的企业资质是否满足招标工程的要求

B. 投标人是否在项目所在地区有承包工程的经历

C. 投标人是否有与招标工程同规模工程的施工经历

D. 投标人自有施工机具的拥有量能否满足招标工程的施工需要

二、多选题

1.《中华人民共和国招标投标法》规定,凡在我国境内进行的下列工程建设项目,必须进行招标的是(　　)。

A. 大型基础设施、公用事业等关系社会公共利益、公共安全的项目

B.技术复杂、专业性强或有其他特殊要求的项目

C.使用国有资金投资或国家融资的项目

D.使用国际组织或者外国政府贷款、援助资金的项目

E.采用特定专利或专有技术的项目

2.下列（　　）等特殊情况,不适宜进行招标的项目,按照国家规定可以不进行招标。

A.涉及国家安全、国家秘密项目

B.抢险救灾项目

C.利用扶贫资金实行以工代赈,需要使用农民工等特殊情况

D.使用国际组织或者外国政府资金的项目

E.生态环境保护项目

3.根据《中华人民共和国招标投标法》对招标程序的规定,在发售招标文件之前需要进行的工作包括（　　）。

A.发布招标公告或发出投标邀请书

B.对潜在投标人进行资质审查

C.组织投标人踏勘现场

D.成立招标组织

E.编制招标文件

4.按照《中华人民共和国招标投标法》的要求,招标人如果自行办理招标事宜,应具备的条件包括（　　）。

A.有编制招标文件的能力　　　　　　B.已发布招标公告

C.具有开标场地　　　　　　　　　　D.有组织评标的能力

E.已委托公证机关公证

5.属于以下情况之一者,资格预审申请文件无效（　　）。

A.未按期送达的资格预审申请文件

B.未经法定代表人或其授权的代理人签字的资格预审申请文件

C.未加盖投标人印章的资格预审申请文件

D.内容虚假的资格预审申请文件

6.工程招标时,可能造成招标失败的原因有（　　）。

A.投标单位不足法定数　　　　　　　B.评标委员会成员组成违法

C.各投标者报价均不合理　　　　　　D.决标前发现标底有某些漏误

7.编制工程施工招标标底的主要依据包括（　　）。

A.招标文件

B.市场价格信息

C.投标文件

D.工程施工图纸、编制标底前的施工图纸设计交底

E.工程建设地点的现场地质、水文以及地上情况的有关资料,施工组织设计或施工方案等

8.评审资格预审文件时,评审内容主要包括（　　）。

A.法人资格　　　　　　　　　　　　B.商业信誉

C.财务能力　　　　　　　　　　　　D.技术能力

9.公开招标设置资格预审的目的是(　　　)。

A.减少评标的工作量　　　　　　　　　B.迫使投标单位降低投标报价

C.评选中标人　　　　　　　　　　　　D.了解投标人准备实施招标项目的方案

E.优选最有实力的承包商参加投标

三、案例分析题

1.某投资额度大,结构复杂的大型工程建设项目施工招标时,考虑到除本省施工企业参加投标外,还可能有外省施工企业参加投标,故招标人编制了两个标底,准备分别用于对本省和外省施工企业投标价的评定。

有具备条件的 A、B、C、D、E 五家施工企业领取了招标文件,招标文件规定 2021 年 9 月 5 日 14 时为投标截止时间。招标人 8 月 18 日对投标单位就招标文件提出的所有问题统一做了书面答复,8 月 20 日组织各投标单位进行了现场踏勘。9 月 5 日,这五家施工企业均按规定提交了投标文件。

经过开标和评标,评标委员会确定 B 为中标人,招标人于 9 月 8 日将中标通知书发给 B。最终,双方于 10 月 13 日签订了书面合同。

问题:(1)判断本工程采用两个标底是否妥当?8 月 20 日组织各投标单位进行现场踏勘是否合理?

(2)本工程应当采用哪种招标方式,为什么?

(3)双方 10 月 13 日签订书面合同是否合理,为什么?

2.某建设工程的建设单位自行办理招标事宜。由于该工程技术复杂,建设单位决定采用邀请招标,共邀请 A、B、C 三家国有特级施工企业参加投标。

投标邀请书中规定,6 月 1 日至 6 月 3 日 9:00—17:00 在该建设单位总经济师室出售招标文件。

招标文件中规定,6 月 30 日为投标截止日,投标有效期到 7 月 20 日,投标保证金统一定为 100 万元(招标项目估算价为 1000 万元),投标保证金有效期到 8 月 20 日,评标采用综合评价法,技术标和商务标各占 50%。

在评标过程中,由于各投标人的技术方案大同小异,建设单位决定将评标方法改为经评审的最低投标价法。评标委员会根据修改后的评标方法,确定的评标结果排名顺序为 A 公司、C 公司、B 公司。建设单位于 7 月 15 日确定 A 公司中标,于 7 月 16 日向 A 公司发出中标通知书,并于 7 月 18 日与 A 公司签订了合同。在签订合同的过程中,经审查,A 公司所选择的设备安装分包单位不符合要求,建设单位遂指定国有一级安装企业 D 公司作为 A 公司的分包单位。建设单位于 7 月 28 日将中标结果通知了 B、C 两家公司,并将投标保证金退还给这两家公司。建设单位于 7 月 31 日向当地招标投标管理部门提交了该工程招标投标情况的书面报告。

问题:(1)招标人自行组织招标需具备什么条件,要注意什么问题?

(2)对于必须招标的项目,在哪些情况下可以采用邀请招标?

(3)该建设单位在招标工作中有哪些不妥之处?请逐一说明理由。

学习情境 2
建设工程招标

习题参考答案

电子招标

房屋建筑和
市政工程标准
施工招标文件

房屋建筑和
市政工程标准施工
资格预审文件

简明标准施工
招标文件

学习情境 3

建设工程投标

情境案例

某项目采用公开招标方式,有 A、B、C、D、E、F 六家施工单位领取了招标文件。本工程招标文件规定 2020 年 10 月 20 日下午 17:30 为投标文件接收截止时间。A、B、C、D、F 五家投标单位在 2020 年 10 月 20 日下午 17:30 前递交了投标文件,E 单位在次日上午 8:00 递交了投标文件。10 月 20 日上午 10:00,B 单位向招标人递交了一份投标价格下降 3% 的书面说明。

在开标过程中,招标人发现 C 单位的标袋密封处仅有投标单位公章,没有主要负责人的印章或签字。评标委员会由 4 人组成,其中招标人代表 2 人,经济专家 1 人,技术专家 1 人。招标人委托评标委员会确定中标人,经过综合评定,评标委员会确定 A 单位为中标单位。

问题:(1) B 单位向招标人递交的书面说明是否有效?招标人对 E 单位投标书作废标处理是否正确?

(2) 开标后,招标人应对 C 单位的投标文件作何处理,为什么?

(3) 评标委员会的组成是否妥当,为什么?

案例解析

(1) B 单位向招标人递交的书面说明有效,招标人对 E 单位的投标书作废标处理正确。

(2) 开标后,招标人应对 C 单位的投标文件作废标处理,因为 C 单位的投标文件只有单位公章而没有单位主要负责人的印章或签字,不符合《中华人民共和国招标投标法》的规定。

（3）评标委员会的组成不妥当,因为《中华人民共和国招标投标法》规定,评标委员会由招标人的代表和有关技术、经济等方面的专家组成,人数为5人以上的单数,其中,技术、经济等方面的专家不得少于成员总数的2/3。

3.1 建设工程投标

3.1.1 建设工程投标的基本要求

投标是投标人响应招标,向招标人提交投标文件,希望中标的意思表示。投标是获取工程施工承包权的主要手段,但施工企业一旦提交投标文件,就必须在招标文件规定的期限内信守承诺,不得随意退出投标竞争,否则投标人得承担相应的法律和经济责任。

投标程序十分复杂,竞争很激烈,如果对投标规律缺乏研究,指导思想不明确,工作稍有疏忽,就可能导致失去投标的有利机遇,达不到中标取胜的目的,增加承包的风险程度和造成重大的经济损失。一般来说,任何投标单位在开展报价业务时,首先要对投标工作有全面的认识,明确其基本要求。投标的基本要求一般有以下几点。

（1）目的性。投标报价的总目的是中标取胜、获得经营任务、提高企业效益。在投标中,报什么价格取决于企业的投标目的,因为不同的目的有不同的报价策略和价格水平。通常情况下,获得最大利润是一种较为典型的经济目的。另外,投标目的还有补充企业生产任务的不足,维持企业的生产均衡,以扭转成本上升、效益滑坡的局面;显示本企业技术管理的先进性或提高社会知名度,以开拓产品销售市场;克服市场暂时出现的生存危机等。明确了投标的目的,才有可能达到既定目的。

（2）及时性。招标文件一般规定了招标的时限。投标单位不能在规定的时限内完成招标工程项目的估价等工作,就可能失去竞争的机会。投标的报价工作量是很大的,特别是那些大型工程项目和综合成套设备的承包项目,估价计算的工作量更是十分浩繁的。因此,在投标中,报价的及时性尤为重要。不能做到这一点,投标单位就会失去投标的基本条件。

（3）准确性。投标报价必须建立在科学分析和可靠计算的基础上,这样才能较准确地反映工程造价。投标报价与确定产品价格的原理和方法基本相同,但投标报价的难度比确定产品价格更大。企业对产品的定价,是在资料基本齐备、情况基本明了的基础上进行的;而投标报价所需要的资料,需由投标单位自己去收集和查找。但是,采用投标方法中标的产品,一般多属技术水平高、工艺先进的专用设备或成套设备,其价值较大而可比性较差。因此,准确地报价直接关系到企业竞争的胜败、效益的高低。

（4）策略性。在复杂的竞争环境中,想单靠报价及时和准确一举中标是远远不够的。投标报价要取得成功,还要视招标项目特点、竞争对手特点以及招标单位意向等具体情况,运用投标报价策略和投标竞争艺术,在一定时机分别采用高价、中价或低价策略中标。

3.1.2 建设工程投标的一般条件

投标是一项受到法律约束的正规活动,所以参加投标活动必须具备一定的条件,并不是所有感兴趣的法人或经济组织都可以参加投标。投标人应当具备招标文件中规定的资格条件,主要体现在以下几个方面:

① 招标文件要求的资质证书和相应的工作经验与业绩证明;

② 与招标文件要求相适应的人力、物力和财力;

③ 法律、法规规定的其他条件。

由于建设工程投标种类的不同,各投标人除满足一般条件外,还应满足各行业的特殊要求。如建筑工程方案设计投标人和勘察设计投标人的特殊要求不同,货物(设备、材料)投标人、施工投标人和监理投标人的特殊要求也不同,具体要求参照《中华人民共和国招标投标法》中的相应规定。

3.1.3 《中华人民共和国招标投标法实施条例》中关于投标的禁止性规定

《中华人民共和国招标投标法实施条例》第三十九条规定,禁止投标人相互串通投标。有下列情形之一的,属于投标人相互串通投标:①投标人之间协商投标报价等投标文件的实质性内容;②投标人之间约定中标人;③投标人之间约定部分投标人放弃投标或者中标;④属于同一集团、协会、商会等组织成员的投标人按照该组织要求协同投标;⑤投标人之间为谋取中标或者排斥特定投标人而采取的其他联合行动。

《中华人民共和国招标投标法实施条例》第四十条规定,有下列情形之一的,视为投标人相互串通投标:①不同投标人的投标文件由同一单位或者个人编制;②不同投标人委托同一单位或者个人办理投标事宜;③不同投标人的投标文件载明的项目管理成员为同一人;④不同投标人的投标文件异常一致或者投标报价呈规律性差异;⑤不同投标人的投标文件相互混装;⑥不同投标人的投标保证金从同一单位或者个人的账户转出。

《中华人民共和国招标投标法实施条例》第四十一条规定,禁止招标人与投标人串通投标。有下列情形之一的,属于招标人与投标人串通投标:①招标人在开标前开启投标文件并将有关信息泄露给其他投标人;②招标人直接或者间接向投标人泄露标底、评标委员会成员等信息;③招标人明示或者暗示投标人压低或者抬高投标报价;④招标人授意投标人撤换、修改投标文件;⑤招标人明示或者暗示投标人为特定投标人中标提供方便;⑥招标人与投标人为谋求特定投标人中标而采取的其他串通行为。

《中华人民共和国招标投标法实施条例》第四十二条规定,使用通过受让或者租借等方式获取的资格、资质证书投标的,属于招标投标法第三十三条规定的以他人名义投标。投标人有下列情形之一的,属于招标投标法第三十三条规定的以其他方式弄虚作假的行为:①使用伪造、变造的许可证件;②提供虚假的财务状况或者业绩;③提供虚假的项目负责人或者主要技术人员简历、劳动关系证明;④提供虚假的信用状况;⑤其他弄虚作假的行为。

例如,湖北省某市区人民检察院在查处某国有工程有限公司李某特大受贿案件时发现,李某主要是在一些工程项目的招投标过程中,将公司资质借给其他公司、个人,按照其他公司、个人的要求报名,在制作标书时,将其他公司、个人已经制作好的投标报价部分资料放进标书中,放弃自己公司的投标报价权,配合其他公司、个人顺利中标,自己则从中收取巨大数额的好处费。

3.1.4　建设工程施工投标的程序及内容

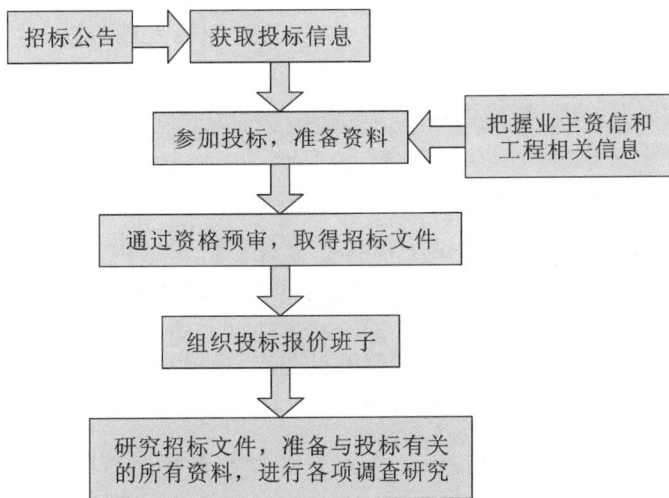

1. 建设工程施工投标的程序

建设工程具有建设周期长、项目复杂等特点,为统筹安排,施工投标活动的进行必须遵循一定的程序。

建设工程施工
投标程序

1)建设工程施工投标程序流程图

总体而言,施工投标大致分为三个阶段:前期准备阶段、调查询价阶段、报价编制阶段。前期准备阶段流程如图 3-1 所示。调查询价阶段流程如图 3-2 所示。报价编制阶段流程如图 3-3 所示。

图 3-1　前期准备阶段流程

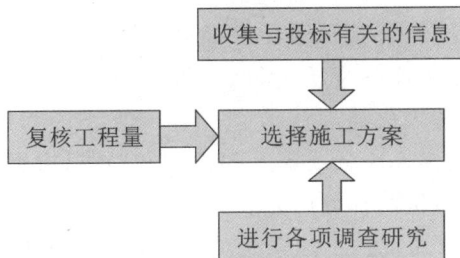

图 3-2　调查询价阶段流程

2)投标流程中有关的时间要求

(1)编制投标文件所需的合理时间:依法必须进行招标的施工、货物、勘察设计等,自招标文

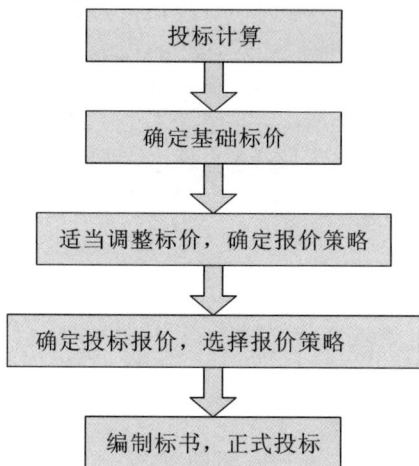

图 3-3　报价编制阶段流程

件开始发出之日至投标人提交投标文件截止之日,最短不得少于 20 日。

（2）投标人要求澄清或招标人修改招标文件的时间:招标人最后发出的修改招标文件（补遗书）至开标之日,不得少于 15 日。

（3）退还投标保证金时限:招标人最迟应当在书面合同签订后 5 日内向中标人和未中标的投标人退还投标保证金及银行同期存款利息。

2. 建设工程施工投标的内容

建设工程施工投标的内容是由建设工程投标流程各阶段的内容确定的。投标报价的前期工作的重点是研究招标文件和进行工程各项调查研究;调查询价阶段的重点是复核工程量和选择施工方案;报价编制阶段的重点是投标计算及正式投标。

建设工程施工
投标内容

1）研究招标文件

投标人通过招标公告获取招标信息后,决定是否参与投标。若确定参与投标,投标人首先需要通过资格预审获取招标文件,然后组建投标报价班子来重点研究招标文件。投标人在平时就应该养成良好的整理资格预审资料的习惯,以便能顺利地通过资格预审。投标报价班子的专业水平、经验是否丰富等直接决定了投标的成功与否,所以一个优秀的企业一般应具备一个优秀的投标报价班子。一般而言,投标报价班子由报价决策人员、报价分析人员、基础数据采集和配备人员组成,具体来讲,包括企业决策层人员、估价人员、施工计划人员、采购人员、工程计量人员、设备管理人员及工地管理人员等。

招标文件的研究有助于投标人充分了解工程内容和要求,有针对性地展开投标工作。其研究的重点是投标人须知、合同分析两部分内容。

（1）投标人须知:投标人须知反映了招标人对投标人的特殊要求,包括工程概况、招标内容、招标文件组成、投标文件组成、报价的原则及招投标时间安排等关键信息。首先,投标人要注意项目的资金来源,有利于判断业主的资金状况,避免拖欠工程款;其次,投标人在编制投标书时要注意招标工程的内容和范围,避免少报和多报,注意投标文件的组成是否齐全;再次,投标人要在规定的投标有效期内递交投标书和投标保证金,避免失去投标竞争机会;最后,投标人应注意评标方法和备选方案的提出,有利于提高自身的竞争优势。

(2) 合同分析:合同分析是投标人重点研究的招标文件内容,包括合同形式分析、合同条款分析、技术说明及要求、图纸分析等。

合同形式分析:投标人在了解了相应的法律依据和与工程承包内容有关的监理方式等的情况下,还应分析合同中规定的承包方式和计价方式。承包方式有施工承包、设计-采购-施工总承包、设计-施工总承包等。计价方式有固定总价、可调单价、成本加酬金方式等。

合同条款分析包括权责规定、工程变更、施工工期、付款方式及时间。

① 权责规定。投标人在报价时就应考虑中标后享有的权利和所承担的义务和责任,也要重视业主应履行的责任和义务,有利于合理编制施工进度计划和报价。

② 工程变更。工程变更涉及相应合同价款的调整及合同索赔的调整。

③ 施工工期。合同条款中关于合同工期、竣工日期、部分工程交付工期等的规定,是投标人制定施工进度计划的依据,也是报价的重要依据。同时,投标人还应注意工期奖罚的规定。

④ 付款方式及时间。投标人应注意合同条款中关于预付款、进度款、材料设备款、结算等的支付方式和时间的规定。对于工期较长的项目,进度款的拖延会导致承包业资金周转的问题,甚至导致公司倒闭,所以投标人应重视付款的规定。

技术说明及要求:投标人应研究和熟悉招标文件中的施工技术说明和技术规范,特别注意说明中有关设备、材料、施工和安装方法及检验、验收工程质量等的特殊要求。投标报价要充分满足招标人的要求,才能以较大优势中标。

图纸分析:图纸是确定工程范围、内容的重要文件,也是投标报价、合同索赔和编制施工计划等的重要依据。投标人不管是在中标前还是签订合同后都要详细地分析图纸,较早发现图纸中存在的问题,尽早和业主协商,提出处理方案或修改图纸,避免在施工时由于图纸的错误而造成利润的减少或亏损。

2) 进行调查研究,做出投标决策

招标文件会规定工程现场踏勘的时间和地点,与此同时,投标人也应对工程所在地区的自然、经济、社会等制约施工的因素进行调查研究。

(1) 市场宏观经济环境调查:以经济因素为重点,以环境因素为前提,调查与投标工程实施有关的法律法规、市场情况、劳动力与材料供应状况、设备市场的租赁情况、专业公司的经营状况和价格水平等,如市场处于发展阶段还是不景气阶段。

(2) 调查业主和竞争对手公司。投标人应重点调查业主的项目资金落实情况、信用状况、企业运行状况等,避免施工时拖欠工程款。此外,投标人还应调查参加投标的竞争对手公司的实力,有利于正确做出投标策略。在投标有效期内,即使投标人已向招标人提交投标文件,在了解到竞争对手的数量及竞争对手的状况后,确定自己投标的竞争力和中标的可能性,可以考虑是否采用报价技巧,如突然降价法,再向招标人递交一份补充文件以增加中标的机会。

(3) 现场调查:投标人通过对市场情况、竞争形势、项目情况和业主状况进行调查后,若决定投标,则参加由招标人组织的现场踏勘和标前会议,这样可以获得更充分的信息。现场调查对工程预算、投标文件编制和施工组织设计非常有利。投标人现场调查时应重点分析工程所在地区的自然条件(如气象、水文资料,地震、洪水、泥石流等自然灾害),以及工程所在地的地质地貌、交通、水电和其他资源供应情况等。

影响投标决策的因素包括主观因素和客观因素。主观因素主要是指投标单位的实力,包括技术、经济、管理和信誉方面的实力。客观因素包括很多方面,如业主的信用状况、履约能力,项目的难易程度以及风险大小,法律法规的使用问题和竞争对手的实力等。

3)复核工程量

工程量清单是招标文件的重要组成部分,尽管有时招标人提供了工程量清单,为保证工程量及投标报价的准确性,提高中标概率,投标人还是需要进行工程量复核。投标人可以将复核后的最终工程量和招标文件中提供的工程量进行对比,从而较有依据地选择相应的投标策略。投标人基本上确定了投标报价后,可适当采用报价技巧,如不平衡报价法,对某些工程量可能增加的项目提高报价,而对某些工程量可能减少的项目适当降低报价。

复核工程量应注意以下几点。

(1)复核工程量的目的不是修改工程量,即使有误也不能修改,对于工程量清单中存在的错误,投标人应向招标人提出,由招标人统一修改,并把修改情况通知所有投标人。同样,投标人也可利用招标文件中工程量的错误或遗漏,运用一些报价技巧,在中标后获得更多的收益。

(2)投标人应根据图纸、指标说明、相关资料等认真复核工程量,避免出现计算单位、工程量、价格等方面的遗漏或错误。

(3)对于不同的合同形式,投标人对复核工程量的重视程度应不一样。若采用的是单价合同,工程款以实测工程量计算,在施工中,工程量发生较大差距时,承包商可据实向招标人提出索赔。当然,若在投标前便发现工程量相差较大,投标人也应要求招标人进行澄清。若采用的是固定总价合同,工程款是以总报价为基础进行结算的,若工程量出现差异,且招标文件中规定业主对争议工程量不予更正,有可能给投标人带来较大的经济损失。因此,投标人对固定总价合同应更加重视。

4)选择施工方案

施工方案是投标报价的依据,也是投标人中标后进行施工的依据。施工方案应在技术、工期、质量保证等方面对招标人有吸引力,又有利于降低施工成本。施工方案应由投标人的技术负责人主持编制,主要考虑施工方法、主要施工机具的配置、各工种劳动力的安排及现场施工人员的平衡、施工进度及分批竣工的安排、安全措施等。

5)投标计算及正式投标

投标计算是报价编制的前提。对于采用工程量清单报价的文件,投标计算步骤是先计算分部分项工程项目、措施项目和其他项目的费用,然后计算综合单价及措施费,最终确定出基础标价。投标人应合理采用投标策略,适当调整标价。

投标人按照招标文件的要求编制完标书,完成投标前的所有准备工作后,便可向招标人正式提交投标文件。提交投标文件一定要在投标截止日期前,派专人送到招标人指定的地点,并领取回执作为凭证。投标人在规定的投标截止日前,在递送标书后,可用书面形式向招标人递交补充、修改或撤回其投标文件的通知,如果投标人在投标截止日后撤回投标文件,投标保证金将得不到退还。递送投标文件不宜太早,因为市场情况在不断变化,投标人需要根据市场行情及自身情况对投标文件进行修改。超过截止日期送达的投标文件会被视为无效投标。

在递交投标文件前,投标人应注意以下几点。

(1)检查投标文件的完备性。投标文件应当对招标文件提出的实质性要求和条件做出响应。投标未达到招标人的要求或者不完备,甚至超出招标文件规定的范围提出新要求,均可视为未响应招标实质性要求,均不会被招标人接受。

（2）检查标书是否按照招标文件中规定的标准制定。标书的提交有固定的内容，包括签章和密封两部分。投标书需要有投标企业公章以及企业法人代表签字。若仅有企业公章，无法人代表签字，则该标为废标；仅有法人代表签字无企业公章，该标书也不满足要求。投标企业公章以及企业法人代表的签字缺一不可。

（3）若招标文件中规定提交投标担保，投标人需在投标文件中附投标担保书，递交投标保证金。

案例 3-1

某工业厂房为框架结构，4 层，总建筑面积约 21 000 m²，实行工程量清单招标，由招标人提供工程量清单，投标人必须按照此清单报价，工程结算时，工程量按实结算。投标保证金为 20 万元，从企业的基本账户中转到指定账户。合同工期为 180 天。

投标人 A 为了使投标总价降低，把某项招标人给出的清单工程量由 8573.68 m³ 直接改为 6573.68 m³，并进行报价。投标人 B 认为 180 天的工期不符合实际和国家下发的工期定额，遂按工期定额的规定重新计算，为 210 天。投标人 C 在规定的截止时间前从投标人代表的个人账户中转出 20 万元到招标文件中指定的账户。

在评标时，评标委员会发现了投标人 A、B、C 的投标文件中存在的上述问题，认为投标人 A 不能擅自改变招标人提供的工程量清单，投标人 B 没有实质性响应招标文件的工期要求，投标人 C 没有从企业的基本账户中转出投标保证金，三个投标人均没能实质性响应招标文件的要求，均被认定为废标。

3.2 建设工程投标文件的编制

投标人在进行现场踏勘、研究完招标文件后，进行投标文件的编制。投标人必须从发挥企业竞标人才优势入手，利用各种信息渠道，通过捕捉、筛选信息，购买招标文件，参与竞标，谈判签约等程序拓展施工业务。编制一份高水平的投标文件是获得成功的关键一步，因此，投标人应在竞标前认真编写投标文件。合理的标价、先进的施工方法、优质高效的措施及企业信誉，是赢得中标的重要基础和条件。

3.2.1 投标文件的内容

投标人应当按照招标文件的要求编制投标文件，同时应当对招标文件提出的实质性要求和条件做出响应。投标文件的具体内容如下：

① 投标函及其附录；
② 法定代表人身份证明或授权委托书；
③ 联合体协议书；
④ 投标保证金；
⑤ 已标价的工程量清单；

建设工程投标
文件的内容

⑥ 施工组织设计；

⑦ 项目管理机构；

⑧ 拟分包项目情况表；

⑨资格审查资料；

⑩ 其他资料。

1. 投标函及其附录

投标函及其附录是指投标人按照招标文件的条件和要求，向招标人提交的有关报价、工期、质量目标等承诺和说明的函件，是投标人为响应招标文件相关要求所做的概括性函件，一般位于投标文件的首要部分，其内容和格式必须符合招标文件的规定。

1）投标函

投标函包括投标人告知招标人本次所投的项目的具体名称和具体标段，以及本次投标的报价、承诺工期和达到的质量目标等。投标函的内容和格式如图3-4所示。

投标函

致：＿＿＿＿＿＿＿＿＿＿＿＿（招标人名称）

在考察现场并充分研究＿＿＿＿＿＿（项目名称）＿＿＿＿标段（以下简称"本工程"）施工招标文件的全部内容后，我方兹以。

人民币（大写）：＿＿＿＿＿＿元

RMB￥：＿＿＿＿＿＿元

的投标价格和按合同约定有权得到的其他金额，并严格按照合同约定.施工、竣工和交付本工程并维修其中的任何缺陷。

在我方的上述投标报价中，包括：

安全文明施工费 RMB￥：＿＿＿＿＿＿元

暂列金额（不包括计日工部分）RMB￥：＿＿＿＿＿＿元

专业工程暂估价 RMB￥：＿＿＿＿＿＿元

如果我方中标，我方保证在＿＿＿年＿＿＿月＿＿＿日或按照合同约定的开工日期开始本工程的施工。＿＿＿＿天（日历日）内竣工，并确保工程质量达到＿＿＿＿标准。我方同意本投标函在招标文件规定的提交投标文件截止时间后，在招标文件规定的投标有效期期满前对我方具有约束力，且随时准备接受你方发出的中标通知书。

随本投标函递交的投标函附录是本投标函的组成部分，对我方构成约束力。

随本投标函递交投标保证金一份，金额为人民币（大写）＿＿＿＿＿＿元（￥：＿＿＿元）

在签署协议书之前，你方的中标通知书连同本投标函，包括投标函附录，对双方具有约束力。

投标人（盖章）：

法人代表或委托代理人（签字或盖章）：

日期：＿＿＿年＿＿＿月＿＿＿日

备注：采用综合评估法评标，且采用分项报价方法对投标报价进行评分的，应当在投标函中增加分项报价的填报。

图3-4 投标函的内容和格式

2）投标函附录

投标函附录一般附于投标函之后，共同作为合同文件的重要组成部分，主要内容是对投标文件中涉及的关键性或实质性的内容条款进行说明或强调。

投标人填报投标函附录时,在满足招标文件实质性要求的基础上,可以提出比招标文件的要求更有利于招标人的承诺,一般以表格形式摘录列举,如表 3-1 所示。其中,"序号"一般是根据所列条款名称在招标文件合同条款中的先后顺序进行排列的;"条款内容"为所摘录条款的关键词;"合同条款号"为所摘录条款名称在招标文件合同条款中的条款号;"约定内容"为投标人投标时填写的承诺内容。

表 3-1 投标函附录

工程名称:_____(项目名称)_____标段

序号	条款内容	合同条款号	约定内容	备注
1	项目经理	1.1.2.4	姓名:_____	
2	工期	1.1.4.3	_____日历天	
3	缺陷责任期	1.1.4.5		
4	承包人履约担保金额	4.2		
5	分包	4.3.4	见分包项目情况表	
6	逾期竣工违约金	11.5	_____元/天	
7	逾期竣工违约金最高限额	11.5		
8	质量标准	13.1		
9	价格调整的差额计算	16.1.1	见价格指数权重表	
10	预付款额度	17.2.1		
11	预付款保函金额	17.2.2		
12	质量保证金扣留百分比	17.4.1		
13	质量保证金额度	17.4.1		
……				

备注:投标人在响应招标文件中规定的实质性要求和条件的基础上,可做出其他有利于招标人的承诺。此类承诺可在本表中予以补充填写。

投标人(盖章):

法人代表或委托代理人(签字或盖章):

日期:_____年_____月_____日

工程投标函附录所约定的合同重点条款应包括缺陷责任期、承包人履约担保金额、发出开工通知期限、逾期竣工违约金、逾期竣工违约金最高限额、提前竣工的奖金、提前竣工的奖金限额、价格调整的差额计算、工程预付款、材料预付款、设备预付款等合同执行中需投标人引起重视的关键数据。

2. 法定代表人身份证明或授权委托书

1)法定代表人身份证明

在招标投标活动中,法定代表人代表法人的利益行使职权,全权处理一切民事活动。法定代表人身份证明一般应包括投标人、单位性质、地址、成立时间、经营期限等投标人的一般资料,还应包括法定代表人的姓名、性别、年龄、职务等法定代表人的相关信息和资料。法定代表人身份证明应加盖投标人的法人印章。法定代表人身份证明的格式如图 3-5 所示。

法定代表人身份证明

投 标 人：_____

单位性质：_____

地　　址：_____

成立时间：_____年_____月_____日

经营期限：_____

姓　　名：_____　性　　别：_____

年　　龄：_____　职　　务：_____

系_____（投标人名称）的法定代表人。

特此证明。

投标人：_____（盖单位章）

_____年_____月_____日

图 3-5　法定代表人身份证明的格式

2）授权委托书

若投标人的法定代表人不能亲自签署投标文件进行投标，则法定代表人需授权代理人全权代表其在投标过程和签订合同中执行一切与此有关的事项。

授权委托书应写明投标人名称、法定代表人姓名、代理人姓名、授权权限和期限等。授权委托书一般规定代理人不能再次委托，即代理人无转委托权。法定代表人应在授权委托书上亲笔签名。根据招标项目的特点和需要，招标人也可以要求投标人对授权委托书进行公证。授权委托书的格式如图 3-6 所示。

授权委托书

本人_____（姓名）系_____（投标人名称）的法定代表人，现委托_____（姓名）为我方代理人。代理人根据授权，以我方名义签署、澄清、说明、补正、递交、撤回、修改_____（项目名称）_____标段施工投标文件、签订合同和处理有关事宜，其法律后果由我方承担。

委托期限：_____

_____

代理人无转委托权。

附：法定代表人身份证明

投 标 人：_____（盖单位章）

法定代表人：_____（签字）

身份证号码：_____

委托代理人：_____（签字）

身份证号码：_____

图 3-6　授权委托书的格式

3. 联合体协议书

《中华人民共和国招标投标法》第三十一条规定，两个以上法人或者其他组织可以组成一个联合体，以一个投标人的身份共同投标。联合体各方均应当具备承担招标项目的相应能力；国家有关规定或者招标文件对投标人资格条件有规定的，联合体各方均应当具备规定的相应资格条件。由同一专业的单位组成的联合体,按照资质等级较低的单位确定资质等级。联合体各方应当签订共同投标协议,明确约定各方拟承担的工作和责任,并将共同投标协议连同投标文件一并提交给招标人。联合体中标的,联合体各方应当共同与招标人签订合同,就中标项目向招标人承担连带责任。招标人不得强制投标人组成联合体共同投标,不得限制投标人之间的竞争。

《中华人民共和国招标投标法实施条例》第三十七条规定:招标人应当在资格预审公告、招标公告或者投标邀请书中载明是否接受联合体投标。招标人接受联合体投标并进行资格预审的,联合体应当在提交资格预审申请文件前组成。资格预审后联合体增减、更换成员的,其投标无效。联合体各方在同一招标项目中以自己名义单独投标或者参加其他联合体投标的,相关投标均无效。联合体协议书的格式如图 3-7 所示。

联合体协议书

牵头人名称:＿＿＿＿＿＿＿＿＿＿＿＿＿＿＿＿

法定代表人:＿＿＿＿＿＿＿＿＿＿＿＿＿＿＿＿

法 定 住 所:＿＿＿＿＿＿＿＿＿＿＿＿＿＿＿＿

成员二名称:＿＿＿＿＿＿＿＿＿＿＿＿＿＿＿＿

法定代表人:＿＿＿＿＿＿＿＿＿＿＿＿＿＿＿＿

法 定 住 所:＿＿＿＿＿＿＿＿＿＿＿＿＿＿＿＿

……

鉴于上述各成员单位经过友好协商,自愿组成＿＿＿＿＿＿＿(联合体名称)联合体,共同参加＿＿＿＿＿＿＿(招标人名称)(以下简称招标人)＿＿＿＿＿＿(项目名称)＿＿＿＿＿＿标段(以下简称本工程)的施工投标并争取赢得本工程施工承包合同,现款联合体投标事宜订出如下协议:

1. ＿＿＿＿＿＿＿(某成员单位名称)为＿＿＿＿＿＿＿(联合体名称)牵头人。

2. 在本工程投标阶段,联合体牵头人合法代表联合体各成员负责本工程投标文件偏制活动,代表联合体提交和接收相关的资料、信息及指示,并处理与投标和中标有关的一切事务;联合体中标后,联合体牵头人负责合同订立和合同实施阶段的主办、组织和协调工作。

3. 联合体将严格按照招标文件的各项要求,递交投标文件,履行投标义务和中标后的合同,共同承担合同规定的一切义务和责任,联合体各成员单位按照内部职责的部分,承担各自所负的责任和风险,并向招标人承担培带责任。

4. 联合体各成员单位内部的职责分工如下:＿＿＿＿＿＿＿＿＿＿,按照本条上述分工,联合体成员单位各自所承担的合同工作量比例如下:＿＿＿＿＿＿＿＿＿＿。

5. 投标工作和联合体在中标后工程实施过程中的有关费用按各自承担的工作量分摊。

6. 联合体中标后,本联合体协议是合同的附件,对联合体各成员单位有合同约束力。

7. 本协议书自签署之日起生效。联合体未中标或者中标时合同履行完毕后自动失效。

8. 本协议书一式＿＿＿＿＿＿份。你。联合体成员和招标人各执一份。

牵头人名称:＿＿＿＿＿＿(盖单位章)

法定代表人或其委托代理人:＿＿＿＿＿＿(签字)

成员二名称:＿＿＿＿＿＿

法定代表人或其委托代理人:＿＿＿＿＿＿(签字)

……

＿＿＿＿＿年＿＿＿＿月＿＿＿＿日

备注:本协议书由委托代理人签字的,应附法定代表人签字的授权委托书。

图 3-7 联合体协议书的格式

案例 3-2

某政府投资项目主要分为建筑工程、安装工程和装修工程三部分。项目投资额为 5000 万元，其中，估价为 280 万元的设备由招标人采购。招标文件中，招标人对投标时限的规定如下：

(1) 投标截止时间为招标文件停止出售之日起第十五日上午 9 时整；

(2) 接受投标文件的最早时间为投标截止时间前 72 小时；

(3) 若投标人要修改、撤回已提交的投标文件，须在投标截止时间 24 小时前提出；

(4) 投标有效期从发售招标文件之日开始计算，共 90 天。

招标文件还规定，建筑工程应由具有一级以上资质的企业承包，安装工程和装修工程应由具有二级以上资质的企业承包。招标人鼓励投标人组成联合体投标。

在参加投标的企业中，A、B、C、D、E、F 为建筑公司，G、H、J、K 为安装公司，L、N、P 为装修公司，除了 K 公司为二级企业外，其余均为一级企业。上述企业分别组成联合体投标，联合体组成表如表 3-2 所示。

表 3-2　联合体组成表

联合体编号	Ⅰ	Ⅱ	Ⅲ	Ⅳ	Ⅴ	Ⅵ	Ⅶ
联合体组成	A、L	B、C	D、K	E、H	G、N	F、J、P	E、L

在上述联合体中，某联合体协议中约定：若中标，由牵头人与招标人签订合同，然后将该联合体协议送交招标人；联合体所有与业主方的联系工作以及内部协调工作均由牵头人负责；各成员单位按投入比例分享利润并向招标人承担责任，且需向牵头人支付各自承担的合同额部分 1% 的管理费。

问题：

(1) 该项目估价为 280 万元的设备采购是否可以不招标？说明理由。

(2) 分别指出招标人对投标期限的规定是否正确，说明理由。

(3) 按联合体的编号，判别各联合体的投标是否有效？若无效，说明原因。

(4) 指出上述联合体协议内容中的错误之处，说明理由或写出正确做法。

解析

(1) 该设备采购必须招标，因为该项目属于政府投资项目，且设备采购的单项合同估价在 200 万元以上，属于必须招标的项目范围。

(2) ① 投标截止时间的规定正确，因为自招标文件开始出售至停止出售的时间，至少为五日，故满足自招标文件开始出售至投标截止的时间不得少于二十日的规定。

② 接受投标文件最早时间的规定正确，因为有关法规对此没有限制性规定。

③ 修改、撤回投标文件时限的规定不正确，因为在投标截止时间前，投标人均可修改、撤回投标文件。

④ 投标有效期从发售招标文件之日开始计算的规定不正确，投标有效期应从投标截止时间开始计算。

(3) ① 联合体Ⅰ的投标无效，因为投标人不得参与同一项目的不同的联合体进行投标。

② 联合体Ⅱ的投标有效。

③ 联合体Ⅲ的投标有效。

④ 联合体Ⅳ的投标无效,因为投标人不得参与同一项目的不同的联合体进行投标。

⑤ 联合体Ⅴ的投标无效,因为缺乏建筑公司,若其中标,主体结构必然要分包,而主体结构分包是违法的。

⑥ 联合体Ⅵ的投标有效。

⑦ 联合体Ⅶ的投标无效,因为投标人不得参与同一项目的不同的联合体进行投标。

(4)① 由牵头人与招标人签订合同错误,应由联合体各方共同与招标人签订合同。

② 签订合同后将联合体协议送交招标人错误,联合体协议应当与投标文件一同提交给招标人。

③ 各成员单位按投入比例向业主承担责任错误,联合体各方应就承包的工程向业主承担连带责任。

4. 投标保证金

投标保证金是指投标人按照招标文件的要求向招标人出具的,以一定金额表示的投标责任担保。招标人为了防止因投标人撤销或者反悔投标的不正当行为而蒙受损失,应要求投标人按规定形式和金额提交投标保证金,并作为投标文件的组成部分。投标人不按招标文件要求提交投标保证金的,其投标文件作废标处理。投标保证金的格式如图3-8所示。

投标保证金

保函编号:_____

_____(招标人名称):

鉴于_____(投标人名称)(以下简称"投标人")参加你方_____(项目名称)标段的施工投标,_____(担保人名称)(以下简称"我方")受该投标人委托,在此无条件地、不可撤销地保证一旦收到你方提出的下述任何一种事实的书面通知,在7日内无条件地向你方支付总额不超过_____(投标保函额度)的任何你方要求的金额:

1. 投标人在规定的投标有效期内撤销或者修改其投标文件。

2. 投标人在收到中标通知书后无正当理由而未在规定期限内与贵方签署合同。

3. 投标人在收到中标通知书后未能在招标文件规定期限内向贵方提交招标文件所要求的履约担保。

本保函在投标有效期内保持有效,除非你方提前终止或解除本保函。要求我方承担保证责任的通知应在投标有效期内送达我方。保函失效后请将本保函交投标人退回我方注销。

本保函项下所有权利和义务均受中华人民共和国法律管辖和制约。

担保人名称:_____(盖单位章)

法定代表人或其委托代理人:_____(签字)

地　　　址:_____

邮 政 编 码:_____

电　　　话:_____

传　　　真:_____

____年____月____日

备注:经过招标人事先的书面同意,投标人可采用招标人认可的投标保函格式,但相关内容不得背离招标文件约定的实质性内容。

图3-8　投标保证金的格式

1）投标保证金的形式

投标保证金的形式一般有现金、银行保函、银行汇票、银行电汇、信用证、支票或招标文件规定的其他形式。投标保证金具体提交的形式由招标人在招标文件中确定。《中华人民共和国招标投标法实施条例》第二十六条规定：依法必须进行招标的项目的境内投标单位，以现金或者支票形式提交的投标保证金应当从其基本账户转出。招标人不得挪用投标保证金。

2）投标保证金的额度

投标保证金通常有相对比例金额和固定金额两种方式。相对比例金额以投标总价作为计算基数，投标保证金金额与投标报价有关；固定金额是招标文件规定投标人提交统一金额的投标保证金，投标保证金金额与报价无关。为避免招标人设置过高的投标保证金额度，《中华人民共和国招标投标法实施条例》第二十六条规定：招标人在招标文件中要求投标人提交投标保证金的，投标保证金不得超过招标项目估算价的 2%。

3）投标有效期与投标保证金有效期

投标有效期是从递交投标文件的截止时间开始计算，以招标文件中规定的时间为终点的一段时间。在这段时间内，投标人必须对其递交的投标文件负责，受投标文件约束。在投标有效期之前（即递交投标文件截止时间之前），投标人（潜在投标人）可以自主决定是否投标、是否对投标文件进行补充修改，甚至可以撤回已递交的投标文件；在投标有效期届满之后，投标人可以拒绝招标人的中标通知而不受任何约束或惩罚。

如果在招标投标过程中出现特殊情况，在招标文件规定的投标有效期内，招标人无法完成评标并与中标人签订合同，则在原投标有效期期满之前招标人可以以书面形式要求所有投标人延长投标有效期。投标人同意延长的，不得要求或被允许修改其投标文件，但应当相应延长其投标保证金有效期；投标人拒绝延长的，其投标在原投标有效期期满之后失效，投标人有权收回其投标保证金。

投标保证金本身也有一个有效期的问题，如银行一般都会在投标保函中明确该保函在什么时间内有效。《中华人民共和国招标投标法实施条例》第二十六条规定：投标保证金有效期应当与投标有效期一致。

4）投标保证金的作用

（1）对投标人的投标行为产生约束作用，保证招标投标活动的严肃性。

（2）在特殊情况下，可以弥补招标人的损失。

（3）督促招标人尽快定标。

（4）从一个侧面反映和考察投标人的实力。

5）投标保证金的退还

《中华人民共和国招标投标法实施条例》第五十七条规定：招标人最迟应当在书面合同签订后 5 日内向中标人和未中标的投标人退还投标保证金及银行同期存款利息。第三十五条规定：投标人撤回已提交的投标文件，应当在投标截止时间前书面通知招标人。招标人已收取投标保证金的，应当自收到投标人书面撤回通知之日起 5 日内退还。投标截止后投标人撤销投标文件的，招标人可以不退还投标保证金。第七十四条规定：中标人无正当理由不与招标人订立合同，在签订合同时向招标人提出附加条件，或者不按照招标文件要求提交履约保证金的，取消其中标资格，投标保证金不予退还。

5. 已标价的工程量清单

投标人应按招标人提供的工程量清单填报价格。填写的项目编码、项目名称、项目特征、计量单位、工程量必须与招标人提供的一致。投标价由投标人自主确定,但不得低于工程成本。投标价应由投标人或受其委托具有相应资质的工程造价咨询人编制。

按照《建设工程工程量清单计价规范》的要求,工程量清单计价表主要包括封面、总说明、单项工程汇总表、单位工程汇总表、分部分项工程和单价措施项目清单与计价表、总价措施项目清单与计价表、其他项目清单与计价表、规费、税金项目清单与计价表组成。工程量清单计价应采用统一的格式,工程量清单计价格式随招标文件发至投标人,由投标人填写。

6. 工组织设计

施工组织设计主要在技术标中,是投标文件的重要组成部分,是编制投标报价的基础,是反映投标企业施工技术水平和施工能力的重要标志,在投标文件中具有举足轻重的地位。施工组织设计是指导拟建工程施工全过程各项活动的技术、经济和组织的综合性文件,分为招投标阶段编制的施工组织设计和接到施工任务后编制的施工组织设计。前者的深度和范围都比不上后者,是初步的施工组织设计;后者是接到施工任务后编制的详细而全面的施工组织设计。

3.2.2 编制投标文件的注意事项

投标文件是施工单位参与投标竞争的重要凭证,是评标、决标和订立合同的依据,也是投标人综合素质的反映和能否取得经济效益的重要因素。因此,投标人应对编制投标文件的工作倍加重视。编制投标文件时,投标人应注意以下几个问题。

(1)认真领会招标文件的要点:前附表的要点;招标文件的要点;投标文件的要点,尤其是组成和格式;保证金的要点,如开户银行级别、金额、币种以及时间;投标文件递交方式、时间、地点以及密封签字要求;废标的条件;澄清工作等。

(2)投标函中的报价非常重要,投标总价表、投标报价汇总表、工程量清单中的报价应一致,大小写必须正确。投标函格式或表述有误将造成巨大损失。如沙颍河治理工程投标中,有一家施工单位将投标函的报价中大写的"柒"写成"柴",结果其投标文件被认定为废标。

(3)授权委托书、投标保证金应按照招标文件要求的格式填写,由法人代表、委托代理人正确签字或盖章,并加盖投标人公章。

(4)工程量清单的投标报价必须准确。工程量清单计价表精确与否,直接体现施工单位水平的高低、施工经验丰富与否,直接影响投标人是否中标。

(5)投标报价不得低于工程成本,也不得高于最高投标限价。

案例 3-3

某政府投资工程,监理单位承担了施工招标代理和施工监理任务。该工程采用无标底公开招标方式选定施工单位。实施中发生了下列事件。

事件1:施工招标过程中,建设单位提出了部分建议。

① 省外投标人必须在工程所在地承担过类似工程。

② 投标人应在提交资格预审文件截止日前提交投标保证金。

③ 联合体中标的,可由联合体代表与建设单位签订合同。

④ 中标人可以将某些非关键性工程分包给符合条件的分包人。

事件 2:工程招标时,A、B、C、D、E、F、G 共 7 家投标单位通过资格预审,并在投标截止时间前提交了投标文件。评标时,评标委员会发现 A 投标单位的投标文件虽加盖了公章,但没有投标单位法定代表人的签字,只有法定代表人授权书中被授权人的签字(招标文件中对是否可由被授权人签字没有具体规定);B 投标单位的投标报价明显高于其他投标单位的投标报价,原因是施工工艺落后;C 投标单位以招标文件规定的工期(380 天)作为投标工期,但在投标文件中明确表示如果中标,合同工期按定额工期(400 天)签订;D 投标单位的投标文件中的总价金额汇总有误。

事件 3:经评标委员会评审,G、F、E 投标单位被推荐为前 3 名中标候选人。在中标通知书发出前,建设单位要求监理单位分别找 G、F、E 投标单位重新报价,以价格低者为中标单位,按原投标报价签订施工合同后,建设单位与中标单位再以新报价签订协议书作为实际履行合同的依据。监理单位认为建设单位的要求不妥,并提出了不同意见,建设单位最终接受了监理单位的意见,确定 G 投标单位为中标单位。

问题:(1)指出事件 1 中建设单位的建议有哪些不妥。

(2)分别指出事件 2 中 A、B、C、D 投标单位的投标文件是否有效,说明理由。

(3)事件 3 中,建设单位的要求违反了招标投标有关法规的哪些具体规定?

解析

(1)①不妥。招标人不得以本地区工程业绩限制或排斥潜在投标人。②不妥。投标人应在提交投标文件截止日前随投标文件提交投标保证金。③不妥。联合体中标的,联合体各方应当共同与招标人签订合同,就中标项目向招标人承担连带责任。

(2)①A 单位的投标文件有效。招标文件对此没有具体规定,签字人有法定代表人的授权书。②B 单位的投标文件有效。招标文件对高报价没有限制。③C 单位的投标文件无效。没有响应招标文件的实质性要求(或有招标人无法接受的条件)。④D 单位的投标文件有效。总价金额汇总有误属于细微偏差(或明显的计算错误允许补正)。

(3)确定中标人前,招标人不得与投标人就投标文件实质性内容进行协商;招标人与中标人必须按照招标文件和中标人的投标文件订立合同,不得再订立背离合同实质性内容的其他协议。

3.3 建设工程投标决策与报价的技巧

3.3.1 建设工程投标决策

建设工程投标决策是指投标人为实现其生产经营目标,针对建设工程招标项目,寻求并实现最优化的投标行动方案的活动。建设工程投标决策的内容主要包括投标机会决策,即是否参加投标的机会研究;投标定位决策,即投何种性质的标;投标方法性决策,采用何种策略和技巧。

1. 投标机会决策

投标机会决策主要是投标人对是否投标进行研究、论证,做出决策的过程,即解决是否投标的问题。有下列情形之一的招标项目,投标人宜放弃投标:①工程资质要求超过本企业资质等级的项目;②本企业业务范围和经营能力之外的项目;③本企业在建项目很多,而招标工程的风险较大或盈利水平较低的项目;④需要本企业投入投标资源较大的项目;⑤有在技术等级、信誉、水平和实力等方面具有明显优势的潜在竞争对手参加的项目。

2. 投标定位决策

1)根据投标性质决策

根据投标性质不同,投标人可以投保险标与风险标。

保险标是指承包商对基本上不存在技术、设备、资金和其他方面问题的,或虽有技术、设备、资金和其他方面问题,但可预见并已有解决办法的工程项目投的标。如果投标人的经济实力较弱,经不起失误或风险的打击,投标人往往投保险标,尤其是在国外工程承包市场中,投标人大多愿意投保险标。

风险标是指投标人对存在技术、设备、资金或其他方面的未解决的问题,承包难度比较大的招标工程投的标。

2)根据投标效益决策

根据投标效益不同,投标人可以投盈利标、保本标和亏损标。

盈利标是指承包商为能获得丰厚利润回报而投的标;保本标是指承包商对不能获得多少利润但一般也不会出现亏损的招标工程投的标。

3.3.2 建设工程投标报价的策略和技巧

投标是企业综合素质的竞争,它的胜负不仅取决于投标人的技术、设备和资金等实力,更取决于投标策略和方法的正确性、预见性。投标人只有在建筑工程投标工作中认真总结经验、深刻剖析,才能在投标时取得成功。建筑施工企业投标时要根据工程对象的具体情况,确定相应的投标策略和采用恰当的报价。掌握了一定的标书编制技巧,就可以做出合理的报价,中标,获得较高利润。研究投标报价策略要从分析投标报价目标开始,研究有关竞争对策,恰当使用报价技巧,形成一套完整的投标报价策略,实现中标的目的。

1. 投标报价的目标选择

投标单位的经营能力和条件不同,出于不同目的的需要,对同一个招标项目,可以选择不同的投标报价目标。

(1)生存型。投标报价以克服企业生存危机为目标,争取中标可以不考虑利益。

(2)补偿型。投标报价以补偿企业任务不足,以追求边际效益为目标,对工程设备投标表现出较大热情,以亏损为代价进行低报价,具有很强的竞争力,但受生产能力的限制,只宜在较小的招标项目中使用。

(3)开发型。投标报价以开拓市场、积累经验、向后续投标项目发展为目标。投标带有开发性,以资金、技术投入为手段,进行技术经验储备,树立新的市场形象,以便争得后续投标的效益。其特点是不着眼一次投标效益,用低报价吸引招标单位。

(4)竞争型。投标报价以竞争为手段,以低盈利为目标,报价是在精确计算报价成本的基础上,充分估计各个竞争对手的报价目标,以有竞争力的报价达到中标的目的,对工程设备投标报价表现出积极的参与意识。

(5)盈利型。投标投价充分发挥自身优势,以实现最佳盈利为目标。投标单位对效益无吸引力的项目热情不高,对盈利大的项目充满自信,也不太注重对竞争对手的动机分析和对策研究。

不同投标报价目标是依据一定的条件进行分析决定的。竞争型投标报价目标是投标单位追求的普遍形式。

2. 投标报价的策略

投标报价的策略运用是否得当,不仅影响施工企业能否中标,而且影响企业在激烈竞争中能否生存和发展。投标人在投标报价时必须展示自己不同于别的竞争对手的核心优势,在报价降低的情况下如何获得最大的利润是每个投标人关注的焦点。同时,在考虑先进合理的技术方案和较低的投标价格上,投标人在利润和风险之间也要做出正确的决策。因此,投标人只有很好地运用策略,才能正确分析投标报价,并能果断地做出决策,从而保证即使在低价中标的情况下也能获得预期的利润。

投标报价的策略的主要内容如下。

(1)采取廉价策略取胜。在保证工程质量的前提下,投标人通过降价扩大任务来源,降低固定成本在各个工程上的比例,可以降低工程成本,有可能为新投标工程的承包价格创造条件,为投标人的长远发展提供保障,对业主有较强的吸引力。

(2)以信取胜。单位良好的社会信誉、技术和管理上的优势、优良质量等因素可以使投标单位在投标活动中有较大优势。

(3)以快取胜。投标人可以在保证工程质量、价格、进度计划合理的前提下早投产、早受益,以得到业主的青睐。

(4)采用以退为进的策略。若发现招标文件或图纸中有不明确之处,投标人可以低价中标,再寻找索赔的机会。

(5)靠改进设计方案取胜。投标人若在研究设计图纸的过程中,发现明显不合理之处,可先按原设计报价,再按照提出改进设计的建议和切实降低造价的措施的方案报价。

3. 投标报价的技巧

投标报价的技巧是指在投标报价中采用的手法或技巧,这些手法和技巧可以使业主接受投标,中标后又能使投标人获得更多的利润。常用的投标报价技巧有不平衡报价法、多方案报价法、灵活报价法、突然降价法、先亏后盈法等。

1)不平衡报价法

工程项目的总投标报价基本确定后,投标人可以通过调整内部各个项目的报价,达到既不提高总价,也不影响中标,又能在结算时得到理想的经济效益的目的。投标人一般可以在以下几个方面考虑采用不平衡报价法。

(1)能够早日结账收款的项目(如土石方工程、基础工程等)可以提高报价,以利资金周转;后期工程项目(如装饰工程、设备安装工程等)可适当降低报价。

（2）经过工程量核算，预计今后工程量会增加的项目，单价可适当提高，这样在最终结算时可多赚钱；工程量可能减少的项目可适当降低单价，这样，在工程结算时，损失也不大。但是上述两点要统筹考虑，针对工程量有错误的早期工程，如果不可能完成工程量表中的数量，则不能盲目抬高报价，要具体分析后再定。

（3）设计图纸不明确，估计修改后工程量要增加的项目，可以适当提高单价；工程内容说不清楚的项目，可适当降低一些单价。

（4）暂定项目。这类项目要具体分析，因为这类项目要开工后再由业主研究决定是否实施、由哪一家承包商实施。如果工程不分标，只由一家承包商施工，则肯定要做的项目的单价可高一些，不一定做的项目的单价应低一些。如果工程分标，暂定项目也可能由其他承包商实施时，则不宜报高价，以免抬高总报价。

（5）零星用工（计日工）的报价一般可以报高一些，因为零星用工不属于承包有效合同总价的范围，发生时实报实销，可以多获利。

应用不平衡报价法需要注意以下两点：

（1）一定要建立在对工程量表中的工程量仔细核对分析的基础上，特别是报低单价的项目，工程量增多会造成承包商的重大损失。

（2）一定要控制在合理幅度内（一般为 10% 左右），以免引起业主反对，甚至导致废标。

如果不注意这两点，有时业主会挑选出报价过高的项目，要求投标人进行单价分析，围绕单价分析中单价过高的内容压价，导致承包商得不偿失。

案例 3-4

某承包商参与某高层商用办公楼土建工程的投标（安装工程由业主另行招标）。为了既不影响中标，又能在中标后取得较好的收益，承包商采用不平衡报价法对原估价做了适当调整，如表 3-3 所示。

表 3-3　采用不平衡报价法对原估价的调整

	桩基围护工程	主体结构工程	装饰工程	总价
调整前（投标估价）	1480	6600	7200	15 280
调整后（正式报价）	1600	7200	6480	15 280

现假设桩基围护工程、主体结构工程、装饰工程的工期分别为 4 个月、12 个月、8 个月，贷款月利率为 1%，各分部工程每月完成的工作量相同且能按月度及时收到工程款（不考虑工程款结算需要的时间）。年金现值系数和复利现值系数如表 3-4 所示。

表 3-4　年金现值系数和复利现值系数

n	4	8	12	16
$(P/A,1\%,n)$	3.902 0	7.651 7	11.255 1	14.717 9
$(P/F,1\%,n)$	0.961 0	0.923 5	0.887 4	0.852 8

问题：（1）该承包商运用的不平衡报价法是否恰当，为什么？

（2）采用不平衡报价法后，该承包商所得工程款的现值比原估价增加了多少（以开工日期为

折现点)?

解析

(1) 恰当。该承包商将属于前期工程的桩基围护工程和主体结构工程的单价调高,而将属于后期工程的装饰工程的单价调低,可以在施工的早期阶段收到较多的工程款,从而可以提高承包商所得工程款的现值。而且,这三类工程单价的调整幅度均在±10%以内,属于合理范围。

(2) 计算单价调整前后的工程款现值。

① 计算单价调整前的工程款现值。

桩基围护工程每月工程款 $A_1=1480/4$ 万元$=370$ 万元。

主体结构工程每月工程款 $A_2=6600/12$ 万元$=550$ 万元。

装饰工程每月工程款 $A_3=7200/8$ 万元$=900$ 万元。

则单价调整前的工程款现值为

$$PV=A_1(P/A,1\%,4)+A_2(P/A,1\%,12)(P/F,1\%,4)+A_3(P/A,1\%,8)(P/F,1\%,16)$$
$$=(370\times3.9020+550\times11.2551\times0.9610+900\times7.6517\times0.8528)万元$$
$$=(1443.74+5948.88+5872.83)万元$$
$$=13\ 265.45\ 万元$$

② 计算单价调整后的工程款现值。

桩基围护工程每月工程款 $B_1=1600/4$ 万元$=400$ 万元。

主体结构工程每月工程款 $B_2=7200/12$ 万元$=600$ 万元。

装饰工程每月工程款 $B_3=6480/8$ 万元$=810$ 万元。

则单价调整后的工程款现值为

$$PV'=B_1(P/A,1\%,4)+B_2(P/A,1\%,12)(P/F,1\%,4)+B_3(P/A,1\%,8)(P/F,1\%,16)$$
$$=(400\times3.9020+600\times11.2551\times0.9610+810\times7.6517\times0.8528)万元$$
$$=(1560.80+6489.69+5285.55)万元$$
$$=13\ 336.04\ 万元$$

③ 计算两者的差额。

$$PV'-PV=(13\ 336.04-13\ 265.45)万元=70.59\ 万元。$$

因此,采用不平衡报价法后,该承包商所得工程款的现值比原估价增加了 70.59 万元。

2) 多方案报价法

多方案报价是投标人针对招标文件中的某些不足,提出有利于招标人的替代方案,用合理化建议吸引招标人,争取中标的一种投标技巧。

多方案报价法的使用情况:对于一些招标文件,如果投标人发现工程范围不明确、条款不清楚或很不公正、技术规范要求过于苛刻,投标人可以按多方案报价法处理。投标人可以按原招标文件报一个价,然后提出替代方案,如某条款做某些变动,报价可以低多少,因此可报出一个较低的价格。这样,投标人可以降低总价,吸引业主。

3) 增加建议方案法

有时招标文件中规定,投标人可以提出建议方案,即可以修改原设计方案,提出一个备选方案。投标人应抓住机会,组织有经验的设计和施工工程师,对原招标文件的设计和施工方案进行仔细研究,提出更合理的方案以吸引招标人,使自己的方案中标。新的建议方案应可以降低

建设工程投标报价技巧 2

总造价、缩短工期,或使工程运用更为合理。

但要注意的是,投标人采用增加建议方案法时,对原招标方案也要报价,以供业主比较。不要将建议方案写得太具体,要保留方案的关键技术部分,防止招标人将此方案交给其他投标人。同时要强调的是,建议方案一定要比较成熟,或过去有实践经验,因为投标时间不长,如果仅为中标而匆忙提出一些没有把握的方案,可能引起后患。

4)灵活报价法

投标时,投标人既要考虑自己公司的优势和劣势,也要分析投标项目的整体特点,按照工程的类别、施工条件等考虑报价策略。

一般来说,下列工程的报价可高一些:①施工条件差(如场地狭窄、地处闹市)的工程;②专业要求高的技术密集型工程,而本公司在这方面有专长,声望也高时;③总价低的小工程、自己不愿做而被邀请投标的工程、不便于不投标的工程;④特殊的工程,如港口码头工程、地下开挖工程等;⑤业主对工期要求急的工程;⑥投标对手少的工程;⑦支付条件不理想的工程。

下述情况时,工程的报价应低一些:①施工条件好的工程,工作简单、工程量大而一般公司都可以做的工程,如大量的土方工程,一般房建工程等;②本公司目前急于打入某一市场、某一地区,以及虽已在某地区经营多年,但即将面临没有工程的情况(某些国家规定,在该国注册公司一年内没有经营项目时,撤销营业执照),机械设备等无工地转移时;③附近有工程而本项目可以利用该工程的设备、劳务或有条件短期内突击完成的工程;④投标对手多、竞争激烈的工程;⑤非急需工程;⑥支付条件好的工程,如现汇支付的工程。

5)突然降价法

报价是一件保密性很强的工作,但是对手往往通过各种渠道、手段来刺探情况,因此,投标人在报价时可以采取迷惑对方的手法,即按一般情况报价或表现出自己对该工程兴趣不大,快到投标截止时,再突然降价。如鲁布革水电站引水系统工程就是采用突然降价法,取得最低标,为中标打下基础。采用这种方法时,投标人一定要在准备投标报价的过程中考虑好降价的幅度,在临近投标截止日期时,根据情报信息与分析判断,做出决策。如果采用突然降价法中标,因为开标只降总价,投标人可以在签订合同后采用不平衡报价的思想调整工程量表内的各项单价或价格,以取得更高的效益。

案例 3-5

某水电站招标时,水电某工程局于开标前一天带着高、中、低三个报价到达该地后,通过各种渠道了解投标者到达的情况及可能出现的竞争者的情况,截止投标前 10 分钟,他们发现主要的竞争者已放弃投标,立即决定不用最低报价,同时,考虑到第二竞争对手的竞争力,决定放弃最高报价,选择了"中报价"。结果"中报价"成为最低标,为该工程局中标打下基础。

5)先亏后盈法

有的承包商,为了打进某个地区的市场,依靠国家、某财团和自身的雄厚资本实力,采取的一种不惜代价、只求中标的低价报价方案。应用这种手法的承包商必须有较好的资信条件,提出的施工方案也应先进可行。同时承包商要加强对公司情况的宣传,否则即使标价低,业主也不一定选择。如果其他承包商遇到这种情况,不一定要和这类承包商硬拼,可以努力争第二、三标,依靠自己的经验和信誉中标。

案例 3-6

某大型工程项目由政府投资建设,业主委托某招标代理公司代理施工招标。招标代理公司确定该项目采用公开招标方式进行招标,招标公告在当地政府规定的招标信息网上发布。招标文件中规定,投标担保可采用投标保证金或投标保函的方式。评标方法采用经评审的最低投标价法。投标有效期为 60 天。

业主对招标代理公司提出以下要求:为了避免潜在的投标人过多,招标公告只在本市日报上发布,且采用邀请招标方式招标。项目施工招标信息发布以后,共有 12 家潜在投标人报名参加投标。业主认为报名参加投标的投标人太多,为减少评标工作量,要求招标代理公司仅对报名的潜在投标人的资质条件、业绩进行资格审查。开标后,评标委员会发现如下问题:

① A 投标人的投标报价为 8000 万元,为最低投标报价,评标委员会推荐其为中标候选人;

② B 投标人在开标后又提交了一份补充说明,提出可以降价 5%;

③ C 投标人提交的银行投标保函有效期为 70 天;

④ D 投标人的投标文件的投标函盖有企业及企业法定代表人的印章,但没有加盖项目负责人的印章;

⑤ E 投标人与其他投标人组成了联合体进行投标,附有各方的资质证书,但没有联合体协议书;

⑥ F 投标人的投标报价最高,故 F 投标人在开标后第二天撤回了投标文件。

经过评审,A 投标人被确定为中标候选人。发出中标通知书后,招标人和 A 投标人进行合同谈判,希望 A 投标人能再压缩工期、降低费用。谈判后,双方达成一致意见:不压缩工期,降价 3%。

问题:(1)业主对招标代理公司提出的要求是否正确?说明理由。

(2)A、B、C、D、E 投标人的投标文件是否有效?说明理由。

(3)F 投标人的投标文件是否有效?招标人对其撤回投标文件的行为应如何处理?

(4)该项目施工合同应该如何签订?合同价格应是多少?

解析

(1)① 业主提出的招标公告只在本市日报上发布的要求不正确。理由:公开招标项目的招标公告,必须在指定媒介发布,任何单位和个人不得非法限制招标公告的发布地点和发布范围。

② 采用邀请招标的要求不正确。理由:该工程项目由政府投资建设,相关法规规定,全部使用国有资金投资、国有资金投资控股或者占主导地位的项目,应当采用公开招标方式招标,如果采用邀请招标方式招标,应由有关部门批准。

③ 业主提出的仅对潜在投标人的资质条件、业绩进行资格审查的要求不正确。理由:资格审查的内容还应包括信誉、技术、拟投入人员、拟投入机械、财务状况等。

(2)① A 投标人的投标文件有效。

② B 投标人的投标文件(或原投标文件)有效,但补充说明无效,因为开标后投标人不能变更(或更改)投标文件的实质性内容。

③ C 投标人的投标文件有效。《中华人民共和国招标投标法实施条例》第二十六条规定,投标保证金有效期应当与投标有效期一致。现在投标保函的有效期超过了投标有效期 10 天,是满足要求的。

④ D 投标人的投标文件有效。招标文件没有要求必须有项目负责人的印章。

⑤ E 投标人的投标文件无效。因为组成联合体投标的,投标文件应附联合体协议书。

(3) F 投标人的投标文件有效。招标人可以没收 F 投标人的投标保证金,给招标人造成损失超过投标保证金的,招标人可以要求投标人赔偿。

(4)① 该项目应自中标通知书发出后 30 天内按招标文件和 A 投标人的投标文件签订书面合同,双方不得再签订背离合同实质性内容的其他协议。招标人不能再和 A 讨论、签订关于工期、费用等合同实质性内容的协议。

② 合同价格应为 8000 万元。

3.4 建设工程招投标案例分析

案例 3-7

某投资公司拟建一幢办公楼,采用公开招标方式选择施工单位,投标保证金有效期同投标有效期,提交投标文件截止时间为 2021 年 5 月 30 日。该公司于 2021 年 3 月 6 日发布了招标公告,A、B、C、D、E 等 5 家建筑施工单位参加了投标,E 单位由于工作人员疏忽于 6 月 2 日才提交投标保证金。开标会于 6 月 3 日由该省建委主持。D 单位在开标后向投资公司要求撤回投标文件。评标委员会经过综合评选,最终确定 B 单位中标,双方按规定签订了施工承包合同。

问题:(1) E 单位的投标文件按要求该如何处理,为什么?

(2) D 单位撤回投标文件的要求应当如何处理,为什么?

(3) 上述招标投标程序中,还有哪些不妥之处?请说明理由。

解析

(1) E 单位的投标文件应当被认为是无效投标。招标文件规定的投标保证金是投标文件的组成部分,应该在投标截止时间之前提交给招标单位,因此,对于未能按照要求时间提交投标保证金的投标,招标单位应视为没有响应招标而拒绝。

(2) 对于 D 单位撤回投标文件的要求,招标人应当没收其投标保证金。投标行为是一种要约,D 单位在投标有效期内撤回其投标文件,是违约行为。

(3)① 提交投标文件的截止时间与举行开标会的时间不是同一时间不妥。按照《中华人民共和国招标投标法》的规定,开标应当在招标文件确定的提交投标文件截止时间的同一时间公开进行。

② 开标应当由招标人或者招标代理人主持,省建委作为行政管理机关只能监督招标投标活动,不能作为开标会的主持人。

案例 3-8

某省重点工程项目计划于 2021 年 12 月 28 日开工,由于工程结构复杂、技术难度高,只有几家潜在投标人可供选择。业主自行决定采取邀请招标方式进行招标,于 2021 年 9 月 8 日向通过资格预审的五家施工承包企业发出了投标邀请书。五家企业均接受了邀请,并于 9 月 20 日—9

月 22 日购买了招标文件。招标文件规定 10 月 18 日下午 3 时是投标截止时间,11 月 10 日发出中标通知书。在投标截止时间之前,A、B、D、E 四家企业提交了投标文件,但 C 企业于 10 月 18 日下午 4 时才提交投标文件,原因是中途堵车。10 月 21 日,当地招标投标管理办公室主持了公开开标。评标委员会由 7 人组成,其中,当地招标投标管理办公室 1 人,公证处 1 人,招标人代表 1 人,技术、经济方面的专家 4 人。评标时,评标委员会发现 E 企业的投标文件虽无法定代表人签字和委托人授权书,但投标文件已有项目经理签字并加盖了公章。评标委员会于 10 月 28 日提出了评标报告。B、A 企业分别为综合得分第一名、第二名。由于 B 企业投标报价高于 A 企业,11 月 10 日,招标人向 A 企业发出了中标通知书并于 12 月 12 日与其签订了书面合同。

问题:(1) 建设项目施工招标是否符合邀请招标的规定? 企业自行决定采取邀请招标方式的做法是否妥当? 分别说明理由。

(2) C 企业和 E 企业的投标文件是否有效? 分别说明理由。

(3) 请指出开标工作的不妥之处,说明理由。

(4) 请指出评标委员会成员组成的不妥之处,说明理由。

(5) 招标人确定 A 企业为中标人是否违规? 说明理由。

(6) 合同签订的日期是否违规? 说明理由。

解析

(1) 根据《中华人民共和国招标投标法》的规定,省级政府确定的地方重点项目中不适宜公开招标的项目,要经过省级人民政府批准,方可进行邀请招标。因此,本案例中,业主自行对省重点工程项目采取邀请招标的做法不妥。

(2) C 企业的投标文件无效。理由:投标文件递交截止时间之后提交的投标文件为无效投标,招标人应拒收。E 企业的投标文件无效。理由:投标文件无法定代表人或其授权人的签字,未加盖投标人公章,项目经理也未获得委托人授权书,无权代表企业投标签字,应按废标处理。

(3) 开标工作存在如下不妥之处。

① 开标时间不妥。理由:开标应在招标文件确定的递交投标文件的截止时间公开进行。

② 招标投标管理办公室的工作人员主持开标不妥。理由:开标应由招标人或其委托的招标代理机构主持。

(4) 评标委员会成员组成不妥。理由:技术、经济方面的专家的人数不得少于总人数的三分之二,而本案例仅为 4/7,低于规定的比例要求;公证处人员和招标办的工作人员担任评标委员会成员也不妥。

(5) 招标人确定 A 企业中标不妥。理由:招标人应确定评标委员会推荐的排名第一的投标候选人为中标人,投标价格高低不是招标人确定中标人的依据。

(6) 合同签订的日期违规。理由:招标人和中标人应自中标通知书发出之日起 30 日内签订合同。本案例中,招标人 11 月 10 日发出中标通知书,12 月 12 日才签订书面合同,间隔时间已经超过 30 天,违反了《中华人民共和国招标投标法》的相关规定。

案例 3-9

某建设项目的业主于 2021 年 3 月 1 日发布该项目的招标公告。招标文件载明了招标项目的性质、大致规模、实施地点、获取招标文件的办法等事项,还要求参加投标的施工企业必须是本市一、二级企业或外地一级企业,近三年有获省、市优质工程奖的项目,且需提供相应的资质证书和证明文件。4月1日,业主向通过资格预审的施工单位发售招标文件,各投标单位领取招标文件的人均按要求在一张表上登记并签收。招标文件中明确规定,工期不长于24个月,工程质量标准为优良,4月18日16时为投标截止时间。在书面答复投标单位的提问以后,业主组织各投标单位进行了施工现场踏勘。

4月12日,业主书面通知各投标单位,由于某种原因,决定将商场部分装修工程从原招标范围内删除,并明确4月18日16时仍为投标截止时间。开标时,各投标人推选的代表检查了投标文件的密封情况,确认无误后,招标人当众拆信,宣读投标人名称、投标价格、工期等内容,还宣布了评标标准和评标委员会名单(共8人,其中招标人代表2人,招标人上级主管部门代表1人,技术专家3人,经济专家2人),并授权评标委员会直接确定中标人。

问题:(1)该项目施工招标在哪些方面不符合《中华人民共和国招标投标法》的有关规定?

(2)若某投标人在投标截止日前2天将投标文件递交给业主,在开标时间前2小时,该投标人又递交了一份补充文件,声明将原报价降低1%,请问招标人应如何处理此事件?

(3)在招标过程中,共有6家公司竞标:F工程公司的投标文件在招标文件要求提交投标文件的截止时间后半小时送达;G工程公司的投标文件未密封。评标委员会是否应该对这两家公司的投标文件进行评审,为什么?

(4)招标人根据什么确定中标人?中标人的投标应当符合什么条件?

解析

(1)该项目施工招标在以下几个方面不符合《中华人民共和国招标投标法》的有关规定。

① 该项目的招标公告中对本地和外地投标人的资质等级的要求不同是错误的,属于"以不合理条件限制或排斥潜在投标人"。

② 要求领取招标文件的投标人在一张表格上登记并签字是错误的,因为按规定,招标人不得向他人透露已获取招标文件的潜在投标人的名称、数量等情况。

③ 投标截止时间过短,按规定,自招标文件发出之日起至投标人提交投标文件截止之日止,最短不得少于20天。

④ 现场踏勘应安排在书面答复投标人提问之前,因为投标人也可能对施工现场条件提出问题。

⑤ 招标人变更招标范围文件应在投标截止日期至少15日前以书面形式通知所有招标文件的收受人,本案例中,业主4月12日才提出此问题,投标截止日期应相应顺延。

⑥ 评标标准在开标时宣布,可能涉及两种情况:一是评标标准未包括在招标文件中,开标时才宣布,这是错误的;二是评标标准已包括在招标文件中,开标时是重申性宣布,则不是错误的。

⑦ 评标委员会的名单在中标结果确定之前应当保密,而不应在开标时宣布;评标委员会的人数应是5人以上的单数,不应为8人;技术、经济方面的专家不得少于总数的2/3,而本案例为5/8。

(2)招标人应该接受这份文件,将这份文件作为原投标文件的补充文件,共同构成同一份投标文件。

(3)① 对F公司的投标文件不评定(审),按《中华人民共和国招标投标法》,逾期送达的投标文件应视为废标,招标人应拒收。

② 对G公司的投标文件不评定(审),按《中华人民共和国招标投标法》,未密封的投标文件应视为废标。

（4）招标人根据评标委员会提出的评标报告和推荐的中标候选人确定中标人。中标人的投标应当符合下列条件之一：

① 能够最大限度地满足招标文件中规定的各项综合评价标准；

② 能够满足招标文件的实质性要求，并且经评审的投标价格最低，但是投标价格低于成本的除外。

案例 3-10

某建设项目招标文件规定，投标人投标时可以对设计方案提出备选方案。投标人 A 通过资格预审后，对招标文件进行了仔细分析，发现招标人提出的工期要求过于苛刻，且合同条款中规定每拖延 1 天罚款合同价的 1‰，若要保证实现该工期要求，必须采取特殊措施，从而大大增加成本。该投标人还发现原设计结构方案采用框架剪力墙体系过于保守。因此，该投标人在投标文件中说明招标人的工期要求难以实现，在工期方面按自己认为的合理工期（比业主要求的工期增加 6 个月）编制施工进度计划并据此报价。该投标人还建议将框架剪力墙体系改为框架体系，对这两种结构体系进行了技术经济分析和比较，证明框架体系不仅能保证工程结构的可靠性和安全性、增加使用面积、提高空间利用的灵活性，而且可降低造价约 3%，并对两种情况都进行了报价。

该投标人将技术标和商务标分别封装，在封口处加盖本单位公章，在项目经理签字后，在投标截止日期前 1 天上午将投标文件报送招标人。次日（即投标截止日当天）下午，在规定的开标时间前 1 小时，该投标人又递交了一份补充文件，声明将原报价降低 4%。但是，招标单位的工作人员认为，根据国际上"一标一投"的惯例，一个投标人不得递交两份投标文件，因此，拒收了投标人的补充文件。

开标会由市招投标办的工作人员主持，市公证处有关人员到会，各投标单位的代表均到场。开标前，市公证处人员对各投标单位的资质进行了审查，并对所有投标文件进行了审查，确认所有投标文件均有效后，正式开标。主持人宣读了投标单位名称、投标价格、投标工期和有关投标文件的重要说明。

问题：（1）该投标人运用了哪几种报价技巧，运用得是否得当？请逐一说明。

（2）招标人对投标人进行资格预审应包括哪些内容？

（3）从背景资料来看，该项目的招标程序存在哪些问题？请分别简单说明。

解析

（1）该投标人运用了三种报价技巧，即多方案报价法、增加建议方案法和突然降价法。多方案报价法运用不当，因为运用该报价技巧时，必须对原方案（本案例指业主的工期要求）进行报价，而该承包商在投标时仅说明了该工期要求难以实现，并未报出相应的投标价；增加建议方案法运用得当，通过对两个结构体系方案的技术经济分析和比较，论证了建议方案（框架体系）的技术可行性和经济合理性，对业主有很强的说服力，并对两种情况都进行了报价；突然降价法运用得当，原投标文件的递交时间比规定的投标截止时间仅提前 1 天多，这既是符合常理的，又为竞争对手调整、确定最终报价留了一定的时间，起到了迷惑竞争对手的作用，若提前时间太多，会引起竞争对手的怀疑，而在开标前 1 小时突然递交一份补充文件，这时竞争对手已不可能再调整报价了。

（2）招标人对投标人进行资格预审应包括以下内容：投标人组织与机构和企业概况、企业资质等级、企业质量安全环保认证、近 3 年完成工程的情况、目前正在履行的合同情况；资源方面的情况，如财务、管理、技术、劳力、设备等方面的情况；其他资料，如各种奖励或处罚等。

（3）该项目的招标程序存在以下问题。

① 招标单位的工作人员不应拒收投标人的补充文件，因为投标人在投标截止时间之前递交的任何正式书面文件都是有效文件，都是投标文件的有效组成部分，也就是说，补充文件与原投标文件共同构成一份投标文件，而不是两份相互独立的投标文件。

② 根据《中华人民共和国招标投标法》，应由招标人（招标单位）主持开标会，并宣读投标单位名称、投标价格等内容，而不应由市招投标办的工作人员主持和宣读。

③ 资格审查应在投标之前进行（背景资料说明了承包商已通过资格预审），公证处人员无权对承包商进行资格审查，其到场的作用在于确认开标的公正性和合法性（包括投标文件的合法性）。

④ 公证处人员确认所有投标文件均为有效标书是错误的，因为该投标人的投标文件仅有投标单位的公章和项目经理的签字，而无单位主要负责人的签字或盖章，应作为废标处理。

思考题

1. 简述建设工程投标的程序。

2. 简述建设工程投标的内容。

3. 简述建设工程投标文件的具体内容。

4. 简述根据《建设工程工程量清单计价规范》的规定，投标报价的编制依据。

5. 简述工程投标策略的主要内容。

6. 简述常用的投标报价技巧。

7. 简述采用灵活报价法时，哪些情况下报价可以高一些。

8. 简述采用灵活报价法时，哪些情况下报价可以低一些。

9. 简述哪些情况下可以考虑采用不平衡报价法。

10. 简述属于投标人相互串通投标的行为。

11. 简述属于招标人与投标人相互串通投标的行为。

12. 简述编制投标文件的注意事项。

习题

一、单选题

1. 建设工程招投标是一种经济活动，也是一种法律行为，我国法学界一般认为（   ）。

A. 招标是要约，投标是承诺

B. 招标是邀请，投标是响应，中标通知书是承诺

C. 招标是要约邀请，投标是要约，中标通知书是承诺

D. 招标是要约邀请，投标是承诺，中标通知书是对投标承诺的承诺

2. 招标人与中标人签订合同（   ）个工作日内，应向未中标的投标人退还投标保证金。

A. 3 B. 5 C. 7 D. 10

3.根据《中华人民共和国招标投标法实施条例》,对某3000万元投资概算的工程项目进行招标时,施工投标保证金额度符合规定的是(   )万元。

A. 50 B. 70 C. 100 D. 120

4.投标人对已发出的投标文件进行补充、修改或者撤回的,应当在(   )前书面通知招标人,补充、修改的内容为投标文件的组成部分。

A. 20天 B. 投标截止时间 C. 投标预备会 D. 7天

5.下列关于联合体投标的说法,正确的是(   )。

A. 招标人应当在资格预审公告中载明是否接受联合体投标

B. 招标人接受联合体投标并进行资格预审的,联合体应当在提交资格预审申请文件后组成

C. 联合体各方在同一招标项目中以自己名义单独投标,投标有效

D. 由同一专业的单位组成的联合体,按照资质等级较高的单位确定资质等级

6.联合体投标时,以联合体牵头人的名义提交了投标保证金,该保证金对(   )具有约束力。

A. 联合体牵头人 B. 联合体各成员

C. 未支付投标保证金的联合体其他方 D. 招标人

7.对于某些招标文件,当发现该项目工程范围不明确,条款不够清楚或技术规范要求过于苛刻时,投标人最宜用的投标策略是(   )。

A. 根据招标项目的不同特点采取不同的报价

B. 增加建议方案

C. 提供可供选择项目的报价

D. 多方案报价

8.若业主拟定的合同条件过于苛刻,为使业主修改合同,投标人可准备"两个报价",并阐明,若按原合同规定,投标报价为某一数值,若合同做某些修改,则投标报价为另一数值,即比前一数值的报价低一定的百分点,以此吸引业主修改合同。投标人必须先报按招标文件要求估算的价格而不能只报备选方案的价格,否则其投标文件可能会被当作废标来处理。这种报价方法称为(   )

A. 不平衡报价法 B. 多方案报价法

C. 突然袭击法 D. 低投标价夺标法

9.投标人现场踏勘后向招标人提出问题,招标人的书面回答与招标文件规定不一致时,应以(   )为准。

A. 现场踏勘时招标人的口头解释 B. 招标文件的规定

C. 书面回函解答 D. 仲裁机构裁定

10.投标人串通投标、抬高标价或者压低标价的行为是(   )。

A. 市场行为 B. 企业行为

C. 正当竞争行为 D. 不正当竞争行为

11.工程量清单是招标单位按国家颁布的统一工程项目划分、统一计量单位和统一工程量计算规则,根据施工图纸计算的工程量,提供给投标单位作为投标报价的基础。结算拨付工程款时以(   )为依据。

A. 工程量清单 B. 实际工程量

C. 承包方报送的工程量 D. 合同中的工程量

12.某工程项目在估算时算得成本是900万元,概算时算得成本是850万元,预算时算得成本是800万元,投标时某承包商根据自己的企业定额算得成本是700万元,则根据《中华人民共和国招标投标法》中"投标人不得以低于成本的报价竞标"的规定,该承包商投标时报价不得低于( )。

A.900万元 B.850万元 C.800万元 D.700万元

13.根据《中华人民共和国招标投标法》,投标人( )。

A.不得以低于社会平均成本的报价竞标

B.可以以低于自己企业成本的报价竞标

C.不得以低于自己企业成本的报价竞标

D.不得以低于自己企业成本的报价竞标,也不得以低于社会平均成本的报价竞标

14.关于投标保证金的说法,正确的是( )。

A.投标保证金有效期应当与投标有效期一致

B.招标人最迟应在书面合同签订后10日内向中标人退还投标保证金

C.投标截止后投标人撤销投标文件的,招标人应当返还投标保证金

D.依法必须进行招标的项目的境内投标单位,以现金形式提交投标保证金的,可以从其任一账户转出

15.下列选项中,不属于投标人实施的不正当行为的是( )。

A.投标人以低于成本的报价竞标

B.招标人预先内定中标人

C.投标人以高于成本10%以上的报价竞标

D.投标人之间进行内部竞价,内定中标人,然后再参加投标

16.下列行为中,属于投标人与招标人串通投标行为的是( )。

A.投标人为了争取中标而降低报价

B.投标人之间通过竞价内定中标人,再参加投标

C.某投标人为其他投标人陪标

D.开标前招标人将其他投标人的投标信息告知某投标人

17.下列文件中,属于工程施工投标文件的技术文件的是( )。

A.工程量清单 B.联合体投标协议

C.施工组织设计 D.中标通知书

二、多选题

1.以下关于联合体投标的说法,正确的有( )。

A.中标的联合体各方应当就中标项目向招标人承担连带责任

B.联合体中标的,应当由联合体各方共同与招标人签订合同

C.由不同专业的单位组成的联合体,按资质低的一方确定业务许可范围

D.多个施工单位可以组成一个联合体,以一个投标人的身份共同投标

E.由相同专业的单位组成的联合体,按资质低的一方确定业务许可范围

2.施工单位在投标报价中拟采用不平衡报价策略,下列做法中正确的是( )。

A.总价不变的前提下,适当提高基础工程的报价

B.总价不变的前提下,适当提高设备安装工程的报价

C. 对工程内容说明不清的分项工程适当提高单价

D. 对将来工程量可能减少的分项工程适当降低单价

E. 要求报综合单价分析表的工程，降低人工费

3. 采用工程量清单报价，下列计算公式正确的是（　　　）。

A. 分部分项工程费 $= \sum$ 分部分项工程量 × 分部分项工程单价

B. 措施项目费 $= \sum$ 措施项目工程量 × 措施项目综合单价

C. 单位工程报价 $= \sum$ 分部分项工程费

D. 单项工程报价 $= \sum$ 单位工程报价

E. 建设项目总报价 $= \sum$ 单项工程报价

4. 关于投标保证金，下列说法正确的有（　　　）。

A. 投标人应当按照投标文件的要求提交投标保证金

B. 投标保证金是投标文件的有效组成部分

C. 投标保证金的担保形式应在招标文件中事先约定

D. 投标保证金的金额一般由双方约定

E. 招标人确定中标人后 5 日内，返还未中标人的投标保证金

5. 以下各项是投标文件组成部分的是（　　　）

A. 投标人须知　　　　　　　　　B. 投标函

C. 施工组织设计　　　　　　　　D. 已标价工程量清单

E. 合同条款

6. 以下各项是投标文件组成部分的是（　　　）。

A. 施工组织设计　　　　　　　　B. 投标函及投标函附录

C. 缴税证明　　　　　　　　　　D. 固定资产证明

E. 投标保证金或保函

7. 根据《中华人民共和国招标投标法实施条例》，下列属于投标人串通投标行为的是（　　　）。

A. 招标人在开标前开启投标文件，并将投标情况告知其他投标人

B. 投标人之间相互约定，在招标项目中分别以高、中、低价位报价

C. 投标人在投标时递交虚假业绩证明

D. 投标人与招标人商定，在投标时压低标价，中标后再给投标人额外补偿

E. 投标人先进行内部竞价，内定中标人后再参加投标

8. 根据《中华人民共和国招标投标法实施条例》，招标人与投标人串通投标的情形包括（　　　）。

A. 投标人向招标人提供虚假的信用信息

B. 招标人在开标前开启投标文件并将有关信息泄露给其他投标人

C. 招标人直接或者间接向投标人泄露标底、评标委员会成员等信息

D. 招标人授意投标人撤换、修改投标文件

E. 招标人明示或者暗示投标人为特定投标人中标提供方便

三、案例分析题

1. 某市越江隧道工程全部由政府投资，为该市建设规划的重要项目之一，且已列入地方年度固

定资产投资计划,概算已经主管部门批准,征地工作尚未全部完成,施工图及有关技术资料齐全。招标人决定对该项目进行施工招标。招标人估计除本市施工企业参加投标外,还可能有外省市施工企业参加投标,因此,招标人委托咨询单位编制了两个标底,准备分别用于对本市和外省市施工企业投标价格的评定。招标人对投标单位就招标文件所提出的所有问题统一做了书面答复,并以备忘录的形式分发给各投标单位,为简明起见,答疑记录采用表格形式。

在书面答复投标单位提问后,招标人组织各投标单位进行了现场踏勘。在投标截止日期前10日,业主书面通知各投标单位,由于某种原因,决定将收费站工程从原招标范围内删除。

问题:(1)该项目的标底应采用什么方法编制?简述理由。

(2)招标人对投标单位进行资格预审应包括哪些内容?

(3)该项目施工招标在哪些方面存在问题或不当之处?请逐一说明。

2.某办公楼的招标人于2021年10月11日向具备承担该项目能力的A、B、C、D、E五家承包商发出投标邀请书,投标邀请书说明,10月17日—18日9时—16时在该招标人的总工程师室领取招标文件,11月8日14时为投标截止时间。这五家承包商均接受邀请,并按规定时间提交了投标文件。但承包商A在送出投标文件后发现报价估算有较严重的失误,遂赶在投标截止时间前10分钟递交了一份书面声明,撤回了已提交的投标文件。

开标时,招标人委托的市公证处人员检查了投标文件的密封情况,确认无误后,由工作人员当众拆封。

由于承包商A已撤回投标文件,故招标人宣布有B、C、D、E四家承包商投标,并宣读了四家承包商的投标价格、工期和其他主要内容。评标委员会委员由招标人直接确定,有7人,其中,招标人代表2人,本系统技术专家2人,经济专家1人,外系统技术专家1人、经济专家1人。

在评标过程中,评标委员会要求B、D承包商分别对其施工方案进行详细说明,并针对若干技术要点和难点提出问题,要求其提出具体、可靠的实施措施。作为评标委员的招标人代表希望承包商B再适当考虑一下降低报价的可能性。

按照招标文件中确定的综合评标标准,四家承包商综合得分从高到低的顺序依次为B、D、C、E,故评标委员会确定承包商B为中标人。由于承包商B为外地企业,招标人于11月10日将中标通知书以挂号方式寄出,承包商B于11月14日收到中标通知书。

从报价情况来看,四家承包商的报价从低到高的依次顺序为D、C、B、E,因此,11月16日至12月11日,招标人又与承包商B就合同价格进行了多次谈判,结果承包商B将价格降到略低于承包商C的报价水平,最终双方于12月12日签订了书面合同。

问题:(1)从招标投标的性质来看,本案例中的要约邀请、要约和承诺的具体表现是什么?

(2)从所介绍的背景资料来看,该项目的招标投标程序在哪些方面不符合《中华人民共和国招标投标法》的有关规定?请逐一说明。

建设工程
投标报价

建设工程
围标案例

习题参考答案

学习情境3
建设工程投标

学习情境 4

建设工程招投标的开标、评标与定标

■ **知识目标**

掌握开标、评标与定标各个阶段的主要工作内容与工作步骤;掌握评标的常用方法。

■ **能力目标**

能够根据所学知识组织开标和评标工作。

■ **重点与难点**

开标的程序,评标的常用方法。

■ **情境案例**

某省电力公司进行招投标,拟订的资格预审条件包括法人资格、银行信誉、是电力施工企业、15%预垫资金等。开标中出现以下事件:①在投标截止时间前5天,A企业将标书送到,第二天又递交降价文件作为补充,但被拒绝;②B企业标书未密封,作为无效标处理;③C企业委托了投标代理,但委托书是复印件;④D企业的投标报价与标底相差较大,作为无效标处理。评标过程中出现以下事件:①标书中大小写金额不等;②标书中有个别小项漏缺;③标书中的质量检验标准和方法与招标文件的要求不一致。

问题:(1)资格预审条件哪些正确,哪些不正确?

(2)开标事件的四种处理方法哪些正确,哪些不正确?请说明理由。

(3)评标过程中的三种情况中,哪些有效,哪些无效?请说明理由。

■ **案例解析**

(1)正确的有法人资格、银行信誉。不正确的有电力施工企业、15%预垫资金。

(2)①被拒绝是不正确的,因为投标人在投标截止期前所递交的任何正式书面文件都是有效文件,即补充文件与原投标文件共同构成一份投标文件。②作为无效标处理是正确的,因为未按招标条件要求密封的投标文件,应该作为废标。③不正确,因为投标单位不可委托代理进行投标,而且委托书应该是原件。④不正确,因为对于投标报价,投标单位具有的自主权。

(3)①标书中大小写金额不等属于细微偏差,按规定应以大写金额为准。②标书中有个别小项漏缺属于细微偏差,属于有效标。③标书中的质量检验标准和方法与招标文件要求不一致是重大偏差,标书属于无效标。

4.1 建设工程招投标的开标

4.1.1 开标的概念

开标即由招标人主持,在招标文件载明的开标时间和地点,邀请所有投标人参加,公开宣布全部投标人的名称、投标价格及投标文件中的其他主要内容,使招标投标当事人了解各投标书的关键信息的一个环节。开标是招标投标活动的"公开"原则的重要体现。

根据《中华人民共和国招标投标法》第三十四条的规定,开标应当在招标文件确定的提交投标文件截止时间的同一时间公开进行,开标地点应当为招标文件中预先确定的地点。投标人少于 3个的,不得开标,招标人应当重新招标。投标人对开标有异议的,应当在开标现场提出,招标人应当当场做出答复,并记录。除不可抗力原因外,招标单位或其招标代理机构,不得以任何理由延迟开标,或拒绝开标。

1. 开标时间

(1)开标时间应当在提供给每个投标人的招标文件中事先确定,以使每个投标人都能事先知道开标的准确时间,方便投标人参加,确保开标过程的公开、透明。

(2)开标时间应与提交投标文件的截止时间一致。将开标时间规定为提交投标文件截止时间的同一时间,目的是防止招标人或者投标人利用提交投标文件的截止时间与开标时间之间的一段时间间隔做手脚,进行暗箱操作。比如,有些投标人可能会利用这段时间与招标人或招标代理机构串通,对投标文件的实质性内容进行更改等。关于开标的具体时间,可能会有两种情况:如果开标地点与接受投标文件的地点一致,则开标时间与提交投标文件的截止时间应一致;如果开标地点与提交投标文件的地点不一致,则开标时间与提交投标文件的截止时间应有合理的间隔。

2. 开标地点

为了使所有投标人都能事先知道开标地点,并能够按时到达,开标地点应当在招标文件中事先确定,以便使每个投标人都能事先为参加开标活动做好充分的准备,如根据情况选择适当的交通工具,并提前做好机票、车票的预订工作等。招标人如果确有特殊原因,需要变动开标地点,则应当按照《中华人民共和国招标投标法》的规定对招标文件做出修改,作为招标文件的补充文件,书面通知每个提交投标文件的投标人,所发生的相应损失应由招标人进行承担。开标地点可与接受投标文件的地点相同,也可不同,投标人应注意这点,以免影响投标。

3. 开标方式

根据投标人是否参加开标,开标方式分为秘密开标和公开开标。但目前一般采用的是公开开标方式,以保护投标人的合法权益。

公开开标,就是开标活动都应当向所有提交投标文件的投标人公开,应当使所有提交投标文件的投标人到场参加开标。通过公开开标,投标人可以发现竞争对手的优势和劣势,可以判断自己中标的可能性的大小,以决定下一步应采取什么行动。只有公开开标,才能体现和维护公开透明、公平公正的原则。

4.1.2 开标流程和内容

1. 招标人签收投标人递交的投标文件

在开标当日且在开标地点递交的投标文件的签收应当填写投标文件报送签收一览表,招标人专人负责接收投标人递交的投标文件。提前递交的投标文件也应当办理签收手续,由招标人携带至开标现场。在招标文件规定的截止时间后递交的投标文件不得接收,由招标人原封退还给有关投标人。在截止时间前递交投标文件的投标人少于三家的,招标无效,开标会结束,招标人应当依法重新组织招标。

建设工程开标
流程和内容

2. 投标人出席开标会的代表签到

投标人授权出席开标会的代表本人填写开标会签到表,招标人派专人负责核对签到人的身份信息,应与签到的内容一致。

3. 开标会主持人宣布开标会开始

主持人宣布开标人、唱标人、记录人和监督人员,主持人一般为招标人代表,也可以是招标人指定的招标代理机构代表。开标人一般为招标人或招标代理机构的工作人员,唱标人可以是投标人代表、招标人代表或招标代理机构的工作人员,记录人由招标人指派,有形建筑市场工作人员同时记录唱标内容,招标办监管人员或招标办授权的有形建筑市场工作人员进行监督。记录人按开标会记录的要求记录。

4. 开标会主持人介绍主要与会人员

主要与会人员包括到会的招标人代表、招标代理机构代表、各投标人代表、公证机构公证人员、见证人员及监督人员等。

5. 开标会纪律

主持人宣布开标会程序、开标会纪律和当场废标的条件。

(1) 开标会纪律一般包括以下内容:

① 场内严禁吸烟;

② 凡与开标无关的人员不得进入开标会场;

③ 参加会议的所有人员应关闭寻呼机、手机等,开标期间不得高声喧哗;

④ 投标人代表有疑问应举手发言,参加会议的人员未经主持人同意不得在场内随意走动。

(2) 投标文件有下列情形之一的,应当场宣布为废标:

① 逾期送达的或未送达指定地点;

② 未按招标文件要求密封。

(3) 根据《中华人民共和国招标投标法实施条例》,有下列情形之一的,评标委员会应当否决其投标:

① 投标文件未经投标单位盖章和单位负责人签字;

② 投标联合体没有提交共同投标协议;

③ 投标人不符合国家或者招标文件规定的资格条件;

④ 同一投标人提交两个以上不同的投标文件或者投标报价,但招标文件要求提交备选投标的除外;

⑤ 投标报价低于成本或者高于招标文件设定的最高投标限价;

⑥ 投标文件没有对招标文件的实质性要求和条件做出响应；

⑦ 投标人有串通投标、弄虚作假、行贿等违法行为。

6. 核对投标人授权代表的相关资料

核对投标人授权代表的身份证件、授权委托书及出席开标会的人数。

招标人代表出示法定代表人委托书和有效身份证件，同时招标人代表当众核查投标人的授权代表的授权委托书和有效身份证件，确认授权代表的有效性，并留存授权委托书和身份证件的复印件。法定代表人出席开标会时，要出示其有效证件。主持人还应当核查各投标人出席开标会代表的人数，无关人员应当退场。

7. 招标人领导讲话

有此项安排的开标会，招标人领导讲话，一般可以不讲话。

8. 主持人介绍有关情况

主持人介绍招标文件、补充文件或答疑文件的组成和发放情况，投标人确认。主要介绍内容包括招标文件组成部分，发标时间，答疑时间，补充文件或答疑文件的组成、发放和签收情况，可以同时强调招标文件中的主要条款和实质性要求。

9. 主持人宣布投标文件截止和实际送达时间

主持人宣布招标文件规定的递交投标文件的截止时间和各投标单位的投标文件的实际送达时间。在截止时间后送达的投标文件应当作废标。

10. 检查各投标文件的密封情况

招标人和投标人代表（或公证机关）共同检查各投标文件的密封情况。密封不符合招标文件要求的投标文件应当作废标，不得进入评标。密封不符合招标文件要求的投标文件，招标人应当通知招标办监管人员见证。

11. 主持人宣布开标和唱标顺序

主持人宣布开标顺序。如果招标文件未约定开标顺序，主持人一般按照投标文件递交的顺序或逆顺序进行开标、唱标。

12. 唱标人依唱标顺序依次开标并唱标

投标文件由指定的开标人在监督人员及与会代表的监督下当众拆封，拆封后应当检查投标文件组成情况并记入开标会记录，开标人应将投标书、投标书附件以及招标文件中可能规定需要唱标的其他文件交唱标人进行唱标。唱标内容一般包括投标报价、工期、质量标准、质量奖项等方面的承诺、备选方案报价、投标保证金、主要人员等，在递交投标文件截止时间前收到的投标人对投标文件的补充、修改同时宣布，在递交投标文件截止时间前收到投标人撤回其投标的书面通知的投标文件不再唱标，但须在开标会上说明。

13. 开标会记录签字确认

开标会记录应当如实记录开标过程中的重要事项，包括开标时间、开标地点、出席开标会的各单位及人员、唱标记录、开标会程序、开标过程中出现的需要评标委员会评审的情况，有公证机构出席公证的还应记录公证结果。投标人的授权代表应当在开标会记录上签字确认，对记录内容有异议的可以注明，但必须对没有异议的部分签字确认。

14. 公布标底

招标人设有标底的，标底必须公布。唱标人公布标底。

15. 送封闭评标区封存

投标文件、开标会记录等送封闭评标区封存。

实行工程量清单招标的项目,招标文件约定在评标前先进行清标工作的,封存投标文件正本,副本可用于清标工作。

主持人宣布开标会结束。

4.1.3 开标实例

1. 范本

开标会议程范本(经评审的最低投标价法)

各位来宾、各位投标人代表:

大家好! 首先感谢各投标人参与投标。为了保持会场秩序,保证开标会严肃、有序地进行,会议期间请保持安静,将手机设置为静音状态,本会场严禁吸烟,＿＿＿＿＿＿＿＿＿＿＿＿＿＿。

受 (业主) 的委托,(招标代理公司) 对＿＿＿＿工程进行公开招标。现在我宣布该工程招标开标会正式开始。

参加本工程开标会的人员有招标人代表＿＿＿＿同志;公证员＿＿＿＿同志;(招标代理公司) 的工作人员＿＿＿＿、＿＿＿＿、＿＿＿＿、＿＿＿＿,各投标人代表和相关人员。

(项目情况简介:工程名称、建设地点、建设规模)。本工程项目采用公开招标方式进行招标,评标、定标方法采用施工招标经评审的最低投标价法。招标人的招标公告于＿＿＿＿年＿＿＿＿月＿＿＿＿日在厦门市建设工程招投标信息专业网上发布,招标文件于＿＿＿＿年＿＿＿＿月＿＿＿＿日开始发售,此后,招标人陆续发布了＿＿＿＿次修改答疑澄清文件。

按招标文件拟定的规则,至＿＿＿＿年＿＿＿＿月＿＿＿＿日＿＿＿＿时＿＿＿＿分止,本次招标共接收了＿＿＿＿家投标人递交的投标文件。

现将评标期间的有关事项和要求通知如下,请各投标人代表注意:

(1)请投标人代表保证递交投标文件时所留电话在评标期间能随时联系,以便遇到评标委员会要求投标人做必要的澄清、说明或者补正的情况时,投标人能够及时前来答辩。

(2)……

第1项内容:按照各单位报名签到的顺序核对查验各投标人参加开标会议相关人员的身份。

＿＿＿＿公司,＿＿＿＿公司准备……

相关人员身份查验完毕。

请公证员宣布相关人员身份查验情况。

第2项内容:现在我宣布本招标工程的成本预警价为＿＿＿＿万元;最高控制价为＿＿＿＿万元。

第3项内容:抽取成本预警价修正系数 K 值和计算最低成本价时成本预警价所占的权重 Q_1 值。

K 值取值范围为＿＿＿＿。

请工作人员展示抽取 K 值的＿＿＿＿个号球。标识＿＿＿＿的号球对应＿＿＿＿,标识_____的号球对应_____……

请招标人代表对代表 K 值范围的_____个号球进行检查和确认。

请工作人员把招标人代表确认的_____个号球放入摇号机中。

请招标人代表按下摇号机的按钮抽取 K 值。

K 值号球已经摇出,摇出的号球对应的 K 值为_____。请记录人员和公证人员做好记录。重复一遍,K 值为_____。K 值抽取完毕。

接下来抽取计算最低成本价时成本预警价所占的权重 Q_1 值。

Q_1 值取值范围为_____。

请工作人员展示抽取 Q_1 值的_____个号球。标识_____的号球对应_____,

标识_____的号球对应_____……

请招标人代表对代表 Q_1 值范围的_____个号球进行检查和确认。

请工作人员把招标人代表确认的_____个号球放入抽取机中。

请招标人代表按下摇号机的按钮抽取 Q_1 值。

Q_1 值号球已经摇出,摇出的号球对应的 Q_1 值为_____。请记录人员和公证人员做好记录。重复一遍,Q_1 值为_____。Q_1 值抽取完毕。

现在计算出 Q_2 值为_____($Q_2=1-Q_1$)。

第 4 项内容:按本工程招标文件投标须知第_____款的规定,检查投标文件的密封情况、投标文件份数和电子投标文件运行情况等,验明投标书是否有效。

请公证员宣布查验情况。

第 5 项内容:按递交文件的逆顺序对投标文件正本进行唱标。唱标内容除工作人员手工记录外,还使用电脑收标软件同时记录并实时投影。请记录人员做好准备。

_____公司,按企业核定总价_____,按招标文件规定总价_____,工期_____, 质量_____……

……………………

唱标完毕。如果投标人代表对唱标内容有异议,以书面投标文件为准。

请公证员就开标活动致辞。

第 6 项内容:请投标人代表上前签字确认开标记录。本工程项目的评标结果,将按规定在厦门市建设工程招投标信息专业网上公示三天。请各投标人代表及时关注评标、定标情况。开标会到此结束。最后,感谢相关部门工作人员,感谢公证员,预祝投标人在本次投标中取得成功! 谢谢大家!

2. 开标会议实例

航天科技广场钢结构工程第三方检测招标

开标会议流程

(1) 主持人(招标单位人员)宣布开标会议开始。

各位来宾、各位投标人,为了保持会场秩序,会议期间请保持安静,保证开标仪式严肃、有序地进行。

现在,投标截止时间已到,此后递交的投标文件不予接受。

开标会正式开始。

(2) 主持人介绍参加开标会议的单位和人员名单,并宣布招标。

监标人＿＿＿＿＿＿＿＿＿;

记录人＿＿＿＿＿＿＿＿。

(3) 主持人宣读《开标会议纪律》。

(4) 主持人介绍项目招标基本情况:本项目招标采用邀请招标的方式,于 <u>2011</u> 年 <u>10</u> 月 <u>10</u> 日发放招标文件,共有 <u>4</u> 个投标人接受了招标文件。在投标截止时间前,招标人收到了 <u>4</u> 个投标人递交的投标文件。

(5) 主持人请参会各单位代表共同核验投标单位的资格证明,宣布核验结果。

(6) 主持人请监标人、各投标人代表核查投标文件密封情况,监标人宣布核查结果。

(7) 开标:主持人宣布工作人员开启标书,核查标书符合性情况。

(8) 唱标:主持人宣读有效投标书中的有关内容,记录人记录,填写开标记录表。唱标的主要内容:公司名称、投标价格、投标保证金(保函等)及金额、有无商务差异(相对招标书要求)以及补充信息等。

(9) 主持人请各位代表仔细查看屏幕上的唱标内容,在确认无任何异议后,记录人打印开标记录表,请各相关人员签字确认。

(10) 主持人宣布评标期间的注意事项:整个评标工作将封闭进行,并按规定采用综合评审法进行评标。为了保证评标工作"公平、公正、科学、择优"的原则,自开标之日起至评标工作结束,招标人不得非法干预评标,投标人不得与评标工作人员私下接触,否则,将导致其投标被拒绝。在评标期间,评标委员会有可能要求投标人对投标文件进行澄清,在此期间,请各投标人务必保持联系的畅通,以便必要时的联系及澄清。招标人确定中标人后,将向中标人发出"中标通知书",向未中标人发出"落标通知书"。

3. 开标一览表的格式

开标一览表

项目名称:广州开发区水质净化管理中心绿化养护及保洁服务采购项目

项目编号:GGPC—[2011]103

投标人名称:

货币:人民币

投标单价/(元/月)	102 016.4

注:1. 此表的投标单价是需采购人支付的服务费总金额,投标人只报投标单价,投标总价于开标时按"投标总价＝投标单价×24 个月"自动生成并记录在开标记录表上。

2. 报价包含所有税费。

投标人(单位公章):

法定代表人或委托代理人(签字或盖章):

日期:二〇一二年三月十日

学习情境4
建设工程招投标的开标、评标与定标

服务报价明细表

项目名称:广州开发区水质净化管理中心绿化养护及保洁服务采购项目

项目编号:GGPC—[2011]103

投标人名称:

货币:人民币

序号	内容	报价/元	备注
1	人员费用	75 733	
2	人员服装费用	800	
3	工具及消耗品费用	6 359.95	
4	计划利润	12 867.7	
5	税金	3 364.05	
6	其他费用	2 891.7	
	合计	102 016.4	

注:1.此表为开标一览表的服务报价明细表,合计应与开标一览表的投标单价相符。

2.投标人可视情况为此表补充分项内容。其中人员费用的平均单价须与配置服务人员费用报价明细表的合计相符。

投标人(单位公章):

法定代表人或委托代理人(签字或盖章):

日期: 年 月 日

4.1.4 开标注意事项

招标人在招标文件要求的提交投标文件的截止时间前收到的所有投标文件,开标时都应当当众拆封,不能遗漏,否则就构成对投标人的不公正对待。招标文件要求的提交投标文件的截止时间以后收到的投标文件,招标人应不开启,原封不动地退回。按照本法的规定,截止时间以后收到的投标文件应当被拒收。如果对于截止时间以后收到的投标文件也进行开标,则有可能造成舞弊行为,出现不公正的情况,也是一种违法行为。

《中华人民共和国招标投标法》第35条规定:"开标由招标人主持,邀请所有投标人参加。"开标参与人员需注意下列问题:

① 开标由招标人主持,也可以委托招标代理机构主持;

② 投标人自主决定是否参加开标,投标人或其授权代表有权出席开标会,也可以自主决定不参加开标会;

③ 根据项目的不同情况,招标人可以邀请除投标人以外的其他相关人员参加开标,如公证机关、行政监督部门的工作人员等。

开标过程应当记录,并存档备查。这是保证开标过程透明和公正,维护投标人利益的必要措施。对开标过程进行记录,可以使权益受到侵害的投标人行使要求复查的权利,有利于确保招标人自我完善、加强管理、少出漏洞,还有助于有关行政主管部门进行检查。对开标过程进行记录时,记录人员要对开标过程中的重要事项进行记载,包括开标时间、开标地点、开标时具体参加单位、人员、唱标的内容、开标过程是否经过公证等。记录应当作为档案保存起来,以方便查询。任何投标人要求查询,管理人员都应当允许。对开标过程进行记录、存档备查,是国际上的通行做法,《联合国国际贸易法委员会公共采购示范法》《世界银行采购指南》《亚洲开发银行贷款采购准则》,以及瑞士和美国的有关法律都对此做了规定。

4.2 建设工程招投标的评标

●　●　●

　　评标是指按照规定的评标标准和评标方法,对各投标人的投标文件进行评价、比较和分析,从中选出最佳投标人的过程。评标是招标投标活动中十分重要的阶段,其质量决定着招标人能否从众多投标竞争者中选出最能满足招标项目各项要求的中标者。

　　评标应由招标人依法组建的评标委员会负责,即招标人按照法律的规定,依法组建符合条件的评标委员会,负责对各投标文件的评审工作。同时,招标人组建的评标委员会应按照招标文件中规定的评标标准和方法进行评标工作,对招标人负责,从投标竞争者中评选出最符合招标文件各项要求的投标者,最大限度地实现招标人的利益。

4.2.1 评标的原则和纪律

1. 评标的原则

　　评标原则是招标投标活动中有关各方应遵守的基本规则,可以概括为以下四个方面。

建设工程评标的
原则和纪律

　　1)评标活动遵循公平、公正、科学、择优的原则

　　《评标委员会和评标办法暂行规定》第三条规定:"评标活动遵循公平、公正、科学、择优的原则。"第十七条规定:"招标文件中规定的评标标准和评标方法应当合理,不得含有倾向或者排斥潜在投标人的内容,不得妨碍或者限制投标人之间的竞争。"为了体现公平和公正的原则,招标人和招标代理机构应在制作招标文件时,依法选择科学的评标标准和方法;招标人应依法组建评标委员会;评标委员会应依法评审所有投标文件,择优推荐中标候选人。

　　2)评标活动依法进行

　　《中华人民共和国招标投标法》第三十八条规定:"任何单位和个人不得非法干预、影响评标的过程和结果。"评标是指评标委员会受招标人的委托,由评标委员会成员根据法律规定和招标文件的要求,独立地对所有投标文件进行评审和比较。不论是招标人,还是主管部门,均不得非法干预、影响或者改变评标过程和结果。

　　3)保证评标在严格保密的情况下进行

　　《中华人民共和国招标投标法》第三十八条规定:"招标人应当采取必要的措施,保证评标在严格保密的情况下进行"。严格保密的措施涉及很多方面,包括评标地点保密;评标委员会成员的名单在中标结果确定之前保密;评标委员会成员在密闭状态下开展评标工作,评标期间不得与外界接触,对评标情况承担保密义务;招标人、招标代理机构或者相关主管部门等参与评标现场工作的人员,均应承担保密义务。

　　4)严格遵守评标方法

　　《中华人民共和国招标投标法》第四十条规定:"评标委员会应当按照招标文件确定的评标标准和方法,对投标文件进行评审和比较;设有标底的,应当参考标底。"《评标委员会和评标方法暂行规

定》第十七条规定："评标委员会应当根据招标文件规定的评标标准和方法,对投标文件进行系统的评审和比较。招标文件中没有规定的标准和方法不得作为评标的依据。"

2. 评标的纪律

《中华人民共和国招标投标法》第四十四条规定："评标委员会成员应当客观、公正地履行职务,遵守职业道德,对所提出的评审意见承担个人责任。评标委员会成员不得私下接触投标人,不得收受投标人的财物或者其他好处。评标委员会成员和参与评标的有关工作人员不得透露对投标文件的评审和比较、中标候选人的推荐情况以及与评标有关的其他情况。"

《中华人民共和国招标投标法实施条例》第四十九条规定："评标委员会成员不得私下接触投标人,不得收受投标人给予的财物或者其他好处,不得向招标人征询确定中标人的意向,不得接受任何单位或者个人明示或者暗示提出的倾向或者排斥特定投标人的要求,不得有其他不客观、不公正履行职务的行为。"

4.2.2 评标委员会的组成

根据《中华人民共和国招标投标法》的规定,依法必须进行招标的项目,其评标委员会由招标人或其委托的招标代理机构熟悉相关业务的代表,以及有关技术、经济等方面的专家组成,成员人数为五人以上单数,其中技术、经济等方面的专家不得少于成员总数的三分之二。

建设工程评标委员会的组成

评标委员会成员人数须为五人以上单数是为了避免评标委员会成员人数过少,不利于集思广益,从经济、技术各方面对投标文件进行全面的分析比较,以保证评审结论的科学性、合理性。当然,评标委员会成员人数也不宜过多,否则会影响评审工作的效率,增加评审费用。评审委员会成员人数须为单数,以便在各成员评审意见不一致时,可按照多数通过的原则产生评标委员会的评审结论,推荐中标候选人或直接确定中标人。

有关技术、经济等方面的专家的人数不得少于成员总数的三分之二,是为了保证各方面专家在评标委员会成员中占绝对多数,充分发挥专家在评标活动中的权威作用,保证评审结论的科学性、合理性。有关技术、经济等方面的专家需满足的条件如下。

(1)从事相关领域工作满八年。

(2)具有高级职称或者具有同等专业水平。具有高级职称即具有经国家规定的职称评定机构评定,取得高级职称证书的职称,包括高级工程师,高级经济师,高级会计师,正、副教授,正、副研究员等。某些专业水平已达到与本专业具有高级职称的人员相当的水平,有丰富的实践经验,但因某些原因尚未取得高级职称的专家,也可被聘请为评标委员会成员。

依法必须进行招标的项目,评标委员会由招标人从国务院有关部门或者省、自治区、直辖市人民政府有关部门提供的专家名册中相关专业的专家名单中确定。确定方式可以采取随机抽取或者直接确定的方式。对于一般项目,招标人可以采取随机抽取的方式确定评标委员会成员;对于技术复杂,专业性强或者国家有特殊要求的项目,采取随机抽取方式确定的专家难以胜任的,招标人可以在相关专业的专家名单中直接确定评标委员会成员。任何单位和个人不得以明示、暗示等任何方式指定或者变相指定参加评标委员会的专家。评标委员会成员与投标人有利害关系的,应当主动回避。有关行政监督部门应当按照规定的职责分工,对评标委员会成员的确定方式、评标专家的抽取和评标活动进行监督。行政监督部门的工作人员不得担任本部门负责监督项目的评标委员会成员。

评标委员会设负责人的,评标委员会负责人由评标委员会成员推举产生或者由招标人确定。评标委员会负责人与评标委员会的其他成员有同等的表决权。

参加评标的具体人员组成如下。

(1) 招标人代表。招标人代表参加评标委员会,可以在评标过程中充分表达招标人的意见,与评标委员会的其他成员进行沟通,并对评标的全过程实施必要的监督。

(2) 技术方面的专家。技术方面的专家参加评标委员会,可以对投标文件所提方案的技术上的可行性、合理性、先进性和质量可靠性等技术指标进行评审比较,以确定在技术和质量方面确能满足招标文件要求的投标。

(3) 经济方面的专家。经济方面的专家可以对投标文件所报的投标价格、投标方案的运营成本、投标人的财务状况等投标文件的商务条款进行评审比较,以确定在经济上对招标人最有利的投标。

(4) 其他方面的专家。根据招标项目的不同情况,招标人还可聘请除技术方面的专家和经济方面的专家以外的其他方面的专家参加评标委员会。比如,对于一些大型的或国际性的招标采购项目,招标人还可以聘请法律方面的专家参加评标委员会,以对投标文件的合法性进行审查把关。

4.2.3　评标的程序及内容

1. 评标的程序

评标工作一般按下列程序进行:

(1) 评标委员会成员(以下简称评委)及工作人员签到,核对身份进场,并到指定位置就座。

建设工程评标的
程序和内容

(2) 现场监管人员宣布评标纪律,征询评委有无回避申请。

(3) 评标委员会成员分工,按规定确定一名评标委员会主任,可以将评标委员会划分为技术组和商务组。

(4) 工作人员向评委发放招标文件和评标表格,评委熟悉招标项目概况、招标文件的主要内容和评标办法及标准等内容。

(5) 评标委员会负责人宣布开始评标,召集评委按照招标文件规定的评标办法,依次进行初步评审和详细评审。评审过程中需进行询标的,评标委员会应先共同讨论确定询标题目及内容。

(6) 评标辅助工作人员协助做好评委对各投标书评标得分的计算、复核、汇总工作。

(7) 评标委员会对评审过程中发现的问题,应及时做出处理或向招标人提出处理建议,并进行书面记录。评标委员会若提出需要投标人进行书面澄清、说明或补正的问题,应形成质疑问卷,经评标委员会讨论并经 1/2 以上委员同意,以问题澄清通知(包括质疑问卷)的形式送达投标人。投标人接到评标委员会发出的问题澄清通知后,应按评标委员会的要求提供书面澄清资料并按要求进行密封,在规定的时间递交到指定地点。投标人递交的书面澄清资料由评标委员会开启。评标委员会负责人、相关监管部门的现场监管人员或招标人发现个别评委评分与大多数评委评分差异过大时,有权要求该评委进行复核并做出解释,也可事后提请相关监管部门对其评标结论进行后评估。

(8) 评标委员会按规定形成评标报告,并由全体成员签字确认,评标委员会负责人宣布评标结束。评标报告要推荐中标候选人或者直接确定中标人。

2. 评标准备

1）评标场所的准备

根据《中华人民共和国招标投标法》的规定,招标人应当采取必要的措施,保证评标在严格秘密的情况下进行。任何单位和个人不得非法干预、影响评标的过程和结果。由此可知,招标人需要落实一个秘密评标的场所。

2）评标委员会知悉招标相关情况

根据《评标委员会和评标方法暂行规定》,在评标前,招标人或者其委托的招标代理机构应当向评标委员会提供评标所需的重要信息和数据。评标委员会成员应当编制供评标使用的相应表格,认真研究招标文件,至少应了解和熟悉以下内容:

① 招标的目标;

② 招标项目的范围和性质;

③ 招标文件中规定的主要技术要求、标准和商务条款;

④ 招标文件规定的评标标准、评标方法和在评标过程中考虑的相关因素。

3）制定评标细则

招标人或招标代理机构在开标前,一般会按照招标文件的要求,结合项目的特点制定评标标准和评标方法等。招标文件中规定的评标标准和评标方法应当合理,不得含有倾向或者排斥潜在投标人的内容,不得妨碍或者限制投标人之间的竞争。

大型、复杂的项目,一般先进行初步评审,然后在其基础上再进行详细评审;中小型项目的评标可合并、一次进行。对于影响工程质量、投资和工期的主要因素,评标委员会成员应制定特定具体的评标标准和方法,以及相应的表格。

3. 初步评审

初步评审就是对所有投标文件进行初步筛选,其目的在于确定每份投标文件是否完整、有效,是否符合招标文件规定的实质性内容,选出符合标准要求的投标文件,淘汰基本不合格的投标文件,为详细评审节省时间和精力。

评标委员会应当根据招标文件规定的评标标准和方法,对投标文件进行系统的评审和比较。招标文件中没有规定的标准和方法不得作为评标的依据。评标委员会应当按照投标报价的高低或者招标文件规定的其他方法对投标文件进行排序。以多种货币报价的,应当按照中国银行在开标日公布的汇率中间价换算成人民币。

初步评审标准一般包括形式评审标准、资格评审标准、响应性评审标准和施工组织设计评审标准,如表 4-1 所示。

表 4-1　初步评审标准

条款号		评审因素	评审标准
2.1.1	形式评审标准	投标人名称	与营业执照、资质证书、安全生产许可证一致
		投标函签字盖章	有法定代表人或其委托代理人签字或加盖单位章
		投标文件格式	符合投标文件格式的要求
		联合体投标人(如有)	提交联合体协议书,并明确联合体牵头人
		报价唯一	只能有一个有效报价
		……	……

条款号		评审因素	评审标准
2.1.2	资格评审标准	营业执照	具备有效的营业执照
		安全生产许可证	具备有效的安全生产许可证
		资质等级	符合投标人须知的规定
		财务状况	符合投标人须知的规定
		类似项目业绩	符合投标人须知的规定
		信誉	符合投标人须知的规定
		项目经理	符合投标人须知的规定
		其他要求	符合投标人须知的规定
		联合体投标人（如有）	符合投标人须知的规定
		……	……
2.1.3	响应性评审标准	投标内容	符合投标人须知的规定
		工期	符合投标人须知的规定
		工程质量	符合投标人须知的规定
		投标有效期	符合投标人须知的规定
		投标保证金	符合投标人须知的规定
		权利义务	符合合同条款及格式的规定
		已标价工程量清单	符合工程量清单给出的子目编码、子目名称、子目特征、计量单位和工程量
		技术标准和要求	符合技术标准和要求的规定
		投标价格	□ 低于（含等于）拦标价，拦标价＝标底×（1＋ ％）。 □ 低于（含等于）投标人须知前附表载明的招标控制价。
		分包计划	符合投标人须知规定
		其他	……
2.1.4	施工组织设计评审标准（经评审的最低投标价法不含施工组织设计评审）	质量管理体系与措施	……
		安全管理体系与措施	……
		环境保护管理体系与措施	……
		工程进度计划与措施	……
		资源配备计划	……
		……	……

初步评审的主要内容如下。

1）投标人投标条件的审核

若项目未经资格预审，在评标前须进行资格审查。若进行了资格预审且投标人被评审通过,则正式投标时,投标人和组成联合体的各合伙人必须被列入预审合格的名单,但要求投标人未发生实质性变化,联合体成员未发生改变。

2）投标文件完整性的审核

投标文件完整性的审核包括以下内容:

① 是否按照招标文件规定的格式和要求递送投标文件;

② 投标文件的字迹是否清晰,指定签字处是否由投标人的法定代表人或授权代理人签字或盖章;

③ 是否按规定递交了投标保证金或按规定提供了承包者或其授权代理人的身份证明;

④ 是否按照招标文件的规定填写或提供了符合要求的价格、数据、日期、图纸、资料等。

3）计算方面的审核

投标文件中的大写金额和小写金额不一致的,以大写金额为准;总价金额与单价金额不一致的,以单价金额为准,但单价金额小数点有明显错误的除外;对不同文字文本投标文件的解释发生异议的,以中文文本为准。

4）主要方面的审核

初步评审一般是根据招标文件规定对投标人的要求和条件进行审核,这些要求和条件是十分重要的,直接决定中标的结果。投标人若不符合某些关键要求,可被认为未对招标文件做出实质性响应,属于重大偏差,该投标文件会被作为废标处理;有些要求是次要的,投标人若不符合这些要求,属于细微偏差,该投标文件一般不会被拒绝,但要求投标人对有些问题进行澄清。重大偏差和细微偏差主要是为了保证投标的公平,不损害参与竞争的投标人的机会和权利。

根据《评标委员会和评标暂行规定》,属于重大偏差的情况如下:

① 没有按照招标文件要求提供投标担保或者所提供的投标担保有瑕疵;

② 投标文件没有投标人授权代表签字和加盖公章;

③ 投标文件载明的招标项目完成期限超过招标文件规定的期限;

④ 明显不符合技术规格、技术标准的要求;

⑤ 投标文件载明的货物包装方式、检验标准和方法等不符合招标文件的要求;

⑥ 投标文件附有招标人不能接受的条件;

⑦ 以联合体形式投标的,未递交联合体协议书;

⑧ 不符合招标文件规定的其他实质性要求。

投标文件有上述情形之一的,为未能对招标文件做出实质性响应,按规定作废标处理。招标文件对重大偏差另有规定的,从其规定。除此之外,在评标过程中,评委若发现投标人以他人的名义投标、串通投标、以行贿手段谋取中标、以其他弄虚作假的方式投标,或者该投标人的报价明显低于其他投标报价,在设有标底时明显低于标底且不能做出书面说明并提供相关证明材料,该投标人的投标也应作废标处理。

细微偏差是指投标文件在实质上响应了招标文件的要求,但在个别地方存在漏项或者提供了不完整的技术信息和数据等情况,并且补正这些遗漏或者不完整不会对其他投标人造成不公平的结果。细微偏差不影响投标文件的有效性。

评标委员会应当书面要求存在细微偏差的投标人在评标结束前进行补正。拒不补正的,评标委员会在详细评审时可以对细微偏差做不利于该投标人的量化,量化标准应当在招标文件中规定。

5）投标文件的澄清和说明

根据《中华人民共和国招标投标法实施条例》的规定，投标文件中有含义不明确的内容、明显的文字或者计算错误，评标委员会认为需要投标人做出必要澄清或说明，或者对细微偏差进行补正的，应当书面通知该投标人。投标人的澄清、说明应当采用书面形式，并不得超出投标文件的范围或者改变投标文件的实质性内容。

澄清、说明或者补正主要是针对投标文件中含义不明确、对同类问题表述不一致或者有明显的文字和计算错误的内容，目的是有利于评标委员会对投标文件的审查、评审和比较。但是评标委员会不得暗示或者诱导投标人做出澄清、说明，不得接受投标人主动提出的澄清、说明或补正。若对投标人提交的澄清、说明或补正有疑问，评标委员会可以要求投标人进一步澄清、说明或补正，直到满足评标委员会的要求。投标人的书面澄清、说明和补正属于投标文件的组成部分。

澄清问题时，评标委员会可以将问题清单分别寄送给各投标人，由他们做出书面答复，这是最简单的解决问题的方法；也可以向投标人进行口头询问，即采用举行澄清会的办法，由投标人派出代表参加澄清会，当面澄清问题。

投标文件不响应招标文件的实质性要求和条件的，招标人应当拒绝投标文件。投标人不能通过修正或撤销不符合要求的差异或保留，使投标文件成为具有响应性的投标文件。

4. 详细评审

投标文件若初步评审合格，评标委员会按照招标文件中规定的评标标准和方法对其继续进行评审。详细评审时，评标委员会将投标文件分为技术和商务两部分。

1）技术评审

技术评审也称为符合性评审，其目的在于确认备选的中标人完成本招标项目的技术能力以及其所提方案的可行性和可靠性。技术评审的重点在于评审投标人将怎样实施本招标项目。

技术评审的内容如下：

① 确保工程质量的技术组织措施；

② 确保安全生产的技术组织措施；

③ 确保工期的技术组织措施；

④ 确保文明施工的技术组织措施及环境保护措施；

⑤ 确保组织机构、设备配置和专业技术力量的需要；

⑥ 施工总平面布置图和新技术、新产品、新工艺、新材料的应用；

⑦ 投标人对招标项目在技术上有何保留或建议，这些保留条件是否影响技术性能和质量，这些建议是否具有可行性以及是否具有技术经济价值。

2）商务评审

商务评审的目的主要是从成本、效益和效果等经济分析方面评定各投标报价的合理性和可靠性。商务评审的主要内容如下。

① 若设有标底，将投标报价与标底进行对比分析以判断其是否合理、可靠。

② 评判投标报价构成是否合理，是否存在严重不平衡报价现象。

③ 审查所有投标保函是否被接受。

④ 进一步评审投标人的资信状况和财务实力。

⑤ 若投标人提出财务和付款方面的建议，分析其建议是否合理。

⑥ 投标人对支付条件的要求或提出的给予招标人的优惠条件。对于划分多个单项合同的

招标项目,招标文件允许投标人为获得整个项目合同而提出优惠的,评标委员会可以对投标人提出的优惠条件进行审查,以决定是否将招标项目作为一个整体授予中标人。

⑦ 是否提出与招标文件中的合同条款相悖的要求,如提出不同的验收、计量方法和纠纷、事故处理办法,增加招标人的责任范围,减少投标人的义务等。

评标委员会根据规定的程序、标准和方法,判断投标报价是否低于成本。在评标过程中,评标委员会发现投标人的报价明显低于其他投标报价或者在设有标底时明显低于标底,使得其投标报价可能低于其个别成本的,应当要求该投标人做出书面说明并提供相关证明材料。评标委员会认定投标人以低于成本竞标的,其投标作废标处理。

4.2.4 评标的方法

评标的方法是运用评标标准评审、比较投标的具体方法。常见的评标方法有最低投标价法、专家评分法、经评审的最低投标价法、综合评估法、设备寿命期费用评标法等。

建设工程
评标方法

最低投标价法也称为合理最低投标价法,即能够满足招标文件的各项要求,投标价格最低的投标可作为中选投标。专家评分法也称为定性评议法或综合评议法,即评标委员会根据预先确定的评审内容,如报价、工期、质量和技术方案等,对各投标文件共同分项进行定性的分析、比较,进行评议后,选择各指标都较优良者为中标候选人,也可以用表决的方式确定中标候选人。专家评分法一般适用于小型项目或在无法量化投标条件的情况。

根据《评标委员会和评标办法暂行规定》,在详细评审中,评标方法包括经评审的最低投标价法、综合评估法或者法律、行政法规允许的其他评标方法。下面重点讲述经评审的最低投标价法和综合评估法。

1. 经评审的最低投标价法

经评审的最低投标价法是一种价格加其他因素评标的方法,一般是将报价以外的商务部分数量化,并以货币折算成价格,与报价一起计算,形成评标价,然后以此价格按高低排出次序,能够满足招标文件的实质性要求且评标价最低的投标应当作为中选投标。评标价是按照招标文件的规定,对投标价进行修正、调整后计算出的标价。但需要注意的是,评标价仅用于投标文件评审时进行标价的比较,与中标人签订合同时,仍以投标价格为准。

评标委员会应当根据招标文件中规定的评标价格调整方法,对所有投标人的投标报价以及投标文件的商务部分做必要的价格调整。采用经评审的最低投标价法时,中标人的投标应当符合招标文件规定的技术要求和标准,但评标委员会无须对投标文件的技术部分进行价格折算。

根据经评审的最低投标价法完成详细评审后,评标委员会应当拟定一份标价比较表,和书面评标报告一起提交招标人。标价比较表应当载明投标人的投标报价、对商务偏差的价格调整和说明,以及经评审的最终投标价。

经评审的最低投标价法一般适用于具有通用技术、性能标准,招标人对技术、性能没有特殊要求,工程施工技术管理方案的选择性较小,工程质量、工期、成本受施工技术管理方案影响较小,工程管理要求简单的施工招标项目的评标。评标委员会应该推荐能够满足招标文件的实质性要求,并且经评审的投标价格最低的投标人为中标候选人。

2. 综合评估法

根据规定,不宜采用经评审的最低投标价法的招标项目,一般应当采取综合评估法进行评审。综合评估法一般适用于工程建设规模较大,履约工期较长,技术复杂,工程施工技术管理方案的选择性较大,工程质量、工期和成本受不同施工技术管理方案影响较大,工程管理要求较高的施工招标项目的评标。

以综合评估法评标时,评标委员会一般是对技术部分和商务部分的量化结果进行加权,计算出每个投标的综合评估价或者综合评估分,以此确定中标候选人。最大限度地满足招标文件中规定的各项综合评价标准的投标人,应当推荐为中标候选人。衡量投标文件是否最大限度地满足招标文件中规定的各项评价标准,可以采取折算为货币的方法、打分的方法或者其他方法。需量化的因素及其权重应当在招标文件中明确规定。评标委员会对评审因素进行量化时,应当将量化指标建立在同一基础或者同一标准上,使各投标文件具有可比性。对技术部分和商务部分进行量化后,评标委员会应当对这两部分的量化结果进行加权,计算出每个投标的综合评估价或者综合评估分。

综合评分法也称为打分法,是指评标委员会按预先确定的评分标准,对各招标文件需评审的要素(报价和其他非价格因素)进行量化、评审记分,以标书综合分的高低确定中标单位的方法,但投标报价低于成本的除外。综合评分相等时,投标报价低的优先;投标报价也相等时,招标人自行决定中标人。由于项目招标需要评定、比较的要素较多,且各项内容的计量单位又不一致,如工期的单位是天、报价的单位是元等,因此综合评分法可以较全面地反映投标人的素质。

评审要素确定后,评标委员会首先将需要评审的内容划分为几大类,并根据招标项目的性质、特点,以及各要素对招标人总投资的影响程度来具体分配分值权重(即得分),然后再将各类要素细分成评定小项并确定评分的标准。这种方法往往将各评审因素指标分解成100分,因此也称为百分法。推荐中标候选人时应注意,若某投标文件总分不低,但某一项得分低于该项预定及格分时,也应充分考虑授标给该投标单位后,实施过程中可能的风险。

通过了初步评审、被判定为合格的投标方可进入详细评审。评标委员会要按照规定的程序进行详细评审:①施工组织设计评审和评分;②项目管理机构评审和评分;③投标报价评审和评分,并针对明显低于其他投标报价的投标报价,或者在设有标底时明显低于标底的投标报价,判断是否低于其个别成本;④其他因素评审和评分;⑤汇总评分结果。

评标办法前附表中有关评分因素和标准的规定如表 4-2 所示。

表 4-2 评标办法前附表中有关评分因素和标准的规定

条款号	条款内容	编列内容
2.2.1	分值构成(总分 100 分)	施工组织设计:_____分 项目管理机构:_____分 投标报价:_____分 其他因素:_____分
2.2.2	评标基准价的计算方法	
2.2.3	投标报价的偏差率的计算公式	偏差率=$100\% \times$(投标人报价－评标基准价)/评标基准价

条款号	评分因素	评分标准
2.2.4(1) 施工组织设计评分标准	内容完整性和编制水平	……
	施工方案和技术措施	……
	质量管理体系与措施	……
	安全管理体系与措施	……
	环境保护管理体系与措施	……
	工程进度计划与措施	……
	资源配备计划	……
	……	
2.2.4(2) 项目管理机构评分标准	项目经理任职资格与业绩	……
	技术负责人资格与业绩	……
	其他主要人员	……
	……	
2.2.4(3) 投标报价评分标准	偏差率	……
	……	……
2.2.4(4) 其他因素评分标准	……	……

评标委员会按表 4-2 中的评分方法和标准固定的量化因素和分值进行打分,并计算出各标书综合评估得分。若按规定的评审因素和标准对施工组织设计、项目管理机构、投标报价以及其他因素计算出的得分分别为 A、B、C、D,则投标人得分＝A＋B＋C＋D。若详细评标中,标书分为商务标和技术标,则投标人得分＝商务标得分＋技术标得分。评标委员会对各投标人的标书进行评分后进行比较,最后按总分由高到低推荐中标候选人。

3．评标方法实例

为了更好地理解有关评标办法,本书以某项目的评标过程为例介绍综合评估法。

评标办法（综合评估法）

1．评标方法

本次评标采用综合评估法。评标委员会将对满足招标文件实质性要求的投标文件,从工程造价、施工组织设计、工期、质量、项目负责人答辩、投标人的经历及业绩计等方面按照确定的评分标准进行综合计分,评分采用百分制,分项得分保留两位小数,并按得分由高到低的顺序推荐中标候选人或根据招标人授权直接确定中标人。综合评分相等时,投标报价低的优先;投标报价也相等时,招标人自行确定中标人。

2．评审标准

2.1　初步评审标准

评标委员会审查每个投标文件,根据初步评审标准对投标文件进行初步评审,对照条款,有一项不符合评审标准的投标文件,作废标处理。

评标委员会可以要求投标人出示评审标准规定的有关证明和证件的原件,以便核验。投标人不能说明理由又拒不提供的有关证明和证件的原件时,经评标委员会认定该项评审因素不符合评审标准的投标文件作废标处理。招标人需要投标人提供原件以备核验时,应在评审标准备注栏中明示。

2.1.1 形式评审标准

评审因素	评审标准	备注
投标人名称	与营业执照、资质证书、安全生产许可证一致	
投标函签字盖章	有法定代表人或其委托代理人签字并加盖单位章	
投标文件格式	符合投标文件格式的要求	
报价唯一	只能有一个有效报价	

2.1.2 资格评审标准

评审因素	评审标准	备注
营业执照	具备有效的营业执照	
安全生产许可证	具备有效的安全生产许可证	
资质等级	房屋建筑工程施工总承包一级及以上资质;	
类似项目业绩	企业业绩、信誉:2007 年 1 月 1 日以来,承担过单体建筑面积不小于 29 000 平方米、建筑层数为 16 层及 16 层以上的办公楼、写字楼、会议中心等公共建筑工程施工,且该工程基础部分必须为 5 米及以上地下人防深基础工程[证明材料:①工程施工合同(原件)、②工程竣工验收证明(原件)、③该工程的发包人出具的证明(原件)、④工程竣工图] 项目负责人业绩、信誉:2007 年 1 月 1 日以来,承担过单体建筑面积不小于 29 000 平方米、建筑层数为 16 层及 16 层以上的办公楼、写字楼、会议中心等公共建筑工程施工,且该工程基础部分必须为 5 米及以上地下人防深基础工程[证明材料:①工程施工合同(原件)、②工程竣工验收证明(原件)、③该工程的发包人出具的证明(原件)、④工程竣工图]	
项目负责人资格	具有一级注册建造师资质(建筑工程专业),具有 B 类安全员资格证书,在投标时提供本单位 2010 年 7 月至 9 月为其办理的养老保险证明,养老保险证明材料以投标单位注册所在地劳动保险管理部门出具的原件为准	
委托代理人劳动合同及社会养老保险证明	投标人拟参加本工程的授权委托代理人必须为本单位的正式工作人员(投标时须提供与投标单位签订的劳动合同,且在投标时提供本单位 2010 年 7 月至 9 月为其办理的养老保险证明,养老保险证明材料以投标单位注册所在地劳动保险管理部门出具的原件为准)	

续表

评审因素	评审标准	备注
其他要求	1. 投标人具备宿迁市招投标市场准入资格; 2. 企业具备安全生产条件,取得有效的安全生产许可证; 3. 有下列情形之一的不得参加本次项目的投标: ① 有违反法律、法规的行为,依法被取消投标资格且期限未满; ② 在招标投标活动中有违法违规等不良行为,被招标投标管理部门公示限制投标且限制期限未满	
联合体投标人	不允许联合体	
……	……	

2.1.3 响应性评审

评审因素	评审标准	备注
投标范围	国家白酒产品质量监督检验中心宿迁酒业发展大厦项目土建、安装工程施工	
工期	270 日历天	
工程质量	质量要求:合格。质量目标:省优	
投标有效期	30 日历天(从投标截止之日算起)	
投标保证金	人民币柒拾 万元	
权利义务	符合建设工程施工合同的规定	
电子文件	符合招标文件的规定	
已标价工程量清单	符合工程量清单给出的范围及数量	
技术标准和要求	符合技术标准和要求规定	
……	……	

2.2 详细评审标准
2.2.1 分值构成

施工组织设计为 20 分,工程造价为 70 分,工期为 2 分,质量为 2 分,项目负责人答辩为 2 分,投标人经历及业绩为 4 分,总分为 100 分。

2.2.2 施工组织设计评审(20 分)

评审因素	评审标准
总体概述:施工组织总体设计、方案针对性及施工段划分	2 分
施工现场平面布置和临时设施、临时道路布置	2 分
施工进度计划和各阶段进度的保证措施	2 分
各分部分项工程的施工方案及质量保证措施	2 分

评审因素	评审标准
安全文明施工及环境保护措施	2分
项目管理班子的人员配备、素质及管理经验	2分
劳动力、机械设备和材料投入计划	2分
关键施工技术、工艺及工程项目实施的重点、难点和解决方案	2分
冬雨季施工,已有设施、管线的加固、保护等特殊情况下的施工措施	2分
新技术、新产品、新工艺、新材料的应用	2分

注:1. 以上某项内容较完整、详细具体、科学合理、措施可靠、组织严谨、针对性强,得分可为该项分值的90%以上;

2. 以上某项内容完整、组织较严谨、针对性较强,得分可为该项分值的70%~90%;

3. 以上某项内容一般、措施基本可行、针对性强、内容完整,得分可分该项分值的50%~70%;

4. 以上某项无具体内容,不得分(此项应经评标委员会共同确认)。

施工组织设计由技术标评委独立评分,汇总时必须在所有评审技术标的评标委员会成员的评分中去掉一个最高分和一个最低分后,进行平均,计算各投标人的实际得分。

2.2.3 投标报价评审(70分)

2.2.3.1 评标委员会发现投标人的报价明显低于其他投标报价,使得其投标报价可能低于其成本的,应当要求该投标人做出书面说明并提供相应证明材料。投标人不能合理说明或者不能提供相应证明材料时,评标委员会可以认定该投标人以低于成本报价竞标,其投标作废标处理。

2.2.3.2 计算评标基准价。

评标基准价为各有效投标人的报价中经评审的最低投标价格。

投标最低控制价:以低于招标控制价的投标人投标报价的算术平均值(投标人为7家及以上时应去掉一个最高报价和一个最低报价)的93%作为投标最低控制价(投标最低控制价经一次计算确定后不得调整),低于投标最低控制价的报价视同低于成本,其投标作废标处理。

2.2.3.3 计算偏离程度的评标基准值。

当参加评标的投标人多于5人(含5人)时,偏离程度的评价基准值为去掉最高报价和最低报价的各投标人的分部分项工程量清单综合单价的算术平均值;当参加评标的投标人少于5人时,偏离程度的评标基准值为各投标人的分部分工程量清单综合单价的算术平均值。

2.2.3.4 投标人的投标报价与评标基准价相等的得65分;各投标人的投标报价与评标基准价相比较,每高出1%扣1分,不足1%的,采用插入法,得分保留两位小数。

2.2.3.5 计算分部分项工程量综合单价的偏离程度得分。

(1) 基本分为5分,因光盘数据不完整影响清标的,不参加偏离程度分析且不得基本分。

(2) 与偏离程度基准值相比较,误差在±15%(含±15%)以内的不扣分,超过±15%,每项扣0.02分,最多扣5分。

2.2.4 工期(2分)

满足招标文件中工期要求得基本分。

2.2.5 质量(2分)

满足招标文件中质量要求得基本分。

2.2.6 项目负责人答辩(2分)

投标项目负责人在评标环节要陈述施工组织设计的主要内容或者现场以书面方式回答评标委员会提出的问题,评分分值控制在2分以内。其中,由项目负责人对项目实施的总体想法及施工组织设计的主要内容进行系统陈述1分,由投标项目负责人针对评标委员会讨论拟定的施工组织设计中关于现场平面布置,人员、机械设备,质量、安全、文明施工措施,工期控制及特殊工程的工艺、施工方法等问题进行答辩1分(答辩题目一般为2个,每个题目的分值为0.5分)。

项目负责人答辩评分独立汇总,汇总时必须在所有评审技术标的评标委员会成员的评分中去掉一个最高分和一个最低分后,进行平均,计算各投标人的实际得分。投标人拟选派的项目负责人未参加陈述及答辩的,评标委员会不得推荐其为中标候选人。

2.2.7 投标项目负责人业绩计分(4分)

2.2.7.1 投标项目负责人承担的工程若获得省辖市级市优、省优、鲁班奖奖项,加分。加分细则:省辖市级市优最高加0.3分,有效期为一年;省优最高加1分,有效期为两年;鲁班奖(含国家工程建设质量奖审定委员会评审的"国家优质工程"、中国建筑装饰协会评审的"全国建筑工程装饰奖")最高加1.5分,有效期为三年。按承担工程数量进行评分,同一项目只按上述奖项中的一个最高奖项计分,不同项目可累计加分。该项最多得3分。

2.2.7.2 投标项目负责人承担的工程若获得省辖市及以上建设行政主管部门评定的"文明工地"奖项,加分。加分细则:省辖市级最高加0.1分,省级最高加0.3分,国家级最高加0.5分,有效期均为一年。按承担工程数量进行评分,同一项目只按上述奖项中的一个最高奖项计分,不同项目可累计加分。该项最多得1分。

2.2.7.3 上述奖项不是投标人承接的工程,不予计分。其他奖项也不予计分。

2.2.7.4 用于评分的类似工程房屋建筑工程。

2.2.7.5 业绩有效期计算从获得质量等级(荣誉)证书(或文件)颁发日期起至投标截止日期止。证书与文件颁发日期不一致的以文件颁发日期为准。

2.2.7.6 项目负责人变更并经招标投标管理部门备案的,该工程业绩属于变更后的项目负责人。

2.2.7.7 业绩及奖项证明材料在投标文件内应装有复印件,评标时需提供原件,包括中标通知书、施工合同、竣工验收证明及获奖文件或证书。

2.3 投标文件的澄清和补正

① 在评标过程中,评标委员会可以书面形式要求投标人对所提交的投标文件中不明确的内容进行书面澄清或说明,或者对细微偏差进行补正。评标委员会不接受投标人主动提出的澄清、说明或补正。

② 澄清、说明和补正不得改变投标文件的实质性内容(算术性错误修正的除外)。投标人的书面澄清、说明和补正是投标文件的组成部分。

③ 评标委员会对投标人提交的澄清、说明或补正有质疑的,可以要求投标人进一步澄清、说明或补正,直至满足评标委员会的要求。

2.4 评标结果

① 评标委员会按照得分由高到低的顺序推荐1~3名中标候选人。

② 评标委员会完成评标后,应当向招标人提交书面评标报告。

4.2.5 评标报告

1.评标报告的内容

评标工作结束后,评标委员会根据评标情况编写评标报告,提交给招标单位并上报建设行政主管部门。评标报告包括以下内容:

① 基本情况和数据表;

② 开标记录和评标委员会成员名单;

③ 评标标准、评标方法或者评标因素一览表;

④ 符合要求的投标一览表和废标情况说明;

⑤ 经评审的价格或者评分比较一览表;

⑥ 经评审的投标人排序;

⑦ 推荐的中标候选人名单与签订合同前要处理的事宜;

⑧ 澄清、说明、补正事项纪要。

评标报告应当由评标委员会全体成员签字。对评标结果有不同意见的评标委员会成员应当以书面形式说明其不同意见和理由,评标报告应当注明该不同意见。评标委员会成员拒绝在评标报告上签字又不以书面形式说明其不同意见和理由的,视为同意评标结果。

2.评标报告实例

原省茶叶进出口公司江滨加工厂地块建筑物拆除工程评标报告

致(招标人):<u>某市土地发展中心</u>

本工程评标委员会受贵单位委托,于2011年6月8日上午<u>10</u>时至<u>11</u>时<u>30</u>分,完成了本工程招标工程的全部评标工作,现将有关评审情况向贵单位报告。

1)评标委员会的组建

评标委员会由有关技术、经济等方面的专家共5人组成,评标专家由招标人代表从评标专家库中采取随机抽取的方式确定(详见评标专家抽选表)。评标委员会的名单在中标结果确定前保密。评标委员会成员名单如下:江水钦、许金添、郑秀钦、陈云英、王金添。评标委员会成员一致推荐许金添为评标委员会主任。

2)评标依据

招标文件〔招标编号:闽建信招[2011]第YT-008号〕。开标记录由招标代理机构提供,详见开标记录表。

3)评标准备

评标前评标委员会详细阅读了本工程的招标文件及开评方案,掌握了工程情况和必要的数据。

4)评标程序

评标活动主要由"投标文件符合性鉴定评审""推荐中标候选人"两部分组成,评标委员会先对各投标人的投标文件进行了审查,经审查合格的投标人进入下一阶段的评审。

5)评审结果和推荐意见

(1)在投标截止时间前共收到<u>13</u>份投标文件。评委根据评标办法和标准进行评审,评

审结果如下：_____

（2）投标文件评审。

评标委员会根据招标文件中的投标文件符合性鉴定评审合格条件对 <u>13</u> 家投标单位进行评审，经评审 <u>13</u> 家投标单位均合格，详见投标文件符合性鉴定表。

（3）推荐中标候选人。

评标委员会根据投标报价从高到低推荐中标候选人。

第一中标候选人：福建中利建设工程有限公司。项目经理：丁华。

第二中标候选人：福建省中源建设工程有限公司。项目经理：姚扬銮。

第三中标候选人：福建省海鸿市政建设工程有限公司。项目经理：余文兴。

评标委员会签字：_____

4.2.6 废标、否决所有投标和重新招标

1. 废标

废标一般是评标委员会履行评标职责过程中，对投标文件依法做出的取消其中标资格、不再评审的处理决定。

废标应注意几个问题：第一，除非法律有特别规定，废标是评标委员会依法做出的处理决定。其他相关主体，如招标人或招标代理机构，无权对投标进行废标处理；第二，废标应符合法定条件，评标委员会不得任意废标，只能依据法律规定及招标文件的明确要求，对投标进行审查决定是否废标；第三，废标处理的投标，不再参加投标文件的评审，也完全丧失中标的机会。

投标人或其投标文件有下列情形之一的，其投标作废标处理。

（1）投标人须知中列出的投标人不得存在下列情形之一：为招标人不具有独立法人资格的附属机构（单位）；为本标段前期准备提供设计或咨询服务的机构，但设计施工总承包的除外；为本标段的监理人；为本标段的代建人；为本标段提供招标代理服务的机构；与本标段的监理人或代建人或招标代理机构同为一个法定代表人；与本标段的监理人、代建人或招标代理机构相互控股或参股；为本标段的监理人、代建人或招标代理机构工作；被责令停业；被暂停或取消投标资格；财产被接管或冻结；在最近三年内有骗取中标、严重违约或重大工程质量问题。

（2）有串通投标、弄虚作假或有其他违法行为。

（3）不按评标委员会的要求澄清、说明或补正。

（4）在形式评审、资格评审（适用于未进行资格预审的项目）、响应性评审中，评标委员会认定投标人的投标文件不符合评标办法前附表规定的任何一项评审标准。

（5）当投标人的资格预审申请文件的内容发生重大变化时，其在投标文件中更新的资料，未能通过资格评审（适用于已进行资格预审的项目）。

（6）投标报价文件（投标函除外）未经有资格的工程造价专业人员签字并加盖执业专用章。

（7）在施工组织设计和项目管理机构评审中，评标委员会认定投标人的投标未能通过此项评审。

（8）评标委员会认定投标人以低于成本报价竞标。

建设工程废标、
否决所有投标
和重新招标

2．否决所有投标

《中华人民共和国招标投标法》第四十二条规定："评标委员会经评审，认为所有投标都不符合招标文件要求的，可以否决所有投标。"《评标委员会和评标方法暂行规定》规定："评标委员会否决不合格投标或者界定为废标后，因有效投标不足 3 个使投标明显缺乏竞争的，评标委员会可以否决全部投标。"

从上述规定可以看出，否决所有投标包括两种情况：一是所有的投标都不符合招标文件的要求，每个投标均被界定为废标、被认为无效或不合格，所以，评标委员会否决了所有的投标；二是部分投标被界定为废标、被认为无效或不合格之后，仅剩不足 3 个有效投标，使投标明显缺乏竞争，违反了招标的根本目的，所以，评标委员会可以否决全部投标。

3．重新招标

《中华人民共和国招标投标法》第二十八条规定："投标人少于三个的，招标人应当依照本法重新招标。"第四十二条规定："依法必须进行招标的项目的所有投标被否决的，招标人应当依照本法重新招标。"

重新招标，是一个招标项目发生法定情况，无法继续进行评标、推荐中标候选人，当次招标结束后，如何开展项目采购的一种选择。法定情况包括投标截止时间到达时投标人少于 3 个、评标中所有投标被否决或其他法定情况。应注意，相关部门规章对不同类别项目重新招标的法定情况做了具体规定。

案例 4-1

某加固工程项目公开招标，此项目的招标控制价为 122 万元整。至投标截止时间共有六个投标人递交了投标文件，其报价分别为 A 单位120 万元、B 单位116 万元、C 单位102 万元、D 单位 98 万元、E 单位 92.4 万元、F 单位 30 万元。最低和最高的投标报价如此悬殊，令开标现场一片哗然。评标委员会无须讨论投标人的投标成本问题，只需要看此投标供应商的投标文件有没有响应招标文件的要求。

经讨论，评标委员会要求 F 投标人就报价是否低于成本价的问题进行书面解释并提供相关证明材料。F 投标人最终承认报价低于成本，目的是扩大影响力、尽早介入结构加固市场。评委会仔细阅读了解释函，认为 F 投标人的报价明显低于工程成本价，将其投标作为无效投标处理。

4.3 建设工程招投标的定标

定标即授予合同，是招标人决定中标人的行为。在这个阶段，招标人要进行的工作有决定中标人；通知中标人其投标已经被接受，向中标人发出中标通知书；通知所有未中标的投标人，并向他们退还投标保证金等。

4.3.1　确定中标候选人

评标委员会按照招标文件确定的评标标准和方法完成评标后,应当向招标人提出书面评标报告,并推荐合格的中标候选人。招标人根据评标委员会提出的书面评标报告和推荐的中标候选人确定中标人。招标人也可以授权评标委员会直接确定中标人。国务院对特定招标项目的评标有特别规定的,从其规定。

中标候选人应当限定在一至三人,并标明排列顺序。招标人应当接受评标委员会推荐的中标候选人,不得在评标委员会推荐的中标候选人之外确定中标人。中标人的投标应当符合下列条件之一:

① 能够最大限度地满足招标文件中规定的各项综合评价标准;

② 能够满足招标文件的实质性要求,并且经评审的投标价格最低,但是投标价格低于成本的除外。

根据《中华人民共和国招标投标法实施条例》第五十五条规定,国有资金控股或者占主导地位的依法必须进行招标的项目,招标人应当确定排名第一的中标候选人为中标人。排名第一的中标候选人放弃中标、因不可抗力不能履行合同、不按照招标文件要求提交履约保证金,或者被查实存在影响中标结果的违法行为等情形,不符合中标条件的,招标人可以按照评标委员会提出的中标候选人名单排序依次确定其他中标候选人为中标人,也可以重新招标。

在确定中标人之前,招标人不得与投标人就投标价格、投标方案等实质性内容进行谈判。

依法必须进行招标的项目,招标人应当自收到评标报告之日起3日内公示中标候选人,公示期不得少于3日。

4.3.2　发出中标通知书

中标通知书是指招标人在确定中标人后向中标人发出的通知其中标的书面凭证。中标通知书的内容应当简明扼要,告知投标人招标项目已经由其中标,并确定签订合同的时间、地点即可。

中标人确定后,招标人应当向中标人发出中标通知书,同时将中标结果通知所有未中标的投标人,中标通知书对招标人和中标人具有法律效力,中标通知书发出后,招标人改变中标结果,或者中标人放弃中标项目的,应当依法承担法律责任。

《中华人民共和国招标投标法》规定,中标通知书发出后具有法律效力而不是中标人收到中标通知书后产生法律效力,是因为这样更适合招标投标的特殊情况。如果中标通知书在中标人收到后产生法律效力,若招标人及时发出了中标通知书,但是中标书在传送过程中并非由于招标人的过错而出现延误、丢失或者错投,致使中标人没有在投标有效期终止前收到该中标通知书,招标人则丧失了对中标人的约束权。规定中标通知书"发出"即产生法律效力,招标人的上述权利可以得到保护。如果非因招标人的原因在投标有效期终止前造成中标人可能并不知道该投标已被接受,在大多数情况下,这种后果并不像招标人丧失对中标人的约束权那么严重。这里所讲的"法律效力",是指中标通知书对招标人和中标人产生法律拘束力。具体体现:中标通知书发出后,除不可抗力外,招标人改变中标结果的,如宣布该标为废标,改由其他投标人中标,或者随意宣布取消项目招标,应当适用定金罚则双倍返还中标人提交的投标保证金,给中标人造成的损失超过适用定金罚则返还的投标保证金数额的,还应当对超过部分进行赔偿;未收取投标保证金时,招标人对中标人的损失承担赔偿责任。如果中标人放弃中标项目,如声明或者以自己的行为表明不承担该招标项目,则招标人对其已经提交的投标保证金不予退还,给招标人造成的损失超过投标保证金数额的,还应当对超过部分进行赔偿;未提交投标保证金时,中标人对招标人的损失承担赔偿责任。

根据《中华人民共和国招标投标法》的规定,依法必须进行招标的项目,招标人应当自确定中标人之日起 15 日内,向有关行政监督部门提交招标投标情况的书面报告。

中标通知书及中标结果通知书的格式如图 4-1 所示。

中标通知书

_____(中标人名称):

你方于 _____(投标日期)递交的 _____(项目名称)_____ 标段施工投标文件已被我方接受,你方被确定为中标人。

中标价:_____元。

工　期:_____日历天。

工程质量:符合_____标准。

项目经理:_____(姓名)。

请你方在接到本通知书后的_____日内到_____(指定地点)与我方签订施工承包合同,在此之前按招标文件第二章"投标人须知"的规定向我方提交履约担保。

特此通知。

招标人:_____(盖单位章)

法定代表人:_____(签字)

_____年_____月_____日

中标结果通知书

_____(未中标人名称):

我方已接受 _____(中标人名称)于_____(投标日期)递交的_____(项目名称)_____标段施工投标文件,确定_____(中标人名称)为中标人。

感谢你单位对我们工作的大力支持!

招标人:_____(盖单位章)

法定代表人:_____(签字)

年　　月　　日

图 4-1　中标通知书及中标结果通知书的格式

4.3.3　订立合同

1. 履约担保

在签订合同前,招标人一般会要求中标人按照招标文件中规定的金额、担保形式和履约担保格式递交一份履约担保。履约担保有现金、支票、履约担保书和银行保函等形式,中标人可以选择其中的一种作为招标项目的履约担保,一般采用银行保函和履约担保书的形式。履约担保金额不得超过中标合同金额的 10%。

　　招标文件要求中标人提交履约保证金或者其他形式履约担保的,中标人应当提交;拒绝提交的,视为放弃中标项目,给招标人造成的损失超过投标保证金数额的,中标人还应当对超过部分进行赔偿。招标人要求中标人提供履约保证金或其他形式履约担保的,招标人应当同时向中标人提供工程款支付担保。招标人不得擅自提高履约保证金,不得强制要求中标人垫付中标项目建设资金。

履约担保

_____(发包人名称):

　　鉴于_____(发包人名称,以下简称"发包人")与_____(承包人名称)(以下称"承包人")于_____年_____月_____日就_____(工程名称)施工及有关事项协商一致共同签订《建设工程施工合同》。我方愿意无条件地、不可撤销地就承包人履行与你方签订的合同,向你方提供连带责任担保。

　　(1)担保金额人民币(大写)_____元(¥_____)。

　　(2)担保有效期自你方与承包人签订的合同生效之日起至你方签发或应签发工程接收证书之日止。

　　(3)在本担保有效期内,因承包人违反合同约定的义务给你方造成经济损失时,我方在收到你方以书面形式提出的在担保金额内的赔偿要求后,在 7 天内无条件支付赔偿。

　　(4)你方和承包人按合同约定变更合同时,我方承担本担保规定的义务不变。

　　(5)因本保函发生的纠纷,可由双方协商解决,协商不成的,任何一方均可提请_____仲裁委员会仲裁。

　　(6)本保函自我方法定代表人(或其授权代理人)签字并加盖公章之日起生效。

担　保　人:_____(盖单位章)

法定代表人或其委托代理人:_____(签字)

地　　　址:_____

邮政编码:_____

电　　　话:_____

传　　　真:_____

_____年_____月_____日

支付担保

_____(承包人):

　　鉴于你方作为承包人已经与_____(发包人名称)(以下称"发包人")于_____年_____月_____日签订了_____(工程名称)《建设工程施工合同》(以下称"主合同"),应发包人的申请,我方愿就发包人履行主合同约定的工程款支付义务以保证的方式向你方提供如下担保。

　　1)保证的范围及保证金额

　　(1)我方的保证范围是主合同约定的工程款。

（2）本保函所称主合同约定的工程款是指主合同约定的除工程质量保证金以外的合同价款。

（3）我方保证的金额是主合同约定的工程款的＿＿＿＿＿％，数额最高不超过人民币（大写：＿＿＿＿＿＿＿＿＿＿）元。

2）保证的方式及保证期间

（1）我方保证的方式为连带责任保证。

（2）我方的保证期间为自本合同生效之日起至主合同约定的工程款支付完毕之日后＿＿＿＿日。

（3）你方与发包人协议变更工程款支付日期的，经我方书面同意后，保证期间按照变更后的支付日期做相应调整。

3）承担保证责任的形式

我方承担保证责任的形式是代为支付。发包人未按主合同约定向你方支付工程款的，由我方在保证金额内代为支付。

4）代偿的安排

（1）你方要求我方承担保证责任的，应向我方发出书面索赔通知及发包人未支付主合同约定工程款的证明材料。索赔通知应写明要求索赔的金额、支付款项应到达的账号。

（2）在出现你方与发包人因工程质量发生争议，发包人拒绝向你方支付工程款的情形时，你方要求我方履行保证责任代为支付的，需提供符合相应条件要求的工程质量检测机构出具的质量说明材料。

（3）我方收到你方的书面索赔通知及相应的证明材料后7天内无条件支付赔偿。

5）保证责任的解除

（1）在本保函承诺的保证期间内，你方未书面向我方主张保证责任的，自保证期间届满次日起，我方的保证责任解除。

（2）发包人按主合同约定履行了工程款的全部支付义务的，自本保函承诺的保证期间届满次日起，我方的保证责任解除。

（3）我方按照本保函向你方履行保证责任所支付的金额达到本保函的保证金额时，自我方向你方支付（支付款项从我方账户划出）之日起，保证责任即解除。

（4）按照法律法规的规定或出现应解除我方保证责任的其他情形的，我方在本保函项下的保证责任亦解除。

（5）我方解除保证责任后，你方应自我方保证责任解除之日起＿＿＿＿＿＿＿个工作日内，将本保函原件返还我方。

6）免责条款

（1）因你方违约致使发包人不能履行义务的，我方不承担保证责任。

（2）依照法律法规的规定或你方与发包人的另行约定，免除发包人部分或全部义务的，我方亦免除相应的保证责任。

（3）你方与发包人协议变更主合同的，如加重发包人责任致使我方保证责任加重的，需征得我方书面同意，否则我方不再承担因此而加重部分的保证责任，但主合同第10条〔变更〕约定的变更不受本款限制。

（4）因不可抗力造成发包人不能履行义务的，我方不承担保证责任。

7）争议解决

因本保函或本保函相关事项发生的纠纷,可由双方协商解决,协商不成的,按下列第＿＿＿＿种方式解决。

（1）向＿＿＿＿＿＿仲裁委员会申请仲裁;

（2）向＿＿＿＿＿＿人民法院起诉。

8）保函的生效

本保函自我方法定代表人(或其授权代理人)签字并加盖公章之日起生效。

担　保　人:＿＿＿＿＿＿＿＿（盖章）

法定代表人或委托代理人:＿＿＿＿＿＿＿＿（签字）

地　　　址:＿＿＿＿＿＿＿＿＿＿＿＿＿＿

邮政编码:＿＿＿＿＿＿＿＿＿＿＿＿＿＿

传　　　真:＿＿＿＿＿＿＿＿＿＿＿＿＿＿

＿＿＿＿年＿＿＿＿月＿＿＿＿日

2. 签订合同

招标人和中标人应当自中标通知书发出之日起 30 日内,按照招标文件和中标人的投标文件订立书面合同。招标人和中标人不得再行订立背离合同实质性内容的其他协议。中标人无正当理由拒签合同的,招标人取消其中标资格,其投标保证金不予退还,给招标人造成的损失超过投标保证金数额的,中标人还应当对超过部分进行赔偿。发出中标通知书后,招标人无正当理由拒签合同的,招标人向中标人退还投标保证金,给中标人造成损失的,还应当赔偿损失。招标人应当在签订书面合同后 5 个工作日内向中标人和未中标的投标人退还投标保证金及银行同期存款利息。

3. 履行合同

中标人应当按照合同约定履行义务,完成中标项目。中标人不得向他人转让中标项目,也不得将中标项目肢解后分别向他人转让。中标人按照合同约定或者经招标人同意,可以将中标项目的部分非主体、非关键性工作分包给他人。接受分包的人应当具备相应的资格条件,并不得再次分包。中标人应当就分包项目向招标人负责,分包人就分包项目承担连带责任。

4.3.4　招标投标活动中的纪律和监督

（1）对招标人的纪律要求。招标人不得泄露招标投标活动中应当保密的情况和资料,不得与投标人串通损害国家利益、社会公共利益或者他人合法权益。

（2）对投标人的纪律要求。投标人不得相互串通投标或者与招标人串通投标,不得向招标人或者评标委员会成员行贿谋取中标,不得以他人名义投标或者以其他方式弄虚作假骗取中标,不得出让或者出租资格、资质证书供他人投标;投标人不得以任何方式干扰、影响评标工作;中标人不得将中标项目的部分主体、关键性工作分包给他人,分包人不得再次分包。

（3）对评标委员会和与评标有关工作人员的纪律要求。评标委员会不得私下接触投标人,收受投标人的财物或者其他好处;不得向招标人征询确定中标人的意向,不得接受任何单位、个人明示或者暗示提出或者排斥特定投标人的要求;不得暗示、诱导投标人做出澄清、说明或者接受投标人主动提出的澄清、说明。在评标活动中,评标委员和有关工作人员不得擅离职守,影响评标程序正常进行。

(4) 投诉。投标人和其他利害关系人认为本次招标投标活动违反法律、法规和规章规定的,有权向有关行政监督部门投诉。

案例 4-2

某超高写字楼工程为政府投资项目,于 2021 年 5 月 8 日发布招标公告。招标公告对招标文件的发售和投标截止时间的规定如下:①各投标人于 5 月 17 日至 18 日,每日 9:00—16:00 在指定地点领取招标文件;②投标截止时间为 6 月 5 日 14:00。

对招标做出响应的投标人有 A、B、C、D,以及 E、F 组成的联合体。A、B、C、D、E、F 均具备承建该项目的资格。评标委员会委员由招标人确定,共 8 人,其中,招标人代表 4 人,有关技术、经济等方面的专家 4 人。在开标阶段,经招标人委托的市公证处人员检查了投标文件的密封情况,确认其密封完好后,投标文件当众拆封。招标人宣布有 A、B、C、D 以及 E、F 联合体等 5 个投标人投标,并宣读其投标报价、工期、质量标准和其他招标文件规定的唱标内容。其中,A 的投标总报价为壹亿肆仟叁佰贰拾万元整,正式报价和标底如表 4-3 所示。

表 4-3　正式报价和标底

	桩基维护工程	主体结构工程	装饰工程	总　价
正式报价/万元	1 450	6 600	6 270	14 310
标底/万元	1 320	6 100	6 900	14 320

评标委员会按照招标文件中确定的评标标准对投标文件进行评审与比较,并综合考虑各投标人的优势。评标结果:各投标人综合得分从高到低的顺序依次为 A,D,B,C,E,F 联合体。评标委员会因此确定承包人 A 为中标人,其中标价为 14 310 万元。由于承包人 A 为外地企业,招标人于 6 月 7 日以挂号方式将中标通知书寄出,承包人 A 于 6 月 11 日收到中标通知书。

6 月 13 日至 7 月 3 日,招标人又与中标人 A 就合同价格进行了多次谈判,于是中标人 A 在正式报价的基础上又下调了 200 万元,最终,双方于 7 月 9 日签订了书面合同。

问题:(1) 什么是不平衡报价法?投标人 A 的报价是否属于不平衡报价?评标委员会接受 A 承包人运用的不平衡报价法是否恰当?

(2) 在该项目的招标投标中,哪些方面不符合《中华人民共和国招标投标法》等法律法规的有关规定?

解析

(1) 不平衡报价法是指在估价(总价)不变的前提下,调整分项工程的单价,以达到较好收益目的的报价策略。投标人 A 的报价属于不平衡报价。评标委员会接受 A 承包人运用的不平衡报价法恰当。投标人将属于前期工程的桩基围护工程和主体结构工程的单价调高,而将属于后期工程的装饰工程的单价调低,可以在施工的早期阶段收到较多工程款,可以提高所得工程款的现值;A 投标人对桩基围护工程、主体结构工程和装饰工程的单价调整幅度均未超过 10%,在合理范围之内。

（2）在该项目的招标投标中，不符合《中华人民共和国招标投标法》等法律法规规定的方面如下。

① 招标文件的发售时间只有 2 日，不符合《中华人民共和国招标投标法实施条例》关于招标文件的发售时间最短不得少于 5 日的规定。

② 招标文件开始发出之日至投标人提交投标文件截止之日的时间段不符合规定。该工程项目建设使用财政资金，按照《中华人民共和国招标投标法》的规定必须进行招标，并应满足自招标文件开始发出之日起至投标人提交投标文件截止之日止，最短不得少于 20 日的规定。本案例中，招标人 5 月 17 日开始发出招标文件，至招标公告规定的投标截止时间 6 月 5 日止，不足 20 日。

③ 评标委员会成员组成及人数不符合《中华人民共和国招标投标法》的规定，评标委员会由招标人代表和有关技术、经济等方面的专家组成，成员人数为 5 人以上的单数，其中，技术、经济等方面的专家不得少于 2/3。

④ 评标委员会对投标文件的差错采用的修正原则不正确。在投标文件中，用数字表示的数额与用文字表示的数额不一致时，以文字数额为准；单价与工程量的乘积与总价不一致时，以单价为准，若单价有明显的小数点错位，应以总价为准，并修改单价。本案例中，A 投标人的总报价文字（壹亿肆仟叁佰贰拾万元整）和数字（14 310 万元）不一致，应以文字为主，可以看出，A 投标人关于各分项报价之和与文字一致，故评标委员会应认定 A 投标人的投标报价为 14 320 万元。签订的合同价也应为 14 320 万元。

⑤ 中标通知书发出后，招标人不应与中标人 A 就合同价格进行谈判。《中华人民共和国招标投标法》第四十六条规定，招标人和中标人应当按照招标文件和投标文件订立书面合同，不得再行订立背离合同实质性内容的其他协议。

⑥ 招标人和中标人签订书面合同的日期不当。《中华人民共和国招标投标法》第四十六条规定，招标人和中标人应当自中标通知书发出之日起 30 日内，按照招标文件和中标人的投标文件订立书面合同。本案例中，中标通知书于 6 月 7 日已经发出，双方 7 月 9 日才签订了书面合同，已超过法律规定的 30 日期限。虽然中标通知书到达的日期是 6 月 11 日，但我国对于中标通知书实行的是"发出主义"，即中标通知书从发出之日起具备法律效力。

4.4 建设工程评标、定标案例分析

案例 4-3

某工程项目，建设单位通过招标选择了一家具有相应资质的监理单位承担施工招标代理和施工阶段的监理工作，并在监理中标通知书发出后第 45 天，与该监理单位签订了委托监理合同。之后，双方又签订了一份监理酬金比监理中标价降低 10% 的协议。

在施工公开招标中，A、B、C、D、E、F、G、H 等施工单位报名投标，经监理单位资格预审均符合要求，但建设单位以 A 施工单位是外地企业为由不同意其参加投标，而监理单位坚持认为 A 施工单位有资格参加投标。评标委员会由 5 人组成，其中，当地建设行政管理部门的招投标管理办公室主任 1 人，建设单位代表 1 人，政府提供的专家库中抽取的技术、经济等方面的专家 3 人。

评标委员会评标时发现：B施工单位的投标报价明显低于工程成本且未能合理说明理由；D施工单位的投标报价的大写金额小于小写金额；F施工单位的投标文件提供的检验标准和方法不符合招标文件的要求；H施工单位的投标文件中某分项工程的报价有个别漏项；其他施工单位的投标文件均符合招标文件要求。建设单位最终确定G施工单位中标，并按照《建设工程施工合同(示范文本)》与该施工单位签订了施工合同。

问题：(1) 指出建设单位在监理招标和委托监理合同签订过程中的不妥之处，并说明理由。

(2) 在施工招标资格预审中，监理单位认为A施工单位有资格参加投标是否正确？说明理由。

(3) 指出施工招标评标委员会的组成是否妥当，并说明理由，写出正确做法。

(4) 判别B、D、F、H四家施工单位的投标是否为有效标，并说明理由。

解析

(1) 在监理中标通知书发出后第45天签订委托监理合同不妥，因为根据《中华人民共和国招标投标法》的规定，双方应于中标通知书发出后的30天内签订合同。在签订委托监理合同后双方又签订了一份监理酬金比监理中标价降低10%的协议不妥，因为根据《中华人民共和国招标投标法》的规定，招标人和中标人不得再订立背离合同实质性内容的其他协议。

(2) 监理单位认为A施工单位有资格参加投标是正确的，因为以所处地区作为确定投标资格的依据是一种歧视性的依据，违反了《中华人民共和国招标投标法》规定的应该公平地对待每一个投标人的原则。

(3) 评标委员会的组成不妥，因为评委不应包括当地建设行政管理部门的招投标管理办公室主任。正确做法：评标委员会由招标人或其委托的招标代理机构熟悉相关业务的代表以及有关技术、经济等方面的专家组成，成员人数为五人以上的单数，其中技术、经济等方面的专家不得少于成员总数的三分之二。

(4) B、F两家施工单位的投标不是有效标。B施工单位的投标报价明显低于工程成本且不能合理说明理由，应为废标；F施工单位的投标文件提供的检验标准和方法不符合招标文件的要求，属重大偏差，应为废标。D、H两单位的投标是有效标，它们的投标文件中的错误属于细微偏差。

案例4-4

某建设工程施工项目采用经评审的最低投标价法进行评标。共有4个投标人进行了投标，且4个投标人均通过了初步评审，评标委员会对所有投标人的投标报价进行了详细评审。

招标文件规定工期为30个月，工期每提前1个月给招标人带来的预期收益为50万元，招标人提供临时用地500亩，临时用地每亩用地费为6000元。评标价的折算考虑以下两个因素：①投标人所报的租用临时用地的数量；②提前竣工的效益。

投标人A：投标报价为6200万元，提出需要临时用地400亩，承诺工期为28个月。

投标人B：投标报价为5800万元，提出需要临时用地480亩，承诺工期为31个月。

投标人C：投标报价为5500万元，提出需要临时用地500亩，承诺工期为28个月。

投标人D：投标报价为5000万元，提出需要临时用地550亩，承诺工期为30个月。

问题：根据经评审的最低投标价法确定中标人。

解析

1）临时用地调整因素

投标人 A：(400−500)×6 000 元＝−600 000 元。

投标人 B：(480−500)×6 000 元＝−120 000 元。

投标人 C：(500−500)×6 000 元＝0 元。

投标人 D：(550−500)×6 000 元＝300 000 元。

2）提前竣工因素的调整

投标人 A：(28−30)×500 000 元＝−1 000 000 元。

投标人 B：(31−30)×500 000 元＝500 000 元。

投标人 C：(28−30)×500 000 元＝−1 000 000 元。

投标人 D：(30−30)×500 000 元＝0 元。

评标价格比较表如表 4-4 所示。

表 4-4　评标价格比较表

项目	投标人 A	投标人 B	投标人 C	投标人 D
算术性修正后的报价/元	62 000 000	58 000 000	55 000 000	50 000 000
临时用地导致报价调整/元	−600 000	−120 000	0	300 000
提前竣工导致报价调整/元	−1 000 000	500 000	−1 000 000	0
评标价/元	60 400 000	58 380 000	54 000 000	50 300 000
排序	4	3	2	1

投标人 D 的投标报价是经评审的最低投标价，评标委员会推荐投标人 D 为第一中标候选人。

案例 4-5

某大型工程，技术难度大，对施工单位的施工设备和同类工程施工经验要求高，对工期的要求也比较紧迫，只有几个投标人可供选择。业主在对有关单位和在建工程考察的基础上，仅邀请了 3 家国有一级施工企业参加投标，并预先与咨询单位和该 3 家施工单位共同研究确定了施工方案。业主要求投标单位将技术标和商务标分别装订报送。经招标领导小组研究确定的评标规定如下。

（1）技术标共 30 分，其中施工方案 10 分（因已确定施工方案，各投标单位均得 10 分）、施工总工期 10 分、工程质量 10 分。满足业主总工期要求（36 个月）者得 4 分，每提前 1 个月加 1 分，不满足者不得分；业主希望该工程今后能被评为省优工程，自报工程质量合格者得 4 分，承诺将该工程建成省优工程者得 6 分（若该工程未被评为省优工程将扣罚合同价的 2%，该款项在竣工结算时暂不支付给承包商），近三年内获鲁班工程奖每项加 2 分，获省优工程奖每项加 1 分。

（2）商务标共 70 分。报价不超过标底（35 500 万元）的±5% 者为有效标，超过者为废标。报价为标底的 98% 者得满分（70 分），在此基础上，报价比标底每下降 1%，扣 1 分，每上升 1%，扣 2 分（计分按四舍五入取整）。各投标单位的投标情况如表 4-5 所示。

表 4-5　各投标单位的投标情况

投标单位	报价/万元	总工期/月	自报工程质量	鲁班工程奖	省优工程奖
A	35 642	33	优良	1	1
B	34 364	31	优良	0	2
C	33 867	32	合格	0	1

问题:(1)该工程采用邀请招标方式且仅邀请 3 家施工单位投标,是否违反有关规定,为什么?

(2)请按综合得分最高者中标的原则确定中标单位。

(3)若改变该工程评标的有关规定,将技术标增加到 40 分,其中施工方案 20 分(各投标单位均得 20 分),商务标减少为 60 分,是否会影响评标结果,为什么? 若影响,应由哪家施工单位中标?

解析

(1)不违反(或符合)有关规定。因为根据有关规定,对于技术复杂,只有几家投标人可供选择的工程,允许采用邀请招标方式,但邀请参加投标的单位不得少于 3 家。

(2)① 计算各投标单位的技术标得分,如表 4-6 所示。

表 4-6　各投标单位的技术标得分

投标单位	施工方案	总工期	工程质量	合计
A	10	$4+(36-33)\times1=7$	$6+2+1=9$	26
B	10	$4+(36-31)\times1=9$	$6+1\times2=8$	27
C	10	$4+(36-32)\times1=8$	$4+1=5$	23

② 计算各投标单位的商务标得分,如表 4-7 所示。

表 4-7　各投标单位的商务标得分

投标单位	报价/万元	报价与标底的比例/(%)	扣分	得分
A	35 642	$35\ 642/35\ 500=100.4$	$(100.4-98)\times2\approx5$	$70-5=65$
B	34 364	$34\ 364/35\ 500=96.8$	$(98-96.8)\times1\approx1$	$70-1=69$
C	33 867	$33\ 867/35\ 500=95.4$	$(98-95.4)\times1\approx3$	$70-3=67$

③ 计算各投标单位的综合得分,如表 4-8 所示。

表 4-8　各投标单位的综合得分

投标单位	技术标得分	商务标得分	综合得分
A	26	65	91
B	27	69	96
C	23	67	90

因为 B 单位的综合得分最高,故应选择 B 公司为中标单位。

（3）这样改变评标办法不会影响评标结果，因为各投标单位的技术标得分均增加 10 分（20－10），而商务标得分均减少 10 分（70－60），综合得分不变。

案例 4-6

某工程采用公开招标方式，有 A、B、C、D、E、F 6 家承包商参加投标，经资格预审，6 家承包商均满足业主要求。该工程采用两阶段评标法评标，评标委员会由 7 名委员组成，评标的具体规定如下。

（1）第一阶段：评技术标。

技术标共计 40 分，其中，施工方案为 15 分，总工期为 8 分，工程质量为 6 分，项目班子为 6 分，企业信誉为 5 分。技术标各项内容的得分，为各评委评分去掉一个最高分和一个最低分后的算术平均数。技术标合计得分不满 28 分者，不再评其商务标。

表 4-9 所示为承包商施工方案评分的汇总表。表 4-10 所示为承包商总工期、工程质量、项目班子、企业信誉得分汇总表。

表 4-9 承包商施工方案评分的汇总表

投标单位	评委						
	一	二	三	四	五	六	七
A	13.0	11.5	12.0	11.0	11.0	12.5	12.5
B	14.5	13.5	14.5	13.0	13.5	14.5	14.5
C	12.0	10.0	11.5	11.0	10.5	11.5	11.5
D	14.0	13.5	13.5	13.0	13.5	14.0	14.5
E	12.5	11.5	12.0	11.0	11.5	12.5	12.5
F	10.5	10.5	10.5	10.5	9.5	11.0	10.5

表 4-10 承包商总工期、工程质量、项目班子、企业信誉得分汇总表

投标单位	总工期	工程质量	项目班子	企业信誉
A	6.5	5.5	4.5	4.5
B	6.0	5.0	5.0	4.5
C	5.0	4.5	3.5	3.0
D	7.0	5.5	5.0	4.5
E	7.5	5.0	4.0	4.0
F	8.0	4.5	4.0	3.5

（2）第二阶段：评商务标。

商务标共计 60 分。商务标以标底的 50% 与承包商报价算术平均数的 50% 之和为基准价，

但最高(或最低)报价高于(或低于)次高(或次低)报价的15%者,在计算承包商报价算术平均数时不予考虑,且商务标得分为15分。

以基准价为满分(60分),报价比基准价每下降1%,扣1分,最多扣10分;报价比基准价每增加1%,扣2分,扣分不保底。表4-11所示为标底和各承包商的报价汇总表。

表4-11 标底和各承包商的报价汇总表 单位:万元

投标单位	A	B	C	D	E	F	标底
报价	13 656	11 108	14 303	13 098	13 241	14 125	13 790

(3)计算结果保留两位小数。

问题:(1)请按综合得分最高者中标的原则确定中标单位。

(2)若该工程未编制标底,以各承包商报价的算术平均数作为基准价,其余评标规定不变,试按原定标原则确定中标单位。

解析

(1)① 计算各承包商施工方案的得分,如表4-12所示。

表4-12 各承包商施工方案的得分

投标单位	评委							平均得分
	一	二	三	四	五	六	七	
A	13.0	11.5	12.0	11.0	11.0	12.5	12.5	11.9
B	14.5	13.5	14.5	13.0	13.5	14.5	14.5	14.1
C	12.0	10.0	11.5	11.0	10.5	11.5	11.5	11.2
D	14.0	13.5	13.5	13.0	13.5	14.0	14.5	13.7
E	12.5	11.5	12.0	11.0	11.5	12.5	12.5	12.0
F	10.5	10.5	10.5	10.5	9.5	11.0	10.5	10.5

② 计算各承包商技术标的得分,如表4-13所示。

表4-13 各承包商技术标的得分

投标单位	施工方案	总工期	工程质量	项目班子	企业信誉	合计
A	11.9	6.5	5.5	4.5	4.5	32.9
B	14.1	6.0	5.0	5.0	4.5	34.6
C	11.2	5.0	4.5	3.5	3.0	27.2
D	13.7	7.0	5.5	5.0	4.5	35.7
E	12.0	7.5	5.0	4.0	4.0	32.5
F	10.5	8.0	4.5	4.0	3.5	30.5

由于承包商 C 的技术标仅得 27.2 分,小于 28 分的最低限,按规定,不再评其商务标。实际上承包商 C 的投标已作为废标处理。

③ 计算各承包商商务标的得分,如表 4-14 所示。

因为(13 098－11 108)/13 098＝15. 19％＞15％,(14 125－13 656)/13 656＝3. 43％ ＜15％。

所以承包商 B 的报价(11 108 万元)在计算基准价时不考虑。

基准价＝[13 790×50％＋(13 656＋13 098＋13 241＋14 125)/4×50％]万元＝13 660 万元。

表 4-14　各承包商商务标的得分

投标单位	报价/万元	报价与基准价的比例/(%)	扣分	得分
A	13 656	(13 656/13 660)×100＝99.97	(100－99.97)×1＝0.03	59.97
B	11 108			15.00
D	13 098	(13 098/13 660)×100＝95.89	(100－95.89)×1＝4.11	55.89
E	13 241	(13 241/13 660)×100＝96.93	(100－96.93)×1＝3.07	56.93
F	14 125	(14 125/13 660)×100＝103.40	(103.40－100)×2＝6.80	53.20

④ 计算各承包商的综合得分,如表 4-15 所示。

表 4-15　各承包商的综合得分

投标单位	技术标得分	商务标得分	综合得分
A	32.9	59.97	92.87
B	34.6	15.00	49.60
D	35.7	55.89	91.59
E	32.5	56.93	89.43
F	30.5	53.20	83.70

因为承包商 A 的综合得分最高,故应选择其为中标单位。

(2) ① 计算各承包商商务标的得分,如表 4-16 所示。

基准价＝(13 656＋13 098＋13 241＋14 125)/4 万元＝13 530 万元。

表 4-16　各承包商商务标的得分(未编制标底)

投标单位	报价/万元	报价与基准价比例/(%)	扣分	得分
A	13 656	(13 656/13 530)×100＝100.93	(100.93－100)×2＝1.86	58.14
B	11 108			15.00

续表

投标单位	报价/万元	报价与基准价比例/(%)	扣分	得分
D	13 098	(13 098/13 530)×100＝96.81	(100－96.81)×1＝3.19	56.81
E	13 241	(13 241/13 530)×100＝97.86	(100－97.86)×1＝2.14	57.86
F	14 125	(14 125/13 530)×100＝104.40	(104.40－100)×2＝8.80	51.20

② 计算各承包商的综合得分,如表 4-17 所示。

表 4-17　各承包商的综合得分(未编制标底)

投标单位	技术标得分	商务标得分	综合得分
A	32.9	58.14	91.04
B	34.6	15.00	49.60
D	35.7	56.81	92.51
E	32.5	57.86	90.36
F	30.5	51.20	81.70

因为承包商 D 的综合得分最高,故应选择其为中标单位。

思考题

1. 简述开标的概念。
2. 简述开标流程和内容。
3. 简述评标委员会应当否决投标的情形。
4. 简述评标的概念及原则。
5. 简述评标委员会的组成。
6. 简述评标工作一般应遵循的程序。
7. 简述重大偏差的情形。
8. 简述经评审的最低投标价法的概念及适用情况。
9. 简述综合评估法的概念及适用情况。
10. 简述评标报告的内容。
11. 简述中标人的投标应当符合的条件。

习题

一、单选题

1. 根据《中华人民共和国招标投标法》的规定,评标由( )依法组建的评标委员会负责,这个临时组织负责对所有投标文件进行评定、提出书面评标报告、推荐或确定中标候选人等工作。

　　A. 建设行政主管部门　　　　　　　　B. 招标人

　　C. 公证机关　　　　　　　　　　　　D. 当地招标管理部门

2. 提交投标文件的投标人少于( )个的,招标人应当依法重新招标。

　　A. 2　　　　　　　　　　　　　　　B. 3

　　C. 4　　　　　　　　　　　　　　　D. 5

3. 关于评标,下列说法不正确的是( )。

　　A. 评标委员会成员名单一般应于开标前确定,且该名单在中标结果确定前应当保密

　　B. 评标委员会必须由技术、经济方面的专家组成,且其人数为5人以上的奇数

　　C. 评标委员会成员应从事相关专业领域工作满8年并具有高级职称或者同等专业水平

　　D. 评标委员会成员不得与任何投标人进行私人接触

4. 评标委员会中的专家成员人选,应符合的条件是( )。

　　A. 在业主单位从事建筑工程类技术工作

　　B. 参与过有关招投标法规文件的起草或制定工作并具有与项目相关的实践经验

　　C. 从事相关领域工作满8年并具有高级职称或者同等专业水平

　　D. 投标人共同认可的高级职称人员

5. 经评审的最低投标价法主要适用于( )。

　　A. 内容及技术经济指标未确定的项目

　　B. 后续费用较高的项目

　　C. 招标人对技术、性能没有特殊要求的项目

　　D. 风险较大的项目

6. 确定中标人后,招标人与投标人应以( )作为施工合同价。

　　A. 标底　　　　　　B. 投标价　　　　　　C. 评标价　　　　　　D. 标底修正价

7. 对于投标文件存在的下列偏差,评标委员会应书面要求投标人在评标结束前进行补正的情形是( )。

　　A. 未按招标文件规定的格式填写,内容不全

　　B. 所提供的投标担保有瑕疵

　　C. 投标人名称与资格预审时不一致

　　D. 实质上响应招标文件要求,但个别地方存在漏项的细微偏差

8. 根据《中华人民共和国招标投标法》的规定,评标委员会为( )人以上的单数,评标委员会中技术、经济等方面的专家不得少于成员总数的( )。

A.5,2/3　　　　　B.7,4/5　　　　　C.5,1/3　　　　　D.3,2/3

9.建设工程开标应当在(　　)的主持下,邀请所有投标人参加。

A.招标人　　　　B.行政监督部门　　C.评标委员会代表　D.公正机构

10.开标应当在招标文件确定的提交投标文件截止时间的(　　)进行。

A.当天公开　　　B.当天不公开　　　C.同一时间公开　　D.同一时间不公开

11.根据《中华人民共和国招标投标法》的有关规定,招标人和中标人应当自中标通知书发出之日起(　　)内,按照招标文件和中标人的投标文件订立书面合同。

A.10日　　　　　B.15日　　　　　C.30日　　　　　D.3个月

12.下列有关投标文件的澄清和说明,表述错误的是(　　)。

A.投标文件不响应招标文件实质性要求的,评标委员会可允许投标人修正其不符合要求的差异

B.投标人的澄清、说明应当采用书面形式

C.投标人的澄清、说明不得超出投标文件的范围或改变投标文件的实质性内容

D.评标委员会不得暗示或诱导投标人做出澄清、说明

13.根据《中华人民共和国招标投标法实施条例》,国有资金控股或占主导地位的依法必须进行招标的项目,关于确定中标人的说法,正确的是(　　)。

A.评标委员会应当确定投标价格最低的投标人为中标人

B.评标委员会应当确定最接近标底价格的投标人为中标人

C.招标人应该确定排名第一的中标候选人为中标人

D.招标人可以从评标委员会推荐的前三名中标候选人中任意确定中标人

14.根据《中华人民共和国政府采购法实施条例》的规定,某施工企业参加工程投标,该招标项目预算金额为6000万元,则其应提交的投标保证金不得超过(　　)万元。

A.30　　　　　　B.60　　　　　　C.80　　　　　　D.120

15.采用综合评估法进行评标时,(　　)投标书为最优。

A.得分最高的　　　　　　　　　B.得分最低的

C.评标价最高的　　　　　　　　D.评标价最低的

16.投标文件中总价金额与单价金额不一致的,应(　　)。

A.以单价金额为准　　　　　　　B.以总价金额为准

C.由投标人确认　　　　　　　　D.由招标人确认

17.在招标投标过程中,由于招标人原因在投标文件规定的投标有效期内未能确定中标人。下列对投标保函的处理,正确的是(　　)。

A.返还所有投标人的投标保函

B.要求所有投标人延长投标保函有效期

C.要求评标报告推荐的中标候选人延长投标保函有效期

D.要求评标报告中推荐中标候选人之外的投标人延长投标保函有效期

18.某建设项目招标采用经评审的最低投标价法评标,经评审的最低投标价格最低的投标人报价为1 020万元,评标价为1010万元,评标结束后,该投标人向招标人表示,可以再降低报价,报1000万元,与此对应的评标价为990万元,则双方订立的合同价应为(　　)。

A.1020万元　　　B.1010万元　　　C.1000万元　　　D.990万元

19.招标项目的中标人确定后,招标人应对未中标投标人做的工作是( )。

A.通知中标结果并退还投标保证金

B.通知中标结果但不退还投标保证金

C.不通知中标结果,也不退还投标保证金

D.不通知中标结果,但退还投标保证金

二、多选题

1.根据《中华人民共和国招标投标法》的有关规定,开标时由( )检查投标文件的密封情况,确认无误后当众拆封。

A.招标人

B.投标人或投标人推选的代表

C.评标委员

D.地方政府相关行政主管部门

E.公证机构

2.评标过程中,投标应当作为废标处理的情况有( )。

A.投标文件未按照招标文件的要求进行密封

B.拒不按要求对投标文件进行澄清、说明或补正

C.投标文件未能对招标文件提出的所有实质性要求和条件做出响应

D.经评标委员会确认投标人报价低于其成本价

E.组成联合体投标,投标文件未附联合体各方共同投标协议

3.工程建设项目评标时,发生下列情况时,投标应作为废标处理的有( )。

A.弄虚作假方式投标

B.提交合格"撤回通知"的投标文件

C.报价低于其个别成本且不能说明合理理由的投标文件

D.投标人拒不按照要求对投标文件进行澄清、说明或者补正

E.未能在实质上响应招标文件

4.评标过程中,评标委员会应当否决投标的情形有( )。

A.投标文件没有对招标文件的实质性要求和条件做出响应

B.投标文件未经投标单位盖章和单位负责人签字

C.投标报价高于招标文件设定的最高投标限价

D.投标文件中存在一些细微偏差

E.投标联合体没有提交共同投标协议

5.下列有关招标投标签订合同的说明,正确的有( )。

A.招标人和中标人应当在中标通知书发出之日起 30 天内签订合同

B.招标人和中标人不得再订立背离合同实质性内容的其他协议

C.招标人和中标人可以通过合同谈判对原招标文件、投标文件的实质性内容做出修改

D.如果招标文件要求中标人提交履约担保,招标人应向中标人提供工程款支付担保

E.中标人不与招标人订立合同的,应取消其中标资格,但投标保证金应退还

三、案例分析题

1.某省国道主干线高速公路土建施工项目实行公开招标,根据项目的特点和要求,招标人提出了招标方案和工作计划,采用资格预审方式组织项目土建施工招标,招标过程中出现了下列事件。

事件1:7月1日(星期一),招标人发布资格预审公告。公告载明资格预审文件自7月2日上午9时起发售,资格预审申请文件于7月22日16:00之前递交至招标人处。某投标人因从外地赶来。7月6日(星期一)上午上班时间前来购买资格预审文件,被告知已经停售。

事件2:资格审查过程中,资格审查委员会发现某省路桥总公司提供的业绩证明材料部分是其下属的第一工程有限公司的业绩证明材料,且其下属的第一工程有限公司具有独立法人资格和相关资质。考虑到属于一个大单位,资格审查委员会认可了其下属公司的业绩为其业绩。

事件3:投标邀请书向所有通过资格预审的申请单位发出,投标人在规定的时间内购买了招标文件。按照招标文件要求,投标人须在投标截止时间5日前递交投标保证金,因为标段的估算金额为3000万元～4000万元,招标人要求每个标段提交100万元投标保证金。

事件4:评标委员会的人数为5人,其中,3人为工程技术专家,2人为招标人代表。

事件5:评标委员会在评标过程中发现B单位的投标报价远低于其他报价。评标委员会认定B单位的报价过低,按照废标处理。

事件6:招标人根据评标委员会的书面报告,确定各个标段排名第一的中标候选人为中标人,并按照要求发出中标通知书后,向有关部门提交招标投标情况的书面报告,同中标人签订合同并退还投标保证金。

事件7:招标人在签订合同前,认为中标人C的价格略高于自己期望的合同价格,因此,又与投标人C就合同价格进行了多次谈判。考虑到招标人的要求,中标人C觉得小幅度降价可以满足自己利润的要求,同意降低合同价,并最终签订了书面合同。

问题:(1)招标人自行办理招标事宜需要什么条件?

(2)所有事件中有哪些不妥当的情况?请逐一说明。

(3)事件6中,招标人在发出中标通知书后应于何时做其后的这些工作?

2.某工业厂房项目的业主经过多方了解,邀请了A、B、C三家技术实力和资信俱佳的承包商参加该项目的投标。招标文件规定:评标时采用最低综合报价中标的原则,但最低投标价低于次低投标价10%的报价将不予考虑。工期不得长于18个月,若投标人自报工期少于18个月,在评标时将考虑其给业主带来的收益,折算成综合报价后进行评标。若实际工期短于自报工期,每提前1天奖励1万元;若实际工期超过自报工期,每拖延1天罚款2万元。A、B、C三家承包商的投标书中与报价和工期有关的数据如表4-18所示。现值系数表如表4-19所示。假定贷款月利率为1%,各分部工程每月完成的工作量相同,在评标时考虑工期提前给业主带来的收益为每月40万元。

表4-18 A、B、C三家承包商的投标书中与报价和工期有关的数据

投标人	基础工程		上部结构工程		安装工程		安装工程与上部结构工程搭接时间/月
	报价/万元	工期/月	报价/万元	工期/月	报价/万元	工期/月	
A	400	4	1 000	10	1 020	6	2
B	420	3	1 080	9	960	6	2
C	420	3	1 100	10	1 000	5	3

表 4-19　现值系数表

n	2	3	4	6	7	8	9	10	12	13	14	15	16
$(P/A,1\%,n)$	1.970	2.941	3.902	5.795	6.728	7.625	8.566	9.471					
$(P/F,1\%,n)$	0.980	0.971	0.961	0.942	0.933	0.923	0.914	0.905	0.887	0.879	0.870	0.861	0.853

问题:(1) 根据《中华人民共和国招标投标法》的规定,中标人的投标应当符合的条件有哪些?

(2) 若不考虑资金的时间价值,招标人应选择哪个投标人作为中标人?

(3) 若考虑资金的时间价值,招标人应选择哪个投标人作为中标人?

习题参考答案

学生模拟开标
大会视频

学习情境 4　建设
工程招投标的开标、
评标与定标

建设工程合同

了解政府采购,建设工程监理合同、建设工程勘察设计合同和物资采购合同的基本知识;熟悉《中华人民共和国民法典》的合同部分知识和建设工程施工合同基本概念;掌握建设工程施工合同管理知识。

■ 能力目标

会签订建设工程施工合同和进行建设工程施工合同管理。

■ 重点与难点

合同基本知识,建设工程施工合同管理知识。

■ 情境案例

某综合办公楼工程,建设单位甲通过公开招标方式确定本工程由乙承包商承包,双方签订了工程总承包合同。由于乙承包商不具有勘察、设计能力,经甲建设单位同意,乙分别与丙建筑设计院和丁建筑工程公司签订了工程勘察设计合同和工程施工合同。勘察设计合同约定由丙对甲的办公楼及附属公共设施提供设计服务,并按勘察设计合同的约定交付有关的设计文件和资料。施工合同约定由丁根据丙提供的设计图纸进行施工,工程竣工时根据国家有关验收规定及设计图纸进行质量验收。

合同签订后,丙按时将设计文件和有关资料交付给丁,丁根据设计图纸进行施工。工程竣工后,甲会同有关质量监督部门对工程进行验收,发现工程存在严重质量问题,是由于设计不符合规范所致。原来丙未对现场进行仔细勘察即自行设计,导致设计不合理,给甲带来了重大损失。丙以与甲方没有合同关系为由拒绝承担责任,乙又以自己不是设计人为由推卸责任,甲遂以丙为被告向法院提起诉讼。

问题:(1)本案例中,甲与乙、乙与丙、乙与丁分别签订的合同是否有效?分别说明理由。

(2)甲以丙为被告向法院提起诉讼是否妥当,为什么?

(3)工程存在严重质量问题的责任应如何划分?

■ 案例解析

(1)合同有效性的判定。①甲与乙签订的总承包合同有效。根据《中华人民共和国民法典》

和《中华人民共和国建筑法》的有关规定,发包人可以与总承包单位订立建设工程总承包合同,也可以分别与勘察人、设计人、施工人订立勘察、设计、施工承包合同。②乙与丙签订的分包合同有效。根据《中华人民共和国民法典》和《中华人民共和国建筑法》的有关规定,总承包人经发包人同意,可以将自己承包的主体结构以外的部分工作交由第三人完成。③乙与丁签订的分包合同无效。根据《中华人民共和国民法典》和《中华人民共和国建筑法》的有关规定,承包人不得将其承包的全部建设工程转包给第三人或者将其承包的全部建设工程肢解以后以分包的名义分别转包给第三人,建设工程主体结构的施工必须由承包人自行完成。因此,乙将由自己总承包的施工工作全部分包给丁,违反了《中华人民共和国民法典》和《中华人民共和国建筑法》的强制性规定,乙与丁的施工分包合同无效。

（2）甲以丙为被告向法院提起诉讼不妥。因为甲与丙不存在合同关系,乙作为该工程的总承包单位与丙建筑设计院之间是总包和分包的关系。根据《中华人民共和国民法典》及《中华人民共和国建筑法》的规定,总承包单位依法将建设工程分包给其他单位的,分包单位应当按照分包合同的约定对其分包工程的质量向总承包单位负责,总承包单位与分包单位对分包工程的质量承担连带责任。

（3）工程存在严重质量问题的责任划分:丙未对现场进行仔细勘察即自行进行设计,导致设计不合理,给甲带来了重大损失,乙应对工程建设质量问题向甲承担责任。

5.1 概述

2020年5月28日,十三届全国人民代表大会第三次会议通过了《中华人民共和国民法典》。《中华人民共和国民法典》自2021年1月1日起施行,《中华人民共和国合同法》同时废止。

《中华人民共和国民法典》被称为"社会生活的百科全书",是新中国第一部以法典命名的法律,在法律体系中居于基础性地位,也是市场经济的基本法。《中华人民共和国民法典》共7编、1260条,各编依次为总则、物权、合同、人格权、婚姻家庭、继承、侵权责任,以及附则。本节主要讲述其中的合同部分。

5.1.1 合同的概念和法律特征

1. 合同的概念

合同也称契约,是指平等主体的自然人、法人、非法人组织之间设立、变更、终止民事权利义务关系的协议。合同由三部分组成,即权利主体、权利客体和内容。权利主体是指签订及履行合同的当事人,又称民事权利义务主体;权利客体是指权利主体共同指向的对象;内容是指权利主体的权利和义务。

工程建设项目是一个极为复杂的社会生产过程,它可以分为不同的建设阶段,每个阶段根据其建设内容的不同,参与的主体也不尽相同,各主体之间的经济关系靠合同这个特定的形式来维持。

2. 合同的法律特征

1）合同是一种民事法律行为

合同不是一种事实行为，而是一种法律行为。合同是当事人在自愿的基础上达成的协议，是以发生一定民事法律后果为目的的法律行为。合同的主体必须有两个或者两个以上，合同是双方或多方当事人意思表示一致的产物，所以合同是双方或多方的民事法律行为，不是单方的法律行为。

2）合同当事人的法律地位平等

在合同关系中，当事人的法律地位平等，应通过协商的方法签订合同，一方不得凭借行政权力、经济实力，将自己的意思强加给另一方。

3）合同是当事人的合法行为

合同的主体必须合法，合同的订立程序和内容必须合法，合同的形式必须合法，合同的履行必须合法，合同的变更、解除必须合法。

5.1.2　合同订立的原则

《中华人民共和国民法典》中"第三编　合同"由通则、典型合同和准合同三部分组成。通则包括一般规定、合同的订立、合同的效力、合同的履行、合同的保全、合同的变更和转让、合同的权利义务终止和违约责任。合同订立要遵循平等、自愿、公平、诚实信用、合法和绿色的原则，这是在订立合同的整个过程中，对双方签订合同起指导和规范作用的、双方应当遵循的准则。

1. 平等的原则

平等是指合同当事人在民事活动中的法律地位一律平等，一方不得将自己的意志强加给另一方。合同当事人在订立、履行和承担合同违约责任等时法律地位平等。

合同订立
的原则

2. 自愿的原则

民事主体从事民事活动，应当遵循自愿原则，按照自己的意思设立、变更、终止民事法律关系，任何单位和个人不得非法干预，具体表现为当事人依据自己的意志决定是否签订合同；当事人依据自己的意志决定与谁签订合同；当事人依据自己的意志决定合同的内容和形式，即有权拟定或者接受合同条款、有权以书面或者口头的形式订立合同。

自愿的原则是在法律规定范围内享有的自愿，如建设工程合同中的质量条款，必须符合国家的质量标准，这是强制性规定，合同当事人不能订立低于国家强制性质量标准的合同。

3. 公平的原则

民事主体从事民事活动，应当遵循公平的原则，合理确定各方的权利和义务，合同当事人的权利和义务要对等，当事人应合理承担责任和风险。

4. 诚信原则

民事主体从事民事活动，应当遵循诚信原则，秉持诚实，恪守承诺。订立合同的当事人的意思表示要真实，不得歪曲或隐瞒事实真相，不得欺骗对方；当事人在履行合同时，应当全面地履行合同条款，不失信、不违约；当事人存在合同纠纷时，应当正确地解释合同，不得故意曲解合同条款。坚持诚实信用的原则，有利于合同当事人权益的实现，有利于确保社会经济秩序的稳定。

5. 守法与公序良俗原则

民事主体从事民事活动,不得违反法律,不得违背公序良俗。法律没有规定的,可以适用习惯,但不得违背公序良俗。签订合同的双方当事人的主体资格要合法;订立的合同条款不能违反法律、行政法规的强制性规定,否则,签订的合同无效;订立合同的程序和形式要合法。

6. 绿色原则

民事主体从事民事活动,应当有利于节约资源、保护生态环境。

5.1.3　合同的订立

1. 合同的形式和内容

1)合同的形式

当事人订立合同,可以采用书面形式、口头形式或者其他形式。书面形式是合同书、信件、电报、电传、传真等可以有形地表现所载内容的形式。以电子数据交换、电子邮件等方式能够有形地表现所载内容,并可以随时调取查用的数据电文,视为书面形式。

合同的订立

2)合同的内容

合同的内容是指当事人之间就设立、变更或者终止权利义务关系、表示一致的意思。合同的内容通常称为合同条款。

合同的内容由当事人约定,一般包括当事人的姓名或名称和住所,标的,数量,质量,价款或者报酬,履行的期限、地点和方式,违约责任,解决争议的方法等条款。

当事人可以参照各类合同的示范文本订立合同。

2. 合同订立的程序

当事人订立合同时,可以采取要约、承诺的方式或者其他方式。

1)要约

(1)要约及其有效的条件。要约是希望与他人订立合同的意思表示。要约应当符合如下规定:①内容具体确定;②表明经受要约人承诺,要约人即受该意思表示约束。也就是说,要约必须是特定人的意思表示,必须以缔结合同为目的,必须具备合同的主要条款。

有些合同在要约之前还会有要约邀请。要约邀请是希望他人向自己发出要约的意思表示。要约邀请并不是合同订立过程中的必经过程,它是当事人订立合同的预备行为,这种意思表示的内容往往不确定,不含合同得以成立的主要内容和相对人同意后受其约束的表示,在法律上无须承担责任。拍卖公告、招标公告、招股说明书、债券募集办法、基金招募说明书、商业广告和宣传、寄送的价目表等为要约邀请。商业广告和宣传的内容符合要约条件的,视为要约。

(2)要约的撤回和撤销。要约可以撤回,撤回要约的通知应当在要约到达受要约人之前或者与要约同时到达受要约人。要约可以撤销,撤销要约的通知应当在受要约人发出承诺通知之前到达受要约人。撤销要约的意思表示以对话方式做出的,该意思表示的内容应当在受要约人做出承诺之前被受要约人知道;撤销要约的意思表示以非对话方式做出的,应当在受要约人做出承诺之前到达受要约人。但有下列情形之一的,要约不得撤销:①要约人已确定承诺期限或者以其他形式明示要约不可撤销;②受要约人有理由认为要约是不可撤销的,并已经为履行合同做了合理准备工作。

(3)要约的生效。要约到达受要约人时生效。如采用数据电文形式订立合同,收件人指定特定系统接收数据电文时,该数据电文进入该特定系统的时间,视为到达时间。

(4)要约的失效。有下列情形之一的,要约失效:①要约被拒绝;②要约被依法撤销;③承诺期限届满,受要约人未做出承诺;④受要约人对要约的内容做出实质性变更。

2)承诺

承诺是受要约人同意要约的意思表示。除根据交易习惯或者要约表明可以通过行为做出承诺的之外,承诺应当以通知的方式做出。

(1)承诺的期限。承诺应当在要约确定的期限内到达要约人。要约没有确定承诺期限的,承诺应当依照下列规定到达:①除非当事人另有约定,以对话的方式做出的要约,应当即时做出承诺;②以非对话方式做出的要约,承诺应当在合理期限内到达。

以信件或者电报做出的要约,承诺期限自信件载明的日期或者电报交发之日开始计算。信件未载明日期的,自投寄该信件的邮戳日期开始计算。以电话、传真、电子邮件等快速通信方式做出的要约,承诺期限自要约到达受要约人开始计算。

(2)承诺的生效。承诺生效时合同成立,但是法律另有规定或者当事人另有约定的除外。承诺通知到达要约人时生效。承诺不需要通知的,根据交易习惯或者要约的要求做出承诺的行为时生效。

受要约人在承诺期限内发出承诺,按照通常形式能够及时到达要约人,但因其他原因承诺到达要约人时超过承诺期限的,除要约人及时通知受要约人因承诺超过期限不接受该承诺的以外,该承诺有效。

(3)承诺的撤回。承诺可以撤回,撤回承诺的通知应当在承诺通知到达要约人之前或者与承诺通知同时到达要约人。

(4)逾期承诺。受要约人超过承诺期限发出承诺,或者在承诺期限内发出承诺,按照通常情形不能及时到达要约人的,为新要约,但是要约人及时通知受要约人该承诺有效的除外。

(5)要约内容的变更。承诺的内容应当与要约的内容一致。有关合同标的、数量、质量、价款或者报酬、履行期限、履行地点和方式、违约责任和解决争议的方法等的变更,是对要约内容的实质性变更。受要约人对要约的内容做出实质性变更的,为新的要约。

承诺对要约的内容做出非实质性变更的,除要约人及时表示反对或者要约表明承诺不得对要约的内容做出任何变更的以外,该承诺有效,合同的内容以承诺的内容为准。

3. 合同的成立

(1)合同成立的时间。当事人采用合同书形式订立合同的,自当事人均签名、盖章或者按指印时合同成立。在签名、盖章或者按指印之前,当事人一方已经履行主要义务,对方接受时,该合同成立。

法律、行政法规规定或者当事人约定合同应当采用书面形式订立,当事人未采用书面形式但是一方已经履行主要义务,对方接受时,该合同成立。

当事人采用信件、数据电文等形式订立合同要求签订确认书的,签订确认书时合同成立。

当事人一方通过互联网等信息网络发布的商品或者服务信息符合要约条件的,对方选择该商品或者服务并提交订单成功时合同成立,但是当事人另有约定的除外。

（2）合同成立的地点。承诺生效的地点为合同成立的地点。采用数据电文形式订立合同的，收件人的主营业地为合同成立的地点。没有主营业地的，其住所地为合同成立的地点。当事人另有约定的，按照其约定。当事人采用合同书形式订立合同的，最后签名、盖章或者按指印的地点为合同成立的地点，但是当事人另有约定的除外。

（3）合同生效的时间。依法成立的合同，自成立时生效，但是法律另有规定或者当事人另有约定的除外。

4. 格式条款

格式条款是当事人为了重复使用而预先拟定，并在订立合同时未与对方协商的条款。

1）格式条款提供者的义务

采用格式条款订立合同，有利于提高当事人双方合同订立过程的效率，减少交易成本，避免合同订立过程中因当事人双方一事一议而可能造成的合同内容的不确定性。但格式条款的提供者往往在经济地位方面具有明显的优势，在行业中居于垄断地位，因此，其在拟定格式条款时，会更多地考虑自己的利益，而较少考虑另一方当事人的权利，或者附加种种限制条件。因此，提供格式条款的一方应当遵循公平的原则，确定当事人之间的权利义务关系，并采取合理的方式提请对方注意免除或限制其责任的条款，按照对方的要求，对该条款进行说明或者减轻与对方有重大利害关系的条款，按照对方的要求，对该条款进行说明。提供格式条款的一方未履行提示或者说明义务，致使对方没有注意或者理解与其有重大利害关系的条款的，对方可以主张该条款不成为合同的内容。

2）格式条款无效

提供格式条款的一方不合理地免除或者减轻自己的责任、加重对方的责任、限制或者排除对方主要权利的，该条款无效。此外，《中华人民共和国民法典》规定的合同无效的形式，同样适用于格式条款。

3）格式条款的解释

对格式条款的理解发生争议的，应当按照通常理解进行解释。对格式条款有两种以上解释的，应当做出不利于提供格式条款一方的解释。格式条款和非格式条款不一致的，应当采用非格式条款。

5. 缔约过失责任

缔约过失责任发生于合同不成立或者合同无效的缔约过程。缔约过失责任的构成条件：当事人有过错，若无过错，不承担责任；有损失后果的发生，若无损失，不承担责任；当事人的过错行为与造成的损失有因果关系。

当事人在订立合同过程中有下列情形之一，造成对方损失的，应当承担损害赔偿责任：

① 假借订立合同，恶意进行磋商；

② 故意隐瞒与订立合同有关的重要事实或者提供虚假情况；

③ 有其他违背诚实信用原则的行为。

当事人在订立合同的过程中知悉的商业秘密或者其他应当保密的信息，无论合同是否成立，不得泄露或者不正当地使用。泄露、不正当地使用该商业秘密或者信息，造成对方损失的，应当承担赔偿责任。

5.1.4 合同的效力

1. 合同生效

合同生效与合同成立是两个不同的概念。合同成立是指双方当事人依照有关法律对合同的内容进行协商并达成一致的意见。合同成立的判断依据是承诺是否生效。合同生效是指合同产生法律效力,具有法律约束力。在通常情况下,合同依法成立之时,就是合同生效之日,二者在时间上是同步的。但有些合同在成立后,并非立即产生法律效力,而是需要其他条件成立之后,才开始生效。

合同的效力

1) 合同生效的时间

依法成立的合同,自成立时生效,但是法律另有规定或者当事人另有约定的除外。依照法律、行政法规的规定,合同应当办理批准等手续的,依照其规定。未办理批准等手续影响合同生效的,不影响合同中履行报批等义务条款以及相关条款的效力。

2) 附条件和附期限的合同

(1) 附条件的合同。当事人可以对合同的效力约定附条件,附生效条件的合同,自条件成立时生效。附解除条件的合同,自条件成立时失效。当事人为自己的利益不正当地阻止条件成立的,视为条件已经成立;不正当地促成条件成立的,视为条件不成立。

(2) 附期限的合同。当事人可以对合同的效力约定附期限。附生效期限的合同,自期限届至时生效。附终止期限的合同,自期限届满时失效。

2. 效力待定合同

效力待定合同是指合同已经成立,但合同效力能否产生尚不能确定的合同。效力待定合同的效力待定主要是由于当事人缺乏缔约能力、财产处分能力或代理人的代理资格和代理权限存在缺陷。效力待定合同包括限制民事行为能力人订立的合同和无权代理人代订的合同。

1) 限制民事行为能力人订立合同

根据《中华人民共和国民法典》的规定,限制民事行为能力人是指 8 周岁以上不满 18 周岁的未成年人,以及不能完全辨认自己行为的精神病人。限制民事行为能力人订立的合同,经法定代理人追认后有效,但纯获利益的合同或者与其年龄、智力、精神健康状况相适应的合同,不必经法定代理人追认。

由此可见,限制民事行为能力人订立的合同并非一律无效,在以下几种情形下,限制民事行为能力人订立的合同是有效的:

① 经过其法定代理人追认的合同,即为有效合同;

② 纯获利益的合同,即限制民事行为能力人订立的接受奖励、赠予、报酬等只需获得利益而不需其承担任何义务的合同,不必经其法定代理人追认,即为有效合同;

③ 与限制民事行为能力人的年龄、智力、精神健康状况相适应的合同,不必经其法定代理人追认,即为有效合同。

2) 无权代理人代订的合同

无权代理人代订的合同包括行为人没有代理权、超越代理权限范围或者代理权终止后,仍以被代理人的名义订立的合同。

（1）无权代理人代订的合同对被代理人不产生效力的情形。行为人没有代理权、超越代理权或者代理权终止后以被代理人名义订立的合同，未经被代理人追认，对被代理人不产生效力，由行为人承担责任。

（2）无权代理人代订的合同对被代理人具有法律效力的情形。行为人没有代理权、超越代理权或者代理权终止后以被代理人名义订立合同，被代理人已经开始履行合同义务或者接受相对人履行的，视为对合同的追认。

（3）行为人没有代理权、超越代理权或者代理权终止后，仍然实施代理行为，相对人有理由相信行为人有代理权的，代理行为有效。这是对表见代理情形做出的规定。表见代理是善意相对人通过被代理人的行为足以相信无权代理人具有代理权的情形。

代理行为违法未做反对表示的，被代理人和代理人应当承担连带责任。

（4）法人的法定代表人或者非法人组织的负责人超越权限订立的合同，除相对人知道或者应当知道其超越权限外，该代表行为有效，订立的合同对法人或者非法人组织发生效力。这是因为法人的法定代表人或者非法人组织的负责人的身份应当被视为法人或者非法人组织的全权代理人，他们完全有资格代表法人或者非法人组织进行民事行为而不需要获得法人或者非法人组织的专门授权，其代理行为的法律后果由法人或者非法人组织承担。但是，相对人知道或者应当知道法人或者非法人组织的法定代表人、负责人在代表法人或者非法人组织与自己订立合同时超越其代表（代理）权限，仍然订立合同的，该合同将不具有法律效力。

（5）无处分权人处分他人财产的合同效力。无处分权人将不动产或者动产转让给受让人的，所有权人有权追回。除法律另有规定外，符合下列情形的，受让人取得该不动产或者动产的所有权：①受让人受让该不动产或者动产时是善意的；②以合理的价格转让；③转让的不动产或者动产依照法律规定应当登记的已经登记，不需要登记的已经交付给受让人。

受让人按以上规定取得不动产或者动产的所有权的，原所有权人有权向无处分权人请求损害赔偿。

案例 5-1

甲与乙订立了一份建筑施工设备买卖合同，合同约定甲向乙交付 5 台设备，分别为设备 A、设备 B、设备 C、设备 D、设备 E，总价款为 100 万元；乙向甲交付定金 20 万元，余下款项由乙在半年内付清。双方还约定，在乙向甲付清设备款之前，甲保留 5 台设备的所有权。甲向乙交付了 5 台设备。

问题：假设在设备款付清之前，乙与丁达成一项转让设备 D 的合同，在向丁交付设备 D 之前，该合同的效力如何，为什么？

解析

该合同效力待定。因为设备款付清之前，设备 D 的所有权属于甲，乙无权处分。根据《中华人民共和国民法典》的规定，无处分权的人处分他人财产的，经权利人追认或无处分权的人订立合同后取得处分权的，合同有效。该案例同时说明了合同签订中保留条款的效力。

3. 无效合同

违反法律、行政法规的强制性规定的合同无效，但该强制性规定不导致该民事法律行为无效的除外。违背公序良俗的合同无效。

4．免责条款无效

免责条款是当事人在合同中规定的某些情况下免除或者限制当事人所负未来合同责任的条款。在一般情况下，合同中的免责条款都是有效的。但是，如果免责条款产生的后果具有社会危害性和侵权性，侵害了对方当事人的人身权利和财产权利，则该免责条款将不具有法律效力。合同中的下列免责条款无效：

①造成对方人身伤害的；

②因故意或者重大过失造成对方财产损失的。

5．可撤销的合同

可撤销的合同是指欠缺一定的合同生效条件，但当事人一方可依照自己的意思使合同的效力归于消灭的合同。可撤销的合同的效力取决于当事人的意思，属于相对无效的合同。当事人根据其意思，若主张合同有效，则合同有效；若主张合同无效，则合同无效。

1）合同可以撤销的情形

当事人一方有权请求人民法院或者仲裁机构撤销的合同如下：

①一方以欺诈、胁迫的手段，使对方在违背真实意思的情况下订立的合同，受损害方有权请求人民法院或者仲裁机构予以撤销；

②一方利用对方处于危困状态、缺乏判断能力等情形，致使民事法律行为成立时显失公平的，受损害方有权请求人民法院或者仲裁机构予以撤销。

2）撤销权的消灭

撤销权是指受损害的一方当事人对可撤销的合同依法享有的、可请求人民法院或仲裁机构撤销该合同的权利。享有撤销权的一方当事人称为撤销权人。撤销权应由撤销权人行使，并应向人民法院或者仲裁机构主张该项权利。撤销权的消灭是指撤销权人依照法律享有的撤销权由于一定法律事由的出现而归于消灭。

有下列情形之一的，撤销权消灭：

①当事人自知道或者应当知道撤销事由之日起一年内、重大误解的当事人自知道或者应当知道撤销事由之日起九十日内没有行使撤销权；

②当事人受胁迫，自胁迫行为终止之日起一年内没有行使撤销权；

③当事人知道撤销事由后明确表示或者以自己的行为表明放弃撤销权。

当事人自民事法律行为发生之日起五年内没有行使撤销权的，撤销权消灭。

由此可见，当具有法律规定的可以撤销合同的情形时，当事人应当在规定的期限内行使其撤销权，否则，超过法律规定的期限，撤销权消灭。此外，若当事人放弃撤销权，则撤销权也消灭。

6．无效合同或者被撤销合同的法律后果

无效合同或者被撤销的合同自始没有法律约束力。合同部分无效，不影响其他部分效力的，其他部分仍然有效。合同无效、被撤销或者终止的，不影响合同中有关解决争议方法的条款的效力。合同无效或被撤销后，履行中的合同应当终止履行；尚未履行的，不得履行。对当事人依据无效合同或者被撤销的合同取得的财产应当返还；不能返还或者没有必要返还的，应当折价补偿。有过错的一方应当赔偿对方因此受到的损失；各方都有过错的，应当各自承担相应的责任。

5.1.5 合同的履行

合同的履行是指合同生效后,合同当事人为实现订立合同欲达到的预期目的而依照合同全面、适当地完成合同义务的行为。

合同的履行

1. 合同履行的原则

1) 全面履行原则

当事人应当按照合同约定全面履行自己的义务,即当事人应当严格按照合同约定的标的、数量、质量,由合同约定的履行义务的主体在合同约定的履行期限、履行地点,按照合同约定的价款或者报酬、履行方式,全面地完成合同所约定的属于自己的义务。

全面履行原则不允许合同的任何一方当事人不按合同约定履行义务,擅自对合同的内容进行变更,以保证合同当事人的合法权益。

2) 诚实信用原则

当事人应当遵循诚实信用原则,根据合同的性质、目的和交易习惯履行通知、协助、保密等义务。

诚实信用原则要求合同当事人在履行合同的过程中维持合同双方的合同利益平衡,以诚实、真诚、善意的态度行使合同权利,履行合同义务,不对另一方当事人进行欺诈,不滥用权利。诚实信用原则还要求合同当事人在履行合同约定的主义务的同时,履行合同履行过程中的附随义务。

(1) 通知义务。有些情况需要及时通知对方的,当事人一方应及时通知对方。

(2) 提供必要的条件和说明的义务。需要当事人提供必要的条件和说明的,当事人一方应当根据对方的需要提供必要的条件和说明。

(3) 协助义务。需要当事人一方予以协助的,当事人一方应尽可能地为对方提供所需要的协助。

(4) 保密义务。需要当事人保密的,当事人一方应当保守其在订立和履行合同过程中所知悉的对方当事人的商业秘密、技术秘密等。

3) 避免浪费资源、污染环境和破坏生态的原则

当事人在履行合同的过程中,应当避免浪费资源、污染环境和破坏生态。

2. 合同履行的一般规定

1) 合同有关内容没有约定或者约定不明确问题的处理

合同生效后,当事人就质量、价款或者报酬、履行地点等内容没有约定或者约定不明确的,可以协议补充;不能达成补充协议的,按照合同有关条款或者交易习惯确定。依照上述基本原则和方法仍不能确定合同有关内容的,适用下列规定。

(1) 质量要求不明确问题的处理方法。质量要求不明确的,按照强制性国家标准履行;没有强制性国家标准的,按照推荐性国家标准履行;没有推荐性国家标准的,按照行业标准履行;没有国家标准、行业标准的,按照通常标准或者符合合同目的的特定标准履行。

(2) 价款或者报酬不明确问题的处理方法。价款或者报酬不明确的,按照订立合同时履行地的市场价格履行;依法应当执行政府定价或者政府指导价的,在合同约定的交付期限内政府价格调整时,按照交付时的价格计价。逾期交付标的物的,遇价格上涨时,按照原价格执行;价

格下降时,按照新价格执行。逾期提取标的物或者逾期付款的,遇价格上涨时,按照新价格执行;价格下降时,按照原价格执行。

(3)履行地点不明确的问题处理方法。履行地点不明确,给付货币的,在接受货币一方所在地履行;交付不动产的,在不动产所在地履行;其他标的,在履行义务一方所在地履行。

(4)履行期限不明确问题的处理方法。履行期限不明确的,债务人可以随时履行,债权人也可以随时要求履行,但应当给对方必要的准备时间。

(5)履行方式不明确问题的处理方法。履行方式不明确的,按照有利于实现合同目的的方式履行。

(6)履行费用的负担不明确问题的处理方法。履行费用的负担不明确的,由履行义务一方负担,因债权人原因增加的履行费用,由债权人负担。

通过互联网等信息网络订立的电子合同的标的为交付商品并采用快递物流方式交付的,收货人的签收时间为交付时间。电子合同的标的为提供服务的,生成的电子凭证或者实物凭证中载明的时间为提供服务时间;前述凭证没有载明时间或者载明时间与实际提供服务时间不一致的,以实际提供服务的时间为准。

电子合同的标的物为采用在线传输方式交付的,合同标的物进入对方当事人指定的特定系统且能够检索识别的时间为交付时间。电子合同当事人对交付商品或者提供服务的方式、时间另有约定的,按照其约定。

2)合同履行中的第三人

在通常情况下,合同必须由当事人亲自履行。但根据法律的规定及合同的约定,或者在与合同性质不相抵触的情况下,合同可以向第三人履行,也可以由第三人代为履行。向第三人履行合同或者由第三人代为履行合同,不是合同义务的转移,当事人在合同中的法律地位不变。

(1)向第三人履行合同。当事人约定由债务人向第三人履行债务的,债务人未向第三人履行债务或者履行债务不符合约定,应当向债权人承担违约责任。

(2)由第三人代为履行合同。当事人约定由第三人向债权人履行债务的,第三人不履行债务或者履行债务不符合约定,债务人应当向债权人承担违约责任。

5.1.6 合同的保全

1. 代位权

债务人怠于行使其债权或者与该债权有关的从权利,影响债权人的到期债权实现的,债权人可以向人民法院请求以自己的名义代位行使债务人对相对人的权利,但是该权利专属于债务人自身的除外。代位权的行使范围以债权人的到期债权为限。债权人行使代位权的必要费用,由债务人负担。

债权人的债权到期前,债务人的债权或者与该债权有关的从权利存在诉讼时效期间即将届满或者未及时申报破产债权等情形,影响债权人的债权实现的,债权人可以代位向债务人的相对人请求其向债务人履行、向破产管理人申报或者做出其他必要的行为。

人民法院认定代位权成立的,由债务人的相对人向债权人履行义务,债权人接受履行后,债权人与债务人、债务人与相对人之间相应的权利义务终止。债务人对相对人的债权或者与该债

合同的保全

170

权有关的从权利被采取保全、执行措施,或者债务人破产的,依照相关法律的规定处理。

2. 撤销权

债务人以放弃其债权、放弃债权担保、无偿转让财产等方式无偿处分财产权益,或者恶意延长其到期债权的履行期限,影响债权人的债权实现的,债权人可以请求人民法院撤销债务人的行为。

债务人以明显不合理的低价转让财产、以明显不合理的高价受让他人财产或者为他人的债务提供担保,影响债权人的债权实现,债务人的相对人知道或者应当知道该情形的,债权人可以请求人民法院撤销债务人的行为。

撤销权的行使范围以债权人的债权为限。债权人行使撤销权的必要费用,由债务人负担。

撤销权自债权人知道或者应当知道撤销事由之日起一年内行使。自债务人的行为发生之日起五年内没有行使撤销权的,该撤销权消灭。

5.1.7 合同的变更和转让

1. 合同的变更

根据《中华人民共和国民法典》第五百四十三条和第五百四十四条的规定,当事人协商一致,可以变更合同;当事人对合同变更的内容约定不明确的,推定为未变更。

合同的变更

和转让

合同的变更有广义和狭义之分。广义的合同变更是指合同法律关系的主体和合同内容的变更。狭义的合同变更仅指合同内容的变更,不包括合同法律关系的主体的变更。

合同法律关系的主体的变更是指合同当事人的变动,即原来的合同当事人退出合同关系而由合同以外的第三人替代,第三人成为合同的新当事人。合同法律关系的主体的变更实质上就是合同的转让。合同内容的变更是指在合同成立以后、履行之前或者在合同履行开始之后尚未履行完毕之前,合同当事人对合同内容的修改或者补充。

2. 合同的转让

合同的转让是指合同一方当事人取得对方当事人同意后,将合同的权利义务全部或者部分转让给第三人的法律行为。合同的转让包括权利(债权)转让、义务(债务)转移和权利义务概括转让三种情形。法律、行政法规规定转让权利或者转移义务应当办理批准、登记等手续的,应办理相应的批准、登记手续。

1)合同债权转让

债权人可以将债权的全部或者部分转让给第三人,但是有下列情形之一的除外:

① 根据债权性质不得转让;

② 按照当事人约定不得转让;

③ 依照法律规定不得转让。

债权人转让债权的,债权人应当通知债务人。未通知债务人的,该转让对债务人不产生效力。

合同债权转让后,该债权由原债权人转移给受让人,受让人取代让与人(原债权人)成为新

债权人,依附于主债权的从债权也一并转移给受让人。

2）合同债务转移

债务人将债务的全部或者部分转移给第三人的,应当经债权人同意。债务人转移债务的,新债务人应当承担与主债务有关的从债务,但专属于原债务人自身的从债务不转移。

3）合同权利义务的概括转让

当事人一方经对方同意,可以将自己在合同中的权利和义务一并转让给第三人。权利和义务一并转让的,适用上述债权转让和债务转移的有关规定。

此外,法人订立合同后合并的,其权利和义务由合并后的法人享有和承担;法人订立合同后分立的,其权利和义务由分立后的法人享有连带债权,承担连带债务,但是债权人和债务人另有约定的除外。

5.1.8 合同的权利义务终止

1. 合同的权利义务终止的原因

合同的权利义务终止又称为合同的终止或者合同的消灭,是指因某种原因引起的合同权利义务关系在客观上不复存在。

合同的权利
义务终止

有下列情形之一的,合同的权利义务终止:

① 债务已经按照约定履行;

② 债务相互抵消;

③ 债务人依法将标的物提存;

④ 债权人免除债务;

⑤ 债权债务同归于一人;

⑥ 法律规定或者当事人约定终止的其他情形。

债权人免除债务人部分或者全部债务的,合同的权利义务部分或者全部终止;债权和债务同归于一人的,合同的权利义务终止,但损害第三人利益的除外。

合同的权利义务关系终止,不影响合同中结算和清理条款的效力。债权债务终止后,当事人应当遵循诚信等原则,根据交易习惯履行通知、协助、保密、旧物回收等义务。债权债务终止时,债权的从权利同时消灭,但是法律另有规定或者当事人另有约定的除外。

2. 合同解除

合同解除是指合同有效成立后,在尚未履行或者尚未履行完毕之前,因当事人一方或者双方的意思表示而使合同的权利义务关系(债权债务关系)自始消灭或者将来消灭的一种民事行为。根据《中华人民共和国民法典》第五百六十二条的规定,当事人协商一致,可以解除合同。

有下列情形之一的,当事人可以解除合同:

①因不可抗力致使不能实现合同目的;

②在履行期限届满前,当事人一方明确表示或者以自己的行为表明不履行主要债务;

③当事人一方迟延履行主要债务,经催告后在合理期限内仍未履行;

④当事人一方迟延履行债务或者有其他违约行为致使不能实现合同目的;

⑤法律规定的其他情形。

合同解除后,尚未履行的,终止履行;已经履行的,根据履行情况和合同性质,当事人可以要求恢复原状或者采取其他补救措施,并有权要求赔偿损失。合同因违约解除的,解除权人可以请求违约方承担违约责任,但是当事人另有约定的除外。

3. 债务相互抵消

当事人互负债务,该债务的标的物种类、品质相同的,任何一方可以将自己的债务与对方的到期债务抵销;但是,根据债务性质、按照当事人约定或者依照法律规定不得抵销的除外。

当事人主张抵销的,应当通知对方。通知自到达对方时生效。抵销不得附条件或者附期限。

当事人互负债务,标的物种类、品质不相同的,经协商一致,也可以抵销。

4. 标的物的提存

有下列情形之一,难以履行债务的,债务人可以将标的物提存:

① 债权人无正当理由拒绝受领;

② 债权人下落不明;

③ 债权人死亡未确定继承人、遗产管理人或者丧失民事行为能力未确定监护人;

④ 法律规定的其他情形。

标的物不适于提存或者提存费用过高的,债务人依法可以拍卖或者变卖,提存所得的价款。

标的物提存后,毁损、灭失的风险由债权人承担。提存期间,标的物的孳息归债权人所有。提存费用由债权人负担。

5.1.9 违约责任

违约责任是指合同当事人不履行或者不适当履行合同义务所应承担的民事责任。当事人一方明确表示或者以自己的行为表明不履行合同义务的,对方可以在履行期限届满之前要求其承担违约责任。违约责任的承担方式包括继续履行、采取补救措施、赔偿损失、支付违约金、给付定金。

违约责任

1) 继续履行

继续履行是指在合同当事人一方不履行合同义务或者履行合同义务不符合合同约定时,另一方合同当事人有权要求其在合同履行期限届满后继续按照原合同约定的主要条件履行合同义务的行为。继续履行是合同当事人一方违约时,承担违约责任的首选方式。

2) 采取补救措施

如果合同标的物质量不符合约定,一方应当按照当事人的约定承担违约责任。对违约责任没有约定或者约定不明确的,可以协议补充;不能达成补充协议的,按照合同有关条款或者交易习惯确定。依照上述办法仍不能确定的,受损害方根据标的的性质以及损失的大小,可以合理要求对方承担修理、更换、重做、退货、减少价款或者报酬等违约责任。

3) 赔偿损失

当事人一方不履行合同义务或者履行合同义务不符合约定的,在履行义务或者采取补救措施后,对方还有其他损失的,应当赔偿损失。损失赔偿额应当相当于违约所造成的损失,包括合同履行后可以获得的利益,但不得超过违反合同一方订立合同时预见到或者应当预见到的因违反合同可能造成的损失。

当事人一方违约后，对方应当采取适当措施防止损失扩大；没有采取适当措施致使损失扩大的，不得就扩大的损失要求赔偿。当事人因防止损失扩大而支出的合理费用，由违约方承担。

4）支付违约金

当事人可以约定一方违约时根据违约情况向对方支付一定数额的违约金，也可以约定因违约产生的损失赔偿额的计算方法。约定的违约金低于造成的损失的，当事人可以向人民法院或者仲裁机构请求增加；约定的违约金过分高于造成的损失的，当事人可以向人民法院或者仲裁机构请求减少。

5）给付定金

当事人可以约定一方向对方给付定金作为债权的担保。定金的数额由当事人约定，但不得超过主合同标的额的百分之二十，超过部分不产生定金的效力。

债务人履行债务后，定金应当抵作价款或者收回。给付定金的一方不履行债务或者履行债务不符合约定，致使不能实现合同目的的，无权请求返还定金；收受定金的一方不履行债务或者履行债务不符合约定，致使不能实现合同目的的，应当双倍返还定金。当事人既约定违约金，又约定定金的，一方违约时，对方可以选择适用违约金或者订金的条款。定金不足以弥补一方违约造成的损失的，对方可以请求赔偿超过定金数额的损失。

案例 5-2

某建筑公司与采石场签订了一个购买石料的合同，合同中约定了违约金的比例。为了确保合同的履行，双方还签订了定金合同。建筑公司交付了 5 万元定金。2021 年 4 月 5 日是合同中约定交货的日期，但是采石场却没能按时交货。建筑公司要求其支付违约金并返还定金。但是采石场认为如果建筑公司选择适用了违约金条款，就不可以要求返还定金。你认为采石场的观点正确吗？

解析

不正确。《中华人民共和国民法典》第五百八十八条规定："当事人既约定违约金，又约定定金的，一方违约时，对方可以选择适用违约金或者定金条款。"采石场违约，建筑公司可以选择违约金条款，也可以选择定金条款。

建筑公司选择了违约金条款，并不意味着定金不可以收回。定金无法收回的情况仅发生在给付定金的一方不履行约定的债务的情况下。本案例不存在这个前提条件，建筑公司是可以收回定金的。

5.1.10 合同争议的解决

合同争议是指合同当事人对合同履行状况和合同违约责任承担等问题产生的意见分歧。合同争议的解决方式有和解、调解、仲裁和诉讼。

1. 合同争议的和解与调解

和解与调解是解决合同争议的常用和有效方式。当事人可以通过和解与调

合同争议
的解决

解解决合同争议。

1）和解

和解是合同当事人发生争议后，在没有第三人介入的情况下，合同当事人双方在自愿、互谅的基础上，就已经发生的争议进行商谈并达成协议，自行解决争议的一种方式。和解方式简便易行，有利于加强合同当事人之间的协作，使合同能更好地得到履行。

2）调解

调解是指在争议发生后，在第三者的主持下，根据事实、法律和合同，经过第三者的说服与劝解，使发生争议的合同当事人双方互谅、互让，自愿达成协议，从而公平、合理地解决争议的一种方式。

与和解相同，调解也具有方法灵活、程序简便、节省时间和费用、不伤害发生争议的合同当事人双方的感情等特征。第三者的介入，可以缓解发生争议的合同双方当事人之间的对立情绪，便于双方较为冷静、理智地考虑问题。同时，第三者常常能够站在较为公正的立场上，较为客观、全面地看待、分析争议的有关问题并提出解决方案，从而有利于争议的公正解决。参与调解的第三者不同，调解的性质也就不同。调解有民间调解、仲裁机构调解和法庭调解三种。

2. 合同争议的仲裁

仲裁是指发生争议的合同当事人双方根据合同约定的仲裁条款或者争议发生后由其达成的书面仲裁协议，将合同争议提交给仲裁机构并由仲裁机构按照仲裁法律的规定进行裁决，从而解决合同争议的法律制度。当事人不愿协商、调解或协商、调解不成的，可以根据合同中的仲裁条款或事后达成的书面仲裁协议，提交仲裁机构仲裁。涉外合同的当事人可以根据仲裁协议向中国仲裁机构或者其他仲裁机构申请仲裁。

根据《中华人民共和国仲裁法》，对于合同争议的解决，实行"或裁或审制"，即发生争议的合同当事人双方只能在仲裁或者诉讼两种方式中选择一种方式解决其合同争议。

仲裁裁决具有法律约束力。合同当事人应当自觉执行裁决。不执行的，另一方当事人可以申请有管辖权的人民法院强制执行。裁决做出后，当事人就同一争议再申请仲裁或者向人民法院起诉，仲裁机构或者人民法院不予受理。但当事人对仲裁协议的效力有异议的，可以请求仲裁机构做出裁定或者请求人民法院做出裁定。

3. 合同争议的诉讼

诉讼是指合同当事人依法将合同争议提交人民法院处理，由人民法院依司法程序通过调查、做出判决、采取强制措施等来处理争议的法律制度。有下列情形之一的，合同当事人可以选择诉讼方式解决合同争议：

① 合同争议的当事人不愿和解、调解；

② 经过和解、调解未能解决合同争议；

③ 当事人没有订立仲裁协议或者仲裁协议无效；

④ 仲裁裁决被人民法院依法裁定撤销或者不予执行。

合同当事人双方可以在签订合同时约定选择诉讼方式解决合同争议，并依法选择有管辖权的人民法院，但不得违反《中华人民共和国民事诉讼法》关于级别管辖和专属管辖的规定。一般的合同争议，由被告住所地或者合同履行地人民法院管辖。建设工程合同的纠纷一般都适用不动产所在地的专属管辖，由工程所在地人民法院管辖。

5.2 政府采购

根据《中华人民共和国政府采购法》,政府采购是指各级国家机关、事业单位和团体组织,使用财政性资金采购依法制定的集中采购目录以内的或采购限额标准以上的货物、工程和服务的行为。

政府采购应当遵循公开透明原则、公平竞争原则、公正原则和诚实信用原则。政府采购实行集中采购和分散采购相结合,集中采购的范围由省级以上人民政府公布的集中采购目录确定。

5.2.1 《中华人民共和国政府采购法》对政府采购的相关规定

1. 政府采购当事人

政府采购当事人是指在政府采购活动中享有权利和承担义务的各类主体,包括采购人、供应商和采购代理机构等。

采购人采购纳入集中采购目录的政府采购项目,必须委托集中采购机构代理采购;采购未纳入集中采购目录的政府采购项目,可以自行采购,也可以委托集中采购机构在委托的范围内代理采购。

《中华人民共和国政府采购法》对政府采购的相关规定

采购人可以根据采购项目的特殊要求,规定供应商的特定条件,但不得以不合理的条件对供应商实行差别待遇或者歧视待遇。

两个以上的自然人、法人或者其他组织可以组成一个联合体,以一个供应商的身份共同参加政府采购。

政府采购当事人不得相互串通损害国家利益、社会公共利益和其他当事人的合法权益;不得以任何手段排斥其他供应商参与竞争。供应商不得以向采购人、采购代理机构、评标委员会的组成人员、竞争性谈判小组的组成人员、询价小组的组成人员行贿或者采取其他不正当手段谋取中标或者成交。采购代理机构不得以向采购人行贿或者采取其他不正当手段谋取非法利益。

2. 政府采购方式

政府采购采用的方式有公开招标、邀请招标、竞争性谈判、单一来源采购、询价、国务院政府采购监督管理部门认定的其他采购方式。公开招标应作为政府采购的主要采购方式。

1) 公开招标

采购人采购货物或者服务应当采用公开招标方式的,其具体数额标准,属于中央预算的政府采购项目,由国务院规定;属于地方预算的政府采购项目,由省、自治区、直辖市人民政府规定;因特殊情况需要采用公开招标以外的采购方式的,应当在采购活动开始前获得设区的市、自治州以上人民政府采购监督管理部门的批准。

采购人不得将应当以公开招标方式采购的货物或者服务化整为零或者以其他任何方式规避公开招标采购。

2）邀请招标

符合下列情形之一的货物或者服务，可以采用邀请招标方式采购：

① 具有特殊性，只能从有限范围的供应商处采购的；

② 采用公开招标方式的费用占政府采购项目总价值的比例过大的。

3）竞争性谈判

符合下列情形之一的货物或者服务，可以采用竞争性谈判方式采购：

① 招标后没有供应商投标或者没有合格标的或者重新招标未能成立的；

② 技术复杂或者性质特殊，不能确定详细规格或者具体要求的；

③ 采用招标所需时间不能满足用户紧急需要的；

④ 不能事先计算出价格总额的。

4）单一来源采购

符合下列情形之一的货物或者服务，可以采用单一来源方式采购：

① 只能从唯一供应商处采购的；

② 发生了不可预见的紧急情况不能从其他供应商处采购的；

③ 必须保证原有采购项目一致性或者服务配套的要求，需要继续从原供应商处添购，且添购资金总额不超过原合同采购金额10％的。

5）询价

采购的货物规格、标准统一，现货货源充足且价格变化幅度小的政府采购项目，可以采用询价方式采购。

3．政府采购合同

政府采购合同应当采用书面形式。采购人和供应商之间的权利和义务，应当按照平等、自愿的原则以合同方式约定。采购人可以委托采购代理机构代表其与供应商签订政府采购合同。由采购代理机构以采购人名义签订合同的，应当提交采购人的授权委托书，作为合同附件。

采购人与中标、成交供应商应当在中标、成交通知书发出之日起30日内，按照采购文件确定的事项签订政府采购合同。中标、成交通知书对采购人和中标、成交供应商均具有法律效力。中标、成交通知书发出后，采购人改变中标、成交结果的，或者中标、成交供应商放弃中标、成交项目的，应当依法承担法律责任。

经采购人同意，中标、成交供应商可以依法采取分包方式履行合同。政府采购合同分包履行的，中标、成交供应商就采购项目和分包项目向采购人负责，分包供应商就分包项目承担责任。政府采购合同履行中，采购人需追加与合同标的相同的货物、工程或者服务的，在不改变合同其他条款的前提下，可以与供应商协商签订补充合同，但所有补充合同的采购金额不得超过原合同采购金额的10％。

5.2.2 《中华人民共和国政府采购法实施条例》对政府采购的相关规定

《中华人民共和国政府采购法实施条例》进一步明确了政府采购当事人、政府采购方式、政府采购程序、政府采购合同、质疑与投诉等方面的内容，并明确了国家实行统一的政府采购电子交易平台建设标准，推动利用信息网络进行电子化政府采购活动。

1．政府采购当事人

采购人或者采购代理机构有下列情形之一的,属于以不合理的条件对供应商实行差别待遇或者歧视待遇:

(1)就同一采购项目向供应商提供有差别的项目信息;

(2)设定的资格、技术、商务条件与采购项目的具体特点和实际需要不相适应或者与合同履行无关;

(3)采购需求中的技术、服务等要求指向特定供应商、特定产品;

(4)以特定行政区域或者特定行业的业绩、奖项作为加分条件或者中标、成交条件;

(5)对供应商采取不同的资格审查或者评审标准;

(6)限定或者指定特定的专利、商标、品牌或者供应商;

(7)非法限定供应商的所有制形式、组织形式或者所在地;

(8)以其他不合理条件限制或者排斥潜在供应商。

《中华人民共和国政府采购法实施条例》对政府采购的相关规定

2．政府采购方式

列入集中采购目录的项目,适合实行批量集中采购的,应当实行批量集中采购,但紧急的小额零星货物项目和有特殊要求的服务、工程项目除外。

政府采购工程依法不进行招标的,应当依照政府采购法律法规规定的竞争性谈判或者单一来源采购方式采购。

3．政府采购程序

1)招标文件

招标文件的提供期限自招标文件开始发出之日起不得少于 5 个工作日。采购人或者采购代理机构可以对已发出的招标文件进行必要的澄清或者修改。澄清或者修改的内容可能影响投标文件编制的,采购人或者采购代理机构应当在投标截止时间至少 15 日前,以书面形式通知所有获取招标文件的潜在投标人;不足 15 日的,采购人或者采购代理机构应当顺延提交投标文件的截止时间。

采购人或者采购代理机构应当按照国务院财政部门制定的招标文件标准文本编制招标文件。招标文件应当包括采购项目的商务条件、采购需求、投标人的资格条件、投标报价要求、评标方法、评标标准以及拟签订的合同文本等。

2)投标保证金

招标文件要求投标人提交投标保证金的,投标保证金不得超过采购项目预算金额的 2％。投标保证金应当以支票、汇票、本票或者金融机构、担保机构出具的保函等非现金形式提交。投标人未按照招标文件要求提交投标保证金的,投标无效。

采购人或者采购代理机构应当自中标通知书发出之日起 5 个工作日内退还未中标供应商的投标保证金,自政府采购合同签订之日起 5 个工作日内退还中标供应商的投标保证金。

3)评标方法

政府采购招标评标方法分为最低评标价法和综合评分法。最低评标价法,是指投标文件满足招标文件全部实质性要求且投标报价最低的供应商为中标候选人的评标方法。综合评分法,是指投标文件满足招标文件全部实质性要求且按照评审因素的量化指标评审得分最高的供应商为中标候选人的评标方法。

技术、服务等标准统一的货物和服务项目,应当采用最低评标价法。采用综合评分法的,评审标准中的分值设置应当与评审因素的量化指标相对应。

招标文件中没有规定的评标标准不得作为评审的依据。

4. 政府采购合同

采购文件要求中标或者成交供应商提交履约保证金的,供应商应当以支票、汇票、本票或者金融机构、担保机构出具的保函等非现金形式提交。履约保证金的数额不得超过政府采购合同金额的 10%。

中标或者成交供应商拒绝与采购人签订合同的,采购人可以按照评审报告推荐的中标或者成交候选人名单排序,确定下一候选人为中标或者成交供应商,也可以重新开展政府采购活动。

采购人应当按照政府采购合同规定,及时向中标或者成交供应商支付采购资金。政府采购项目资金支付程序,按照国家有关财政资金支付管理的规定执行。

5.3 建设工程合同

5.3.1 建设工程合同的概念

《中华人民共和国民法典》规定,建设工程合同是承包人进行工程建设,发包人支付价款的合同。

建设工程合同应当采用书面形式。建设工程合同是诺成合同、双务合同、有偿合同,当事人双方在合同中都有各自的权利和义务,在享有权利的同时必须履行义务。

建设工程合同的
概念及分类

5.3.2 建设工程合同的分类

1. 按承发包的范围和数量分类

按承发包的范围和数量,建设工程合同可以分为建设工程总承包合同、建设工程承包合同、分包合同。发包人将工程建设的全过程发包给一个承包人的合同即建设工程总承包合同;发包人将建设工程的勘察、设计、施工等的每一项分别发包给一个承包人的合同即建设工程承包合同;经合同约定或发包人认可,总承包人或者勘察、设计、施工承包人可以将自己承包的部分工作交由第三人完成,即建设工程分包合同。

2. 按完成承包的内容分类

按完成承包的内容,建设工程合同可以分为建设工程勘察合同、建设工程设计合同和建设工程施工合同。

3. 按计价方式分类

发包人与承包商签订的合同,按计价方式不同,可以划分为总价合同、单价合同和成本加酬金合同。建设工程勘察、设计合同和设备加工采购合同,一般为总价合同;建设工程施工合同根据招标准备情况和工程项目特点不同,可选择其适用的一种合同。

1)总价合同

总价合同是指合同当事人约定以施工图、已标价工程量清单或预算书及有关条件进行合同价格计算、调整和确认的建设工程施工合同,在约定的范围内合同总价不做调整。合同当事人应在专用合同条款中约定总价包含的风险范围和风险费用的计算方法,并约定风险范围以外的合同价格的调整方法。总价合同是建设工程施工中常采用的一种合同形式。在这类合同中,承包商承担了全部的工程量和价格风险。除了设计有重大变更,合同价格一般不允许调整。由于承包商承担了全部风险,报价中不可预见风险费用较高,承包商报价的确定必须考虑施工期间物价变化以及工程量变化带来的影响。价格风险有报价计算错误、漏报项目、物价和人工费上涨等;工程量风险有工程量计算错误、工程范围不确定、工程变更或设计深度不够造成的误差等。

应注意的是,总价合同中的总价固定是指在合同约定的范围内合同总价不做调整,但若实际合同履行过程超出了合同约定的风险范围,则总价是允许调整的,如在合同中约定招标图纸范围内的总价是固定的,但设计变更带来的价格变化应是允许调整总价的。

总价合同适用于以下情况的工程项目:工程量小,工期短,估计在施工过程中环境因素变化小,工程条件稳定并合理;工程设计详细,图纸完整、清楚,工程任务和范围明确;工程结构和技术简单,风险小;技术不太复杂;投标期相对宽裕,承包商可以有充足的时间详细考察现场、复核工程量、分析招标文件、拟定施工计划。

案例 5-3

某建筑构件厂针对钢结构工程与上海某超市有限公司签订建设工程施工合同,合同为固定总价合同,总价款为 800 万元。工程按期完成,质量合格。施工方在施工过程中较工程量清单少用钢材 40 吨(价值约为 80 万元),在结算时业主以承包商少用钢材为由拒付该部分工程款,酿成纠纷。最后的处理结果:按合同结算。

解析

任何承包商在签订固定总价合同后,在保证质量的情况下,采用新技术、新工艺、新方法节约材料不仅是为了企业自身利益的需要,也符合包括业主等整个社会的价值取向,其行为是应该鼓励的。如果业主认为承包商报价过高,那也属于签订合同之前的问题,合同一经签订就应该严格履行,不能因为承包商的节约而获利,也不能为自己签约时的过失推卸责任。按合同支付工程款是理所应当的。

2)单价合同

单价合同是指合同当事人约定以工程量清单及其综合单价进行合同价格计算、调整和确认的建设工程施工合同,在约定的范围内合同单价不做调整。合同当事人应在专用合同条款中约定综合单价包含的风险范围和风险费用的计算方法,并约定风险范围以外的合同价格的调整方法。

应注意的是,单价合同中的单价固定是指在合同约定的范围内合同单价不做调整,但若实际合同履行过程超出了合同约定的风险范围,则单价应是允许调整的,如在专用条款中,合同双方可以约定一个估计的工程量和允许工程量变动范围幅度,还可以约定如何对单价进行调整。当实际工程量在约定变动幅度内,单价不调整;当实际工程量发生较大变化时,单价可以调整。

当然,双方也可以约定,当国家政策发生变化时,可以对哪些工程内容的单价进行调整以及如何调整等。因此,承包商的风险相对较小。

单价合同是最常见的一种合同类型,适用范围广。我国的建设工程施工合同也主要是这类合同。在这种合同中,承包商仅按照合同规定承担报价的风险,而工程量的风险由业主承担。由于风险分配比较合理,单价合同能够适应大多数工程,能调动承包商和业主双方管理的积极性。单价合同可以随工程量变化调整工程总价。

案例 5-4

某施工企业中标了某工程项目,混凝土的单价为 550 元/m^3,招标清单工程量为 1 000 m^3;轻质砌体的单价为 700 元/m^3,招标清单工程量为 200 m^3;屋面防水的单价为 80 元/m^2,招标清单工程量为 600 m^2。双方签订的合同是固定单价合同,并约定合同履行期间,应当计量的实际工程量与招标工程量偏差超过 15% 时,单价可进行调整,但工程量增加 15% 以上时,增加部分的工程量的单价调整为中标单价的 90%,当工程量减少 15% 以上时,减少后剩余部分的工程量的综合单价调整为中标单价的 110%。由于设计变更,竣工结算时,双方认可的混凝土的实际工程量为 1 200 m^3,轻质砌体的实际工程量为 164 m^3,屋面防水的实际工程量为 660 m^2。

问题:工程结算时,混凝土、轻质砌体和屋面防水的单价是否可以进行调整? 这三个子项的结算总价分别为多少?

解析

单价合同的特点是单价优先,在工程结算时,按实际发生的工程量乘以单价来支付价款,单价固定是在合同约定的风险范围内单价不能调整,超出合同约定的范围,单价允许调整。

① 混凝土的实际工程量与招标工程量相差(1200−1000)/1000=20%>15%,单价可进行调整。增加部分的单价为 550×0.9 元/m^3=495 元/m^3,结算总价=[(1 000+1 000×15%)×550+(1 200−1 000−1 000×15%)×495]元=657 250 元。

② 轻质砌体的实际工程量与招标工程量相差(200−164)/200=18%>15%,单价可进行调整。剩余部分的单价为 700×1.1 元/m^3=770 元/m^3,结算总价=164×770 元=126 280 元。

③ 屋面防水的实际工程量与招标工程量相差(660−600)/600=10%<15%,单价不可调整。结算总价=660×80=52 800 元。

3) 成本加酬金合同

成本加酬金合同是将工程项目的实际投资划分为直接成本费和承包商完成工作后应得酬金两部分,实施过程中发生的直接成本费由业主实报实销,另按合同约定的方式付给承包商相应的报酬的合同。成本加酬金合同大多适用于边设计边施工的紧急工程或灾后修复工程。业主以议标方式与承包商签订合同。在签订合同时,业主还提供不出供承包商准确报价的详细资料,因此,双方在合同内只能商定酬金的计算方法。按照酬金的计算方式不同,成本加酬金合同又可分为成本加固定百分比酬金合同、成本加固定酬金合同、成本加浮动酬金合同及目标成本加奖罚合同。

(1)成本加固定百分比酬金合同:签订合同时双方约定,酬金按实际发生的直接成本费乘以某一具体百分比计算。这种合同的工程总造价的计算表达式为

总造价=实际发生的直接费×(1+双方事先商定的酬金固定百分比)

(2)成本加固定酬金合同:酬金在合同内约定为某一固定值。这种合同的工程总造价的计

算表达式为

$$总造价＝实际发生的直接费＋双方约定的酬金$$

（3）成本加浮动酬金合同：签订合同时，双方预先约定该工程的预期成本和固定酬金，以及实际发生的直接成本与预期成本比较后的奖罚计算办法。这种合同的工程总造价的计算表达式为

$$总造价＝签订合同时双方约定的预期成本＋固定酬金＋酬金奖罚部分$$

（4）目标成本加奖罚合同：在仅有初步设计和工程说明书即迫切要求开工的情况下，可根据粗略估算的工程量和适当的单价表编制概算，作为目标成本；随着详细设计逐步具体化，工程量和目标成本可以调整，另外规定一个百分数作为酬金；最后结算时，如果实际成本高于目标成本并超过事先商定的界限（如 5％），则减少酬金，如果实际成本低于目标成本（也有一个幅度界限），则多付酬金。此外，目标成本加奖罚合同还可另加工期奖罚。

这种合同可以使承包商注重降低成本和缩短工期。目标成本是随设计的进展而加以调整才确定下来的，建设单位和承包商都不会承担很大风险。当然，这种合同也要求承包商和建设单位的代表都具有比较丰富的经验和掌握充分的信息。

成本加酬金合同通常适用如下情况：

① 工程特别复杂，工程技术、结构方案不能预先确定，或者尽管可以确定工程技术和结构方案，但是不可能进行竞争性的招标活动并以总价合同或单价合同的形式确定承包商，如研究开发性质的工程项目；

② 时间特别紧迫，如抢险、救灾工程，来不及进行详细的计划和商谈。

5.3.3　建设工程中的主要合同关系

工程建设项目是个极为复杂的社会生产过程，它分别经历可行性研究、勘察设计、工程施工和运行等阶段，有土建、水电、机械设备、通信等专业设计和施工活动，需要各种材料、设备、资金和劳动力的供应。由于现代的社会化大生产和专业化分工，一个稍大一点的工程的参加单位往往有十几个、几十个，甚至成百上千个，它们之间形成各式各样的经济关系。工程中维系这种关系的纽带是合同，所以，工程中就有各式各样的合同。工程项目的建设过程实质上是一系列经济合同的签订和履行过程。

在一个工程中，相关的合同可能有几份、几十份、几百份，甚至几千份，形成一个复杂的合同网络，在这个网络中，发包人和工程承包商是两个最主要的节点。

1. 发包人的主要合同关系

发包人作为工程或服务的买方，是工程的所有者，它可能是政府、企业、其他投资者、几个企业的组合、政府与企业的组合（例如 BOT 项目）。发包人投资一个项目，通常委派一个代理人（或代表）以发包人的身份进行工程的经营管理。

发包人根据对工程的需求，确定工程项目的整体目标，这个目标是所有相关工程合同的核心。要实现工程目标，发包人必须将建设工程的勘察设计、各专业工程施工、设备和材料供应等工作委托出去，必须与有关单位签订各种合同。

1）咨询（监理）合同

咨询（监理）合同是发包人与咨询（监理）公司签订的合同。咨询（监理）公司负责工程的可行性研究、设计监理、招标和施工阶段监理的某一项或几项工作。

2）勘察设计合同

勘察设计合同是发包人与勘察设计单位签订的合同。勘察设计单位负责工程的地质勘察和技术设计工作。勘察和设计合同往往是单独签订的。

3）供应采购合同

对由发包人负责提供的材料和设备，发包人必须与有关的材料和设备供应单位签订供应（采购）合同。

4）工程施工合同

工程施工合同是发包人与工程承包商签订的工程施工合同。一个或几个承包商分别承包土建、机械安装、电器安装、装饰、通信等工程施工。

5）贷款合同

贷款合同是发包人与金融机构签订的合同，后者向发包人提供资金保证。按照资金来源不同，贷款合同可能有贷款合同、合资合同、BOT 合同等。

按照工程承包方式和范围不同，发包人可能订立几十份合同，例如将工程分专业、分阶段委托，将材料和设备供应分别委托，也可能将上述委托以各种形式合并，如把土建和安装委托给一个承包商，把整个设备委托给一个成套设备供应企业。当然，发包人还可以与一个承包商订立一个总承包合同，由该承包商负责整个工程的设计、供应、施工，甚至管理等工作。因此，合同的工程范围和内容会有很大区别。

2．承包商的主要合同关系

承包商是工程施工的具体实施者，是工程承包合同的执行者。承包商通过投标接受业主的委托，签订工程总承包合同。承包商要完成承包合同的责任，包括由工程量表确定的工程范围的施工、竣工和保修，为完成这些工程提供劳动力、施工设备、材料，有时也包括技术设计。任何承包商都不可能，也不具备所有的专业工程的施工能力、材料和设备的生产和供应能力，同样需要将许多专业工作委托出去。所以，承包商常常又有自己复杂的合同关系。

1）分包合同

对于一些大的工程，承包商常常必须与其他承包商合作才能完成总承包合同责任。承包商把从业主那里承接到的工程中的某些分项工程或工作分包给另一个承包商来完成，则与他签订分包合同。

承包商在承包合同下可能订立许多分包合同，而分包商仅完成与总承包商签订合同的工程范围，与发包人无合同关系。总承包人仍向发包人担负全部工程责任，负责工程的管理和所属各分包人工作之间的协调，以及各分包人之间合同责任界面的划分，同时承担协调失误造成损失的责任，向发包人承担工程风险。

在投标书中，承包商必须附上拟定的分包商的名单，供业主审查。承包商如果在工程施工中重新委托分包人，必须经过监理人的批准。

2）供应合同

供应合同是承包商为工程所进行的必要的材料和设备的采购，与供应商签订的合同。

3）运输合同

运输合同是承包商为解决材料和设备的运输问题而与运输单位签订的合同。

4）加工合同

加工合同是承包商将建筑构配件、特殊构件加工任务委托给加工承揽单位而签订的合同。

5）租赁合同

在建设工程中，承包商需要许多施工设备、运输设备、周转材料。但有些设备、周转材料在现场使用率较低，或自己购置需要大量资金投入而自己又不具备这个经济实力时，可以采用租赁方式，与租赁单位签订租赁合同。

6）劳务供应合同

建筑产品往往要花费大量的人力、物力和财力，承包商不可能全部采用固定工来完成该项工程。为了满足任务的临时需要，承包商往往要与劳务供应商签订劳务供应合同，由劳务供应商向工程提供劳务。

7）保险合同

承包商按施工合同要求对工程进行保险，与保险公司签订保险合同。

承包商的这些合同都与工程承包合同相关，都是为了完成承包合同责任而签订的。

此外，在许多大工程中，尤其是在发包人要求总承包的工程中，承包商经常是几个企业的联营，即联营承包或联合承包（最常见的是设备供应商、土建承包商、安装承包商、勘察设计单位的联合投标），这些承包商之间还需订立联营合同。

5.4 建设工程施工合同

5.4.1 建设工程施工合同的概念

建设工程施工合同即建筑安装工程承包合同，是发包人与承包人之间为完成商定的建设工程，明确双方权利与义务的协议。依照建设工程施工合同，承包人应完成一定的建筑安装工程任务，发包人应提供必要的施工条件并支付工程价款。

建设工程施工合同是建设工程的主要合同，是工程建设质量控制、进度控制、投资控制的主要依据。建设工程施工合同的当事人是发包人和承包人，双方签订建设工程施工合同时，必须具备相应的资质条件和履行施工合同的能力。

5.4.2 建设工程施工合同的特点

1. 合同主体的严格性

建设工程施工合同的主体一般只能是法人。发包人一般只能是经过批准进行工程项目建设的法人，必须有国家批准的建设项目，落实投资计划，并且应当具备相应的协调能力；承包人必须具备法人资格，有营业执照和相应的承包资质，否则承包人不能作为建设工程施工合同的主体，资质等级低的单位不能越级承包建设工程的施工。

2. 合同标的的特殊性

建设工程施工合同的标的是各类建筑产品，建筑产品通常是与大地相连的，建筑形态往往是多种多样的，采用同一套图纸施工的建筑产品往往也是各不相同（价格、位置等）的。建筑产品的单件性及固定性等特性，决定了建设工程施工合同标的的特殊性，相互之间具有不可代替性。

3. 合同履行期限的长期性

由于建设工程结构复杂、体积大、建筑材料多、工作量大、投资巨大,建筑工程的生产周期与一般工业产品的生产周期相比较长,这导致建筑合同履行期限较长。因为投资巨大,建设工程施工合同的订立和履行一般都需要较长的准备期。同时,合同在履行过程中还可能因为不可抗力、工程变更、材料供应不及时等原因导致期限的延长。所有这些情况,决定了建设工程施工合同的履行期限具有长期性。

4. 合同内容的多样性和复杂性

虽然建设工程施工合同的当事人只有两方,但其涉及的主体却有许多。与大多数合同相比,建设工程施工合同的履行期限长、标的额大,涉及的法律关系包括了劳动关系、保险关系、运输关系等,这就要求施工合同的内容要尽量详尽。所有这些情况,都决定了建设工程施工合同的内容具有多样性和复杂性。

5. 合同计划和程序的严格性

由于工程建设对国家的经济发展、公民的工作和生活都有重大的影响,建设工程的计划和程序都有严格的管理制度。订立建设工程施工合同必须以国家批准的投资计划为前提,即使是国家投资以外的、以其他方式筹集的投资也要受到当年的贷款规模和批准限额的限制,纳入当年投资规模的平衡,并经过严格的审批程序。建设工程施工合同的订立和履行还必须符合国家关于建设程序的规定。

6. 合同形式的特殊要求

建设工程施工具有长期性和复杂性的特点,在施工过程中经常会发生影响合同履行的纠纷,因此,《中华人民共和国民法典》规定建设工程施工合同应当采用书面形式。这也反映了国家对建设工程施工合同的重视。

5.4.3 建设工程施工合同的内容

建设工程施工合同的内容包括工程范围、建设工期、中间交工工程的开工和竣工日期、工程质量、工程造价、技术资料交付时间、材料和设备供应责任、拨款和结算、竣工验收、质量保修范围和质量保证期、双方相互协作等条款。

5.4.4 《建设工程施工合同(示范文本)》(GF—2017—0201)概述

为了指导建设工程施工合同当事人的签约行为,维护合同当事人的合法权益,依据《中华人民共和国合同法》《中华人民共和国建筑法》《中华人民共和国招标投标法》以及相关法律法规,住房城乡建设部、国家工商行政管理总局对《建设工程施工合同(示范文本)》(GF—2013—0201)进行了修订,制定了《建设工程施工合同(示范文本)》(GF—2017—0201)(以下简称《示范文本》),2017 年 10 月 1 日起实施。为了方便合同当事人使用《示范文本》,现就有关问题进行说明。

《建设工程施工合同(示范文本)》概述

1.《示范文本》的组成

《示范文本》由合同协议书、通用合同条款和专用合同条款三部分组成。

1）合同协议书

《示范文本》的合同协议书共计13条，主要包括工程概况、合同工期、质量标准、签约合同价和合同价格形式、项目经理、合同文件构成、承诺、词语含义、签订时间、签订地点、补充协议、合同生效、合同份数等重要内容，集中约定了合同当事人基本的合同权利义务。合同协议书格式如下：

合同协议书

发包人（全称）：＿＿＿＿＿＿＿＿＿＿＿＿＿＿＿＿＿

承包人（全称）：＿＿＿＿＿＿＿＿＿＿＿＿＿＿＿＿＿

根据《中华人民共和国合同法》《中华人民共和国建筑法》及有关法律规定，遵循平等、自愿、公平和诚实信用的原则，双方就＿＿＿＿＿＿＿＿工程施工及有关事项协商一致，共同达成如下协议。

一、工程概况

1. 工程名称：＿＿＿＿＿＿＿＿＿＿＿＿＿＿＿＿＿。

2. 工程地点：＿＿＿＿＿＿＿＿＿＿＿＿＿＿＿＿＿。

3. 工程立项批准文号：＿＿＿＿＿＿＿＿＿＿＿＿＿＿。

4. 资金来源：＿＿＿＿＿＿＿＿＿＿。

5. 工程内容：＿＿＿＿＿＿＿＿＿＿。

群体工程应附承包人承揽工程项目一览表（附件1）。

6. 工程承包范围：

＿＿＿。

二、合同工期

计划开工日期：＿＿＿＿年＿＿＿＿月＿＿＿＿日。

计划竣工日期：＿＿＿＿年＿＿＿＿月＿＿＿＿日。

工期总日历天数：＿＿＿＿＿天。工期总日历天数与根据前述计划开竣工日期计算的工期天数不一致的，以工期总日历天数为准。

三、质量标准

工程质量符合＿＿＿＿＿标准。

四、签约合同价与合同价格形式

1. 签约合同价：

人民币（大写）＿＿＿＿＿＿＿（￥＿＿＿＿＿元）。

（1）安全文明施工费：

人民币（大写）＿＿＿＿＿＿＿（￥＿＿＿＿＿元）。

（2）材料和工程设备暂估价金额：

人民币（大写）＿＿＿＿＿＿＿（￥＿＿＿＿＿元）。

（3）专业工程暂估价金额：

人民币（大写）＿＿＿＿＿＿＿（￥＿＿＿＿＿元）。

（4）暂列金额：

人民币(大写)_____ (￥_____元)。

2.合同价格形式:_____。

五、项目经理

承包人项目经理:_____。

六、合同文件构成

本协议书与下列文件一起构成合同文件:

① 中标通知书(如果有);

② 投标函及其附录(如果有);

③ 专用合同条款及其附件;

④ 通用合同条款;

⑤ 技术标准和要求;

⑥ 图纸;

⑦ 已标价工程量清单或预算书;

⑧ 其他合同文件。

在合同订立及履行过程中形成的与合同有关的文件均是合同文件的组成部分。

上述各项合同文件包括合同当事人就该项合同文件所做的补充和修改,属于同一类内容的文件,应以最新签署的为准。专用合同条款及其附件须经合同当事人签字或盖章。

七、承诺

(1)发包人承诺按照法律规定履行项目审批手续、筹集工程建设资金并按照合同约定的期限和方式支付合同价款。

(2)承包人承诺按照法律规定及合同约定组织完成工程施工,确保工程质量和安全,不进行转包及违法分包,并在缺陷责任期及保修期内承担相应的工程维修责任。

(3)发包人和承包人通过招投标形式签订合同的,双方理解并承诺不再就同一工程另行签订与合同实质性内容背离的协议。

八、词语含义

本协议书中的词语含义与第二部分通用合同条款中的词语含义相同。

九、签订时间

本合同于_____年_____月_____日签订。

十、签订地点

本合同在_____签订。

十一、补充协议

合同未尽事宜,合同当事人另行签订补充协议,补充协议是合同的组成部分。

十二、合同生效

本合同自_____生效。

十三、合同份数

本合同一式_____份,均具有同等法律效力,发包人执_____份,承包人执_____份。

发包人:(公章)   承包人:(公章)

法定代表人或其委托代理人：   法定代表人或其委托代理人：
（签字） （签字）

组织机构代码：_____   组织机构代码：_____
地　　址：_____   地　　址：_____
邮政编码：_____   邮政编码：_____
法定代表人：_____   法定代表人：_____
委托代理人：_____   委托代理人：_____
电　　话：_____   电　　话：_____
传　　真：_____   传　　真：_____
电子信箱：_____   电子信箱：_____
开户银行：_____   开户银行：_____
账　　号：_____   账　　号：_____

2）通用合同条款

通用合同条款是合同当事人根据《中华人民共和国建筑法》《中华人民共和国合同法》等法律法规的规定，就工程建设的实施及相关事项，对合同当事人的权利义务做出的原则性约定。

通用合同条款共计20条，具体条款为一般约定、发包人、承包人、监理人、工程质量、安全文明施工与环境保护、工期和进度、材料与设备、试验与检验、变更、价格调整、合同价格、计量与支付、验收和工程试车、竣工结算、缺陷责任与保修、违约、不可抗力、保险、索赔和争议解决。这些条款安排既考虑了现行法律法规对工程建设的有关要求，也考虑了建设工程施工管理的特殊需要。

3）专用合同条款

专用合同条款是对通用合同条款原则性约定的细化、完善、补充、修改或另行约定的条款。合同当事人可以根据不同建设工程的特点及具体情况，通过双方的谈判、协商对相应的专用合同条款进行修改补充。在使用专用合同条款时，应注意以下事项：

① 专用合同条款的编号应与相应的通用合同条款的编号一致；

② 合同当事人可以通过对专用合同条款的修改，满足具体建设工程的特殊要求，避免直接修改通用合同条款；

③ 在专用合同条款中有横道线的地方，合同当事人可针对相应的通用合同条款进行细化、完善、补充、修改或另行约定；如无细化、完善、补充、修改或另行约定，则填写"无"或"/"。

2.《示范文本》的性质和适用范围

《示范文本》为非强制性使用文本。《示范文本》适用于房屋建筑工程、土木工程、线路管道和设备安装工程、装修工程等建设工程的施工承发包活动，合同当事人可以结合建设工程具体情况，根据《示范文本》订立合同，并按照法律法规规定和合同约定承担相应的法律责任及合同权利义务。

5.4.5 建设工程施工合同的订立

1. 订立建设工程施工合同应具备的条件

订立建设工程施工合同应具备以下条件：

① 初步设计已经批准;

② 工程项目已经列入年度建设计划;

③ 有能够满足施工需要的设计文件和有关技术资料;

④ 建设资金和主要建筑材料设备来源已经落实;

⑤ 实行招投标的工程,中标通知书已经下达。

建设工程施工
合同的订立

2. 订立建设工程施工合同应当遵守的原则

1) 平等、自愿、公平的原则

订立建设工程施工合同的双方当事人,具有平等的法律地位,任何一方都不得强迫对方接受不平等合同条件,合同的内容应当是双方当事人的真实意思表示。合同的内容应当是公平的,不能单纯地损害一方的利益。对于明显失去公平的合同,当事人一方有权向人民法院或者仲裁机构申请撤销。

2) 诚信原则

诚信原则要求当事人在订立建设工程施工合同时要诚实恪守承诺,不得有欺诈行为。合同当事人应当如实将自身和工程的情况介绍给对方。在履行合同时,建设工程施工合同的当事人要守信用,严格履行合同。

3) 守法与公序良俗原则

订立建设工程施工合同,必须遵守国家的法律法规,不得违背公序良俗。法律法规没有规定的,可以适用习惯,但是不得违背公序良俗。建设工程施工对经济发展、社会生活有多方面的影响,国家有许多强制性的管理规定,施工合同当事人都必须遵守。

4) 绿色原则

民事主体从事民事活动,应当有利于节约资源、保护生态环境。

5) 不损害社会公众利益和扰乱社会经济秩序原则

合同双方当事人在订立、履行合同时,不能扰乱社会经济秩序和损害社会公众利益。

合同订立要遵循平等、自愿、公平、诚信、合法和绿色的原则,这些准则是在订立合同的整个过程中,对双方签订合同起指导和规范作用的、双方应当遵循的准则。

3. 订立建设工程施工合同的程序

建设工程施工合同作为合同的一种,在订立时应经过要约和承诺两个阶段。建设工程施工合同的订立方式有两种:直接发包和招标发包。如果没有特殊情况,建设工程的施工都应通过招投标确定施工企业。

中标的施工企业应当与建设单位在中标通知书发出后 30 天内,依据招标文件、投标书等签订工程承发包合同(施工合同)。投标书中已确定的合同条款在签订时不得更改,合同价应与中标价一致。如果中标的施工企业拒绝与建设单位签订合同,建设单位将不返还其投标保证金,建设行政主管部门或其授权机构还可以给予施工企业一定的行政处罚。

4. 施工合同文件的组成及解释顺序

施工合同文件的组成如下:

① 合同协议书;

② 中标通知书(如果有);

③ 投标函及其附录(如果有);

④ 专用合同条款及其附件;

⑤ 通用合同条款;

⑥ 技术标准和要求；

⑦ 图纸；

⑧ 已标价工程量清单或预算书；

⑨ 其他合同文件。

在合同订立及履行过程中形成的与合同有关的文件均是合同文件的组成部分。上述各项合同文件包括合同当事人就该项合同文件所做的补充和修改，属于同一类内容的文件，应以最新签署的为准。上述合同文件应能够相互解释、相互说明。当合同文件中出现不一致时，上面的顺序就是合同的优先解释顺序。当合同文件出现含糊不清或者当事人有不同理解时，按照合同争议的解决方式处理。专用合同条款及其附件须经合同当事人签字或盖章。

5.5 建设工程施工合同管理

5.5.1 建设工程施工合同双方的一般权利和义务

《建设工程施工合同(示范文本)》(GF—2017—0201)的通用条款对施工合同双方享有的权利和负有的义务做了明确规定。

发包人的权利和义务

1. 发包人的权利和义务

(1) 许可或批准。发包人应遵守法律，并办理法律规定由其办理的许可、批准或备案，包括但不限于建设用地规划许可证，建设工程规划许可证，建设工程施工许可证，施工所需临时用水、临时用电、中断道路交通、临时占用土地等许可和批准。发包人应协助承包人办理法律规定的有关施工证件和批件。如果因发包人原因未能及时办理完毕前述许可、批准或备案，发包人承担增加的费用和(或)延误的工期，并支付承包人合理的利润。

(2) 发包人代表。发包人应在专用合同条款中明确其派驻施工现场的发包人代表的姓名、职务、联系方式及授权范围等事项。发包人代表在发包人的授权范围内，负责处理合同履行过程中与发包人有关的具体事宜。发包人代表在授权范围内的行为由发包人承担法律责任。发包人更换发包人代表的，应提前7天书面通知承包人。发包人代表不能按照合同约定履行其职责及义务，并导致合同无法继续正常履行的，承包人可以要求发包人撤换发包人代表。不属于法定必须监理的工程，监理人的职权可以由发包人代表或发包人指定的其他人员行使。

(3) 发包人人员。发包人应要求在施工现场的发包人人员遵守法律及有关安全、质量、环境保护、文明施工等规定，并保障承包人免于承受因发包人人员未遵守上述要求给承包人造成的损失和责任。发包人人员包括发包人代表及其他由发包人派驻施工现场的人员。

(4) 施工现场、施工条件和基础资料的提供。除专用合同条款另有约定外，发包人应最迟于开工日期7天前向承包人移交施工现场。除专用合同条款另有约定外，发包人应负责提供的施工所需要的条件如下：

① 将施工用水、电力、通信线路等施工所必需的条件接至施工现场；

② 保证向承包人提供正常施工所需要的进入施工现场的交通条件；

③ 协调处理施工现场周围地下管线和邻近建筑物、构筑物、古树名木的保护工作，并承担相

关费用；

④ 提供专用合同条款约定应提供的其他设施和条件。

发包人应当在移交施工现场前向承包人提供施工现场及工程施工所必需的毗邻区域内供水、排水、供电、供气、供热、通信、广播电视等地下管线资料，气象和水文观测资料，地质勘察资料，相邻建筑物、构筑物和地下工程等的基础资料，并对所提供资料的真实性、准确性和完整性负责。按照法律规定确需在开工后方能提供的基础资料，发包人应尽其努力及时地在相应工程施工前的合理期限内提供，合理期限应以不影响承包人的正常施工为限。

发包人未能按合同约定及时向承包人提供施工现场、施工条件、基础资料的，发包人承担由此增加的费用和（或）延误的工期。

（5）资金来源证明及支付担保。除专用合同条款另有约定外，发包人应在收到承包人要求提供资金来源证明的书面通知后 28 天内，向承包人提供能够按照合同约定支付合同价款的相应资金来源证明。除专用合同条款另有约定外，发包人要求承包人提供履约担保的，发包人应当向承包人提供支付担保。支付担保可以采用银行保函或担保公司担保等形式，具体形式由合同当事人在专用合同条款中约定。

（6）支付合同价款。发包人应按合同约定及时向承包人支付合同价款。

（7）组织竣工验收。发包人应按合同约定及时组织竣工验收。

（8）现场统一管理协议。发包人应与承包人、由发包人直接发包的专业工程的承包人签订施工现场统一管理协议，明确各方的权利和义务。施工现场统一管理协议作为专用合同条款的附件。

2．承包人的权利和义务

1）承包人的一般义务

承包人在履行合同过程中应遵守法律和工程建设标准规范，并履行以下义务：

承包人的权利
和义务

① 办理法律规定应由承包人办理的许可和批准，并将办理结果书面报送发包人留存；

② 按法律规定和合同约定完成工程，并在保修期内承担保修义务；

③ 按法律规定和合同约定采取施工安全和环境保护措施，办理工伤保险，确保工程及人员、材料、设备和设施的安全；

④ 按合同约定的工作内容和施工进度要求，编制施工组织设计和施工措施计划，并对所有施工作业和施工方法的完备性和安全可靠性负责；

⑤ 在进行合同约定的各项工作时，不得侵害发包人与他人使用公用道路、水源、市政管网等公共设施的权利，避免对邻近的公共设施产生干扰，承包人占用或使用他人的施工场地，影响他人作业或生活的，应承担相应责任；

⑥ 按约定负责施工场地及其周边环境与生态的保护工作；

⑦ 按约定采取施工安全措施，确保工程及人员、材料、设备和设施的安全，防止因工程施工造成的人身伤害和财产损失；

⑧ 将发包人按合同约定支付的各项价款专用于合同工程，及时支付雇用人员工资，并及时向分包人支付合同价款；

⑨ 按法律规定和合同约定编制竣工资料，完成竣工资料立卷及归档，并按专用合同条款约定的竣工资料的套数、内容、时间等要求移交发包人；

⑩ 应履行的其他义务。

2）对项目经理的规定

（1）项目经理应为合同当事人确认的人选。当事人应在专用合同条款中明确项目经理的姓名、职称、注册执业证书编号、联系方式及授权范围等事项。项目经理经承包人授权后代表承包人负责履行合同。项目经理应是承包人正式聘用的员工，承包人应向发包人提交项目经理与承包人之间的劳动合同，以及承包人为项目经理缴纳社会保险的有效证明。承包人不提交上述文件的，项目经理无权履行职责，发包人有权要求承包人更换项目经理，因此增加的费用和（或）延误的工期由承包人承担。项目经理应常驻施工现场，且每月在施工现场的时间不得少于专用合同条款约定的天数。项目经理不得同时担任其他项目的项目经理。项目经理确需离开施工现场时，应事先通知监理人，并取得发包人的书面同意。项目经理的通知中应当载明临时代行其职责的人员的注册执业资格、管理经验等资料，该人员应具备履行相应职责的能力。承包人违反上述约定的，应按照专用合同条款的约定，承担违约责任。

（2）项目经理按合同约定组织工程实施。在紧急情况下为确保施工安全和人员安全，在无法与发包人代表和总监理工程师及时取得联系时，项目经理有权采取必要的措施保证与工程有关的人身、财产和工程的安全，但应在 48 小时内向发包人代表和总监理工程师提交书面报告。

（3）承包人需要更换项目经理的，应提前 14 天书面通知发包人和监理人，并征得发包人书面同意。通知中应当载明继任项目经理的注册执业资格、管理经验等资料，继任项目经理继续履行合同约定的职责。未经发包人书面同意，承包人不得擅自更换项目经理。承包人擅自更换项目经理的，应按照专用合同条款的约定承担违约责任。

（4）发包人有权书面通知承包人更换其认为不称职的项目经理，通知中应当载明要求更换的理由。承包人应在接到更换通知后 14 天内向发包人提出书面的改进报告。发包人收到改进报告后仍要求更换的，承包人应在接到第二次更换通知的 28 天内更换项目经理，并将新任命的项目经理的注册执业资格、管理经验等资料书面通知发包人。继任项目经理继续履行合同约定的职责。承包人无正当理由拒绝更换项目经理的，应按照专用合同条款的约定承担违约责任。

（5）项目经理因特殊情况授权其下属人员履行其某项工作职责的，该下属人员应具备履行相应职责的能力，并应提前 7 天将上述人员的姓名和授权范围书面通知监理人，并征得发包人书面同意。

3）对承包人员的规定

（1）除专用合同条款另有约定外，承包人应在接到开工通知后 7 天内，向监理人提交承包人项目管理机构及施工现场人员安排的报告，其内容应包括合同管理、施工、技术、材料、质量、安全、财务等主要施工管理人员名单及其岗位、注册执业资格，以及各工种技术工人的安排情况，并同时提交主要施工管理人员与承包人之间的劳动关系证明和缴纳社会保险的有效证明。

（2）承包人派驻到施工现场的主要施工管理人员应相对稳定。施工过程中如有变动，承包人应及时向监理人提交施工现场人员变动情况的报告。承包人更换主要施工管理人员时，应提前 7 天书面通知监理人，并征得发包人书面同意。通知中应当载明继任人员的注册执业资格、管理经验等资料。特殊工种作业人员均应持有相应的资格证明，监理人可以随时检查。

（3）发包人对承包人的主要施工管理人员的资格或能力有异议的，承包人应提供资料证明被质疑人员有能力完成其岗位工作或不存在发包人所质疑的情形。发包人要求撤换不能按照合同约定履行职责及义务的主要施工管理人员的，承包人应当撤换。承包人无正当理由拒绝撤换的，应按照专用合同条款的约定承担违约责任。

（4）除专用合同条款另有约定外，承包人的主要施工管理人员离开施工现场每月累计不超过5天的，应报监理人同意；离开施工现场每月累计超过5天的，应通知监理人，并征得发包人书面同意。主要施工管理人员离开施工现场前应指定一名有经验的人员临时代行其职责，该人员应具备履行相应职责的资格和能力，且应征得监理人或发包人的同意。

（5）承包人擅自更换主要施工管理人员，或前述人员未经监理人或发包人同意擅自离开施工现场的，应按照专用合同条款约定承担违约责任。

4）对承包人现场查勘的规定

承包人应对基于发包人提交的基础资料所做出的解释和推断负责，但因基础资料存在错误、遗漏导致承包人解释或推断失实的，发包人承担责任。

承包人应对施工现场和施工条件进行查勘，并充分了解工程所在地的气象条件、交通条件、风俗习惯以及与完成合同工作有关的其他资料。承包人未能充分查勘、了解前述情况或未能充分估计前述情况可能产生后果的，承包人承担因此增加的费用和（或）延误的工期。

5）对分包的规定

（1）承包人不得将其承包的全部工程转包给第三人，或将其承包的全部工程肢解后以分包的名义转包给第三人。承包人不得将工程主体结构、关键性工作及专用合同条款中禁止分包的专业工程分包给第三人，主体结构、关键性工作的范围由合同当事人按照法律规定在专用合同条款中明确。承包人不得以劳务分包的名义转包或违法分包工程。

（2）承包人应按专用合同条款的约定进行分包，确定分包人。已标价工程量清单或预算书中给定暂估价的专业工程，按规定确定分包人。按照合同约定进行分包的，承包人应确保分包人具有相应的资质和能力。工程分包不减轻或免除承包人的责任和义务，承包人和分包人就分包工程向发包人承担连带责任。除合同另有约定外，承包人应在分包合同签订后7天内向发包人和监理人提交分包合同副本。

（3）承包人应向监理人提交分包人的主要施工管理人员表，并对分包人的施工人员进行实名制管理，包括但不限于进出场管理、登记造册以及各种证照的办理。

（4）除另有约定外，分包合同价款由承包人与分包人结算，未经承包人同意，发包人不得向分包人支付分包工程价款；

（5）分包人在分包合同项下的义务持续到缺陷责任期届满以后的，发包人有权在缺陷责任期届满前，要求承包人将其在分包合同项下的权益转让给发包人，承包人应当转让。除转让合同另有约定外，转让合同生效后，分包人向发包人履行义务。

案例 5-5

某大型综合体育场工程，发包方通过邀请招标的方式确定本工程由承包商乙承包，双方签订了工程总承包合同。在征得甲方书面同意的情况下，承包商乙将桩基础工程分包给具有相应资质的专业分包商丙，并签订了专业分包合同。在桩基础施工期间，分包商丙自身管理不善，造成甲方现场周围的建筑物受损，给甲方造成了一定的经济损失，甲方就此事件向承包商乙提出了索赔要求。另外，考虑到体育馆主体工程施工难度高、自身技术力量和经验不足等情况，在甲方不知情的情况下，承包商乙又与另一家具有施工总承包一级资质的某知名承包商丁签订了主体工程分包合同，合同约定承包商丁以承包商乙的名义进行施工，双方按约定的方式进行结算。

问题：（1）承包商乙与分包商丙签订的桩基础工程分包合同是否有效？说明理由。

（2）对分包商丙给甲方造成的损失，承包商乙要承担什么责任？说明理由。

（3）承包商乙将主体工程分包给承包商丁在法律上属于什么行为？说明理由。

解析

工程分包，是相对总承包而言的。工程分包是指施工总承包企业将承包的建设工程中的专业工程或劳务作业发包给其他建筑企业的活动。工程转包是指承包单位承包建设工程，不履行合同约定的责任和义务，将其承包的全部建设工程转给他人或者将其承包的全部建设工程肢解以后以分包的名义分别转给其他单位的行为。

（1）承包商乙与分包商丙签订的桩基础工程分包合同有效。根据有关规定，在征得建设单位书面同意的情况下，施工总承包企业可以将非主体工程或者劳务作业分包给具有相应专业承包资质或者劳务分包资质的其他建筑企业。

（2）对分包商丙给甲方造成的损失，承包商乙要承担连带责任。《中华人民共和国建筑法》第二十九条规定，建筑工程总承包单位按照总承包合同的约定对建设单位负责；分包单位按照分包合同的约定对总承包单位负责；总承包单位和分包单位就分包工程对建设单位承担连带责任。

（3）该主体工程的分包在法律上属于违法分包行为。根据《建设工程质量管理条例》第七十八条的规定，下列行为均为违法分包：①总承包单位将建设工程分包给不具备相应资质条件的单位的；②建设工程总承包合同中未有约定，又未经建设单位认可，承包单位将其承包的部分建设工程交由其他单位完成的；③施工总承包单位将建设工程主体结构的施工分包给其他单位的；④分包单位将其承包的建设工程再分包的。

6）对工程照管与成品、半成品保护的规定

（1）除专用合同条款另有约定外，自发包人向承包人移交施工现场之日起，承包人应负责照管工程及工程相关的材料、工程设备，直到颁发工程接收证书之日。

（2）在承包人负责照管期间，因承包人原因造成工程、材料、工程设备损坏的，承包人负责修复或更换，并承担因此增加的费用和（或）延误的工期。

（3）对合同内分期完成的成品和半成品，在工程接收证书颁发前，承包人承担保护责任。因承包人原因造成成品或半成品损坏的，承包人负责修复或更换，并承担因此增加的费用和（或）延误的工期。

7）对履约担保的规定

发包人需要承包人提供履约担保的，合同当事人在专用合同条款中约定履约担保的方式、金额及期限等。履约担保可以采用银行保函或担保公司担保等形式，具体形式由合同当事人在专用合同条款中约定。因承包人原因导致工期延长的，继续提供履约担保所增加的费用由承包人承担；因非承包人原因导致工期延长的，继续提供履约担保所增加的费用由发包人承担。

8）对联合体的规定

（1）联合体各方应共同与发包人签订合同协议书。联合体各方应为履行合同向发包人承担连带责任。

（2）联合体协议经发包人确认后作为合同附件。在履行合同过程中，未经发包人同意，联合体不得修改联合体协议。

（3）联合体牵头人负责与发包人和监理人联系，并接受指示，负责组织联合体各成员全面履行合同。

5.5.2　施工过程的质量管理

工程施工中的质量管理是合同履行的重要环节。施工合同的质量管理涉及许多方面的因素,任何一个方面的缺陷和疏漏都会使工程质量无法达到预期的标准。

1. 工程质量须符合标准、规范和图纸的要求

建设工程施工技术要求和方法为强制性标准,施工合同当事人必须执行。《中华人民共和国建筑法》也规定,建筑施工的质量必须符合国家有关建筑工程施工质量验收规范和标准的要求。因此,施工中必须使用国家标准、规范;没有国家标准、规范,但有行业标准、规范的,使用行业标准、规范。双方应当在专用条款中约定使用的标准、规范的名称。发包人按照专用条款约定的时间向承包人提供一式两份约定的标准、规范。

建设工程施工应当按照图纸进行。施工合同管理中的图纸是指构成合同的图纸,包括由发包人按照合同约定提供或经发包人批准的设计文件、施工图、鸟瞰图及模型等,以及在合同履行过程中形成的图纸文件。图纸应当按照法律规定审查合格。

因发包人原因造成工程质量未达到合同约定标准的,发包人承担因此增加的费用和(或)延误的工期,并支付承包人合理的利润;因承包人原因造成工程质量未达到合同约定标准的,发包人有权要求承包人返工直至工程质量达到合同约定的标准,承包人承担因此增加的费用和(或)延误的工期。

2. 材料设备供应的质量管理

工程建设材料设备供应的质量管理是整个工程质量的基础。建筑材料、构配件生产及设备供应单位对其生产或者供应的产品质量负责。而材料设备的需方则应根据买卖合同的规定进行质量验收。

1)材料生产和设备供应单位应具备法定条件

材料生产和设备供应单位必须具备相应的生产条件、技术装备和质量保证体系,具备必要的检测人员和设备,把好产品看样、订货、储存、运输和核验的质量关。

2)材料设备质量应符合的要求

(1)符合国家或行业现行有关技术标准规定的合格标准和设计要求。

(2)符合在建筑材料、构配件及设备或其包装上注明采用的标准,符合以建筑材料、构配件及设备说明、实物样品等方式表明的质量状况。

3)材料设备或者其包装上的标识应符合的要求

(1)有产品质量检验合格证明。

(2)有中文标明的产品名称、生产厂家厂名和厂址。

(3)产品和商标样式符合国家有关规定和要求。

(4)设备应有产品详细的使用说明书,电气设备还应有线路图。

(5)实施生产许可证或使用产品质量认证标志的产品,应有许可证或质量认证的编号、批准日期和有效期限。

3. 承包人的质量管理

承包人应按照约定向发包人和监理人提交工程质量保证体系及措施文件,建立完善的质量检查制度,并提交相应的工程质量文件。对于发包人和监理人违反法律规定和合同约定的错误指示,承包人有权拒绝实施。

承包人应对施工人员进行质量教育和技术培训,定期考核施工人员的劳动技能,严格执行施工规范和操作规程。

承包人应按照法律规定和发包人的要求,对材料、工程设备、工程的所有部位及其施工工艺进行全过程的质量检查和检验,并进行详细记录,编制工程质量报表,报送监理人审查。此外,承包人还应按照法律规定和发包人的要求,进行施工现场取样试验、工程复核测量和设备性能检测,提供试验样品、提交试验报告和测量成果以及其他工作。

4. 监理人的质量检查和检验

监理人按照法律规定和发包人授权对工程的所有部位及其施工工艺、材料和工程设备进行检查和检验。承包人应为监理人的检查和检验提供方便,包括监理人到施工现场,制造、加工地点,或合同约定的其他地方进行察看和查阅施工原始记录。监理人为此进行的检查和检验,不免除或减轻承包人按照合同约定应当承担的责任。

监理人的检查和检验不应影响施工正常进行。监理人的检查和检验影响施工正常进行的,且经检查和检验不合格的,影响正常施工的费用由承包人承担,工期不予顺延;经检查和检验合格的,增加的费用和(或)延误的工期由发包人承担。

5. 隐蔽工程检查

承包人应当对工程隐蔽部位进行自检,并经自检确认是否具备覆盖条件。

除专用合同条款另有约定外,工程隐蔽部位经承包人自检确认具备覆盖条件的,承包人应在共同检查前48小时书面通知监理人检查,通知中应载明隐蔽检查的内容、时间和地点,并应附自检记录和必要的检查资料。

监理人应按时到场并对隐蔽工程及其施工工艺、材料和工程设备进行检查。监理人检查确认质量符合隐蔽要求,并在验收记录上签字后,承包人才能进行覆盖。经监理人检查质量不合格的,承包人应在监理人指示的时间内完成修复,并由监理人重新检查,因此增加的费用和(或)延误的工期由承包人承担。

除专用合同条款另有约定外,监理人不能按时进行检查的,应在检查前24小时向承包人提交书面延期要求,但延期不能超过48小时,因此导致工期延误的,工期应顺延。监理人未按时进行检查,也未提出延期要求的,视为隐蔽工程检查合格,承包人可自行完成覆盖工作,并做相应记录报送监理人,监理人应签字确认。监理人事后对检查记录有疑问的,可按约定重新检查。

承包人覆盖工程隐蔽部位后,发包人或监理人对质量有疑问的,可要求承包人对已覆盖的部位进行钻孔探测或揭开重新检查,承包人应遵照执行,并在检查后重新覆盖恢复原状。经检查证明工程质量符合合同要求的,发包人承担因此增加的费用和(或)延误的工期,并支付承包人合理的利润;经检查证明工程质量不符合合同要求的,因此增加的费用和(或)延误的工期由承包人承担。

承包人未通知监理人到场检查,私自将工程隐蔽部位覆盖的,监理人有权指示承包人钻孔探测或揭开检查,无论工程隐蔽部位质量是否合格,增加的费用和(或)延误的工期均由承包人承担。

6. 不合格工程的处理

因承包人原因造成工程不合格的,发包人有权随时要求承包人采取补救措施,直至达到合同要求的质量标准,增加的费用和(或)延误的工期由承包人承担。无法补救的问题,按拒绝接收全部或部分工程的约定执行。

因发包人原因造成工程不合格的,增加的费用和(或)延误的工期由发包人承担,发包人应支付承包人合理的利润。

7. 质量争议检测

合同当事人对工程质量有争议的,由双方协商确定的工程质量检测机构鉴定,产生的费用及造成的损失,由责任方承担。合同当事人均有责任的,产生的费用及造成的损失由双方根据其责任分别承担。

案例 5-6

某工程在实施过程中发生如下事件。

事件 1:桩基工程施工中,在抽检材料试验未完成的情况下,施工单位已将该批材料用于工程,专业监理工程师发现后予以制止。其后完成的材料试验结果表明,该批材料不合格,经检验,使用该批材料的相应工程部位存在质量问题,需进行返修。

事件 2:施工中,由建设单位负责采购的设备在没有通知施工单位共同清点的情况下就存放在施工现场。施工单位安装时发现该设备的部分部件损坏,对此,建设单位要求施工单位承担损坏赔偿责任。

事件 3:上述设备安装完毕后进行的单机无负荷试车未通过验收,经检验认定,设备本身的质量存在问题。

问题:(1)事件 1 中,返修的费用和拖延的工期由谁承担?

(2)指出事件 2 中,建设单位的做法的不妥之处,说明理由。

(3)事件 3 中,单机无负荷试车由谁组织?其费用是否包含在合同价中?因试车验收未通过所增加的各项费用由谁承担?

解析

(1)施工单位承担返修的费用,拖延的工期不顺延。理由:抽检材料试验未完成,施工单位擅自提前施工。

(2)由建设单位采购的设备没有通知施工单位共同清点就存放在施工现场不妥。理由:建设单位应以书面形式通知施工单位派人与其共同清点设备。建设单位要求施工单位承担设备部分部件损坏的责任不妥。理由:建设单位未通知施工单位清点,施工单位不负责设备的保管,设备丢失、损坏由建设单位负责。

(3)由施工单位组织;包含在合同价中;由建设单位承担。

5.5.3 安全文明施工与环境保护

1. 安全文明施工

1)安全生产要求

合同履行期间,合同当事人均应当遵守国家和工程所在地有关安全生产的要求,合同当事人有特别要求的,应在专用合同条款中明确施工项目安全生产标准化达标目标及相应事项。承包人有权拒绝发包人及监理人强令承包人违章作业、冒险施工的任何指示。

在施工过程中,如遇到突发的地质变动、事先未知的地下施工障碍等影响施工安全的紧急情况,承包人应及时报告监理人和发包人,发包人应当及时下令停工并报政府有关行政管理部门采取应急措施。

因安全生产需要暂停施工的,当事人按照约定执行。

2)安全生产保证措施

承包人应当按照有关规定编制安全技术措施或者专项施工方案,建立安全生产责任制度、治安保卫制度及安全生产教育培训制度,并按安全生产法律规定及合同约定履行安全职责,如实编制工程安全生产的有关记录,接受发包人、监理人及政府安全监督部门的检查与监督。

3)特别安全生产事项

承包人应按照法律规定进行施工,开工前做好安全技术交底工作,施工过程中做好各项安全防护措施。承包人为实施合同而雇用的特殊工种的人员应受过专门的培训并已取得政府有关管理机构颁发的上岗证书。

承包人在动力设备、输电线路、地下管道、密封防震车间、易燃易爆地段以及临街交通要道附近施工时,施工开始前应向发包人和监理人提出安全防护措施,经发包人认可后实施。

实施爆破作业,在放射、毒害性环境中施工(含储存、运输、使用)及使用毒害性、腐蚀性物品施工时,承包人应在施工前7天以书面通知发包人和监理人,并报送相应的安全防护措施,经发包人认可后实施。

需单独编制危险性较大分部分项专项工程施工方案的,及要求进行专家论证的超过一定规模的危险性较大的分部分项工程,承包人应及时编制和组织论证。

4)治安保卫

除专用合同条款另有约定外,发包人应与当地公安部门协商,在现场建立治安管理机构或联防组织,统一管理施工场地的治安保卫事项,履行合同工程的治安保卫职责。

发包人和承包人除应协助现场治安管理机构或联防组织维护施工场地的社会治安外,还应做好包括生活区在内的各自管辖区的治安保卫工作。

除专用合同条款另有约定外,发包人和承包人应在工程开工后7天内共同编制施工场地治安管理计划,并制订应对突发治安事件的紧急预案。在工程施工过程中,发生暴乱、爆炸等恐怖事件,以及群殴、械斗等群体性突发治安事件的,发包人和承包人应立即向当地政府报告。发包人和承包人应积极协助当地有关部门采取措施平息事态,防止事态扩大,尽量避免人员伤亡和财产损失。

5)文明施工

承包人在工程施工期间,应当采取措施保持施工现场平整,物料堆放整齐。工程所在地有关政府行政管理部门有特殊要求的,按照其要求执行。合同当事人对文明施工有其他要求的,可以在专用合同条款中明确。

在工程移交之前,承包人应当从施工现场清除承包人的全部工程设备、多余材料、垃圾和各种临时工程,并保持施工现场清洁、整齐。经发包人书面同意,承包人可在发包人指定的地点保留承包人履行保修期内的各项义务所需要的材料、施工设备和临时工程。

6)安全文明施工费

安全文明施工费由发包人承担,发包人不得以任何形式扣减该部分费用。若基准日期后合同所适用的法律或政府有关规定发生变化,增加的安全文明施工费由发包人承担。

承包人经发包人同意采取合同约定以外的安全措施所产生的费用,由发包人承担。未经发包人同意的,如果该措施避免了发包人的损失,则发包人在避免损失的额度内承担该措施费。如果该措施避免了承包人的损失,承包人承担该措施费。

除专用合同条款另有约定外,发包人应在开工后 28 天内预付安全文明施工费总额的 50%,其余部分与进度款同期支付。发包人逾期支付安全文明施工费超过 7 天的,承包人有权向发包人发出要求预付的催告通知,发包人收到通知后 7 天内仍未支付的,承包人有权暂停施工,并按发包人违约的情形执行。

承包人对安全文明施工费应专款专用,承包人应在财务账目中单独列项备查,不得挪作他用,否则发包人有权责令其限期改正;逾期未改正的,发包人可以责令其暂停施工,增加的费用和(或)延误的工期由承包人承担。

7) 紧急情况处理

在工程实施期间或缺陷责任期内发生危及工程安全的事件,监理人通知承包人进行抢救,承包人声明无能力或不愿立即执行的,发包人有权雇佣其他人员进行抢救。此类抢救按合同约定属于承包人义务的,增加的费用和(或)延误的工期由承包人承担。

8) 事故处理

工程施工过程中发生事故的,承包人应立即通知监理人,监理人应立即通知发包人。发包人和承包人应立即组织人员和设备进行紧急抢救和抢修,减少人员伤亡和财产损失,防止事故扩大,并保护事故现场。需要移动现场物品时,应做出标记和书面记录,妥善保管有关证据。发包人和承包人应按国家有关规定,及时、如实地向有关部门报告事故发生的情况,以及正在采取的紧急措施等。

9) 安全生产责任

(1) 发包人的安全责任。

发包人应负责赔偿以下各种情况造成的损失:

① 工程或工程的任何部分对土地的占用造成的第三者财产损失;

② 发包人原因在施工场地及其毗邻地带造成的第三者人身伤亡和财产损失;

③ 发包人原因对承包人、监理人造成的人员人身伤亡和财产损失;

④ 发包人原因造成的发包人自身人员的人身伤亡和财产损失。

(2) 承包人的安全责任。

承包人原因在施工场地内及其毗邻地带造成的发包人、监理人以及第三者人员伤亡和财产损失,由承包人负责赔偿。

2. 职业健康

1) 劳动保护

承包人应按照法律规定安排现场施工人员的劳动和休息时间,保障劳动者的休息时间,并支付合理的报酬和费用。承包人应依法为其雇用的人员办理必要的证件、许可、保险和注册等,承包人应督促其分包人为分包人雇用的人员办理必要的证件、许可、保险和注册等。

承包人应按照法律规定保障现场施工人员的劳动安全,并提供劳动保护,还应按国家有关劳动保护的规定,采取有效的防止粉尘,降低噪声,控制有害气体,保障高温、高寒、高空作业安全等劳动保护措施。承包人的雇佣人员在施工中受到伤害的,承包人应立即采取有效措施进行抢救和治疗。

承包人应按法律规定安排工作时间,保证其雇佣人员享有的休息和休假的权利。因工程施工的特殊需要占用休假日或延长工作时间的,应不超过法律规定的限度,并按法律规定给予补休或付酬。

2）生活条件

承包人应为其雇用的人员提供必要的膳宿条件和生活环境；承包人应采取有效措施预防传染病，保证施工人员的健康，并定期对施工现场、施工人员生活基地和工程进行防疫和卫生的专业检查和处理。远离城镇的施工场地，还应配备必要的伤病防治和急救的医务人员与医疗设施。

3）环境保护

承包人应在施工组织设计中列明环境保护的具体措施。在合同履行期间，承包人应采取合理措施保护施工现场环境，对施工作业过程中可能引起的大气、水、噪声以及固体废物污染采取具体可行的防范措施。

承包人应当承担因其原因引起的环境污染侵权损害赔偿责任，因上述环境污染引起纠纷而导致暂停施工的，增加的费用和（或）延误的工期由承包人承担。

5.5.4 施工进度管理

进度管理是施工合同管理的重要组成部分。发包人应当按时做好各项准备工作；承包人应当按照施工进度计划组织施工，在合同规定的工期内完成施工任务。监理人应当落实进度控制部门的人员、具体的控制任务和管理职能分工；承包人应当落实具体的进度控制人员，编制合理的施工进度计划，在工程进展全过程中，进行计划进度与实际进度的比较，对出现的偏差及时采取措施纠偏。《示范文本》通用条款对工期和进度的约定如下。

1. 施工组织设计

1）施工组织设计的内容

施工组织设计应包含以下内容：①施工方案；②施工现场平面布置图；③施工进度计划和保证措施；④劳动力及材料供应计划；⑤施工机械设备的选用；⑥质量保证体系及措施；⑦安全生产、文明施工措施；⑧环境保护、成本控制措施；⑨合同当事人约定的其他内容。

2）施工组织设计的提交和修改

除专用合同条款另有约定外，承包人应在合同签订后14天内，但至迟不得晚于开工通知载明的开工日期前7天，向监理人提交详细的施工组织设计，并由监理人报送发包人。除专用合同条款另有约定外，发包人和监理人应在监理人收到施工组织设计后7天内确认或提出修改意见。对发包人和监理人提出的合理意见和要求，承包人应自费修改完善。根据工程实际情况需要修改施工组织设计的，承包人应向发包人和监理人提交修改后的施工组织设计。

2. 施工进度计划的编制和修改

1）施工进度计划的编制

承包人应按照施工组织设计约定提交详细的施工进度计划，施工进度计划的编制应当符合国家法律规定和一般工程实践惯例，施工进度计划经发包人批准后实施。施工进度计划是控制工程进度的依据，发包人和监理人有权按照施工进度计划检查工程进度情况。

2）施工进度计划的修订

施工进度计划不符合合同要求或与工程的实际进度不一致的，承包人应向监理人提交修订的施工进度计划，并附具有关措施和相关资料，由监理人报送发包人。除专用合同条款另有约定外，发包人和监理人应在收到修订的施工进度计划后7天内完成审核和批准或提出修改意见。发包人和监理人对承包人提交的施工进度计划的确认，不能减轻或免除承包人根据法律规定和合同约定应承担的任何责任或义务。

3. 开工

1）开工准备

除专用合同条款另有约定外,承包人应按照施工组织设计约定的期限,向监理人提交工程开工报审表,经监理人报发包人批准后执行。开工报审表应详细说明按施工进度计划正常施工所需的施工道路、临时设施、材料、工程设备、施工设备、施工人员等落实情况以及工程的进度安排。除专用合同条款另有约定外,合同当事人应按约定完成开工准备工作。

2）开工通知

发包人应按照法律规定获得工程施工所需的许可。经发包人同意,监理人发出的开工通知应符合法律规定。监理人应在计划开工日期 7 天前向承包人发出开工通知,工期自开工通知中载明的开工日期起算。

除专用合同条款另有约定外,因发包人原因造成监理人未能在计划开工日期之日起 90 天内发出开工通知的,承包人有权提出价格调整要求,或者解除合同。发包人应当承担因此增加的费用和（或）延误的工期,并向承包人支付合理利润。

4. 测量放线

（1）除专用合同条款另有约定外,发包人应在至迟不晚于开工通知载明的开工日期前 7 天通过监理人向承包人提供测量基准点、基准线和水准点及其书面资料。发包人应对其提供的测量基准点、基准线和水准点及其书面资料的真实性、准确性和完整性负责。

承包人发现发包人提供的测量基准点、基准线和水准点及其书面资料存在错误或疏漏的,应及时通知监理人。监理人应及时报告发包人,并会同发包人和承包人进行核实。发包人应就如何处理和是否继续施工做出决定,并通知监理人和承包人。

（2）承包人负责施工过程中的全部施工测量放线工作,并配置具有相应资质的人员、合格的仪器、设备和其他物品。承包人应矫正工程的位置、标高、尺寸或准线中出现的任何差错,并对工程各部分的定位负责。

施工过程中对施工现场内水准点等测量标志物的保护工作由承包人负责。

5. 工期延误

1）因发包人原因导致工期延误

在合同履行过程中,因下列情况导致工期延误和（或）费用增加的,发包人承担延误的工期和（或）增加的费用,且发包人应支付承包人合理的利润:

① 发包人未能按合同约定提供图纸或所提供图纸不符合合同约定的;

② 发包人未能按合同约定提供施工现场、施工条件、基础资料、许可、批准等开工条件的;

③ 发包人提供的测量基准点、基准线和水准点及其书面资料存在错误或疏漏的;

④ 发包人未能在计划开工日期之日起 7 天内同意下达开工通知的;

⑤ 发包人未能按合同约定日期支付工程预付款、进度款或竣工结算款的;

⑥ 监理人未按合同约定发出指示、批准等文件的;

⑦ 专用合同条款中约定的其他情形。

因发包人原因未按计划开工日期开工的,发包人应按实际开工日期顺延竣工日期,确保实际工期不低于合同约定的工期总日历天数。因发包人原因导致工期延误需要修订施工进度计划的,按照施工进度计划的修订条款执行。

2）因承包人原因导致工期延误

因承包人原因导致工期延误的,可以在专用合同条款中约定逾期竣工违约金的计算方法和逾期竣工违约金的上限。承包人支付逾期竣工违约金后,不免除承包人继续完成工程及修补缺陷的义务。

6. 不利物质条件

不利物质条件是指有经验的承包人在施工现场遇到的不可预见的自然物质条件、非自然的物质障碍和污染物,包括地表以下物质条件和水文条件以及专用合同条款约定的其他情形,但不包括气候条件。

承包人遇到不利物质条件时,应采取克服不利物质条件的合理措施继续施工,并及时通知发包人和监理人。通知应载明不利物质条件的内容以及承包人认为不可预见的理由。监理人经发包人同意后应当及时发出指示,指示构成变更的,按变更约定执行。承包人因采取合理措施而增加的费用和(或)延误的工期由发包人承担。

7. 异常恶劣的气候条件

异常恶劣的气候条件是指在施工过程中遇到的,有经验的承包人在签订合同时不可预见的,对合同履行造成实质性影响的,但尚未构成不可抗力事件的恶劣气候条件。合同当事人可以在专用合同条款中约定异常恶劣的气候条件的具体情形。

承包人应采取克服异常恶劣的气候条件的合理措施继续施工,并及时通知发包人和监理人。监理人经发包人同意后应当及时发出指示,指示构成变更的,按变更约定办理。承包人因采取合理措施而增加的费用和(或)延误的工期由发包人承担。

8. 暂停施工

1) 发包人原因引起的暂停施工

因发包人原因引起暂停施工的,监理人经发包人同意后,应及时下达暂停施工指示。情况紧急且监理人未及时下达暂停施工指示的,按照紧急情况下的暂停施工条款执行。

因发包人原因引起的暂停施工,发包人应承担增加的费用和(或)延误的工期,并支付承包人合理的利润。

2) 承包人原因引起的暂停施工

因承包人原因引起的暂停施工,承包人应承担增加的费用和(或)延误的工期,且承包人在收到监理人复工指示后84天内仍未复工的,视为承包人违约的情形约定的承包人无法继续履行合同的情形。

3) 指示暂停施工

监理人认为有必要时,并经发包人批准后,可向承包人做出暂停施工的指示,承包人应按监理人指示暂停施工。

4) 紧急情况下的暂停施工

因紧急情况需暂停施工,且监理人未及时下达暂停施工指示的,承包人可先暂停施工,并及时通知监理人。监理人应在接到通知后24小时内发出指示,逾期未发出指示,视为同意承包人暂停施工。监理人不同意承包人暂停施工的,应说明理由,承包人对监理人的答复有异议时,按照争议解决约定处理。

5) 暂停施工后的复工

暂停施工后,发包人和承包人应采取有效措施积极消除暂停施工的影响。在工程复工前,监理人会同发包人和承包人确定暂停施工造成的损失,并确定工程复工条件。当工程具备复工条件时,监理人应经发包人批准后向承包人发出复工通知,承包人应按照复工通知的要求复工。

承包人无故拖延和拒绝复工的,承包人承担增加的费用和(或)延误的工期;因发包人原因无法按时复工的,当事人按照因发包人原因导致工期延误条款的约定办理。

6) 暂停施工持续 56 天以上

监理人发出暂停施工指示后 56 天内未向承包人发出复工通知,除该项停工属于承包人原因引起的暂停施工及不可抗力约定的情形外,承包人可向发包人提交书面通知,要求发包人在收到书面通知后 28 天内准许已暂停施工的部分或全部工程继续施工。发包人逾期不予批准的,则承包人可以通知发包人,将工程受影响的部分视为按变更的范围的可取消工作。

暂停施工持续 84 天以上不复工的,且不属于承包人原因引起的暂停施工及不可抗力约定的情形,并影响整个工程以及合同目的实现的,承包人有权提出价格调整要求,或者解除合同。解除合同的,按照因发包人违约解除合同执行。

7) 暂停施工期间的工程照管

暂停施工期间,承包人应负责妥善照管工程并提供安全保障,增加的费用由责任方承担。

8) 暂停施工的措施

暂停施工期间,发包人和承包人均应采取必要的措施确保工程质量及安全,防止因暂停施工扩大损失。

9. 提前竣工

(1) 发包人要求承包人提前竣工的,发包人应通过监理人向承包人下达提前竣工指示,承包人应向发包人和监理人提交提前竣工建议书,提前竣工建议书应包括实施的方案、缩短的时间、增加的合同价格等内容。发包人接受该提前竣工建议书的,监理人应与发包人和承包人协商采取加快工程进度的措施,并修订施工进度计划,增加的费用由发包人承担。承包人认为提前竣工指示无法执行的,应向监理人和发包人提出书面异议,发包人和监理人应在收到异议后 7 天内予以答复。任何情况下,发包人不得压缩合理工期。

(2) 发包人要求承包人提前竣工,或承包人提出提前竣工的建议能够给发包人带来效益的,合同当事人可以在专用合同条款中约定提前竣工的奖励。

5.5.5 工程计量与支付管理

1. 预付款的支付和担保

1) 预付款的支付

预付款的支付按照专用合同条款的约定执行,但至迟应在开工通知载明的开工日期 7 天前支付。预付款应当用于材料、工程设备、施工设备的采购,修建临时工程,组织施工队伍进场等。

除专用合同条款另有约定外,预付款在进度付款中同比例扣回。在颁发工程接收证书前,提前解除合同的,尚未扣完的预付款应与合同价款一并结算。

发包人逾期支付预付款超过 7 天的,承包人有权向发包人发出要求预付的催告通知,发包人收到通知后 7 天内仍未支付的,承包人有权暂停施工,并按发包人违约的情形执行。

2) 预付款的担保

发包人要求承包人提供预付款担保的,承包人应在发包人支付预付款 7 天前提供预付款担保,专用合同条款另有约定的除外。预付款担保可采用银行保函、担保公司担保等形式,具体形式由合同当事人在专用合同条款中约定。在预付款完全扣回之前,承包人应保证预付款担保持续有效。

发包人在工程款中逐期扣回预付款后,预付款担保额度应相应减少,但剩余的预付款担保金额不得低于未被扣回的预付款金额。

2. 工程量计量

1)计量原则

工程量计量按照合同约定的工程量计算规则、图纸及变更指示等进行计量。工程量计算规则应以相关的国家标准、行业标准等为依据,由合同当事人在专用合同条款中约定。

2)计量周期

除专用合同条款另有约定外,工程量计量按月进行。

3)单价合同的计量

除专用合同条款另有约定外,单价合同的计量按照本项约定执行。

(1)承包人应于每月25日向监理人报送上月20日至当月19日已完成的工程量报告,并附具进度付款申请单、已完成工程量报表和有关资料。

(2)监理人应在收到承包人提交的工程量报告后7天内完成对承包人提交的工程量报表的审核并报送发包人,以确定当月实际完成的工程量。监理人对工程量有异议的,有权要求承包人进行共同复核或抽样复测。承包人应协助监理人进行复核或抽样复测,并按监理人要求提供补充计量资料。承包人未按监理人要求参加复核或抽样复测的,监理人复核或修正的工程量视为承包人实际完成的工程量。

(3)监理人未在收到承包人提交的工程量报表后的7天内完成审核的,承包人报送的工程量报告中的工程量视为承包人实际完成的工程量,据此计算工程价款。

4)总价合同的计量

除专用合同条款另有约定外,按月计量支付的总价合同,按照本项约定执行。

(1)承包人应于每月25日向监理人报送上月20日至当月19日已完成的工程量报告,并附具进度付款申请单、已完成工程量报表和有关资料。

(2)监理人应在收到承包人提交的工程量报告后7天内完成对承包人提交的工程量报表的审核并报送发包人,以确定当月实际完成的工程量。监理人对工程量有异议的,有权要求承包人进行共同复核或抽样复测。承包人应协助监理人进行复核或抽样复测并按监理人要求提供补充计量资料。承包人未按监理人要求参加复核或抽样复测的,监理人审核或修正的工程量视为承包人实际完成的工程量。

(3)监理人未在收到承包人提交的工程量报表后的7天内完成复核的,承包人提交的工程量报告中的工程量视为承包人实际完成的工程量。

总价合同采用支付分解表计量支付的,可以按照总价合同的计量约定进行计量,但合同价款按照支付分解表进行支付。

3. 工程进度款支付

1)付款周期

除专用合同条款另有约定外,付款周期应按照计量周期的约定与计量周期保持一致。

2)进度付款申请单的编制

除专用合同条款另有约定外,进度付款申请单应包括下列内容:

① 截至本次付款周期已完成工作对应的金额;

② 根据变更条款应增加和扣减的变更金额;

③ 根据预付款条款约定应支付的预付款和扣减的返还预付款;

④ 根据质量保证金条款约定应扣减的质量保证金;

⑤ 根据索赔条款应增加和扣减的索赔金额;

⑥ 对已签发的进度款支付证书中出现错误的修正,应在本次进度付款中支付或扣除的金额;

⑦ 根据合同约定应增加和扣减的其他金额。

3)进度付款申请单的提交

(1)单价合同进度付款申请单的提交。

单价合同的进度付款申请单,按照单价合同的计量条款约定的时间按月向监理人提交,并附上已完成工程量报表和有关资料。单价合同中的总价项目按月进行支付分解,并汇总列入当期进度付款申请单。

(2)总价合同进度付款申请单的提交。

总价合同按月计量支付的,承包人按照总价合同的计量条款约定的时间按月向监理人提交进度付款申请单,并附上已完成工程量报表和有关资料。总价合同按支付分解表支付的,承包人应按照支付分解表及进度付款申请单的编制的约定向监理人提交进度付款申请单。

4)进度款审核和支付

(1)除专用合同条款另有约定外,监理人应在收到承包人进度付款申请单以及相关资料后7天内完成审查并报送发包人,发包人应在收到后7天内完成审批并签发进度款支付证书。发包人逾期未完成审批且未提出异议的,视为已签发进度款支付证书。

发包人和监理人对承包人的进度付款申请单有异议的,有权要求承包人修正和提供补充资料,承包人应提交修正后的进度付款申请单。监理人应在收到承包人修正后的进度付款申请单及相关资料后7天内完成审查并报送发包人,发包人应在收到监理人报送的进度付款申请单及相关资料后7天内,向承包人签发无异议部分的临时进度款支付证书。存在争议的部分,按照争议解决的约定处理。

(2)除专用合同条款另有约定外,发包人应在进度款支付证书或临时进度款支付证书签发后14天内完成支付,发包人逾期支付进度款的,应按照中国人民银行发布的同期同类贷款基准利率支付违约金。

(3)发包人签发进度款支付证书或临时进度款支付证书,不表明发包人已同意、批准或接受承包人完成的相应部分的工作。

5)进度付款的修正

在对已签发的进度款支付证书进行阶段汇总和复核中发现错误、遗漏或重复的,发包人和承包人均有权提出修正申请。经发包人和承包人同意的修正,应在下期进度付款中支付或扣除。

6)支付分解表

(1)支付分解表的编制要求。

支付分解表中所列的每期付款金额,应为进度付款申请单的编制中的估算金额;实际进度与施工进度计划不一致的,合同当事人可按照商定或确定条款修改支付分解表;不采用支付分解表的,承包人应向发包人和监理人提交按季度编制的支付估算分解表,用于支付参考。

(2)总价合同支付分解表的编制与审批。

除专用合同条款另有约定外,承包人应根据施工进度计划约定的施工进度计划、签约合同价和工程量等因素对总价合同按月进行分解,编制支付分解表。承包人应当在收到监理人和发包人批准的施工进度计划后7天内,将支付分解表及编制支付分解表的支持性资料报送监理人。

监理人应在收到支付分解表后7天内完成审核并报送发包人。发包人应在收到经监理人审核的支付分解表后7天内完成审批,经发包人批准的支付分解表为有约束力的支付分解表。

发包人逾期未完成支付分解表审批的,也未及时要求承包人进行修正和提供补充资料的,则承包人提交的支付分解表视为已经获得发包人批准。

(3)单价合同的总价项目支付分解表的编制与审批。

除专用合同条款另有约定外,单价合同的总价项目,由承包人根据施工进度计划和总价项目的总价构成、费用性质、计划发生时间和相应工程量等因素按月进行分解,形成支付分解表,其编制与审批参照总价合同支付分解表的编制与审批执行。

7)支付账户

发包人应将合同价款支付至合同协议书中约定的承包人账户。

5.5.6 施工合同的变更管理

1. 工程变更的概念及性质

工程变更一般是指在工程施工过程中,根据合同的约定对施工的程序、工程的数量、质量要求及标准等做出的变更。

工程变更是一种特殊的合同变更。合同变更是指合同成立后、履行完毕前,双方当事人依法对原合同的内容进行的修改。但工程变更与一般合同变更存在一定的差异。一般合同变更的协商,发生在履约过程中合同内容变更之时。工程变更比较特殊:双方在合同中已经授予工程师进行工程变更的权利,但对变更工程的价款最多只能做原则性的约定;在施工过程中,工程师直接行使合同赋予的权利发出工程变更指令,根据合同约定,承包人应该先行实施该指令,此后,双方可对变更工程的价款进行协商。

2. 合同变更的原因

合同变更的原因通常有以下几个方面。

1)工程范围发生变化

(1)业主新的指令,对建筑新的要求,要求增加或删减某些项目、改变质量标准,项目用途发生变化;

(2)政府部门对工程项目有新的要求,如国家计划变化、环境保护要求、城市规划变动等。

2)设计变更

设计变更是指在工程施工合同履约过程中,由工程不同参与方提出,最终由设计单位以设计变更,或设计补充文件形式发出的工程变更指令。设计变更的内容很广泛,是工程变更的主体内容。

3)施工条件变化

施工条件变化指在施工中遇到的实际现场条件同招标文件中的描述有本质的差异,或发生不可抗力等,即预定的工程条件不准确,如业主未能按合同约定提供必需的施工条件。

4)合同实施过程中出现的问题

合同实施过程中出现的问题主要包括业主未及时交付设计图纸,未按规定交付现场、水、电、道路；由于产生新的技术和知识，有必要改变原实施方案；业主或监理工程师的指令改变了原合同规定的施工顺序，打乱了施工部署等。

3.《示范文本》通用条款对工程变更的规定

1）变更的范围

除专用合同条款另有约定外，合同履行过程中发生以下情形的，应按照本条约定进行变更：

① 增加或减少合同中任何工作，或追加额外的工作；

② 取消合同中任何工作，但转由他人实施的工作除外；

③ 改变合同中任何工作的质量标准或其他特性；

④ 改变工程的基线、标高、位置和尺寸；

⑤ 改变工程的时间安排或实施顺序。

2）变更权

发包人和监理人均可以提出变更。变更指示均通过监理人发出，监理人发出变更指示前应征得发包人同意。承包人收到经发包人签认的变更指示后，方可实施变更。未经许可，承包人不得擅自对工程的任何部分进行变更。涉及设计变更的，应由设计人提供变更后的图纸和说明。如变更超过原设计标准或批准的建设规模时，发包人应及时办理规划、设计变更等审批手续。

3）变更程序

（1）发包人提出变更。发包人提出变更的，应通过监理人向承包人发出变更指示，变更指示应说明计划变更的工程范围和变更的内容。

（2）监理人提出变更建议。监理人提出变更建议的，需要向发包人以书面形式提出变更计划，说明计划变更的工程范围和变更的内容、理由，以及实施该变更对合同价格和工期的影响。发包人同意变更的，监理人向承包人发出变更指示。发包人不同意变更的，监理人无权擅自发出变更指示。

（3）变更执行。承包人收到监理人下达的变更指示后，如果认为不能执行，应立即提出不能执行该变更指示的理由。承包人认为可以执行变更的，应当书面说明实施该变更指示对合同价格和工期的影响，且合同当事人应当按照变更估价的约定确定变更估价。

4）变更估价

（1）变更估价原则。除专用合同条款另有约定外，变更估价按照本款约定处理。

① 已标价工程量清单或预算书有相同项目的，按照相同项目单价认定；

② 已标价工程量清单或预算书中无相同项目，但有类似项目的，参照类似项目的单价认定；

③ 变更导致实际完成的变更工程量与已标价工程量清单或预算书中列明的该项目工程量的变化幅度超过15％的，或已标价工程量清单或预算书中无相同项目及类似项目单价的，按照合理的成本与利润构成的原则，由合同当事人商定或确定变更工作的单价。

（2）变更估价程序。承包人应在收到变更指示后14天内，向监理人提交变更估价申请。监理人应在收到承包人提交的变更估价申请后7天内审查完毕并报送发包人。监理人对变更估价申请有异议时，通知承包人修改后重新提交。发包人应在承包人提交变更估价申请后14天内审批完毕。发包人逾期未完成审批或未提出异议的，视为认可承包人提交的变更估价申请。因变更引起的价格调整应计入最近一期的进度款中支付。

5）承包人的合理化建议

承包人提出合理化建议的，应向监理人提交合理化建议说明，说明建议的内容和理由，以及实施该建议对合同价格和工期的影响。除专用合同条款另有约定外,监理人应在收到承包人提交的合理化建议后 7 天内审查完毕并报送发包人,发现其中存在技术上的缺陷,应通知承包人修改。发包人应在收到监理人报送的合理化建议后 7 天内审批完毕。合理化建议经发包人批准的,监理人应及时发出变更指示,引起的合同价格调整按照变更估价条款约定执行。发包人不同意变更的,监理人应书面通知承包人。合理化建议降低了合同价格或者提高了工程经济效益的,发包人可对承包人进行奖励,奖励的方法和金额在专用合同条款中约定。

6) 变更引起的工期调整

因变更引起工期变化的,由合同当事人参考工程所在地的工期定额标准商定或确定增减工期天数。

7) 暂估价

暂估价中专业分包工程、服务、材料和工程设备的明细由合同当事人在专用合同条款中约定。

8) 暂列金额

暂列金额应按照发包人的要求使用,发包人的要求应通过监理人发出。合同当事人可以在专用合同条款中协商确定有关事项。

9) 计日工

需要采用计日工方式的,经发包人同意后,监理人通知承包人以计日工计价方式实施相应的工作,其价款按列入已标价工程量清单或预算书中的计日工计价项目及其单价进行计算。已标价工程量清单或预算书中无相应的计日工单价的,根据合理的成本与利润构成的原则,合同当事人按照商定或确定条款确定计日工的单价。

采用计日工计价的任何一项工作,承包人应在该项工作实施过程中,每天提交以下报表和有关凭证报送监理人审查:

① 工作名称、内容和数量;
② 投入该工作的所有人员的姓名、专业、工种、级别和耗用工时;
③ 投入该工作的材料类别和数量;
④ 投入该工作的施工设备型号、台数和耗用台时;
⑤ 其他有关资料和凭证。

计日工由承包人汇总后,列入最近一期进度付款申请单,由监理人审查并经发包人批准后列入进度付款。

案例 5-7

某群体工程,主楼地下二层,地上八层,总建筑面积为 26 800 m²,现浇钢筋混凝土框剪结构。建设单位与施工单位按照《建设工程施工合同(示范文本)》(GF—2017—0201)签订了施工合同。合同履行过程中,发生了下列事件。

事件 1:施工中发现地质情况与地质勘察报告不符,施工单位提出工程变更申请。项目监理机构审查后,认为该工程变更涉及设计文件修改,在提出审查意见后将工程变更申请报送原设计单位修改了设计文件。

事件 2:监理工程师在工程实施过程中发现施工单位人员不到位等原因导致工期滞后,工程的实际进度与施工单位开工前提交的进度计划不一致,遂要求施工单位立即进行赶工并提交赶工计划和措施。施工单位以开工前提交的进度计划已通过监理单位和发包人的同意为由,要求赶工费用。

问题：(1)指出事件 1 中项目监理工程师做法的不妥之处,写出正确的处理程序。

(2)事件 2 中,监理工程师的做法有何不妥? 说明正确的做法。施工单位的做法是否正确?

解析

(1)监理机构直接报送设计单位修改设计文件的做法不妥。监理人应审查施工单位提出的工程变更申请,提出审查意见。涉及工程设计文件修改的工程变更,应由建设单位转交原设计单位修改工程设计文件。必要时,项目监理机构应建议建设单位组织设计、施工等单位召开论证工程设计文件的修改方案的专题会议。

(2)监理工程师不应立即要求施工单位进行赶工。监理人应通知施工单位编制修订后的进度计划或赶工措施,除专用合同条款另有约定外,发包人和监理人应在收到修订的施工进度计划后 7 天内完成审核和批准或提出修改意见。施工单位根据批准的赶工措施或修订后的进度计划进行施工。

施工单位的做法不正确。发包人和监理人对承包人提交的施工进度计划的确认,不能减轻或免除承包人根据法律规定和合同约定应承担的任何责任或义务。由于自身原因带来的工期滞后,承包人无法要求发包人支付赶工费用。

5.5.7 不可抗力

1. 不可抗力的确认

不可抗力是指合同当事人在签订合同时不可预见,在合同履行过程中不可避免且不能克服的自然灾害和社会性突发事件,如地震、海啸、瘟疫、骚乱、戒严、暴动、战争和专用合同条款中约定的其他情形。

不可抗力发生后,发包人和承包人应收集证明不可抗力发生及不可抗力造成损失的证据,并及时认真统计造成的损失。合同当事人对是否属于不可抗力或其损失的意见不一致的,监理人按约定处理。发生争议时,当事人按争议解决条款的约定处理。

2. 不可抗力的通知

合同一方当事人遇到不可抗力事件,使其履行合同义务受到阻碍时,应立即通知合同另一方当事人和监理人,书面说明不可抗力和受阻碍的详细情况,以减轻可能给对方造成的损失并应当在合理期限内提供证明。

不可抗力持续发生的,合同一方当事人应及时向合同另一方当事人和监理人提交中间报告,说明不可抗力和履行合同受阻的情况,并于不可抗力事件结束后 28 天内提交最终报告及有关资料。

3. 不可抗力后果的承担

不可抗力引起的后果及造成的损失由合同当事人按照法律规定及合同约定各自承担。不可抗力发生前已完成的工程应当按照合同约定进行计量支付。

不可抗力导致的人员伤亡、财产损失、费用增加和(或)工期延误等后果,由合同当事人按以下原则承担:

① 永久工程、已运至施工现场的材料和工程设备的损坏,以及因工程损坏造成的第三方人

员伤亡和财产损失由发包人承担；

② 承包人施工设备的损坏由承包人承担；

③ 发包人和承包人承担各自人员伤亡和财产的损失；

④ 因不可抗力影响承包人履行合同约定的义务，已经引起或将引起工期延误的，应当顺延工期，承包人停工的费用损失由发包人和承包人合理分担，停工期间必须支付的工人工资由发包人承担；

⑤ 因不可抗力引起或将引起工期延误，发包人要求赶工的，增加的赶工费用由发包人承担；

⑥ 承包人在停工期间按照发包人的要求照管、清理和修复工程的费用由发包人承担。

不可抗力发生后，合同当事人均应采取适当措施避免和减少损失的扩大，任何一方当事人没有采取有效措施导致损失扩大的，应对扩大的损失承担责任。

因合同一方迟延履行合同义务，在迟延履行期间遭遇不可抗力的，不免除其违约责任。

4. 因不可抗力解除合同

因不可抗力导致合同无法履行连续超过 84 天或累计超过 140 天的，发包人和承包人均有权解除合同。合同解除后，双方当事人按照商定或确定条款确定发包人应支付的款项，该款项包括：

① 合同解除前承包人已完成工作的价款；

② 承包人为工程订购的并已交付给承包人，或承包人有责任接受交付的材料、工程设备和其他物品的价款；

③ 发包人要求承包人退货或解除订货合同而产生的费用，或因不能退货或解除合同而产生的损失；

④ 承包人撤离施工现场以及遣散承包人人员的费用；

⑤ 按照合同约定在合同解除前应支付给承包人的其他款项；

⑥ 扣减承包人按照合同约定应向发包人支付的款项；

⑦ 双方商定或确定的其他款项。

除专用合同条款另有约定外，合同解除后，发包人应在商定或确定上述款项后 28 天内完成上述款项的支付。

5.5.8　验收与工程试车

1. 分部分项工程验收

分部分项工程质量应符合国家的工程施工验收规范、标准及合同约定，承包人应按照施工组织设计的要求完成分部分项工程施工。

除专用合同条款另有约定外，分部分项工程经承包人自检合格并具备验收条件的，承包人应提前 48 小时通知监理人进行验收。监理人不能按时进行验收的，应在验收前 24 小时向承包人提交书面延期要求，但延期不能超过 48 小时。监理人未按时进行验收，也未提出延期要求的，承包人有权自行验收，监理人应认可验收结果。分部分项工程未经验收的，不得进入下一道工序。分部分项工程的验收资料应当作为竣工资料的组成部分。

2．竣工验收

1）竣工验收条件

工程具备以下条件的，承包人可以申请竣工验收：

① 除发包人同意的甩项工作和缺陷修补工作外，合同范围内的全部工程以及有关工作，包括合同要求的试验、试运行以及检验均已完成，并符合合同要求；

② 已按合同约定编制了甩项工作和缺陷修补工作清单以及相应的施工计划；

③ 已按合同约定的内容和份数备齐竣工资料。

2）竣工验收程序

除专用合同条款另有约定外，承包人申请竣工验收的，应当按照以下程序进行验收。

（1）承包人向监理人报送竣工验收申请报告，监理人应在收到竣工验收申请报告后14天内完成审查并报送发包人。监理人审查后认为尚不具备验收条件的，应通知承包人在竣工验收前承包人还需完成的工作内容，承包人应在完成监理人通知的全部工作内容后，再次提交竣工验收申请报告。

（2）监理人审查后认为已具备竣工验收条件的，应将竣工验收申请报告提交发包人，发包人应在收到经监理人审核的竣工验收申请报告后28天内审批完毕并组织监理人、承包人、设计人等相关单位完成竣工验收。

（3）竣工验收合格的，发包人应在验收合格后14天内向承包人签发工程接收证书。发包人无正当理由逾期不颁发工程接收证书的，自验收合格后第15天起视为已颁发工程接收证书。

（4）竣工验收不合格的，监理人应按照验收意见发出指示，要求承包人对不合格工程进行返工、修复或采取其他补救措施，增加的费用和（或）延误的工期由承包人承担。承包人在完成不合格工程的返工、修复或采取其他补救措施后，应重新提交竣工验收申请报告，并按本项约定的程序重新进行验收。

（5）工程未经验收或验收不合格，发包人擅自使用的，应在转移占有工程后7天内向承包人颁发工程接收证书；发包人无正当理由逾期不颁发工程接收证书的，自转移占有后第15天起视为已颁发工程接收证书。

除专用合同条款另有约定外，发包人不按照本项约定组织竣工验收、颁发工程接收证书的，每逾期一天，应以签约合同价为基数，按照中国人民银行发布的同期同类贷款基准利率支付违约金。

3）竣工日期

工程经竣工验收合格的，以承包人提交竣工验收申请报告之日为实际竣工日期，并在工程接收证书中载明；因发包人原因，未在监理人收到承包人提交的竣工验收申请报告42天内完成竣工验收，或完成竣工验收不签发工程接收证书的，以提交竣工验收申请报告的日期为实际竣工日期；工程未经竣工验收，发包人擅自使用的，以转移占有工程之日为实际竣工日期。

4）拒绝接收全部或部分工程

对于竣工验收不合格的工程，承包人完成整改后，应当重新进行竣工验收，经重新组织验收仍不合格的且无法采取措施补救的，则发包人可以拒绝接收不合格工程，因不合格工程导致其他工程不能正常使用的，承包人应采取措施确保相关工程的正常使用，增加的费用和（或）延误的工期由承包人承担。

5）移交、接收全部与部分工程

除专用合同条款另有约定外，合同当事人应当在颁发工程接收证书后 7 天内完成工程的移交。

发包人无正当理由不接收工程的，发包人自应当接收工程之日起，承担工程照管、成品保护、保管等与工程有关的各项费用，合同当事人可以在专用合同条款中另行约定发包人逾期接收工程的违约责任。

承包人无正当理由不移交工程的，承包人应承担工程照管、成品保护、保管等与工程有关的各项费用，合同当事人可以在专用合同条款中另行约定承包人无正当理由不移交工程的违约责任。

3．工程试车

1）试车程序

工程需要试车的，除专用合同条款另有约定外，试车内容应与承包人承包范围相一致，试车费用由承包人承担。工程试车应按如下程序进行。

（1）具备单机无负荷试车条件，承包人组织试车，并在试车前 48 小时书面通知监理人，通知中应载明试车内容、时间、地点。承包人准备试车记录，发包人根据承包人要求为试车提供必要条件。试车合格的，监理人在试车记录上签字。监理人在试车合格后不在试车记录上签字，试车结束满 24 小时后视为监理人已经认可试车记录，承包人可继续施工或办理竣工验收手续。

监理人不能按时参加试车，应在试车前 24 小时以书面形式向承包人提出延期要求，但延期不能超过 48 小时，因此导致工期延误的，工期应予以顺延。监理人未能在前述期限内提出延期要求，又不参加试车的，视为认可试车记录。

（2）具备无负荷联动试车条件，发包人组织试车，并在试车前 48 小时以书面形式通知承包人。通知中应载明试车内容、时间、地点和对承包人的要求，承包人按要求做好准备工作。试车合格，合同当事人在试车记录上签字。承包人无正当理由不参加试车的，视为认可试车记录。

2）试车中的责任

因设计原因导致试车达不到验收要求，发包人应要求设计人修改设计，承包人按修改后的设计重新安装。发包人承担修改设计、拆除及重新安装的全部费用，工期顺延。因承包人原因导致试车达不到验收要求，承包人按监理人要求重新安装和试车，并承担重新安装和试车的费用，工期不顺延。

因工程设备制造原因导致试车达不到验收要求的，由采购该工程设备的合同当事人负责重新购置或修理，承包人负责拆除和重新安装，增加的修理、重新购置、拆除、重新安装的费用及延误的工期由采购该工程设备的合同当事人承担。

3）投料试车

如需进行投料试车，发包人应在工程竣工验收后组织投料试车。发包人要求在工程竣工验收前进行或需要承包人配合时，应征得承包人同意，并在专用合同条款中约定有关事项。

投料试车合格的，费用由发包人承担；因承包人原因造成投料试车不合格的，承包人应按照发包人的要求进行整改，由此产生的整改费用由承包人承担；非因承包人原因导致投料试车不合格的，如果发包人要求承包人进行整改，产生的费用由发包人承担。

4．提前交付单位工程的验收

发包人需要在工程竣工前使用单位工程的，或承包人提出提前交付已经竣工的单位工程且经发包人同意的,可进行单位工程验收,验收的程序按照竣工验收条款的约定进行。验收合格后,监理人向承包人出具经发包人签认的单位工程接收证书。已签发单位工程接收证书的单位工程由发包人负责照管。单位工程的验收成果和结论作为整体工程竣工验收申请报告的附件。

发包人要求在工程竣工前交付单位工程导致承包人费用增加和(或)工期延误的,发包人承担增加的费用和(或)延误的工期,并支付承包人合理的利润。

5. 施工期运行

施工期运行是指合同工程尚未全部竣工,其中某项或某几项单位工程或工程设备安装已竣工,根据专用合同条款约定,需要投入施工期运行的,经发包人按提前交付单位工程的验收条款的约定验收合格,证明能确保安全后,在施工期投入运行。

在施工期运行中发现工程或工程设备损坏或存在缺陷的,承包人按缺陷责任期条款约定进行修复。

6. 竣工退场

颁发工程接收证书后,承包人应按以下要求对施工现场进行清理:

① 施工现场内残留的垃圾已全部清除出场;

② 临时工程已拆除,场地已进行清理、平整或复原;

③ 按合同约定应撤离的人员、承包人施工设备和剩余的材料,包括废弃的施工设备和材料,已按计划撤离施工现场;

④ 施工现场周边及其附近道路、河道的施工堆积物,已全部清理;

⑤ 施工现场其他场地清理工作已全部完成。

施工现场的竣工退场费用由承包人承担。承包人应在专用合同条款约定的期限内完成竣工退场,逾期未完成的,发包人有权出售或另行处理承包人遗留的物品,支出的费用由承包人承担,发包人出售承包人遗留物品所得款项在扣除必要费用后应返还承包人。

承包人应按发包人的要求恢复临时占地及清理场地,承包人未按发包人的要求恢复临时占地,或者场地清理未达到合同约定要求的,发包人有权委托其他人恢复或清理,产生的费用由承包人承担。

5.5.9 竣工结算

1. 竣工结算申请

除专用合同条款另有约定外,承包人应在工程竣工验收合格后 28 天内向发包人和监理人提交竣工结算申请单,并提交完整的结算资料,竣工结算申请单的资料清单和份数等要求由合同当事人在专用合同条款中约定。

除专用合同条款另有约定外,竣工结算申请单应包括以下内容:

① 竣工结算合同价格;

② 发包人已支付承包人的款项;

③ 应扣留的质量保证金,已缴纳履约保证金的或提供其他工程质量担保方式的除外;

④ 发包人应支付承包人的合同价款。

2．竣工结算审核

（1）除专用合同条款另有约定外，监理人应在收到竣工结算申请单后14天内完成核查并报送发包人。发包人应在收到监理人提交的经审核的竣工结算申请单后14天内完成审批，监理人向承包人签发经发包人签认的竣工付款证书。监理人或发包人对竣工结算申请单有异议的，有权要求承包人进行修正和提供补充资料，承包人应提交修正后的竣工结算申请单。

发包人在收到承包人提交的竣工结算申请书后28天内未完成审批且未提出异议的，视为发包人认可承包人提交的竣工结算申请单，并自发包人收到承包人提交的竣工结算申请单后第29天起视为已签发竣工付款证书。

（2）除专用合同条款另有约定外，发包人应在签发竣工付款证书后的14天内，完成对承包人的竣工付款。发包人逾期支付的，按照中国人民银行发布的同期同类贷款基准利率支付违约金；逾期支付超过56天的，按照中国人民银行发布的同期同类贷款基准利率的两倍支付违约金。

（3）承包人对发包人签认的竣工付款证书有异议的，对于有异议部分应在收到发包人签认的竣工付款证书后7天内提出异议，并由合同当事人按照专用合同条款约定的方式和程序进行复核，或按照争议解决条款的约定处理。对于无异议部分，发包人应签发临时竣工付款证书，并按规定完成付款。承包人逾期未提出异议的，视为认可发包人的审批结果。

3．甩项竣工协议

发包人要求甩项竣工的，合同当事人应签订甩项竣工协议。合同当事人应在甩项竣工协议中明确，按照竣工结算申请及竣工结算审核的约定，对已完合格工程进行结算，并支付相应合同价款。

4．最终结清

1）最终结清申请单

（1）除专用合同条款另有约定外，承包人应在缺陷责任期终止证书颁发后7天内，按专用合同条款约定的份数向发包人提交最终结清申请单，并提供相关证明材料。

除专用合同条款另有约定外，最终结清申请单应列明质量保证金、应扣除的质量保证金、缺陷责任期内发生的增减费用。

（2）发包人对最终结清申请单内容有异议的，有权要求承包人进行修正和提供补充资料，承包人应向发包人提交修正后的最终结清申请单。

2）最终结清证书和支付

（1）除专用合同条款另有约定外，发包人应在收到承包人提交的最终结清申请单后14天内完成审批并向承包人颁发最终结清证书。发包人逾期未完成审批，又未提出修改意见的，视为发包人同意承包人提交的最终结清申请单，且自发包人收到承包人提交的最终结清申请单后15天起视为已颁发最终结清证书。

（2）除专用合同条款另有约定外，发包人应在颁发最终结清证书后7天内完成支付。发包人逾期支付的，按照中国人民银行发布的同期同类贷款基准利率支付违约金；逾期支付超过56天的，按照中国人民银行发布的同期同类贷款基准利率的两倍支付违约金。

（3）承包人对发包人颁发的最终结清证书有异议的，按争议解决条款的约定办理。

5.5.10 缺陷责任与保修

1. 缺陷责任期

缺陷责任期是指承包人按照合同约定承担缺陷修复义务,且发包人预留质量保证金(已缴纳履约保证金的除外)的期限,自工程通过竣工验收之日起计算,合同当事人应在专用合同条款中约定缺陷责任期的具体期限,但该期限最长不超过24 个月。

缺陷责任与保修

单位工程先于全部工程进行验收,经验收合格并交付使用的,该单位工程的缺陷责任期自单位工程验收合格之日起算。因承包人原因导致工程无法按合同约定期限进行竣工验收的,缺陷责任期从实际通过竣工验收之日起计算。因发包人原因导致工程无法按合同约定期限进行竣工验收的,在承包人提交竣工验收报告 90 天后,工程自动进入缺陷责任期;发包人未经竣工验收擅自使用工程的,缺陷责任期自工程转移占有之日起开始计算。

缺陷责任期内,由承包人原因造成的缺陷,承包人应负责维修,并承担鉴定及维修费用。如果承包人不维修也不承担费用,发包人可按合同约定从质量保证金或银行保函中扣除,费用超出保证金额的,发包人可按合同约定向承包人进行索赔。承包人维修并承担相应费用后,不免除对工程的损失赔偿责任。发包人有权要求承包人延长缺陷责任期,并应在原缺陷责任期届满前发出延长通知。但缺陷责任期(含延长部分)最长不能超过 24 个月。由他人原因造成的缺陷,发包人负责组织维修,承包人不承担费用,且发包人不得从保证金中扣除费用。

任何一项缺陷或损坏修复后,经检查证明其影响了工程或工程设备的使用性能,承包人应重新进行合同约定的试验和试运行,试验和试运行的全部费用应由责任方承担。

除专用合同条款另有约定外,承包人应于缺陷责任期届满后 7 天内向发包人发出缺陷责任期届满通知,发包人应在收到缺陷责任期届满通知后 14 天内核实承包人是否履行缺陷修复义务,承包人未能履行缺陷修复义务的,发包人有权扣除相应金额的维修费用。发包人应在收到缺陷责任期届满通知后 14 天内,向承包人颁发缺陷责任期终止证书。

2. 质量保证金

质量保证金是指按照约定,承包人用于保证其在缺陷责任期内履行缺陷修补义务的担保。经合同当事人协商一致扣留质量保证金的,应在专用合同条款中予以明确。在工程项目竣工前,承包人已经提供履约担保的,发包人不得同时预留工程质量保证金。

1)承包人提供质量保证金的方式

承包人提供质量保证金的方式有质量保证金保函、相应比例的工程款、双方约定的其他方式。除专用合同条款另有约定外,质量保证金原则上采用质量保证金保函的方式。

2)质量保证金的扣留

质量保证金的扣留有以下三种方式:

① 在支付工程进度款时逐次扣留,在此情形下,质量保证金的计算基数不包括预付款的支付、扣回以及价格调整的金额;

② 工程竣工结算时一次性扣留质量保证金;

③ 双方约定的其他扣留方式。

除专用合同条款另有约定外,质量保证金的扣留原则上采用第①种方式。

发包人累计扣留的质量保证金不得超过工程价款结算总额的3%。如果承包人在发包人签发竣工付款证书后28天内提交质量保证金保函,发包人应同时退还扣留的作为质量保证金的工程价款;保函金额不得超过工程价款结算总额的3%。

发包人在退还质量保证金的同时按照中国人民银行发布的同期同类贷款基准利率支付利息。

3）质量保证金的退还

缺陷责任期内,承包人认真履行合同约定的责任,缺陷责任期到期后,承包人可向发包人申请返还质量保证金。

发包人在接到承包人返还质量保证金申请后,应于14天内会同承包人按照合同约定的内容进行核实。如无异议,发包人应当按照约定将质量保证金返还承包人。对返还期限没有约定或者约定不明确的,发包人应当在核实后14天内将质量保证金返还承包人,逾期未返还的,依法承担违约责任。发包人在接到承包人返还质量保证金申请后14天内不予答复,经催告后14天内仍不予答复,视同认可承包人的返还质量保证金申请。

发包人和承包人对质量保证金预留、返还以及工程维修质量、费用有争议的,按合同约定的争议和纠纷解决程序处理。

3. 保修

1）工程保修的原则

在工程移交发包人后,因承包人原因产生的质量缺陷,承包人应承担质量缺陷责任和保修义务。缺陷责任期届满,承包人仍应按合同约定的工程各部位保修年限承担保修义务。

2）保修责任

工程保修期从工程竣工验收合格之日起算,具体分部分项工程的保修期由合同当事人在专用合同条款中约定,但不得低于法定最低保修年限。在工程保修期内,承包人应当根据有关法律规定以及合同约定承担保修责任。

发包人未经竣工验收擅自使用工程的,保修期自转移占有之日起算。

3）修复费用

保修期内,修复的费用按照以下约定处理:

① 保修期内,因承包人原因造成工程的缺陷、损坏,承包人应负责修复,并承担修复的费用以及因工程的缺陷、损坏造成的人身伤害和财产损失;

② 保修期内,因发包人使用不当造成工程的缺陷、损坏,发包人可以委托承包人修复,但发包人应承担修复的费用,并支付承包人合理利润;

③ 因其他原因造成工程的缺陷、损坏,发包人可以委托承包人修复,承担修复的费用,并支付承包人合理的利润,因工程的缺陷、损坏造成的人身伤害和财产损失由责任方承担。

4）修复通知

在保修期内,发包人在使用过程中,发现已接收的工程存在缺陷或损坏的,应书面通知承包人进行修复,但情况紧急必须立即修复缺陷或损坏的,发包人可以口头通知承包人并在口头通知后48小时内书面确认,承包人应在专用合同条款约定的合理期限内到达工程现场并修复缺陷或损坏。

5）未能修复

因承包人原因造成工程的缺陷或损坏,承包人拒绝维修或未能在合理期限内修复缺陷或损坏,且经发包人书面催告后仍未修复的,发包人有权自行修复或委托第三方修复,所需费用由承包人承担。但修复范围超出缺陷或损坏范围的,超出范围部分的修复费用由发包人承担。

6）承包人出入权

在保修期内,为了修复缺陷或损坏,承包人有权出入工程现场,除情况紧急必须立即修复缺陷或损坏外,承包人应提前 24 小时通知发包人进场修复的时间。承包人进入工程现场前应获得发包人同意,且不应影响发包人正常的生产经营,并应遵守发包人有关保安和保密等的规定。

5.5.11 施工合同的解除

施工合同订立后,当事人应当按照合同的约定履行合同。但是在一定的条件下,合同没有履行或者没有完全履行,当事人也可以解除合同。出现下列情形之一的,施工合同可以解除。

施工合同的
解除

1. 合同的协商解除

施工合同经当事人协商一致,可以解除。在合同订立以后、履行完毕以前,双方当事人可以通过协商终止合同关系。

2. 发生不可抗力时合同的解除

因为不可抗力或者非合同当事人的原因,造成工程停建或缓建,致使合同无法履行,合同双方可以解除合同。

3. 当事人违约时合同的解除

1）发包人违约的情形

在合同履行过程中发生的下列情形,属于发包人违约:

① 因发包人原因未能在计划开工日期前 7 天内下达开工通知的;

② 因发包人原因未能按合同约定支付合同价款的;

③ 发包人自行实施被取消的工作或转由他人实施的;

④ 发包人提供的材料、工程设备的规格、数量或质量不符合合同约定,或因发包人原因导致交货日期延误或交货地点变更等情况的;

⑤ 因发包人违反合同约定造成暂停施工的;

⑥ 发包人无正当理由没有在约定期限内发出复工指示,导致承包人无法复工的;

⑦ 发包人明确表示或者以其行为表明不履行合同主要义务的;

⑧ 发包人未能按照合同约定履行其他义务的。

发包人发生除第⑦条以外的违约情况时,承包人可向发包人发出通知,要求发包人采取有效措施纠正违约行为。发包人收到承包人的通知后 28 天内仍不纠正违约行为的,承包人有权暂停相应部位的工程施工,并通知监理人。

发包人应承担因其违约给承包人增加的费用和(或)延误的工期,并支付承包人合理的利润。此外,合同当事人可在专用合同条款中另行约定发包人违约责任的承担方式和计算方法。

除专用合同条款另有约定外,承包人按发包人违约的情形约定暂停施工满 28 天后,发包人仍不纠正其违约行为并致使合同目的不能实现的,或出现约定的违约情况,承包人有权解除合同,发包人应承担增加的费用,并支付承包人合理的利润。

2）承包人违约的情形

在合同履行过程中发生的下列情形,属于承包人违约:

① 承包人违反合同约定进行转包或违法分包的;

② 承包人违反合同约定采购和使用不合格的材料和工程设备的;

③ 因承包人原因导致工程质量不符合合同要求的;

④ 承包人违反材料与设备专用要求条款的约定,未经批准,私自将已按照合同约定进入施工现场的材料或设备撤离施工现场的;

⑤ 承包人未能按施工进度计划及时完成合同约定的工作,造成工期延误的;

⑥ 承包人在缺陷责任期及保修期内,未能在合理期限内对工程缺陷进行修复,或拒绝按发包人的要求进行修复的;

⑦ 承包人明确表示或者以其行为表明不履行合同主要义务的;

⑧ 承包人未能按照合同约定履行其他义务的。

承包人发生除第⑦条约定以外的其他违约情况时,监理人可向承包人发出整改通知,要求其在指定的期限内改正。

承包人应承担因其违约行为而增加的费用和(或)延误的工期。此外,合同当事人可在专用合同条款中另行约定承包人违约责任的承担方式和计算方法。

除专用合同条款另有约定外,出现约定的违约情况时,或监理人发出整改通知后,承包人在指定的合理期限内仍不纠正违约行为并导致合同目的不能实现的,发包人有权解除合同。合同解除后,因继续完成工程的需要,发包人有权使用承包人在施工现场的材料、设备、临时工程、承包人文件和由承包人或以其名义编制的其他文件,合同当事人应在专用合同条款中约定相应费用的承担方式。发包人继续使用的行为不免除或减轻承包人应承担的违约责任。

5.6 建设工程监理合同

建设工程监理与建设工程施工活动密切相关,项目经理必须了解建设工程监理合同的相关内容。

5.6.1 建设工程监理合同概述

1. 建设工程监理合同的概念

建设工程监理合同是发包人与监理单位签订的,为了委托监理单位承担监理业务,明确双方权利义务关系的协议。建设工程监理是监理单位依据法律、行政法规及有关技术标准、设计文件和建设工程合同,对承包单位在工程质量、建设工期和建设资金使用等方面,代表建设单位实施监督。建设工程监理可以是对工程建设的全过程进行监理,也可以是分阶段进行设计监理、施工监理等。目前,实践中的建设工程监理大多是施工监理。

工程监理制度是我国建设领域推广的一项制度。1988 年以来,我国工程监理制度经过了试点阶段(1988—1993 年)、稳步推行阶段(1993—1995 年),1996 年后进入了全面推行阶段。工程监理制度是工程建设领域实行社会化、专业化管理的结果,是建设领域由计划经济向市场经济转变的需要。

2. 建设工程监理合同的主体

建设工程监理合同的主体是合同确定的权利享有者和义务承担者,包括建设单位(业主)和监理单位。监理单位与建设单位是平等的主体关系,这与其他合同主体关系是一致的,也是由合同的特点决定的。双方的关系是委托与被委托的关系。

1)建设单位

在我国,建设单位是指全面负责项目投资、项目建设、生产经营、归还贷款和债券本息并承担投资风险的法人或个人。为了与监理工程师配合做好工作,建设单位通常会任命一位熟悉工程项目情况的常驻代表,一般称为甲方代表,负责与监理工程师联系。建设单位对代表应有一定的授权,使其能对监理合同履行过程中出现的有关问题和工程施工过程中发生的某些情况做出决定。

2)监理单位

监理单位是指取得监理资质证书,具有法人资格的监理公司,监理事务所,兼承监理业务的工程设计、科学研究及工程建设咨询的单位。

3.《建设工程监理合同(示范文本)》简介

住房和城乡建设部、国家工商行政管理总局颁发的《建设工程监理合同(示范文本)》由建设工程监理合同、建设工程监理合同标准条件和建设工程监理合同专用条件组成。

建设工程监理合同实际上是协议书,其篇幅并不大,但它却是监理合同的总纲,规定了监理合同的一般原则、合同的组成文件,意味着建设单位与监理单位对双方商定的监理业务、监理内容的确认。标准条件适用于工程项目建设监理委托,建设单位和监理单位都应当遵守。标准条件是监理合同的主要部分,详细地规定了双方的权利和义务。专用条件是建设单位和监理单位根据工程项目特性和所处的自然、社会环境,协商一致后填写的条件。双方如果认为有需要,还可以增加约定补充条款和修正条款。专用条件的条款与标准条件的条款相对应,在专用条件中,并非每条条款都必须出现。专用条件不能单独使用,它必须与标准条件结合在一起才能使用。

5.6.2 建设工程监理合同当事人的义务

1. 监理人的义务

监理人在履行监理合同时应承担的主要义务包括以下五点。

(1)监理人按合同约定派出监理工作需要的监理机构及监理人员,向委托人报送委托的总监理工程师及监理机构主要成员名单、监理规划,完成监理合同专用条件中约定的监理工程范围内的监理义务。在履行合同义务期间,监理人应按合同约定定期向委托人报告监理工作。

(2)监理人在履行合同的义务期间,应运用合理的技能,认真勤奋工作,为委托人提供与其监理机构水平相适应的咨询意见,帮助委托人实现合同的预定目标,公正维护各方面的合法权益。

（3）监理人使用的委托人提供的设备和物品属委托人的财产,在监理工作完成或中止时,监理人应将设施和剩余的物品按合同约定的时间和方式移交给委托人。

（4）在合同期间或合同终止后,未征得有关方面同意,监理人不得泄露与本工程、本合同业务有关的保密资料。监理人在监理过程中,不得泄露委托人申明的秘密,也不得泄露设计人、承包人等提供并申明的秘密。

（5）监理人驻地监理机构及其职员不得接受监理工程项目施工承包人的任何报酬或者经济利益。监理人不得参与可能与合同规定的与委托人的利益相冲突的任何活动。

2. 委托人的义务

委托人应承担的主要义务包括以下九点。

（1）委托人在监理人开展监理业务之前应向监理人支付预付款。

（2）委托人应当负责工程建设的所有外部关系的协调,为监理工作提供外部条件。根据需要,委托人如将部分或全部协调工作委托给监理人,则应在专用条件中明确委托的工作和相关的报酬。

（3）委托人应该在双方约定的时间内免费向监理人提供与工程有关的,为监理工作所需要的工程资料。

（4）委托人应当在专用条件约定的时间内就监理人书面提交并要求做出决定的一切事宜做出书面决定。

（5）委托人应当授权一名熟悉工程情况,能在规定时间内做出决定的常驻代表,负责与监理人联系。委托人如果更换常驻代表,要提前通知监理人。

（6）委托人应当授权监理人监理权利,以及监理人主要成员的职能分工、监理权限,并书面通知已选定的承包合同的承包人,在与第三人签订的合同中明确。

（7）委托人应在不影响监理人开展监理工作的时间内提供如下资料:

① 与本工程合作的原材料、构配件、机械设备等生产厂家名录;

② 与本工程有关的协调单位、配合单位的名录。

（8）委托人应当免费向监理人提供办公用房、通信设施、监理人员工地住房及合同专用条件约定的设施,对监理人自备的设施给予合理的经济补偿。

（9）根据需要,如果双方约定由委托人免费向监理人提供其他人员,应在监理合同专用条件中明确。

5.6.3 建设工程监理合同当事人的权利

1. 监理人的权利

根据监理合同文本,监理人执行监理任务可以行使的权利主要包括以下方面。

1）授权范围内的一般权利

（1）选择工程总承包人的建议权。

（2）选择工程分包人的认可权。

（3）对工程建设有关事项,包括工程规模、设计标准、规划设计、生产工艺设计和使用功能要求等,向委托人的建议权。

(4) 对工程设计中的技术问题,按照安全和优化的原则,向设计人提出建议;如果拟提出的建议可能会提高工程造价或延长工期,应当事先征得委托人的同意。当发现工程设计不符合国家颁布的建设工程质量标准或设计合同约定的质量标准时,监理人应当书面报告委托人并要求设计人更正。

(5) 审批工程施工组织设计和技术方案,按照保质量、保工期和降低成本的原则,向承包人提出建议,并向委托人提出书面报告。

(6) 主持工程建设有关协作单位的组织协调,事先向委托人报告需要协调的事项。

(7) 征得委托人同意,监理人有权发布开工令、停工令、复工令,但应当事先向委托人报告,如在紧急情况下未能事先报告时,监理人应在 24 小时内向委托人做出书面报告。

(8) 工程上使用的材料和施工质量的检验权。对于不符合设计要求、合同约定及国家质量标准的材料、构配件、设备,监理人有权通知承包人停止使用;对于不符合规范和质量标准的工序、分部分项工程和不安全施工作业,监理人有权通知承包人停工整改、返工,承包人得到监理机构复工令后才能复工。

(9) 工程施工进度的检查、监督权,以及工程实际竣工日期提前或超过工程施工合同规定的竣工期限的签认权。

(10) 在工程施工合同约定的工程价格范围内,工程款支付的审核和签认权,以及工程结算的复核确认权与否决权。未经总监理工程师签字确认,委托人不支付工程款。

2) 特别授权

监理人在委托人的授权下,可对任何合同规定的义务提出变更。如果严重影响了工程费用、质量或进度,则这种变更须经委托人事先批准。在紧急情况下未能事先报委托人批准时,监理人所做的变更也应尽快通知委托人。监理人如果在监理过程中发现工程承包人的人员工作不力,可以要求承包人调换有关人员。

3) 协商调节权

在委托的工程范围内,委托人或承包人对对方的任何意见和要求(包括索赔要求),均必须先向监理人提出,由监理人研究处置意见,再同双方协商确定。当委托人和承包人发生争议时,监理人应根据自己的职能,以独立的身份判断,公正地进行调节。当双方的争议由政府建设行政主管部门调解或仲裁机关仲裁时,监理人应当提供事实材料。

2. 委托人的权利

(1) 委托人有选定工程总设计单位和总承包单位,以及与其订立合同的权利。

(2) 委托人有对工程规模、设计标准、规划设计、生产工艺设计和设计使用功能要求的认定权,以及对工程设计变更的审批权。

(3) 监理人调换总监理工程师须事先经委托人同意。

(4) 委托人有权要求监理人提交监理工作月报及监理业务范围内的专项报告。

(5) 当委托人发现监理人员不按监理合同履行监理职责,或与承包人串通给委托人或工程造成损失的,委托人有权要求监理人更换监理人员,甚至终止合同并要求监理人承担相应的赔偿责任或连带赔偿责任。

5.6.4 建设工程监理合同的履行

建设工程监理合同的当事人应当严格按照合同的约定履行各自的义务。当然,最主要的是,监理人应当完成监理工作,发包人应当按照约定支付监理酬金。

1. 监理人完成监理工作

工程建设监理工作包括正常的监理工作、附加的工作和额外的工作。

正常的监理工作是合同约定的投资、质量和工期三大控制工作,合同和信息管理工作,以及组织协调工作。附加的工作是指合同内规定的附加服务或通过双方书面协议附加于正常服务的工作。额外的工作是指既不是正常的,也不是附加的,但根据合同规定监理单位必须履行的工作。

2. 发包人支付监理酬金

合同双方当事人可以在专用条件中约定以下内容:

① 监理酬金的计取方法;

② 支付监理酬金的时间和数额;

③ 支付监理酬金所采取的货币比重和汇率。

如果发包人在规定的支付期限内未支付监理酬金,自规定支付之日起,发包人应当向监理人补偿应付的酬金利息。利息额按规定支付期限最后一日银行贷款利息率乘以拖欠酬金的时间计算。

如果发包人对监理人提交的支付通知书中酬金或部分酬金项目提出异议,应当在收到支付通知书 24 小时内向监理人发出答复意见,但发包人不得拖延其他无异议酬金项目的支付。

3. 违约责任

任何一方对另一方负有责任时的赔偿原则如下。

(1) 赔偿应限于违约造成的,可以合理预见的损失和损失的数额。

(2) 在任何情况下,赔偿的累计数额不应超过专用条件中规定的最大赔偿限额;对于监理人一方,赔偿总额不应超出监理酬金总额(除去税金)。

(3) 如果任何一方与第三方共同对另一方负有责任时,则负有责任的一方应付的赔偿比例应限于违约所应负责的那部分比例。

监理工作的责任期即监理合同有效期。监理人在责任期内,如果因过失造成了经济损失,要负监理失职的责任。在监理过程中,如果因工程进展的推迟或延误而超过议定的日期,双方应进一步商定相应延长的责任期,监理人不对责任期以外发生的任何事件引起的损失或损害负责,也不对第三方违反合同规定的质量要求和交工时限承担责任。

4. 争议的解决

违反或终止合同而引起的争议,应先通过双方协商友好解决;如果协商未能达成一致意见,可提交主管部门协调;仍不能达成一致意见时,根据约定提交仲裁机构仲裁或向法院起诉。

5.7 建设工程勘察设计合同

5.7.1 建设工程勘察设计合同概述

1. 建设工程勘察设计合同概念

建设工程勘察设计合同是委托人与承包人为完成一定的勘察、设计任务,明确双方权利和义务关系的协议。承包人应当完成委托人委托的勘察、设计任务,委托人则应接受符合约定要求的勘察、设计成果并支付报酬。

建设工程勘察、设计合同的委托人一般是项目发包人(建设单位)或建设项目总承包单位;承包人是具有国家认可的勘察、设计证书,具有经过有关部门核准的资质等级的勘察、设计单位。合同的委托人、承包人均应具有法人地位,委托人必须是有国家批准的建设项目,落实投资计划的企事业单位、社会团体,或者是获得总承包合同的建设项目总承包单位。

2. 建设工程勘察设计合同的作用

(1) 有利于保证建设工程勘察、设计任务按期、按质、按量顺利完成;

(2) 有利于委托与承包双方明确各自的权利、义务的内容以及违约责任,一旦发生纠纷,责任明确,可以避免不必要的争执;

(3) 促使双方当事人加强管理与经济核算,提高管理水平;

(4) 为监理工程师在项目设计阶段的工作提供法律依据和监理内容。

3. 建设工程勘察设计合同示范文本简介

建设部、国家工商行政管理总局于 1996 年 7 月 25 日发布了建设工程勘察、设计合同示范文本。这两个示范文本采用填空式文本,即合同示范文本的编制者将勘察、设计中共性的内容抽离出来编写成固定的条款,但对于一些需要在具体勘察、设计任务中明确的内容则留下空格由合同当事人在订立合同时填写。

5.7.2 建设工程勘察设计合同的订立

1. 建设工程勘察合同的订立

建设工程勘察合同由建设单位、设计单位或有关单位提出委托,双方同意后签订。依据示范文本订立建设工程勘察合同时,双方通过协商,应根据工程项目的特点,在相应条款内明确以下方面的具体内容。

1) 发包人应提供的勘察依据

发包人应提供的勘察依据如下:

① 本工程批准文件(复印件)以及用地(附红线范围)、施工、勘察许可等批文(复印件);

② 工程勘察任务委托书、技术要求和工作范围的地形图、建筑总平面布置图;

③ 勘察工作范围已有的技术资料及工程所需的坐标与标高资料；

④ 勘察工作范围地下已有埋藏物的资料（如电力管线、通信电缆、各种管道、人防设施、洞室等）及具体位置分布图；

⑤ 其他必要的相关资料。

2）委托任务的工作范围

委托任务的工作范围如下：

① 工程勘察任务，主要包括自然条件观测、地形图测绘、资源探测、岩土工程勘察、地震安全性评价、工程水文地质勘察、环境评价、模型试验等；

② 技术要求；

③ 预计的勘察工作量；

④ 勘察成果资料提交的份数。

3）合同工期

合同工期指合同约定的勘察工作开始和终止时间。

4）勘察费用

勘察费用的内容如下：

① 勘察费用的预算金额；

② 勘察费用的支付程序和每次支付的百分比。

5）发包人应为勘察人提供的现场工作条件

根据项目的具体情况，双方可以在合同中约定由发包人负责保证勘察工作顺利开展，发包人应为勘察人提供的现场工作条件如下：

① 落实土地征用、青苗树木赔偿；

② 拆除地上地下障碍物；

③ 处理施工扰民及影响施工正常进行的有关问题；

④ 平整施工现场；

⑤ 修好通行道路，接通电源、水源，挖好排水沟渠以及准备水上作业用船等。

6）违约责任

违约责任的内容如下：

① 承担违约责任的条件；

② 违约金的计算方法等。

7）合同争议

合同争议的内容包括争议的最终解决方式、约定仲裁委员会的名称等。

2. 建设工程设计合同的订立

建设工程设计合同有上级机关批准的设计任务书方能签订。依据示范文本订立建设工程设计合同时，双方通过协商，应根据工程项目的特点，在相应条款内明确以下方面的具体内容。

1）发包人应提供的文件和资料

（1）设计依据文件和资料如下：

① 经批准的项目可行性研究报告或项目建议书；

② 城市规划许可文件；

③ 工程勘察资料。

发包人应向设计人提供的资料和文件在合同内需约定资料和文件的名称、份数、提交的时间和有关事宜。

（2）项目设计要求如下：

① 工程的范围和规模；

② 限额设计的要求；

③ 设计依据的标准；

④ 法律、法规规定应满足的其他条件。

2）委托任务的工作范围

委托任务的工作范围如下：

① 设计范围，包括建设规模，工程分项的名称、层数和建筑面积；

② 建筑物的合理使用年限要求；

③ 委托设计阶段和内容，包括方案设计、初步设计和施工图设计的全过程，也可以是其中的某几个阶段；

④ 设计深度要求；

⑤ 设计人配合施工工作的要求，包括向发包人和施工承包人进行设计交底，处理有关设计问题，参加重要隐蔽工程部位验收和竣工验收等事项。

建设工程勘察设计合同在当事人双方协商取得一致意见，由双方负责人或指定代表签字并加盖公章后，方能有效。

5.7.3 建设工程勘察合同的履行

1. 勘察合同中双方的义务

1）发包人的义务

发包人应负责提供资料或文件、技术要求、期限，以及合同中规定的共同协作应承担的有关准备工作和其他服务项目。

（1）发包人应向承包人提供开展勘察所必需的有关基础资料，并对提供的时间与资料的可靠性负责。在勘察工作开始前，发包人向承包人提供以下文件：

① 本工程批准文件（复印件），以及用地（附红线范围）、施工、勘察许可等批文（复印件）；

② 工程勘察任务委托书、技术要求和工作范围的地形图、建筑总平面布置图；

③ 勘察工作范围已有的技术资料及工程所需的坐标与标高资料；

④ 勘察工作范围地下已有埋藏物的资料（如电力管线、通信电缆、各种管道、人防设施、洞室等）及具体位置分布图。

（2）在勘察人员进入现场作业时，发包人应对必要的工作和生活条件负责。

（3）发包人应保护勘察人的投标书、勘察方案、报告书、文件、资料、图样、数据、特殊工艺方法、专利技术和合理化建议，未经勘察人同意，发包人不得复制、泄露、擅自修改、传送、向第三人转让这些内容或将这些内容用于本合同外的项目，以保护勘察人的知识产权。

2）承包人的义务

（1）承包人应按照现行的标准、规范、规程和技术条例，进行工程测量和工程地质、水文地质等方面的勘察工作,按合同规定的进度、质量要求提供勘测成果并对其负责。

(2)在工程勘察前,承包人提出勘察纲要或勘察组织设计,派人与发包人的人员一起验收发包人提供的材料。

(3)在现场工作的勘察人员,应遵守发包人的安全保卫及其他有关的规章制度,承担有关资料的保密义务。

2. 勘察合同中双方的责任

1)发包人的责任

(1)发包人应负责勘察现场的水电供应、道路平整、现场清理等工作,以保证勘察工作的顺利进行。

(2)若勘察现场需要看守,特别是在有毒、有害等危险现场作业时,发包人应派人负责安全保卫工作,按国家有关规定,对从事危险作业的现场人员进行保健防护,并承担费用。

(3)工程勘察前,发包人负责提供材料的,应根据勘察人提出的工程用料计划,按时提供各种材料及其产品合格证明,并承担费用和运到现场,派人与勘察人员一起验收。

(4)勘察过程中的任务变更,办理正式变更手续后,发包人应按实际发生的工作量支付勘察费。

(5)由于发包人原因造成勘察人停工、窝工,除工期顺延外,发包人应支付停工、窝工费;发包人若要求在合同规定时间内提前完工(或提交勘察成果资料)时,发包人应向勘察人支付一定的加班费。

(6)按照国家有关规定和合同的约定支付勘察费用,按规定收取费用的勘察合同生效后,发包人应向勘察人支付定金。

(7)发包人应承担合同有关条款规定和补充协议中发包人应承担的其他责任。

2)承包人的责任

(1)如果承包人提供的勘察成果资料质量不合格,承包人应负责无偿进行补充完善使其质量合格;若承包人无力补充完善,需另委托其他单位时,承包人应承担全部勘察费用。

(2)承包人承担合同有关条款规定和补充协议中勘察人应负责的其他责任。

5.7.4 建设工程设计合同的履行

1. 设计合同中双方的义务

1)发包人的义务

(1)委托初步设计的,在初步设计前,发包人应在规定的日期内向承包人提供经过批准的设计任务书(或可行性报告),选择建设地址的报告,原料(或经过批准的资源收支)、燃料、水、电、运输等方面的协议文件,能满足初步设计要求的勘察资料,以及需要经过科研取得的技术资料等。超过规定期限时,设计人有权重新确定提交设计文件的时间。

(2)在施工图设计前,发包人应在规定日期内提供经过批准的初步设计文件和能满足施工设计要求的勘察资料、施工条件,以及有关设备的技术资料等。

(3)发包人变更委托设计项目规模、条件,提交的资料错误或对提交的资料做较大修改,造成设计人设计返工时,双方除另行协商签订补充协议(或另订合同),重新明确有关条款外,发包人应按设计人所耗工作量向设计人增付设计费。

(4)发包人应保护设计人的投标书、设计方案、文件、资料、图样、数据、计算软件和专利技术。未经设计人同意,发包人不得对设计人交付的设计资料及文件擅自修改、复制、向第三人转让或将设计资料用于本合同外的项目。

2)承包人的义务

(1)承包人要根据已批准的设计任务书(或可行性研究报告)或之前阶段批准的设计文件,以及有关设计的经济技术文件、设计标准、技术规范、规程、定额等提出勘察设计要求,并进行设计,按合同规定的进度和质量提交设计文件(包括概预算文件、材料设备清单等),并对其负责。

(2)初步设计经上级主管部门审查后,在原定任务书范围内的修改,由承包人负责。如果原定任务书有重大变更而重做或修改设计时,须具有审批机关或设计任务书批准机关的议定书,双方协商后另订合同。

(3)承包人应配合所承担设计任务的建设项目施工,施工前进行设计技术交底,解决工程施工过程中有关设计的问题,负责设计变更和修改预算,参加试车考核及工程竣工验收。对于大中型工业项目和复杂的民用工程,承包人应派现场设计代表,参加隐蔽工程验收。

2. 设计合同中双方的责任

1)发包人的责任

(1)在未签合同前,发包人已同意设计人为发包人所做的各项设计工作,应按收费标准支付相应设计费。

(2)发包人要求设计人比合同规定时间提前交付设计资料及文件时,如果设计人能做到,发包人应根据设计人提前投入的工作量,向设计人支付赶工费。

(3)在设计人员进入现场指导和配合施工时,发包人应负责提供必要的工作、生活及交通等方便条件。

(4)发包人应向承包人明确设计的范围和深度。

(5)发包人负责及时到有关部门办理各设计阶段设计文件的审批工作。

(6)发包人应负责引进项目的设计任务,从询价、对外谈判、国内外技术考察指导到建成投产的各阶段,应通知承担有关设计任务的单位参加。

(7)按照国家有关规定和合同的约定支付设计费用,设计合同经双方当事人签字盖章,并于3个月内在发包人向设计人支付合同的定金后生效。设计合同履行后,定金抵作设计费,设计任务的定金为估算设计费的20%。设计工作的取费,一般应根据工程种类、建设规模和工程的繁简程度确定。

(8)发包人应承担承包人规定的设计文件中保密条款的保密责任。

2)承包人的责任

(1)如果建设项目的设计任务由两个以上的设计单位配合设计,委托其中一个设计单位为总承包时,签订总承包合同,总承包单位对发包人负责。总承包单位和各分包单位签订分包合同,分包单位对总包单位负责。

(2)发包人或承包人因不履行合同而造成违约行为的,应承担违约责任。

5.7.5 勘察设计合同的变更和解除

设计文件批准后,就具有一定的严肃性,不得任意修改和变更,如果必须修改,也需经有关部门批准,其批准权限根据修改内容所涉及的范围确定。如果修改部分属于初步设计的内容,必须经设计的原批准单位批准;如果修改的部分属于可行性研究报告的内容,则必须经可行性研究报告的原批准单位批准;施工图设计的修改,必须经设计单位批准。发包人因故要求修改工程设计,经承包人同意后,除设计文件的提交时间另定外,发包人还应按承包人实际返工修改的工作量增付设计费。发包人因故要求中途停止设计时,应及时书面通知承包人,已付的设计费不退。

5.7.6 勘察设计合同的违约责任

1. 承包人的违约责任

承包人违反合同规定的,应承担以下违约责任。

(1)因勘察、设计质量低劣引起返工或未按期提交勘察、设计文件拖延工期造成发包人损失的,勘察、设计单位继续完善勘察、设计任务,并应视造成的损失大小减收或免收勘察、设计费,赔偿损失。

(2)因承包人的原因致使建设工程在合理使用期限内造成人身和财产损害的,承包人应当承担损害赔偿责任。

2. 发包人的违约责任

发包人违反合同规定的,应承担以下违约责任。

(1)由于变更计划,提供的资料不准确,未按期提供勘察、设计必需的资料或工作条件而造成勘察、设计的返工、停工、窝工或修改设计,发包人应按承包人实际消耗的工作量增付费用。因发包人责任造成重大返工或重新设计时,发包人应另行增费。

(2)发包人超过合同规定的日期付费时,应偿付逾期的违约金。偿付办法与金额,由双方按照国家的有关规定协商,在合同中注明。

5.8 建设工程物资采购合同

5.8.1 建设工程物资采购合同的概念

工程建设过程中的物资包括建筑材料(含构配件)和设备等。建筑材料和设备的供应一般需要经过订货、生产(加工)、运输、储存、使用(安装)等环节,是一个非常复杂的过程。

物资采购合同分为建筑材料采购合同和设备采购合同,合同当事人为供货方和采购方。供货方一般为物资供应单位或建筑材料和设备的生产厂家,采购方为建设单位(业主)、项目总承包单位或施工承包单位。供货方应对其生产或供应的产品质量负责,采购方则应根据合同的规定进行验收。

5.8.2 建筑材料采购合同的主要内容

1. 标的物

标的物主要包括购销物资的名称(注明牌号、商标)、品种、型号、规格、等级、花色、技术标准、质量要求等。标的物应按照行业主管部门颁布的产品规定正确填写,不能使用习惯名称或自行命名,以免产生差错。订购特定产品时,最好还要注明其用途,以免产生不必要的纠纷。

标的物的质量应该符合国家或者行业现行质量标准和设计要求,应该符合产品采用标准、说明、实物样品等方式表明的质量状况。

约定质量标准的一般原则是:

① 按颁布的国家标准执行;

② 没有国家标准而有部颁标准的,按照部颁标准执行;

③ 没有国家标准和部颁标准为依据时,可按照企业标准执行;

④ 没有上述标准或虽有上述标准但采购方有特殊要求,按照双方在合同中约定的技术条件、样品或补充的技术要求执行。

合同必须写明执行的质量标准的代号、编号和标准名称,明确各类材料的技术要求、试验项目、试验方法、试验频率等。采购成套产品时,合同也需要规定附件的质量要求。

2. 数量

合同应该明确所采用的计量方法,并明确计量单位,按照国家或主管部门的规定执行,或者按照供需双方商定的方法执行。

建筑材料在运输过程中容易造成自然损耗,如挥发、飞散、干燥、风化、潮解、破碎、漏损等,在装卸操作或检验环节中换装、拆包检查等也都会造成物资数量的减少,这些都属于途中自然减量。因此,对于某些建筑材料,双方还应在合同中写明交货数量的正负尾数差、合理磅差和运输途中的自然损耗的规定及计算方法。

3. 包装

包装包括包装的标准,包装物的供应、回收。

包装标准是指产品包装的类型、规格、容量以及标记等。产品或者其包装标识应该符合要求,包括产品名称、生产厂家、厂址、质量检验合格证明等。

包装物一般应由建筑材料的供货方负责供应,并且一般不得另外向需方收取包装费。

包装物的回收可以采用以下两种形式之一。

(1) 押金回收:适用于专用的包装物,如电缆卷筒、集装箱、大中型木箱等。

(2) 折价回收:适用于可以再次利用的包装器材,如油漆桶、麻袋、玻璃瓶等。

4. 交付及运输方式

交付方式可以是采购方到约定地点提货或供货方负责将货物送达指定地点两大类。如果是供货方负责将货物送达指定地点,双方要确定运输方式,可以选择铁路、公路、水路、航空、管道及海上运输等,一般由采购方在签订合同时提出要求,供货方代办发运,运费由采购方负担。

5. 验收

合同应该明确货物的验收依据和验收方式。

验收依据如下:

① 采购合同;

② 供货方提供的发货单、计量单、装箱单及其他有关凭证;

③ 合同约定的质量标准和要求;

④ 产品合格证、检验单；

⑤ 图纸、样品和其他技术证明文件；

⑥ 双方当事人封存的样品。

验收方式有驻厂验收、提运验收、接运验收和入库验收等。

6. 交货期限

合同应明确具体的交货时间，如果分批交货，要注明各个批次的交货时间。

合同中交货日期的确定可以按照下列方式：

① 供货方负责送货的，以采购方收货戳记的日期为准；

② 采购方提货的，以供货方按合同规定通知的提货日期为准；

③ 委托运输部门或单位运输、送货或代运的产品，一般以供货方发运产品时承运单位签发的日期为准，不以向承运单位提出申请的日期为准。

7. 价格

价格的确定方式如下：

① 有国家定价的材料，应按国家定价执行；

② 按规定应由国家定价但国家尚无定价的材料，其价格应报请物价主管部门批准；

③ 不属于国家定价的产品，供需双方协商确定价格。

8. 结算

合同应明确结算的时间、方式和手续。合同应明确是验单付款还是验货付款。结算方式可以是现金支付、转账结算或异地托收承付。现金支付适用于成交货物数量少且金额小的结算；转账结算适用于同城市或同地区内的结算；异地托收承付适用于合同双方不在同一个城市的结算。

9. 违约责任

当事人任何一方不能准确履行合同义务时，都可以以违约金的形式承担违约赔偿责任。

双方应通过协商确定违约金的比例，并在合同条款内明确。

供货方的违约行为包括不能按期供货、不能供货、供应的货物有质量缺陷或数量不足等，如违约，应依照法律和合同规定承担相应的责任。

采购方的违约行为包括不按合同要求接受货物、逾期付款或拒绝付款等，如违约应依照法律和合同规定承担相应的责任。

5.8.3 设备采购合同的主要内容

成套设备供应合同的一般条款可参照建筑材料供应合同的一般条款，包括产品（设备）的名称、品种、型号、规格、等级、技术标准或技术性能指标；数量和计量单位；包装标准及包装物的供应与回收；交货单位、交货方式、交货地点、运输方式、提货单位、交（提）货期限；验收方式；产品价格；结算方式；违约责任等。此外，设备采购合同还需要注意以下几个方面。

1. 设备价格与支付

设备采购合同通常采用固定总价合同，在合同交货期内价格不进行调整。合同应该明确合同价格所包括的设备名称、套数,以及是否包括附件、配件、工具和损耗品的费用,是否包括调试、保修服务的费用等。合同价应该包括设备的税费、运杂费、保险费等与合同有关的其他费用。

合同价款的支付一般分三次:

① 设备制造前,采购方支付设备价格的 10% 作为预付款;

② 供货方按照交货顺序在规定的时间内将货物送达交货地点,采购方支付设备价的 80%;

③ 剩余的 10% 作为设备保证金,待保证期满,采购方签发最终验收证书后支付。

2. 设备数量

合同应明确设备名称,套数,随主机的辅机、附件、易损耗备用品,配件和安装修理工具等,应于合同中列出详细清单。

3. 技术标准

合同应注明设备系统的主要技术性能,以及各部分设备的主要技术标准和技术性能。

4. 现场服务

合同可以约定设备安装工作由供货方负责还是由采购方负责。如果由采购方负责,采购方可以要求供货方提供必要的技术服务,包括供货方派必要的技术人员到现场向安装施工人员进行技术交底、指导安装和调试、处理设备的质量问题、参加试车和验收试验等。合同应明确服务内容,对现场技术人员在现场的工作条件、生活待遇及费用等做出明确规定。

5. 验收和保修

成套设备安装后一般应进行试车调试,双方应该共同参加启动试车的检验工作。检验合格后,双方在验收文件上签字,设备正式移交采购方进行生产运行。若检验不合格且属于设备质量原因,供货方负责修理、更换并承担全部费用;如果是工程施工质量问题,安装单位负责拆除后纠正缺陷。合同应明确成套设备的验收办法以及是否有保修,保修期限及费用负担等。

5.9 建设工程合同案例分析

案例 5-8

某大型钢筋混凝土结构工程的建筑面积为 10 000 m²,技术难度大,对施工单位的施工设备和同类工程施工经验要求高。经过发布招标公告、资格预审、投标、开标、评标的程序,评标委员会最终确定投标人 A 中标。双方于 5 月 12 日订立了单价合同,合同工期为 18 个月。

问题:(1)招标公告、资格预审公告是要约还是要约邀请?投标人的投标、发包人发出的中标通知书是要约还是承诺?

(2)投标人 A 如果资质等级不符合要求,超越其经营范围所签订的合同是否有效?无效合同与可撤销、可变更合同一样吗?如果投标人 A 在隐瞒自己资质不够的情况下订立合同应承担什么责任?

(3)该合同的主体是谁,是法人还是自然人?订立合同是否可以让他人代理?

(4)该工程有铝合金门窗制作安装工程,承包单位是否可以将其分包?该分包合同的主体有哪些?转包和挂靠是否属于分包?

解析

(1) 招标公告、资格预审公告是要约邀请。投标人的投标是要约,发包人发出的中标通知书是承诺。

(2) 投标人 A 如果资质等级不符合要求,超越其经营范围签订的合同是无效的。无效合同与可撤销、可变更合同不一样。如果投标人 A 在隐瞒自己资质不够的情况下订立合同应承担缔约过失责任。

(3) 该合同的主体是建设单位和投标人 A。建设单位和投标人 A 均是法人。订立合同可以让他人代理。

(4) 经业主同意,铝合金门窗制作安装工程可以分包。该分包合同的主体是投标人 A 和铝合金门窗制作安装分包商。转包和挂靠不是分包。

案例 5-9

某施工单位根据领取的某 500 m^2 两层厂房工程项目招标文件和全套施工图纸,采用低报价策略编制了投标文件,并中标。该施工单位(乙方)于某年某月某日与建设单位(甲方)签订了该工程项目的固定价格施工合同,合同工期为 8 个月。甲方在乙方进入施工现场后,因资金紧缺,无法如期支付工程款,口头要求乙方暂停施工一个月,乙方亦口头答应。工程按合同规定期限验收时,甲方发现工程质量有问题,要求返工。两个月后,返工完毕。结算时甲方认为乙方延迟交付工程,应按合同约定偿付逾期违约金。乙方认为临时停工是甲方要求的,乙方为抢工期,加快施工进度才出现了质量问题,因此延迟交付的责任不在乙方。甲方则认为临时停工和不顺延工期是乙方答应的,乙方应履行承诺,承担违约责任。

问题:(1) 该工程采用固定价格合同是否合适,为什么?

(2) 该施工合同的变更形式是否妥当,为什么?

(3) 工程出现质量问题,乙方的返工损失应该如何处理?

解析

(1) 该工程采用固定价格合同合适。因为固定价格合同适用于工程量不大且能够较准确计算、工期较短、技术不太复杂、风险不大的项目。该工程基本符合这些条件。

(2) 该施工合同的变更形式不妥当。因为根据《中华人民共和国民法典》和《建设工程施工合同(示范文本)》的有关规定,建设工程施工合同应当采取书面形式,合同的变更亦应当采取书面形式。若在紧急情况下,合同的变更可采取口头形式,但事后应以书面形式确认,否则在合同双方对合同的变更内容有争议时,往往因口头形式协议很难举证,而不得不以书面协议约定的内容为准。本案例中,甲方要求乙方临时停工,乙方亦答应,是甲乙双方的口头协议,且事后并未以书面形式确认,所以该合同的变更形式不妥。双方在竣工结算时发生了争议,只能以原书面合同规定的为准。

(3) 工程因质量问题返工,造成逾期交付,责任在乙方,故乙方应当支付逾期交工的违约金,因质量问题引起的返工费用由乙方承担。

案例 5-10

某住宅楼工程项目,通过招标选择了某施工单位进行该项目的施工,承发包双方根据《建设工程施工合同(示范文本)》签订了施工合同,部分合同约定如下。

(1) 合同文件的组成与解释顺序:①合同协议书;②投标函及其附录;③招标文件;④专用合同条款及其附件;⑤通用合同条款;⑥中标通知书;⑦技术标准和要求;⑧已标价工程量清单或预算书;⑨图纸。

(2) 因施工图设计尚未全部完成,工程量不能完全确定,施工图纸能满足施工进度要求,双方签订了固定总价合同,合同金额为 2000 万元。

(3) 承包人必须按监理工程师批准的进度计划组织施工,接受监理工程师对进度的检查监督。工程实际进度与计划进度不一致时,承包人应提出改进措施,经监理工程师确认后执行。发包人承担由于改进措施追加的合同价款。

(4) 发包人向承包人提供施工场地的工程地质和地下管线资料,供承包人参考。

(5) 承包人办理施工许可证及其他施工所需证件、批件和临时用地、停水、停电、中断道路交通、爆破作业等的申请批准手续。

(6) 承包人项目经理在开工前由承包人采用内部竞聘方式确定。

(7) 工程质量标准符合发包人规定的质量标准。

(8) 合同工期为 290 天。开工工期为 2017 年 9 月 1 日,竣工日期为 2018 年 6 月 30 日,合同工期为总日历天数 305 天扣除节假日 15 天。

(9) 承包人负责主体工程施工,将装修工程分包给符合资质要求的分包人,承包人就主体工程的质量和安全向发包人负责,分包部分工程的质量和安全由分包人向发包人负责。

(10) 工程竣工验收后,进行竣工结算。结算时按全部工程造价的 3% 扣留工程质量保证金。在主体工程保修期(50 年)满后,质量保证金退还给乙方。

(11) 合同执行过程中,发生纠纷后,双方应协商解决,协商不成进行仲裁,仲裁不成,再进行诉讼。

问题:请逐条指出上述合同条款中的不妥当之处,并说明原因。

解析

第(1)条中,合同文件的组成与解释顺序不对,根据《建设工程施工合同(示范文本)》通用合同条款的内容,正确的顺序为:①合同协议书;②中标通知书;③投标函及其附录;④专用合同条款及其附件;⑤通用合同条款;⑥技术标准和要求;⑦图纸;⑧已标价工程量清单或预算书;⑨其他合同文件。招标文件不属于合同文件的内容。

第(2)条中,采用固定总价合同不妥,该工程的施工设计图纸尚未完成,工程量不明确,不宜采用固定总价合同,实际工程量和预计工程量可能有很大出入的工程,宜优先选择单价合同。

第(3)条中,发包人承担由于改进措施追加的合同价款不妥。根据《建设工程施工合同(示范文本)》通用合同条款的内容,施工进度计划不符合合同要求或与工程的实际进度不一致的,承包人应向监理人提交修订的施工进度计划,并附具有关措施和相关资料,由监理人报送发包人。除专用合同条款另有约定外,发包人和监理人应在收到修订的施工进度计划后 7 天内完成审核和批准或提出修改意见。发包人和监理人对承包人提交的施工进度计划的确认,不能减轻或免除承包人根据法律规定和合同约定应承担的任何责任或义务。

第(4)条中,供承包人参考不妥。根据《建设工程施工合同(示范文本)》通用合同条款的内容,发包人应当在移交施工现场前向承包人提供施工现场及工程施工所必需的毗邻区域内供水、排水、供电、供气、供热、通信、广播电视等地下管线资料,气象和水文观测资料,地质勘察资料,相邻建筑物、构筑物和地下工程等有关基础资料,并对所提供资料的真实性、准确性和完整性负责。

第(5)条中,承包人办理施工许可证等内容不妥。根据《建设工程施工合同(示范文本)》通用合同条款的内容,发包人应遵守法律,并办理法律规定由其办理的许可、批准或备案,包括但不限于建设用地规划许可证、建设工程规划许可证、建设工程施工许可证、施工所需临时用水、临时用电、中断道路交通、临时占用土地等许可和批准。发包人应协助承包人办理法律规定的有关施工证件和批件。

第(6)条中,承包人在开工前采用内部竞聘方式确定项目经理不妥,应在投标文件中明确项目经理。根据《建设工程施工合同(示范文本)》通用合同条款的内容,项目经理应为合同当事人所确认的人选,并在专用合同条款中明确项目经理的姓名、职称、注册执业证书编号、联系方式及授权范围等事项,项目经理经承包人授权后代表承包人负责履行合同。根据通用合同条款的内容,承包人需要更换项目经理的,应提前 14 天书面通知发包人和监理人,并征得发包人书面同意。

第(7)条中,工程质量标准符合发包人规定的质量标准不妥。本工程是住宅楼工程,尚不存在其他可以明示的企业或行业质量标准,因此,不应以甲方规定的质量标准作为该工程的质量标准,而应以《建筑工程施工质量验收统一标准》(GB 50300—2013)规定的质量标准作为该工程的质量标准。

第(8)条中,合同工期扣除节假日不妥。合同工期是总日历天数,应为 305 天,不应扣除节假日。

第(9)条中,分包部分工程的质量和安全由分包人向发包人负责不妥。承包人将部分工程分包,则其作为总承包人,依照相关法律法规的规定,总承包人和分包人对分包工程的安全和质量承担连带责任。

第(10)条中,工程质量保证金的返还时间不妥。根据《建设工程施工合同(示范文本)》通用合同条款的内容,除专用合同条款另有约定外,承包人应在缺陷责任期终止证书颁发后 7 天内,按专用合同条款约定的份数向发包人提交最终结清申请单,最终结清申请单应列明质量保证金、应扣除的质量保证金、缺陷责任期内发生的增减费用,并提供相关证明材料。质量保证金不应在保修期满退还,而应在缺陷责任期满按合同规定退还,缺陷责任期最长不能超过 24 个月。

保修期为 50 年不妥。保修期应按《建设工程质量管理条例》的有关规定进行修改。在正常使用条件下,基础设施工程、房屋建筑的地基基础工程和主体结构工程的最低保修期限为设计文件规定的该工程的合理使用年限。

第(11)条中,同时选择仲裁和诉讼的方式不妥。合同当事人在履行合同中发生争议,可以和解或由第三方调解,双方达成和解或调解协议,当和解不成时,可以选择仲裁或诉讼的方式解决纠纷,但通常是在合同中约定其中的一种方式。仲裁或诉讼只能选择一种。如果当事人之间有仲裁协议,应及时将纠纷提交仲裁机构仲裁。仲裁是"一裁终局",仲裁裁决具有强制执行的法律效力,不能再诉讼。合同当事人如果未约定仲裁协议,则只能以诉讼作为解决纠纷的最终方式。

案例 5-11

某新建工程,采用公开招标的方式确定某施工单位中标,双方按《建设工程施工合同(示范文本)》签订了施工总承包合同。合同约定总造价为 14 250 万元,预付备料款为 2800 万元,每月底支付施工进度款。竣工结算时,结算价款按调值公式进行调整。在招标和施工过程中,发生了如下事件。

事件一:某分项工程由于设计变更导致该分项工程量变化幅度达 20%,合同专用条款未对变更条款进行约定。施工单位按变更指令施工,在施工结束后的下一个月的月底上报支付申请的同时,还上报了该设计变更的变更价款申请,监理工程师不批准变更价款。

事件二:屋面隐蔽工程通过监理工程师验收后开始施工,建设单位对隐蔽工程质量提出异议,要求复验,施工单位不同意。经总监理工程师协调后三方现场复验,经检验隐蔽工程的质量满足要求。施工单位要求补偿增加的费用,建设单位拒绝。

事件三:合同中约定,根据人工费和四种主要材料和价格指数对总造价按调值公式进行调整。因素比重、基期价格指数和现行价格指数如表 5-1 所示。

表 5-1　因素比重、基期价格指数和现行价格指数

可调项目	人工费	材料一	材料二	材料三	材料四
因素比重	0.15	0.30	0.12	0.15	0.08
基期价格指数	0.99	1.01	0.99	0.96	0.78
现行价格指数	1.12	1.16	0.85	0.80	1.05

问题:(1) 事件一中,监理工程师不批准变更价款申请是否合理?说明理由。合同中未约定变更价款的情况下,变更价款应如何处理?

(2) 事件二中,施工单位、建设单位的做法是否正确?分别说明理由。

(3) 事件三中,计算经调整后的实际计算价款。

解析

(1) 事件一中,监理工程师不批准变更价款是合理的。理由:工程变更发生追加合同价款的,应该在该事件发生后的 14 天内提出,若没有在规定的时间内提出,视为该变更不涉及合同价款的变动。合同未约定变更价款的情况下,当工程量增加或减少 15%以上时,价款需要进行变更。

(2) 事件二中,施工单位不同意的做法不正确。理由:建设单位对隐蔽工程有异议的,有权要求复验。建设单位的做法不正确。理由:若现场复验后检验质量满足要求,复验增加的费用

由建设单位承担。

（3）事件三中，不调值因素的比重为 $1-(0.15+0.30+0.12+0.15+0.08)=0.20$，调值后的实际结算价款为$[14\,250\times(0.2+0.15\times1.12/0.99+0.30\times1.16/1.01+0.12\times0.85/0.99+0.15\times0.80/0.96+0.08\times1.05/0.78)]$万元$=14\,962.13$万元。

思考题

1. 简述合同订立的原则。
2. 简述要约的概念及要约有效的条件。
3. 简述承诺的概念及具有的条件。
4. 简述合同包括的一般条款。
5. 简述无效合同的情形。
6. 简述可变更或可撤销合同的情形。
7. 简述承担违约责任的方式。
8. 简述建设工程施工合同的特点。
9. 简述订立建设工程施工合同应当遵守的原则。
10. 简述订立建设工程施工合同应具备的哪些条件。
11. 简述建设工程施工合同中承包人和发包人的主要义务。
12. 简述建筑工程质量保修书的主要内容。
13. 简述合同价款调整因素包括哪些。
14. 简述变更合同价款的原则。
15. 简述施工合同解除的情形。
16. 建设工程监理合同中，监理人和委托人有哪些权利和义务？
17. 建设工程设计合同中双方的义务有哪些？
18. 简述建筑材料采购合同的主要内容。

习题

一、单选题

1. 在合同的订立过程中，当事人一方向另一方提出订立合同的要求和合同的主要条款，并限定其在一定期限内做出答复，这种行为是（　　　）。

A. 谈判　　　　　B. 要约邀请　　　　　C. 要约　　　　　D. 承诺

2. 在采用格式条款的合同中，提供格式条款的一方对可能造成人身伤害而免除其责任的条款（　　　）。

A. 有效　　　　　B. 无效　　　　　C. 经公证后有效　　　D. 被拒绝后无效

3. 在下列合同中,( )合同是可撤销的合同。

A. 造成对方人身伤害而免责的

B. 违背公序良俗的

C. 在订立时明显失去公平的

D. 违反法律强制规定的

4. 可撤销的建设工程施工合同,当事人应当请求( )变更。

A. 建设行政主管部门 B. 设计单位

C. 监理单位 D. 人民法院

5. 某施工合同经法院确认无效后,应认为该合同从( )日起无效。

A. 订立施工合同 B. 确认施工合同

C. 确认无效 D. 下达停工令

6. 表见代理的法律后果由( )承担。

A. 无权代理人 B. 被代理人 C. 善意相对人 D. 合同担保人

7. 合同履行的前提和依据是( )。

A. 有效的合同 B. 合同法 C. 诚实信用原则 D. 合同生效

8. 对于按照市场行情约定价格的合同,如果在其履行过程中逾期付款而又遇到市场行情发生波动时,则( )。

A. 遇价格上涨,按新价执行;遇价格下降,按原价执行

B. 遇价格上涨,按原价执行;遇价格下降,按新价执行

C. 无论价格上涨还是下降,仍按原合同价执行

D. 无论价格上涨还是下降,均按市场价执行

9. 合同生效后,当事人就履行费用的负担不明的,应由( )。

A. 债务人一方负担 B. 债权人一方负担

C. 债权人、债务人平均分担 D. 监理工程师裁定

10. 一个买卖合同执行的是政府定价,2020年2月1日订立合同时价格为每千克100元,合同规定2020年4月1日交货,违约金为每千克10元,交货后付款,但卖方直至2020年6月1日才交货,而政府定价于2020年5月1日调整为每千克120元,买方应当按照每千克( )元向卖方付款。

A. 90 B. 100 C. 110 D. 120

11. 按照《中华人民共和国民法典》的规定,由于合同当事人一方缺乏判断能力造成显失公平,订立了损害己方利益的合同,则该当事人可( )。

A. 请示人民法院撤销该合同 B. 拒绝履行合同,宣布合同无效

C. 请求行政主管部门撤销该合同 D. 双方协商修改合同

12. 在合同权利义务终止的原因中,( )是最主要和最常见的原因。

A. 债务清偿 B. 合同解除

C. 免除债务 D. 债务抵消

13. 违反经济合同的当事人支付了违约金和赔偿金后,对方仍要求继续履行合同时,违约方( )。

A. 应在对方同意变更合同约定的违约责任条款后继续履行合同

B. 在继续履行过程中可更换标的

C.必须按合同条款继续履行合同

D.可拒绝继续履行合同

14.某工程的合同金额为 500 万元,承发包双方在合同中约定,采用调值公式调整施工期间的差价。工程实施中的调价因素为 A、B、C 三项,其占合同工程款的比例分别为 20％、10％、25％,这三种因素的基期价格指数分别为 1.05、1.02、1.10,结算期的价格指数分别为 1.07、1.06、1.15。则价差调整额度为(　　)万元。

A.509.54　　　　B.505.23　　　　C.9.54　　　　D.5023

15.施工合同履行过程中发生工程变更时,由(　　)向承包人发出变更命令。

A.监理人　　　B.业主　　　C.设计人　　　D.变更提出方

16.在施工合同履行过程,下列属于承包人权限范围内的是(　　)。

A.自主决定分包所承包的部分工程

B.分包所承包的主体结构部分

C.经发包人同意转包所承担部分工程

D.经发包人同意分包所承担的门窗工程

17.下列选项中,(　　)是建设单位合同实施过程中的工作。

A.办理施工许可证　　　　　　　B.编制施工组织设计

C.编制施工方案　　　　　　　　D.编制施工进度计划

18.甲、乙建筑公司组成一个联合体进行投标,在共同投标协议中约定,如果在施工过程中出现质量问题而遭遇建设单位索赔,各自承担索赔额的 50％。施工过程中,甲建筑公司的施工部分出现质量问题,建设单位索赔 20 万元。则下列说法正确的是(　　)。

A.由于是甲公司的原因导致的质量问题,建设单位只能向甲公司主张权利

B.因为约定各自承担 50％,乙公司只应对建设单位承担 10 万元的赔偿责任

C.如果建设单位向乙公司主张索赔,乙公司应先对 20 万元索赔额承担责任

D.只有甲公司无力承担,乙公司才应先承担全部责任

19.下列关于建设单位质量责任和义务的表述中,错误的是(　　)。

A.建设单位不得将建设工程肢解发包

B.建设工程发包人不得迫使承包人以低于成本的价格竞标

C.建设单位不得任意压缩合同工期

D.涉及承重结构变动的装修工程施工前,只能委托原设计单位提交设计方案

20.在正常使用条件下,关于建设工程的最低保修期限,不正确的是(　　)。

A.房屋建筑的地基基础工程和主体结构工程,为设计文件规定的该工程的合理使用年限

B.屋面防水工程和有防水要求的卫生间、房间和外墙面的防渗漏,为 5 年

C.电气管线、给排水管道,设备安装和装修工程,为 2 年

D.供热与供冷系统,为 2 年

21.《建设工程施工合同(示范文本)》规定,承发包双方可通过(　　)约定具体工程项目双方的权利义务。

A.协议书　　　B.通用合同条款　　　C.投标书　　　D.专用合同条款

22.下列施工合同文件中,解释顺序最优先的是(　　)。

A.中标通知书　　　B.投标书　　　C.专用合同条款　　　D.规范

23.根据《建设工程施工合同(示范文本)》的规定,当合同文件发生矛盾时,应按顺序进行解

释。下列解释顺序正确的是(　　)。

　　A.合同协议书、通用合同条款、专用合同条款

　　B.中标通知书、专用合同条款、协议书

　　C.中标通知书、专用合同条款、投标书

　　D.中标通知书、专用合同条款、标准

24.在施工合同履行中,发包人按合同约定购买了玻璃,现场交货前未通知承包人派代表共同进行现场交货清点,单方检验接收后直接交承包人的仓库保管员保管,施工使用时发现部分玻璃损坏,则应由(　　)。

　　A.保管员负责赔偿损失　　　　　　　　B.发包人承担损失责任

　　C.承包人负责赔偿损失　　　　　　　　D.发包人与承包人共同承担损失责任

25.基础工程隐蔽前已经工程师验收合格,在主体结构施工时因墙体开裂,对基础重新检验发现部分部位存在施工质量问题,则对重新检验的费用和工期的处理表述正确的是(　　)。

　　A.费用由工程师承担,工期由承包人承担

　　B.费用由承包人承担,工期由发包人承担

　　C.费用由承包人承担,工期由承发包双方协商

　　D.费用和工期均由承包人承担

26.一个合同被法院确认为可撤销合同。甲、乙双方约定的违约金为4万元,合同履行阶段双方各有2万元的经济损失。法院判定双方都有过错,但甲方是主要过错方,应承担75%的过错责任。则损失的承担应为(　　)。

　　A.各自承担自己的损失　　　　　　　　B.甲方赔偿乙方1万元损失

　　C.甲方赔偿乙方2万元损失　　　　　　D.甲方赔偿乙方4万元损失

27.《建设工程施工合同(示范文本)》通用合同条款规定,在施工过程中,因设计变更导致承包人的施工成本增加及工期延误,应当按照(　　)处理。

　　A.增加的费用由承包人承担,延误的工期不予顺延

　　B.增加的费用由承包人承担,延误的工期相应顺延

　　C.增加的费用由发包人补偿,延误的工期相应顺延

　　D.增加的费用由发包人补偿,延误的工期不予顺延

28.发包人供应的材料设备运抵现场经过清点后,应当由(　　)保管。

　　A.发包人　　　　　　　　　　　　　　B.承包人

　　C.工程师　　　　　　　　　　　　　　D.发包人与承包人共同

29.施工的竣工验收应当由(　　)负责组织。

　　A.发包人　　　　　B.工程师　　　　　C.承包人　　　　　D.监理单位

30.在施工合同中,属于承包人应当完成的工作的是(　　)。

　　A.保护施工现场地下管线　　　　　　　B.办理土地征用

　　C.进行设计交底　　　　　　　　　　　D.协调处理施工现场周围地下管线的保护

31.根据《建设工程施工合同(示范文本)》的规定,当施工过程中发生不可抗力,对承包人负责采购的设备运到现场准备安装前造成损失,该损失应由(　　)承担。

　　A.发包人　　　　　　　　　　　　　　B.承包人

　　C.设备供应人　　　　　　　　　　　　D.发包人和承包人

32.根据《建设工程施工合同(示范文本)》的规定,设备安装工程投料试车应该由(　　)。

A. 承包人组织试车,发生的费用计入建筑安装工程费

B. 承包人组织试车,发生费用的亏损部分计入联合试运转费

C. 发包人组织试车,发生的费用计入建筑安装工程费

D. 发包人组织试车,发生费用的亏损部分计入工程建设其他费用

33. 根据《建设工程施工合同(示范文本)》的规定,从合同约定开工日起至(   )止的日历天数为承包人的施工期,与合同工期相比较判定承包人是否工期违约。

A. 承包人自检合格日　　　　　　B. 承包人提交竣工报告日

C. 竣工验收合格工程师签字日　　D. 竣工验收通过,承包人提交竣工验收报告日

34. 工程师对已经同意承包人隐蔽的工程部位施工质量产生怀疑后,要求承包人进行剥露后的重新检验。检验结果表明施工质量存在缺陷,承包人按工程师的指示修复后再次覆盖。此事件按照施工合同的规定,对增加的施工成本和延误的工期处理应是(   )。

A. 工期顺延,施工成本的增加由承包人承担

B. 工期不顺延,施工成本的增加由承包人承担

C. 工期顺延,补偿剥露和重新覆盖的成本,修复缺陷的成本由承包人承担

D. 工期不予顺延,补偿剥露和重新覆盖的成本,修复缺陷的成本由承包人承担

35. 根据《建设工程施工合同(示范文本)》的规定,工程竣工验收时,验收委员会提出了修改意见,承包人修复后达到验收要求的,其竣工日期为(   )。

A. 送交竣工验收报告日　　　　　B. 修改后提请发包人验收日

C. 修改后验收合格日　　　　　　D. 办理竣工移交手续日

36. 政府采购的主要采购方式是(   )。

A. 询价　　　　B. 竞争性谈判　　　　C. 邀请招标　　　　D. 公开招标

37. 依据《中华人民共和国政府采购法实施条例》,采购人或者采购代理机构可以对已发出的招标文件进行必要的澄清或者修改。澄清或者修改的内容可能影响投标文件编制的,采购人或者采购代理机构应当在投标截止时间至少(   )日前,以书面形式通知所有获取招标文件的潜在投标人。

A. 5　　　　　　B. 10　　　　　　C. 15　　　　　　D. 20

38. 依据《中华人民共和国政府采购法实施条例》的规定,招标文件要求投标人提交投标保证金的,投标保证金不得超过采购项目预算金额的(   )。

A. 1%　　　　　B. 2%　　　　　C. 5%　　　　　D. 10%

二、多选题

1. 合同订立须经过(   )。

A. 要约邀请　　　B. 要约　　　C. 承诺

D. 签证　　　　　E. 公证

2. 下列情形中,(   )的合同是可撤销合同。

A. 违背公序良俗

B. 因重大误解而订立

C. 在订立合同时明显失去公平

D. 以欺诈、胁迫手段,使对方在违背真实意思的情况下订立

E. 违反法律、行政法规强制性规定

3. 可撤销的建设工程施工合同应当由(   )撤销。

A. 建设行政主管部门　　　B. 人民法院　　　C. 仲裁机构

D. 工商行政管理部门　　　E. 监理公司

4.《中华人民共和国民法典》规定的无效合同条件包括(　　)。

A. 违背公序良俗

B. 损害社会公共利益

C. 在订立合同时明显失去公平

D. 恶意串通损害第三人利益

E. 违反行政法规的强制性规定

5.《中华人民共和国民法典》规定的合同履行原则包括(　　)。

A. 全面履行原则　　　B. 实际履行原则　　　C. 适当履行原则

D. 需要履行原则　　　E. 诚实信用原则

6.《中华人民共和国民法典》规定合同权利义务终止,不影响合同中(　　)的效力。

A. 清理条款　　　B. 结算条款　　　C. 质量条款

D. 风险条款　　　E. 目的条款

7. 合同终止即合同权利义务的终止,是指合同当事人之间的债权债务关系消灭而不复存在。合同终止可能是当事人双方均履行完约定义务后的正常终止,也可以是在双方约定的义务未履行完时,由于某一事件的发生而被迫终止。《中华人民共和国民法典》规定的合同终止的情况有(　　)

A. 债务已经按照约定履行　　　　　B. 合同解除

C. 债务相互抵销　　　　　　　　　D. 债务人依法将标的物提存

8. 当事人一方履行合同义务不符合规定,应当承担(　　)违约责任。

A. 缔约过失　　　B. 继续履行　　　C. 采取补救措施

D. 赔偿损失　　　E. 支付违约金或定金

9. 甲建筑施工总承包单位欲分包工程,依据相关法律法规属于违法行为的有(　　)。

A. 经建设单位认可将其中的部分非主体工程分包给具有相应资质的分包单位

B. 将其承包的全部建筑工程肢解以后分别发包给其他单位

C. 将其承包的主体结构工程分包给乙单位

D. 按建设单位指定将其承包的部分工程转包给具有相应资质的丙单位

E. 默认分包公司将其承包工程中的部分工程再分包给其他单位

10. 我国《建设工程施工合同文本(示范文本)》由(　　)组成。

A. 合同协议书　　　B. 中标通知书　　　C. 通用合同条款

D. 工程量清单　　　E. 专用合同条款

11. 组成施工合同的文件包括(　　)等。

A. 招标公告　　　B. 合同协议书　　　C. 中标通知书

D. 图纸　　　E. 已标价工程量清单

12. 下列因不可抗力发生的费用或损失中,应由发包人承担的有(　　)。

A. 承包人的人员伤亡相关费用

B. 已运至施工场地的材料和工程设备的损坏

C. 因工程损害造成的第三者财产损失

D. 承包人设备的损坏

E.承包人应监理人要求在停工期间照管工程的人工费用

13.按照我国《建设工程施工合同文本(示范文本)》的规定,在施工中由于(   )造成工期延误,经发包人代表确认,竣工日期可以顺延。

A.承包人未能及时调配施工机械　　　B.不可抗力

C.雨季天数增多　　　D.工程量变化和设计变更

E.一周内非承包人原因停电、停水、停气等造成停工累计超过8小时

14.发包人出于某种需要希望工程能提前竣工,则他应做的工作包括(   )。

A.向承包人发出必须提前竣工的指令　　　B.与承包人协商并签订提前竣工协议

C.负责修改施工进度计划　　　D.为承包人提供赶工的便利条件

E.减少对工程质量的检测试验项目

15.在施工合同中,发包人有权解除合同的情况包括(   )。

A.承包人未按工程师确认的施工进度计划施工

B.承包人将其承包的全部工程转包给他人

C.承包人将工程肢解后以分包的名义分别转包给他人

D.承包人的施工存在质量问题

E.承包人未按约定履行保修义务

16.根据《建设工程施工合同(示范文本)》的规定,应由发包人完成的工作包括(   )。

A.负责组织图纸会审和设计交底;

B.提供工程进度计划及相应进度统计报表

C.确定水准点与坐标控制点;

D.协调处理施工现场地下管线的保护工作

E.保护已完工程并承担损坏修复费用

17.根据我国现行《建设工程施工合同(示范文本)》中通用合同条款的有关规定,下列工作应由承包人完成的是(   )。

A.平整施工场地　　　B.办理施工许可证

C.向发包人提供施工现场办公设施　　　D.负责已完工程的成品保护

E.针对施工场地交通、噪声等情况,办理有关的手续

18.根据《中华人民共和国政府采购法》,以下是政府采购方式的有(   )。

A.公开招标　　　B.邀请招标　　　C.竞争性谈判

D.单一来源采购　　　E.直接采购

19.政府采购招标评标方法可以分为(   )。

A.经评审的最低投标价法　　　B.最低评标价法

C.最低投标价法　　　D.综合评分法

E.专家评估法

三、案例分析题

1.某厂房建设场地原为农田。按设计要求,在厂房建造时,厂房地坪范围内的耕植土应清除,基础必须埋在老黏土层下2m处。因此,建设单位在"三通一平"阶段就委托土方施工公司清除了耕植土并用好土回填压实至一定设计标高。建设单位在施工招标文件中指出,施工单位无须再考虑清除耕植土的问题。某施工单位通过投标方式获得了该项工程的施工任务,并与建设单位签订了固定价格合同。然而,施工单位在开挖基坑时发现,相当一部分基础开挖深度虽

已达到设计标高,但仍未见老土,且在基坑和场地范围内仍有一部分深层的耕植土和池塘淤泥必须清除。

问题:(1)在工程中遇到地基条件与原设计依据的地质资料不符时,施工单位该怎么办?

(2)工程施工过程中,合同价款调整因素及调整原则有哪些?

(3)根据修改的设计图纸,基坑开挖要加深加,范围要加大,造成土方工程量增加,施工工效降低。施工中又发现了较有价值的出土文物,造成施工单位部分施工人员和机械窝工,同时施工单位为保护文物付出了一定的措施费用。请问施工单位应如何处理此事?

2.某工程项目,建设单位与施工总承包单位按《建设工程施工合同(示范文本)》签订了施工合同,工程实施过程中发生了如下事件。

事件1:主体结构施工时,建设单位收到用于工程的商品混凝土不合格的举报,立刻指令施工总承包单位暂停施工。检测鉴定单位对商品混凝土的抽样检验及混凝土实体质量抽芯检测发现,商品混凝土符合要求。因此,施工总承包单位向项目监理机构提交了暂停施工后人员窝工及机械闲置的费用索赔申请。

事件2:施工总承包单位按施工合同的约定,将装饰工程分包给甲装饰分包单位。在装饰工程施工中,项目监理机构发现工程部分区域的装饰工程由乙装饰分包单位施工。经查实,施工总承包单位为按时完工,擅自将部分装饰工程分包给乙装饰分包单位。

事件3:室内空调管道安装工程隐蔽前,施工总承包单位进行了自检,并在约定的时限内按程序书面通知项目监理机构验收。项目监理机构在验收前6小时通知施工总承包单位乙方因故不能到场验收,施工总承包单位自行组织了验收,并将验收记录送交项目监理机构,随后进行观察隐蔽,进入下道工序的施工。总监理工程师以"未经项目监理机构验收"为由下达了工程暂停令。

事件4:工程保修期内,建设单位为使用方便,直接委托甲装饰分包单位对地下室进行重新装修,在没有设计图纸的情况下,应建设单位要求,甲装饰分包单位在地下室承重结构墙上开设了两个1800 mm×2000 mm的门洞,造成一层楼面有多处裂缝,地下室有严重渗水。

问题:(1)事件1中,建设单位的做法是否妥当?项目监理机构是否应批准施工总承包单位的索赔申请?说明理由。

(2)项目监理机构对事件2应如何处理?

(3)事件3中,施工总承包单位和总监理工程师的做法是否妥当?说明理由。

(4)对于事件4中发生的质量问题,建设单位、监理单位、施工总承包单位和甲装饰分包单位是否应承担责任?分别说明理由。

"黑白合同案"案例　　习题参考答案　　学习情境5　建设工程合同　　政府采购货物和服务招标投标管理办法

学习情境 6

建设工程索赔

知识目标

了解建设工程索赔的基本概念,施工索赔争议的解决方式;熟悉建设工程施工索赔的管理方法;掌握建设工程索赔的程序,建设工程施工索赔的计算方法。

能力目标

会分析建设工程施工索赔典型案例;会进行建设工程工期和费用索赔;会管理建设工程施工索赔。

重点与难点

建设工程施工索赔程序,建设工程施工索赔的计算方法。

情境案例

某汽车制造厂建设施工土方工程中,承包商在合同标明有松软石的地方没有遇到松软石,因此,工期提前了1个月。但在合同中另一未标明有坚硬岩石的地方遇到坚硬岩石,开挖工作变得更加困难,造成了实际生产率比原计划低得多的问题,经测算,影响工期3个月。由于施工速度减慢,部分施工任务被拖到雨季进行,按一般公认标准推算,雨季施工又影响工期2个月。针对这些事件,承包商准备提出索赔。

问题:(1) 该施工索赔能否成立,为什么?

(2) 在该索赔事件中,承包商应提出的索赔内容包括哪两方面?

(3) 在工程施工中,承包商可以提供的索赔证据有哪些?

(4) 承包商应提供的索赔文件有哪些?

案例解析

(1) 该施工索赔能成立。施工中,在合同未标明有坚硬岩石的地方遇到坚硬岩石,属于施工现场的施工条件与原来的勘察成果有很大差异,属甲方的责任范围。

(2) 本事件中,意外地质条件造成施工困难,导致工期延长,产生额外工程费用,因此,索赔内容应包括费用索赔和工期索赔。

(3) 承包商可以提供的索赔证据有招标文件、工程合同及附件、业主认可的施工组织设计、工程图纸、技术规范等;工程各项有关设计交底记录、变更图纸、变更施工指令等;工程各项经业主或监理工程师签认的签证;工程各项往来信件、指令、信函、通知、答复等;工程各项会议纪要;施工计划及现场实施情况记录;施工日报及工长工作日志、备忘录;工程送电,送水,道路开通、封闭的日期及数量记录;工程停水、停电和干扰事件影响的日期及恢复施工的日期;工程预付款、进度款拨付的数额及日期记录;工程图纸、图纸变更、交底记录的送达份数及日期记录;工程有关施工部位的照片及录像等;工程现场气候记录,有关天气的温度、风力、降雨量、降雪量等;工程验收报告及各项技术鉴定报告等;工程材料采购、订货、运输、进场、验收、使用等方面的凭据;工程会计核算资料;国家、省、市有关影响工程造价、工期的文件、规定等。

（4）承包商应提供的索赔文件有索赔信、索赔报告、索赔证据与详细计算书等附件。

6.1 建设工程索赔概述

6.1.1 建设工程索赔概念

建设工程索赔是指在工程合同履行过程中,合同当事人一方因对方不履行或未能正确履行合同或者由于其他非自身因素而受到经济损失或权利损害,通过合同规定的程序向对方提出经济或工期补偿要求的行为。在工程建设的各个阶段,都有可能发生索赔,但在施工阶段索赔发生最多。

索赔是以合同为基础的,对施工合同的双方来说,索赔能保证合同的顺利实施,维护双方的合法利益。当事人双方索赔的权利是平等的,在实际工作中,索赔是双向的,承包人可以向发包人提出索赔,发包人也可以向承包人提出索赔。我们通常将承包人向发包人提出的索赔称为施工索赔,将发包人向承包人提出的索赔称为反索赔。

6.1.2 施工索赔的必然性和原因分析

1. 施工索赔的必然性

合同履行过程中,承包人向发包人提出索赔要求是不可避免的,任何详细的施工合同都无法避免索赔事件的发生,其主要原因如下。

施工索赔的必然性
和原因分析

1）发包人负责起草合同

合同专用条件内的具体条款,是由业主自己或委托工程师、咨询单位编写后列入招标文件的,编制过程中,承包人没有发言权,虽然承包人在投标书的致函内和与业主进行谈判过程中,可以要求修改某些让其风险较大的条款的内容,但不能要求修改过多条款数目,否则就构成对招标文件有实质上的背离,可能被业主拒绝。

2）投标的竞争性

承包人在投标阶段是以具有竞争性的报价取得合同的。为了降低报价,一个有经验的承包人对招标文件进行认真分析后,对实施阶段有可能通过索赔获得补偿的风险部分,往往不预留风险基金,待施工阶段发生这部分损害事件时,通过索赔获得补偿。

此外,通过索赔获得的费用属于合同价格之外的支付,这就必然促使承包人寻找一切索赔的机会,来减轻自己承担的风险。

3）不可预见事件的影响

土木工程项目在施工阶段，由于工期长，技术复杂、大型化，必然存在众多在签约阶段不可能合理预见事件的发生。尽管合同准备工作非常细致，合同条款内容严谨、全面，发包人和承包人在合同履行过程中也非常守信誉，但由于工程项目施工的复杂性和人的预见能力有限，施工阶段仍然会或多或少地发生索赔。

从以上的分析可以看出，签订一个好的合同，只能做到尽量减少索赔和有利于索赔事件发生后的处理工作，而不可能杜绝索赔。索赔属于合同履行过程中正常的风险管理。

2. 施工索赔的原因分析

引起索赔的原因是多种多样的，主要有 9 个主要原因。

1）当事人违约

当事人违约常常表现为没有按照合同约定履行自己的义务。发包人违约常常表现为没有为承包人提供合同约定的施工条件、未按照合同约定的期限和数额付款等。监理人未能按照合同约定完成工作，如未能及时发出图纸、指令等也视为发包人违约。承包人违约的情况主要是没有按照合同约定的质量、期限完成施工，或者由于不当行为给发包人造成其他损害。

2）合同缺陷

合同缺陷常常表现为合同文件规定不严谨甚至矛盾、合同中的遗漏或错误。合同缺陷不仅包括商务条款中的缺陷，也包括技术规范和图纸中的缺陷。工程师有权对合同缺陷做出解释。但如果承包人执行工程师的解释后成本增加或工期延长，承包人可以为此提出索赔，工程师应给予证明，发包人应给予补偿。一般情况下，发包人作为合同起草人，要对合同中的缺陷负责，除非合同中有非常明显的含糊或其他缺陷，根据法律可以推定承包人有义务在投标前发现并及时向发包人指出。

3）施工条件变化

在土木建筑工程施工中，施工条件变化对工期和造价的影响很大，因为不利的自然条件及障碍常常导致设计变更，工期延长或成本大幅度增加。

土建工程对基础地质条件要求很高，而这些基础地质条件，如地下水、地质断层、岩溶孔洞、地下文物遗址等，根据业主在招标文件中提供的材料，以及承包人的现场勘察，都不可能准确无误地发现，即使是有经验的承包人也无法事前预料。因此，基础地质方面出现的异常变化必然会引起施工索赔。

4）工程变更

土建工程施工中，工程量的变化是不可避免的，施工时实际完成的工程量超过或小于工程量表中所列的预计工程量。在施工过程中，工程师发现设计、质量标准和施工顺序有问题时，往往会指令承包人增加新的工作、改换建筑材料、暂停施工或加速施工等。这些变更指令可能导致新的施工费用，或导致工期延长。所有这些情况，都迫使承包人提出索赔要求，以弥补自己不应承担的损失。

5）工期拖延

大型土建工程施工，由于天气、水文地质等因素的影响，常常出现工期拖延。分析拖期原因、明确拖期责任时，合同双方往往产生分歧，承包人实际支出的计划外施工费用得不到补偿，势必引起索赔。

如果工期拖延的责任在承包人方面，则承包人无权提出索赔，而应该自费采取赶工的措施抢回延误的工期；如果到合同规定的完工日期时，承包人仍然不能按期建成工程，则应承担误期损害赔偿费。

6）监理人指令

监理人指令通常表现为监理人指令承包人加速施工、进行某项工作、更换某些材料、采取某种措施或停工等。监理人是受发包人委托进行工程建设监理的,其在工程中的作用是监督所有工作,保证工作都按合同规定进行,督促承包人和发包人完全合理地履行合同、保证合同顺利实施。为了保证合同工程达到既定目标,监理人可以发布各种必要的现场指令。相应地,对于这些指令(包括指令错误)造成的成本增加和(或)工期延误,承包人当然可以索赔。

7）国家政策及法律、法令变更

国家政策及法律、法令变更通常是指直接影响工程造价的某些政策及法律、法令的变更,比如限制进口、外汇管制或税收及其他收费标准的提高。无疑,工程所在国的政策及法律、法令是承包商投标时编制报价的重要依据之一。就国际工程而言,合同通常都规定,从投标截止日期之前的第二十八天开始,如果工程所在国的法律和政策的变更导致承包人施工费用增加,发包人应该向承包人补偿增加值;相反,如果导致费用减少,则也应由发包人受益。做出这种规定的理由是很明显的,因为承包人根本无法在投标阶段预测这种变更。就国内工程而言,因国务院各有关部门、各级建设行政主管部门或其授权的工程造价管理部门公布的价格调整,比如定额、取费标准、税收、上缴的各种费用等,承包人可以要求发包人调整合同价款。如果发包人不调整,承包人可以要求索赔。

8）其他承包人干扰

其他承包人干扰通常是指其他承包人未能按时、按序进行并完成某项工作,各承包人之间配合协调不好等给本承包人的工作带来的干扰。大中型土木工程,往往会有几个承包人在现场施工,由于各承包人之间没有合同关系,工程师作为业主委托人有责任组织协调好各个承包人的工作,否则,将会给整个工程和各承包人的工作带来严重影响,引起承包人索赔。比如,某承包人不能按期完成自己的那部分工作,其他承包人的相应工作也会因此延误。在这种情况下,被迫延迟的承包人就有权向发包人提出索赔。在其他方面,如场地使用、现场交通等,各承包人之间也都有可能发生相互干扰的问题。

9）其他第三方原因

其他第三方原因通常表现为因与工程有关的其他第三方的问题而引起的对本工程的不利影响,比如银行付款延误、邮路延误、港口压港等。由于这种原因引起的索赔往往比较难以处理。比如发包人在规定时间内依规定方式向银行寄出了要求向承包人支付款项的付款申请,但由于邮路延误,银行迟迟没有收到该付款申请,造成承包人没有在合同规定的期限内收到工程款。在这种情况下,由于最终表现出来的结果是承包人没有在规定时间内收到款项,承包人往往会向业主索赔。对于第三方原因造成的索赔,发包人给予补偿后,应该根据其与第三方签订的合同规定或有关法律规定向第三方追偿。

6.1.3 索赔的分类

从不同的角度,按不同的方法和不同的标准,索赔有多种分类方法。

1. 按索赔的合同依据分类

1）合同中明示的索赔

合同中明示的索赔是指承包人提出的索赔要求,在该工程项目的合同文件中有文字依据,承包人可以据此提出索赔要求,并取得工期或费用补偿。这些在合同文件中有文字规定的合同条款,称为明示条款。

2)合同中默示的索赔

合同中默示的索赔即承包人的该项索赔要求,虽然在工程项目的合同条款中没有专门的文字叙述,但可以根据该合同的某些条款的含义,推论出承包人有索赔权。这种索赔要求,同样有法律效力,有权得到相应的补偿。这种有补偿含义的条款,在合同管理工作中被称为默示条款或称为隐含条款。

默示条款是一个广泛的合同概念,它包含合同明示条款中没有写入、但符合双方签订合同时设想的愿望和当时环境条件的一切条款。这些默示条款,或从明示条款所表述的设想愿望中引申出来,或从合同双方在法律上的合同关系引申出来,经合同双方协商一致或被法律和法规指明,都成为合同文件的有效条款,要求合同双方遵照执行。

3)道义索赔

道义索赔是指承包人无论在合同内还是合同外都找不到进行索赔的依据,没有提出索赔的条件和理由,但他在合同履行中诚恳可信,为工程的质量、进度及配合尽了最大的努力,但由于工程实施过程中的估计失误,确实存在较大的亏损,恳请发包人尽力给予补助。在此情况下,发包人在详细了解实际情况后,为了使自己的工程获得良好的进展,出于同情和信任对承包人进行补偿。

2. 按索赔有关当事人分类

1)承包人和发包人之间的索赔

承包人和发包人之间的索赔是施工承包中最普遍的索赔形式,最常见的是承包人向发包人提出的工期索赔和费用索赔。有时,发包人也向承包人提出赔偿的要求,即反索赔。

2)总承包人和分包人之间的索赔

总承包人和分包人按照他们之间签订的分包合同,都有向对方提出索赔的权利,以维护自己的利益,获得额外开支的经济补偿。分包人向总承包人提出的索赔要求,经过总承包人审核后,凡是属于发包人责任范围内的事项,均由总承包人汇总编制后向发包人提出;凡属于总承包人责任的事项,由总承包人同分包人协商解决。

3)承包人同供货人之间的索赔

承包人在中标以后,根据合同规定向机械设备制造厂家或材料供应人询价订货,签订供货合同。供货合同一般规定供货人提供的机械设备的型号、数量、质量标准和供货时间等具体要求。如果供货人违反供货合同的规定,使承包人受到损失,承包人有权向供货人提出索赔,反之亦然。

3. 按索赔的目的分类

1)工期索赔

工期索赔是指承包人对施工中发生的非承包人直接或间接责任事件造成计划工期延误后向发包人提出的赔偿要求。工期索赔形式上是对权利的要求,以避免在原定合同竣工日不能完工时,被发包人追究拖期违约责任。一旦获得批准合同工期顺延,承包人不仅免除了承担拖期违约赔偿费的严重风险,而且可能提前完工得到奖励。工期索赔最终仍反映在经济收益上。

2)费用索赔

费用索赔是指承包人对施工中发生的非承包人直接或间接责任事件造成合同价款以外的费用支出,向发包人提出的赔偿要求。费用索赔的目的是要求经济补偿。

4. 按索赔的处理方法和处理时间分类

按索赔的处理方法和处理时间的不同,施工索赔可以分为单项索赔和一揽子索赔。

1) 单项索赔

单项索赔是针对某干扰事件的发生而及时提出的索赔。索赔的处理是在合同实施的过程中,干扰事件发生时或发生后立即执行。单项索赔由合同管理人员处理,并在合同规定的索赔有效期内提交索赔意向书和索赔报告。这些文件是索赔有效性的保证。

单项索赔通常原因单一、责任清楚,涉及金额较小,实际损失易于计算,发包人容易接受。所以承包人应尽可能采用单项索赔方式处理索赔问题。例如,工程师指令将某分项工程混凝土改为钢筋混凝土,承包人对此只需提出与钢筋有关的费用索赔。

单项索赔报告必须在合同规定的索赔有效期内提交给监理人,由监理人审核后提交给发包人,由发包人做出答复。

2) 总索赔

总索赔又叫一揽子索赔或综合索赔。总索赔的处理方法是在工程竣工前,承包人将施工过程中未解决的单项索赔集中起来,提出一篇总索赔报告,合同双方在工程交付前后进行最终谈判,以一揽子方案解决索赔问题。

通常在如下几种情况下,承包人采用一揽子索赔。

(1) 在施工过程中,有些单项索赔原因和影响都很复杂,不能立即解决,或双方对合同的解释有争议,而合同双方都要忙于合同实施,双方可协商将单项索赔留到工程后期解决。

(2) 发包人拖延答复单项索赔,使施工过程中的单项索赔得不到及时解决。在国际工程中,有的发包人就以拖的办法对待索赔,常常使索赔和索赔谈判旷日持久,导致许多索赔要求集中起来。

(3) 在一些复杂的工程中,当干扰事件多,几个干扰事件同时发生,或有一定的连贯性,互相影响大,难以一一分清对,承包人可以将干扰事件综合在一起提出索赔。

总索赔有以下几个特点。

(1) 处理和解决都很复杂。由于施工过程中的许多干扰事件搅在一起,问题的原因、责任和影响很难分析,索赔报告的起草、审阅、分析、评价难度大。

由于解决费用、时间补偿的拖延,总索赔的最终解决还会引起利息的支付、违约金的扣留、预期的利润补偿、工程款的最终结算等问题,会加剧索赔解决的困难程度。

(2) 为了索赔的成功,承包人必须保存全部的工程资料和其他作为证据的资料,这使工程项目的文档管理任务极为繁重。

(3) 索赔的集中解决使索赔额集中起来,造成谈判的困难。由于索赔额度大,双方都不愿或不敢做出让步,争执更加激烈。通常在最终的一揽子方案中,承包人往往必须做出较大让步。有些重大的一揽子索赔谈判一拖就是几年,会花费大量的时间和金钱。

对于索赔额度大的一揽子索赔,承包人必须成立专门的索赔小组负责处理。在国际承包工程中,承包人通常聘请法律专家、索赔专家,或委托咨询公司,索赔公司进行索赔管理。

(4) 合理的索赔要求得不到解决,会影响承包人的资金周转和施工速度,影响承包人履行合同的能力和积极性,影响工程的顺利实施和双方的合作。

5. 按索赔事件的性质分类

1) 工程延误索赔

发包人未按合同要求提供施工条件,如未及时交付设计图纸、施工现场、道路等,发包人指令工程暂停或不可抗力事件等原因造成工期拖延时，承包人可以提出索赔。工程延误索赔是工程中常见的一类索赔。

2）工程变更索赔

发包人或监理工程师指令增加或减少工程量或增加附加工程、修改设计、变更工程顺序等，造成工期延长和费用增加时，承包人可以提出索赔。

3）合同被迫终止的索赔

发包人或承包人违约以及不可抗力事件等原因造成合同非正常终止时，无责任的受害方因其蒙受经济损失可以向对方提出索赔。

4）工程加速索赔

发包人或工程师指令承包人加快施工速度、缩短工期，引起承包人人、财、物的额外开支时，承包人可以提出索赔。

5）意外风险和不可预见因素索赔

在工程实施过程中，因人力不可抗拒的自然灾害、特殊风险以及一个有经验的承包人通常不能合理预见的不利施工条件或外界障碍，如地下水、地质断层、溶洞、地下障碍物等引起的费用或工期的增加，承包人索赔。

6. 其他索赔

其他索赔指因货币贬值、汇率变化、物价上涨、工资上涨、政策法令变化等原因引起的索赔。

6.1.4　索赔的作用及条件

1. 索赔的作用

索赔与工程承包合同同时存在，它的主要作用有以下几点。

（1）保证合同的顺利实施。索赔是合同法律效力的具体体现，由合同的性质决定。如果没有索赔和关于索赔的法律规定，则合同形同儿戏，对双方都难以形成约束，这样，合同的实施得不到保证，就不会有正常的社会经济秩序。索赔能对违约者起警示作用，使他考虑到违约的后果，尽力避免违约事件发生。

建设工程索赔的作用及条件

（2）索赔是落实和调整合同双方经济责权利关系的手段。有权力，有利益，就应承担相应的经济责任。谁未履行责任，构成违约行为，造成对方损失，侵害对方权利，就应承担相应的合同处罚，予以赔偿。离开索赔，合同责任就不能体现，合同双方的责权利关系就不平衡。

（3）索赔是合同和法律赋予受损失者的权利。对承包人来说，索赔是一种保护自己、维护自己正当权益、避免损失、增加利润的手段。在现代承包工程中，特别在国际承包工程中，如果承包人不能进行有效的索赔，不精通索赔业务，其损失往往得不到合理的、及时的补偿，其正常的生产经营会受到影响，甚至会破产。

（4）有助于合同双方提高管理素质。从合同双方整体利益的角度出发，双方应极力避免干扰事件，避免索赔的发生。

2. 索赔的条件

《建设工程工程量清单计价规范》规定："当合同一方向另一方提出索赔时，应有正当的索赔理由和有效证据，并应符合合同的相关约定。"本条规定了索赔的条件，也反映了索赔的三个要素，即正当的索赔理由、有效的索赔证据、在合同约定的时间内提出。

索赔的根本目的在于保护自身利益、追回损失、避免亏本,因此是不得已而为之。要取得索赔的成功,索赔要求必须符合以下基本条件。

(1)客观性。确实存在不符合合同或违反合同的干扰事件,且干扰事件对承包人的工期和成本造成影响,承包人才能提出索赔。

(2)以合同为依据。干扰事件非承包人自身责任引起,按照合同条款,对方应给予补(赔)偿,索赔要求必须符合该工程合同的规定。

(3)合理性。索赔要求应合情合理,符合实际情况,真实反映干扰事件造成的实际损失,采用合理的计算方法和计算基础。

(4)及时性。索赔事件发生后,索赔的提出应当及时,索赔的处理也应当及时。

6.2 建设工程索赔程序

6.2.1 施工索赔的程序

承包人在施工索赔的处理过程中,首先要善于发现和把握索赔的机会,其次必须按合同约定的程序进行索赔。承包人认为有权得到追加付款和(或)延长工期时,应按以下程序向发包人提出索赔。

1. 索赔意向通知

建设工程施工
索赔程序

在索赔事件发生后,承包人应抓住索赔机会,迅速做出反应。承包人应在知道或应当知道索赔事件发生后的 28 天内,向监理人递交索赔意向通知书,并说明发生索赔事件的事由。索赔意向通知书是承包人就具体的索赔事件向监理人和发包人表示的索赔愿望和要求。如果承包人未在 28 天内发出索赔意向通知书,就丧失要求追加付款和(或)延长工期的权利。

当索赔事件发生时,承包人就应该进行索赔处理工作,直到正式向监理人和发包人提交索赔报告。这个阶段包括许多具体的复杂工作。

1)事态调查

事态调查即寻找索赔机会。承包人通过对合同实施的跟踪、分析、诊断,发现了索赔机会,则应对它进行详细的调查和跟踪,以了解事件的经过、前因后果,掌握事件的详细情况。

2)损害事件原因分析

损害事件原因分析即分析这些损害事件是由谁引起的,它的责任应由谁来承担。一般情况下,只有非承包人责任的损害事件才有可能提出索赔。在实际工作中,损害事件的责任常常是多方面的,故必须进行责任分解,划分责任范围,按责任大小,承担损失。损害事件原因分析特别容易引起合同双方的争执。

3)索赔根据

索赔根据即索赔理由,主要指合同文件。承包人必须按照合同判明这些索赔事件是否违反合同,是否在合同规定的赔偿范围之内。只有符合合同规定的索赔要求才有合法性,才能成立。例如,某合同规定,在工程总价的 15% 的范围内的工程变更属于承包人承担的风险,则如果发包人指令增加的工程量在这个范围内,承包人不能提出索赔。

4)损失调查

损失调查即对索赔事件的影响进行分析。损失主要表现为工期的延长和费用的增加。如果索赔事件不造成损失,则无索赔可言。损失调查的重点是收集、分析、对比实际和计划的施工进度,工程成本和费用方面的资料,在此基础上计算索赔值。

5)收集证据

证据包括招标文件、合同文本及附件;来往文件、签证及更改通知等;各种会谈纪要;施工进度计划和实际施工进度表;施工现场工程文件;施工日志;工程照片;气象报告;工地交接班记录;建筑材料和设备采购、订货运输使用记录;市场行情记录;各种会计核算资料;国家法律、法令、政策文件等。索赔事件发生后,承包人应抓紧时间收集证据,并在索赔事件持续期间一直保持有完整的当时记录。如果在索赔报告中提不出证明索赔理由、索赔事件的影响、索赔值的计算等方面的详细资料,索赔要求是不能成立的。在实际工程中,许多索赔要求都因没有或缺少书面证据而得不到合理的解决。所以承包人必须对这个问题足够重视。通常承包人应按工程师的要求做好并保持当时记录,并接受监理人的审查。

2. 索赔报告

索赔报告表达了承包人的索赔要求和支持这个要求的详细依据,决定了承包人索赔的成败,是索赔要求能否获得有利和合理解决的关键。

1)索赔报告的内容

索赔报告的具体内容,随该索赔事件的性质和特点而有所不同,但从报告的必要内容与文字结构方面来说,一个完整的索赔报告应包括以下四个部分。

(1)总论部分。总论部分一般包括以下内容:序言、索赔事项概述、具体索赔要求、索赔报告编写及审核人员名单。

总论部分应概要地论述索赔事件的发生日期与过程;施工单位为该索赔事件付出的努力和附加开支;施工单位的具体索赔要求;索赔报告编写组主要人员及审核人员的名单,有关人员的职称、职务及施工经验。总论部分应表示该索赔报告的严肃性和权威性。总论部分的阐述要简明扼要、说明问题。

(2)根据部分。根据部分主要说明自己具有的索赔权利,这是索赔能否成立的关键。根据部分的内容主要来自该工程项目的合同文件以及有关法律规定,应引用合同中的具体条款,说明自己理应获得经济或工期补偿。

根据部分的篇幅可能很长,其具体内容随各个索赔事件的特点而不同。一般来说,根据部分应包括以下内容:索赔事件的发生情况、已递交索赔意向书的情况、索赔事件的处理过程、索赔要求的合同根据、所附的证据资料等。

在写法结构上,根据部分按照索赔事件发生、发展、处理和最终解决的过程编写,并明确全文引用的合同条款,使建设单位和监理工程师能历史地、逻辑地了解索赔事件的始末,并充分认识该项索赔的合理性和合法性。

(3)计算部分。索赔计算的目的是以具体的计算方法和计算过程,说明自己应得经济补偿的款额或延长的时间。如果说根据部分的任务是解决索赔能否成立,那么计算部分的任务就是决定应得到多少索赔款额和工期。前者是定性的,后者是定量的。

在计算部分,施工单位必须阐明下列问题:索赔款的要求总额;各项索赔款的计算;各项开支的计算依据及证据资料;采用合适的计价方法。另外,计算部分应注意每项开支款的合理性,并指出相应的证据资料的名称及编号,切忌采用笼统的计价方法和不实的开支款额。

（4）证据部分。证据部分包括该索赔事件涉及的一切证据资料,以及对这些证据的说明。证据是索赔报告的重要组成部分,没有翔实可靠的证据,索赔是不能成功的。

索赔证据资料的范围很广,它可能包括工程项目施工过程中涉及的有关政治、经济、技术、财务资料。

（1）政治、经济资料:重大新闻报道,如罢工、动乱、地震以及其他重大灾害等;重要经济政策文件,如税收决定、海关规定、外币汇率变化、工资调整等;政府官员和工程主管部门领导视察工地时的讲话记录;权威机构发布的天气和气温预报,尤其是异常天气的报告等。

（2）施工现场记录报表及来往函件:监理工程师的指令;与建设单位或监理工程师的来往函件和电话记录;现场施工日志;每日出勤的工人和设备报表;完工验收记录;施工事故详细记录;施工会议记录;施工材料使用记录;施工质量检查记录;施工进度实况记录;施工图纸收发记录;工地风、雨、温度、湿度记录;索赔事件的详细记录或摄像;施工效率降低的记录等。

（3）工程项目财务报表:施工进度月报表及收款记录;索赔款月报表及收款记录;工人劳动计时卡及工资历表;材料、设备及配件采购单;付款收据;收款单据;工程款及索赔款迟付记录;迟付款利息报表;向分包人付款记录;现金流动计划报表;会计日报表;会计总账;财务报告;会计来往信件及文件;通用货币汇率变化等。

在引用证据时,承包人要注意该证据的效力或可信程度。因此,承包人对重要的证据资料最好附文字证明或确认件。例如,对一个重要的电话内容,仅附自己的记录是不够的,最好附上经过双方签字确认的电话记录,或附上发给对方要求确认该电话记录的函件,即使对方未给复函,亦可说明责任在对方,因为对方未复函确认或修改,按惯例应理解为对方已默认。

2）编写索赔报告的一般要求

索赔报告是具有法律效力的正规书面文件。重大的索赔,最好在律师或索赔专家的指导下进行。编写索赔报告的一般要求有以下几个方面。

（1）索赔事件应该真实。索赔报告中提出的干扰事件,必须有可靠的证据证明。索赔报告对索赔事件的叙述必须明确、肯定,不应包含任何的猜测。

（2）责任分析应清楚、准确、有根据。索赔报告应仔细分析事件的责任,明确指出索赔依据的合同条款或法律条文,说明施工单位的索赔是完全按照合同规定程序进行的。

（3）充分论证事件造成的实际损失。索赔的原则是赔偿由事件引起的施工单位遭受的实际损失,所以索赔报告中应强调由于事件影响使施工单位在实施工程中受到干扰的严重程度,说明工期拖延,费用增加,并充分论证事件影响与实际损失之间的直接因果关系。索赔报告还应说明施工单位为了减轻事件影响和损失已尽了最大的努力,采取了所有能采用的措施。

（4）索赔计算必须合理、正确。索赔报告要采用合理的计算方法,正确地计算出应取得的经济补偿款额或工期延长天数。计算应避免漏项或重复,不出现计算上的错误。

（5）文字要精炼、条理要清楚、语气措辞要中肯。索赔报告必须简洁明了、条理清楚、结论明确、有逻辑性。在论述事件的责任及索赔根据时,索赔报告的用词要肯定,忌用"大概""一定程度""可能"等词汇。在提出索赔要求时,语气要恳切,忌用强硬或命令式的口气。

3）递交索赔报告

承包人应在发出索赔意向通知书后 28 天内,向监理人正式递交索赔报告;索赔报告应详细说明索赔理由以及要求追加的付款金额和(或)延长的工期,并附必要的记录和证明材料。

如果索赔事件具有持续影响,承包人应按合理时间间隔继续递交延续索赔通知,说明持续影响的实际情况和记录,列出累计的追加付款金额和(或)延长的工期。

在索赔事件影响结束后 28 天内,承包人应向监理人递交最终索赔报告,说明最终索赔的追加付款金额和（或）延长的工期，并附必要的记录和证明材料。

4）索赔报告表格

工程临时延期报审表如图 6-1 所示。

工程名称：　　　　　　　　　　　　　　　　　　　　　　　　　　　　编号：

致：　　　　　　　　　（监理单位） 　　根据施工合同条款＿＿＿＿条的规定，由于＿＿＿＿＿＿＿＿＿＿原因，我方申请工程延期，请予以批准。 　　附件：1. 工程延期的依据及工期计算： 　　　　　　合同竣工日期： 　　　　　　申请延长竣工日期： 　　　　2. 证明材料： 　　　　　　　　　　　　　　　　　　　　　　　　　　承包单位（章）：＿＿＿＿＿＿ 　　　　　　　　　　　　　　　　　　　　　　　　　　项目经理：＿＿＿＿＿＿ 　　　　　　　　　　　　　　　　　　　　　　　　　　日期：＿＿＿＿＿＿
审查意见： 　□ 暂时同意工期处延长＿＿＿＿日历天，使竣工日期（包括已指令延长的工期）从原来的＿＿＿＿年＿＿＿＿月 ＿＿＿＿日延迟到＿＿＿＿年＿＿＿＿月＿＿＿＿日，请你方执行。 　□ 不同意延长工期，请按约定竣工日期组织施工。 　说明： 　　　　　　　　　　　　　　　　　　　　　　　　　　项目监理机构（章）：＿＿＿＿＿＿＿ 　　　　　　　　　　　　　　　　　　　　　　　　　　总监理工程师：＿＿＿＿＿＿＿ 　　　　　　　　　　　　　　　　　　　　　　　　　　日期：＿＿＿＿＿＿＿

图 6-1　工程临时延期报审表

费用索赔报审表如图 6-2 所示。

工程名称：　　　　　　　　　　　　　　　　　　　　　　　　　　　　编号：

致：　　　　　　　　　（监理单位） 　　根据施工合同条款＿＿＿＿条的规定，由于＿＿＿＿＿＿＿＿＿＿的原因，我方要求索赔金额（大写） ＿＿＿＿＿＿元，请予以批准。 　　附件：1. 索赔的详细理由及经过： 　　　　2. 索赔金额的计算： 　　　　3. 证明材料： 　　　　　　　　　　　　　　　　　　　　　　　　　　承包单位（章）：＿＿＿＿＿＿ 　　　　　　　　　　　　　　　　　　　　　　　　　　项目经理：＿＿＿＿＿＿ 　　　　　　　　　　　　　　　　　　　　　　　　　　日期：＿＿＿＿＿＿
审查意见： 　□ 不同意此项索赔。 　□ 同意此项索赔，金额为（大写）＿＿＿＿＿＿＿。 　同意/不同意索赔的理由： 　索赔金额的计算： 　　　　　　　　　　　　　　　　　　　　　　　　　　项目监理机构（章）：＿＿＿＿＿＿＿ 　　　　　　　　　　　　　　　　　　　　　　　　　　总监理工程师：＿＿＿＿＿＿＿ 　　　　　　　　　　　　　　　　　　　　　　　　　　日期：＿＿＿＿＿＿＿

图 6-2　费用索赔报审表

3．对承包人索赔的处理

1）对承包人索赔的处理方法

（1）监理人应在收到索赔报告后14天内完成审查并报送发包人。监理人对索赔报告存在异议的,有权要求承包人提交全部原始记录副本。

（2）发包人应在监理人收到索赔报告或有关索赔的进一步证明材料后的28天内完成审核,并指令监理人向承包人出具经发包人签认的索赔处理结果。发包人逾期答复的,则视为认可承包人的索赔要求。

（3）承包人接受索赔处理结果的,索赔款项在当期进度款中支付;承包人不接受索赔处理结果的,按照争议解决的约定处理。

2）索赔成立的条件

监理人判定承包人索赔成立的条件如下:

① 与合同相对照,事件已造成了承包人施工成本的额外支出或直接工期损失;

② 造成费用增加或工期损失的原因,按合同约定不属于承包人的行为责任或风险责任;

③ 承包人按合同规定的时限和程序提交了索赔意向通知和索赔报告。

上述三个条件没有主次之分,应当同时具备。监理人认定索赔成立后,索赔才按一定程序处理。

4．监理人与承包人协商,提出处理意见

监理人核查索赔报告后初步确定应予以补偿的额度,往往与承包人的要求额度不一致,甚至差额较大。主要原因大多为对承担事件损害责任的界限划分不一致、索赔证据不充分、索赔计算的依据和方法分歧较大等,因此双方应就索赔的处理进行协商。如果双方通过协商达不成共识,承包人仅有权得到所提供的证据满足监理人认为索赔成立的那部分付款和工期延期。不论监理人通过协商与承包人达到一致,还是他单方面做出的批准给予补偿的款额和延长的工期如果在授权范围之内,则可将此结果通知承包人,并抄送发包人。补偿款将计入下月支付工程进度款的支付证书,延长的工期加到原合同工期中。如果批准的额度超过监理人的权限,则应报请发包人批准。

5．发包人审查索赔处理意见

监理人完成审查后,报送发包人批准。

发包人应先根据事件发生的原因、责任范围、合同条款审核承包人的索赔申请和工程师的处理意见,再依据工程建设的目的、投资控制、竣工投产日期要求以及针对承包人在施工中的缺陷或违反合同规定等的有关情况,决定是否批准监理人的处理意见。索赔报告经发包人批准后,监理人即可签发有关证书。

6．承包人是否接受最终索赔处理

承包人同意了最终的索赔决定,索赔事件即结束。若承包人不接受发包人的处理决定,就会导致合同争议。

6.2.2 施工索赔争议的解决

通过谈判和协调双方达成互让的解决方案是处理争议的理想方式,但如果双方不能互相谅解就只能通过仲裁或诉讼解决争议。《建设工程施工合同(示范文本)》规定的合同争议的解决方式有和解、调解、争议评审、仲裁和诉讼。

1. 和解

和解即双方"私了"。合同双方应在自愿互谅的基础上,按照合同规定自行协商,通过讲道理弄清责任,共同商讨,互做让步,使争议得到解决。合同当事人可以达成和解协议,经双方签字并盖章后作为合同补充文件,双方均应遵照执行。和解是解决争议的最基本的方法,也是最常见、最有效的方法。

2. 调解

调解是指在合同争议发生后,合同当事人就争议请求建设行政主管部门、行业协会或其他第三方进行调解。调解达成的协议,经双方签字并盖章后作为合同补充文件,双方均应遵照执行。

3. 争议评审

合同当事人可以在专用合同条款中约定采取争议评审方式解决争议以及评审规则,并按下列约定执行。

1) 争议评审小组的确定

合同当事人可以共同选择一名或三名争议评审员,组成争议评审小组。除专用合同条款另有约定外,合同当事人应当自合同签订后 28 天内,或者争议发生后 14 天内,选定争议评审员。

选择一名争议评审员的,由合同当事人共同确定;选择三名争议评审员的,各自选定一名,第三名成员为首席争议评审员,由合同当事人共同确定、由合同当事人委托已选定的争议评审员共同确定,或由专用合同条款约定的评审机构指定。

除专用合同条款另有约定外,争议评审员的报酬由发包人和承包人各承担一半。

2) 争议评审小组的决定

合同当事人可在任何时间将与合同有关的任何争议共同提交争议评审小组进行评审。争议评审小组应秉持客观、公正的原则,充分听取合同当事人的意见,依据相关法律、规范、标准、案例经验及商业惯例等,自收到争议评审申请报告后 14 天内做出书面决定,并说明理由。合同当事人可以在专用合同条款中对本事项进行约定。

3) 争议评审小组决定的效力

争议评审小组做出的书面决定经合同当事人签字确认后,对双方具有约束力,双方应遵照执行。

任何一方当事人不接受争议评审小组的决定或不履行争议评审小组的决定的,双方可选择采用其他争议解决方式。

4. 仲裁

合同双方达成仲裁协议的,可以向约定的仲裁委员会申请仲裁。在我国,仲裁实行"一裁终局"制度,裁决做出后,当事人若就同一争议再申请仲裁,或向人民法院起诉,则仲裁机构或法院不再受理。

5. 诉讼

争议中的一方可以向有管辖权的人民法院起诉,通过诉讼解决争议。

合同有关争议解决的条款是独立存在的,合同的变更、解除、终止、无效或者被撤销均不影响其效力。

6.3 建设工程索赔的计算

建设工程索赔的计算分为工期索赔的计算和费用索赔的计算。

6.3.1 工期索赔的计算

在工期索赔中,当事人要划清施工进度拖延的责任。因承包人的过失或应由承包人承担的风险事件发生造成的施工进度拖延,属于不可原谅的延期,是不能给予工期补偿的;因发包人的过失或应由发包人承担的风险事件发生造成的施工进度拖延,是可原谅的延期,能给予工期补偿。有时,进度拖延的原因中可能包含有双方的责任,监理人应进行详细分析,分清责任比例,对可原谅延期部分进行工期补偿。可原谅延期又可细分为可原谅并给予补偿费用的延期和可原谅但不给予补偿费用的延期,后者是指非承包人责任的影响并未导致施工成本的额外支出,大多属于发包人应承担风险责任事件的影响,如异常恶劣的气候条件影响的停工等。

建设工程工期
索赔的计算

工期索赔的计算方法主要有网络图分析法和比例计算法两种。

1. 网络图分析法

网络图分析法是利用进度计划的网络图分析其关键路线的方法。如果延误的工作为关键工作,则总延误的时间为批准顺延的工期。如果延误的工作为非关键工作,当该工作延误的时间大于总时差时,可以批准的延误时间是其与总时差的差值;当该工作延误的时间小于或等于总时差时,该工作延误后仍为非关键工作,不存在工期索赔问题。需要特别说明的是,在进度计划实施过程中,如果发生多项可原谅的延期事件,工期索赔额并不一定等于每项事件可索赔的时间之和,要注意分析多项事件对工期综合影响的结果。

案例 6-1

某工程项目进度计划如图 6-3 所示。总工期为 32 周。工程在实施过程中发生了延误。工作②→工作④由原来的 6 周延至 7 周,工作③→工作⑤由原来的 4 周延至 5 周,工作④→工作⑥由原来的 5 周延至 9 周,工作⑥→工作⑦经赶工后由原来的 3 周缩短为 2 周。假设工期的延误均非承包人的原因,计算承包人可向发包人索赔的工期。

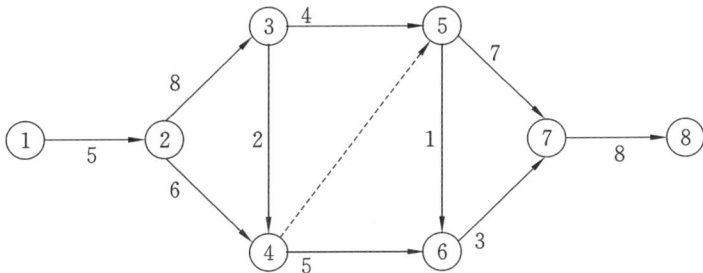

图 6-3 某工程项目进度计划

解析

计算可知,总工期由原来的 32 周变成了 34 周,延误了 2 周。工作②→工作④不在关键路线上,延误 1 周对总工期没有影响,因此只能向发包人索赔 2 周的工期。

2. 比例计算法

1)已知部分工程的延期时间

工期索赔值＝受干扰部分工程的拖延时间×受干扰部分工程的合同价/原合同价

2)已知额外增加工程量的价格

工期索赔值＝原合同总工期×额外增加的工程量的价格/原合同价

案例 6-2

某建设工程合同总价为 600 万元,合同工期为 10 周。在基础土方开挖施工时,施工单位发现有一个勘测报告中未注明的洞穴。因此,施工单位进行处理,费用增加 100 万元。施工单位是否可以索赔工期? 若能够索赔工期,其索赔值为多少周?

解析

施工单位可以索赔工期,工期索赔值为(100/600)×10 周＝1.7 周。

案例 6-3

某土方工程发包人与施工单位签订了土方施工合同,合同约定的土方工程量为 8000 m^3,合同工期为 16 天。合同约定:工程量增加 20% 以内为施工单位应承担的工期风险。挖运过程中,因出现了较深的软弱下卧层,土方工程量增加了 10 200 m^3,则施工单位可提出的工期索赔为多少天?

解析

挖运过程中出现较深的软弱下卧层,致使土方量增加,是发包人应该承担的风险,施工单位可以提出工期索赔。

不索赔的土方工程量为 8000×1.2＝9600 m^3

所以,工期索赔为[(8000＋10 200－9600)/9600]×16 天＝14 天。

6.3.2　费用索赔的计算

1. 费用索赔的内容

可索赔的费用一般包括以下几个方面。

1)人工费

人工费包括增加工作内容的人工费、停工损失费和工作效率降低的损失费等,其中增加工作内容的人工费应按照计日工费计算,停工损失费和工作效率降

建设工程费用索赔的计算

低的损失费按窝工费计算,窝工费的标准双方应在合同中约定。

2）材料费

材料费包括材料实际消耗量增加费,既包括净用量,也包括损耗量;非承包人责任的工期延误导致的材料价格上涨而增加的费用等。

3）机械设备费

机械设备费可根据不同情况采用机械设备台班费、折旧费、租赁费等几种形式计算。当工作内容增加引起机械设备费索赔时,费用标准按照机械设备台班费计算。因窝工引起机械设备费索赔,当施工机械为承包商自有时,一般按照机械设备折旧费计算索赔费用;当施工机械是施工企业从外部租赁时,索赔费用的标准按照机械设备租赁费计算。

4）保函手续费

工程延期时,保函手续费相应增加;取消部分工程且发包人与承包人达成提前竣工协议时,承包人的保函金额相应折减,计入合同价内的保函手续费也应扣减。应注意,保函手续费随时间增加而增加,但费率不变。

5）延迟付款利息

发包人未按约定时间进行付款的,应按银行同期贷款利率支付延迟付款利息。

6）管理费

管理费可分为现场管理费和公司管理费两部分,二者的计算方法不一样,所以应区别对待。

7）利润

由于工程范围的变更、文件有缺陷或技术性错误、业主未能提供现场等引起的索赔,承包人可以列于利润。对于工程延误引起的索赔,由于工期延误并未影响、消减某些项目的实施,从而导致利润减少,工程师一般很难将利润索赔加入费用索赔中。

在工程索赔的实践中,以下几项费用一般不允许索赔:

① 承包人对索赔事项的发生原因负有责任的有关费用;

② 承包人对索赔事项未采取减轻措施因而扩大的损失费用;

③ 承包人进行索赔工作的准备费用;

④ 索赔款在索赔处理期间的利息;

⑤ 工程有关的保险费用在索赔时不予考虑,除非在合同条款中另有规定。

2.费用索赔的计算

1）实际费用法

实际费用法是按照各索赔事件所引起损失的费用项目分别分析、计算索赔值,然后将各费用项目的索赔值汇总,得到总索赔费用值。这种方法以承包人为某项索赔工作所支付的实际开支为依据,但仅限于由于索赔事项引起的、超过原计划的费用,故也称额外成本法。因为实际费用法需要依据实际发生的改变记录或单据,承包人在施工过程中系统、准确地积累记录资料是非常重要的。该方法是计算工程索赔时最常用的一种方法。

2）总费用法

总费用法又称总成本法,就是发生多项索赔事件以后,重新计算该工程的实际总费用,按实际总费用减去投标报价时的估算费用计算索赔金额的一种方法,即索赔金额＝实际总费用－投标报价估算总费用。

采用该方法计算索赔费用的缺点:实际发生的总费用中可能包括了承包人的原因增加的费

用,如施工组织不善而增加的费用;投标报价估算的总费用可能为了中标而过低。所以这种方法只有在难以采用实际费用法时才应用。

3) 修正的总费用法

修正的总费用法是对总费用法的改进,即在总费用法的基础上,去掉一些不合理因素,对总费用法进行相应修改和调整,使其更加合理。修正的内容如下:

① 将计算索赔款的时段局限于受到外界影响的时间,而不是整个施工期;

② 只计算受影响时段内的某项工作所受影响的损失,而不是计算该时段内所有施工工作所受的损失;

③ 与该项工作无关的费用不列入总费用;

④ 对投标报价费用重新进行核算,即按受影响时段内该项工作的实际单价进行核算,乘以实际完成的该项工作的工程量,得出调整后的报价费用。

按修正的总费用法计算索赔金额的公式为:

索赔金额＝某项工作调整后的实际总费用－该项工作的报价费用

修正的总费用法与总费用法相比,有了实质性的改进,它的准确程度已接近于实际费用法。

案例 6-4

某建设项目发包人与承包人签订了工程施工承包合同,根据合同及其附件的有关条文,双方对索赔有如下规定。

(1) 因窝工发生的人工费以 25 元/工日计算,建设方提前 1 周通知承包人时不以窝工处理,以补偿费支付,费用为 4 元/工日。

(2) 机械台班费:塔吊 300 元/台班,混凝土搅拌机 70 元/台班,砂浆搅拌机 30 元/台班。因窝工而闲置时,只考虑折旧费,按台班费的 70% 计算。

(3) 临时停工一般不补偿管理费和利润。

在施工过程中发生了以下情况。

(1) 6 月 8 日至 6 月 21 日,施工到第 7 层时,因发包人提供的钢筋未到,1 台塔吊、1 台混凝土搅拌机和 35 名钢筋工停工(发包人已于 5 月 30 日通知承包人)。

(2) 6 月 10 日至 6 月 21 日,因场外停电停水,第 4 层砌砖工作的 1 台砂浆搅拌机和 30 名砌砖工停工。

(3) 6 月 23 日至 6 月 25 日,因 1 台砂浆搅拌机故障,在第 2 层抹灰的 35 名抹灰工停工。

承包人及时提出了索赔要求。

问题:合理的索赔费用为多少?

解析

合理的索赔费用包括以下内容。

(1) 事件(1)的合理的索赔费用包括以下几项。

塔吊 1 台:300×70%×14 元＝2940 元。

混凝土搅拌机 1 台:70×70%×14 元＝686 元。

窝工人人工费:因发包人已提前通知承包人,所以只能以补偿费支付。

钢筋工:4×35×14 元＝1960 元。

事件(1)的合理的索赔费用为(2940＋686＋1960)元＝5586元。

(2) 事件(2)的合理的索赔费用包括以下几项。

砂浆搅拌机1台:30×70％×12元＝252元。

砌砖工的窝工人工费:25×30×12元＝9000元。

事件(2)的合理的索赔费用为(252＋9000)元＝9252元。

(3) 因承包人原因造成砂浆搅拌机故障,不能给予补偿。

该建设项目合理的索赔费用为(5586＋9252)元＝14 838元。

6.3.3　共同延误的处理

在实际施工过程中,如果工程拖期是由合同双方共同造成的(即发生"共同延误"),在这种情况下,要具体分析哪一种情况的延误是有效的。

判断造成拖期的哪一种原因是最先发生的,即确定"初始延误"者,"初始延误"者应对工程拖期负责。在初始延误发生作用期间,其他并发的延误者不承担拖期责任。

建设工程共同延误及不可抗力的索赔

(1) 如果初始延误者是发包人原因,则在发包人原因造成的延误期内,承包人既可得到工期延长,又可得到经济补偿。

(2) 如果初始延误是客观原因造成的,则在客观因素发生影响的延误期内,承包人可以得到工期延长,但很难得到费用补偿。

(3) 如果初始延误者是承包人,则在承包人原因造成的延误期内,承包人既不能得到工期补偿,也不能得到费用补偿。

6.4　建设工程施工索赔管理

6.4.1　监理人的索赔管理

1. 监理人对施工索赔的影响

在发包人与承包人之间的索赔事件发生、处理和解决的过程中,监理人是核心人物。在整个合同的形成和实施过程中,监理人对施工索赔有如下影响。

1) 监理人受发包人委托进行工程项目管理

如果监理人在工作中出现问题、失误或行使施工合同赋予的权力造成承包人的损失,发包人必须承担相应合同规定的赔偿责任。承包人索赔有相当一部分是由监理人引起的。

2) 监理人有处理索赔问题的权力

(1) 在承包人提出索赔意向通知以后,监理人有权检查承包人的原始记录。

(2) 对承包人的索赔报告进行审查分析,反驳承包人不合理的索赔要求,或索赔要求中费用不合理的部分。监理人可指令承包人做出进一步解释,或进一步补充资料,提出审查意见或审查报告。

（3）在与承包人共同协商确定给承包人的工期和费用的补偿量达不成一致时，监理人有权单方面做出处理决定。

（4）对合理的索赔要求，监理人有权将其纳入工程进度款，出具付款证书，发包人应在合同规定的期限内支付。

3）作为索赔争议的调解人

如果发包人和承包人就索赔的解决达不成一致，一方或双方不满意监理人的决定，且双方都不让步，产生索赔争议，双方都可以将争议再次提交监理人，请求监理人做出调解，监理人应在合同规定的期限内做出调解决定。

4）在争议的仲裁或诉讼过程中作为见证人

如果合同一方或双方对监理人的调解不满意，可以按合同规定提交仲裁，也可以按法律程序提出诉讼。在仲裁或诉讼的过程中，监理人作为工程全过程的参与者和管理者，可以作为见证人提供证据，进行答辩。

所以，在一个工程中，索赔的频率、索赔要求和索赔解决结果等与监理人的工作能力、经验、工作的完备性、立场的公正性等有直接的关系。所以在工程项目施工过程中，监理人也必须具有风险意识，重视索赔工作。

2. 监理人的索赔管理任务

索赔管理是监理人进行工程项目管理的主要任务之一，其基本目标是尽量减少索赔事件的发生，公平合理地解决索赔问题。具体来说，索赔管理任务包括以下几个方面。

1）预测和分析导致索赔的原因和可能性

在施工合同的形成和实施过程中，监理人为发包人承担大量的具体的技术、组织和管理工作。如果这些工作出现疏漏，给承包人施工造成干扰，就可能引起索赔。承包人的合同管理人员常常在寻找着这些疏漏，寻找索赔机会。所以监理人在工作中应能预测到自己的行为的后果，堵塞漏洞。监理人在起草文件、下达指令、做出决定、答复请示等时都应注意完备性和严密性；颁发图纸、编制计划和实施方案等时都应考虑其正确性和周密性。

2）通过有效的合同管理减少索赔事件发生

监理人应以积极的态度和主动的精神管理好工程，为发包人和承包人提供良好的服务。在施工中，监理人作为双方的纽带，应做好协调、缓冲工作，为双方建立一个良好的合作气氛。通常，合同实施越顺利，双方合作得越好，索赔事件就越少，即使产生了索赔事件也容易解决。

监理人的主要工作之一是对合同的实施进行有效的控制。监理人通过对合同进行监督和跟踪，可以及早发现干扰事件，也可以及早采取措施降低干扰事件的影响，减少双方损失，还可以及早了解情况，为合理地解决索赔提供条件。

3）公正地处理和解决索赔

索赔的合理解决，是指承包人得到按合同规定的合理补偿，而发包人又不多支付，合同双方都心悦诚服，对解决结果满意，继续保持友好的合作关系。发包人和承包人之间的索赔合理解决不仅符合监理人的工作目标，而且符合工程总目标。

3. 监理人的索赔管理原则

要使索赔得到公正合理的解决，监理人在工作中必须遵守以下原则。

1）公正原则

监理人作为施工合同的中介人，处理索赔时应恪守职业道德，以事实为依据，以合同为准绳，做出公正的决定。施工合同双方的利益和立场不一致，常常会出现矛盾，甚至冲突，这时监理人应起着缓冲、协调作用。他的立场或者公正性的基本点有如下几个方面。

（1）监理人必须从工程整体效益、工程总目标的角度出发做出判断或采取行动，使合同风险分配、干扰事件责任分担、索赔的处理和解决不损害工程整体效益和不违背工程总目标。在这个基本点上，双方常常是一致的，例如使工程顺利进行，尽早使工程竣工、投入生产，保证工程质量，按合同施工等。

（2）按照法律规定和合同约定行事。合同是施工过程中的最高行为准则，监理人更应该按合同办事，准确理解，正确执行合同。遇到索赔事件时，监理人必须以完全独立的裁判人的身份，站在客观公正的立场上审查索赔要求的正当性；必须对合同条件、协议条款等有详细了解，以合同为依据来公正处理合同双方的利益纠纷。

（3）从事实出发，实事求是。监理人按照合同的实际实施过程、干扰事件的实情、承包人的实际损失和所提供的证据做出判断。

2）及时履行职责的原则

在工程施工中，监理人必须及时地（有的合同规定具体的时间或"在合理的时间内"）行使权力，做出决定，下达通知、指令，表示认可或满意等。及时履行职责有如下重要作用。

（1）可以减少承包人的索赔机会。监理人如果不能及时行事会造成承包人的损失，必须给予承包人工期或经济补偿。

（2）防止索赔事件的影响扩大。不及时处理索赔事件，就意味着默认索赔事件，承包人可以继续施工，造成更大范围的影响和损失。

（3）在收到承包人的索赔意向通知后应迅速做出反应，认真研究、密切注意干扰事件的发展。一方面，监理人可以及时采取措施降低损失；另一方面，监理人可以掌握干扰事件发生和发展的过程，掌握第一手资料，为分析、评价、反驳承包人的索赔做准备。所以监理人也应鼓励并要求承包人及时向他通报情况和提出索赔要求。

（4）不及时解决索赔问题将会加深双方的矛盾。不及时解决索赔问题，会挫伤承包人的积极性，导致承包人对监理人和发包人缺乏信任，导致工期拖延，甚至影响合同的履行。

（5）不及时处理索赔会加大索赔解决的困难。多个单项索赔集中起来，会使索赔额度很大，不仅给分析评价带来困难，而且会使问题复杂化。

3）协商一致原则

监理人在处理和解决索赔问题时，应认真研究索赔报告，及时地与发包人和承包人沟通，保持经常性的联系。在做出决定，特别是调整价格、决定工期和费用补偿，做调解决定时，应充分与合同双方协商，最好达成一致，取得共识。这样做不仅能圆满处理好索赔事件，也有利于顺利履行合同，这是避免索赔争议的最有效办法。监理人切不可凭借自己的地位和权力武断行事，滥用权力，特别是对承包人不能随便以合同处罚相威胁，或盛气凌人。监理人应充分认识到，如果他的调解不成功，使索赔争议升级，对合同双方都会造成损失，将会严重影响工程项目的整体效益。

4）诚实信用原则

监理人有很大的工程管理权力，对工程的整体效益有关键性的作用。发包人依赖他，将工程管理的任务交给他;承包人希望他公正行事。但他的经济责任较小,发承包双方缺少对他的制约机制。所以监理人的工作在很大程度上依靠他自身的工作积极性和责任心,他的诚实和信用,靠他的职业道德来维持。

4. 监理人对索赔的审查

1)审查索赔证据

监理人对索赔报告的审查的首要任务是判断承包人的索赔要求是否有理、有据。有理是指索赔要求与合同条款或有关法律法规一致,受到的损失应属于非承包人责任原因所造成的。有据是指提供的证据满足证明索赔要求成立。承包人可以提供的证据材料包括合同文件、经监理人批准的施工进度计划、合同履行过程中的来往函件、施工现场记录、施工会议记录、工程照片、监理人发布的各种书面指令、中期支付工程进度款的单证、检查和试验记录、汇率变化表、各类财务凭证、其他有关资料。

2)审查工期延长要求

对索赔报告中要求延长的工期,监理人在审核中应注意以下几点。

(1)划清施工进度拖延的责任。因承包人的原因造成的工期延误,属于不可原谅的延期;承包人不应承担任何责任的延误,才是可原谅的延期。

(2)被延误的工作应是影响施工总进度的施工内容。

(3)无权要求承包人缩短合同工期。监理人有审核、批准承包人延长工期的权力,但不可以扣减合同工期。也就是说,监理人有权指示承包人删减某些合同内规定的工作内容,但不能要求承包人缩短合同工期。如果要求提前竣工,这项工作属于合同的变更。

3)审查费用索赔要求

监理人在审核费用索赔的过程中,除了划清合同责任以外,还应注意索赔计算取费的合理性和计算的正确性。

(1)承包人可索赔的费用内容一般可以包括以下几个方面:人工费、材料费、机械设备费、保函手续费、贷款利息、保险费、利润、管理费等。

(2)审核索赔取费的合理性。费用索赔涉及的款项较多,内容庞杂。承包人都是从维护自身利益的角度解释合同条款,进而申请索赔款额的。监理人应公正地审核索赔报告,挑出不合理的取费项目或费率,检查取费项目的合理性。

(3)审核索赔计算的正确性。审核索赔计算主要注意的问题如下。

① 在索赔计算中不应有重复取费;

② 停工损失中,不应以计日工费计算人工闲置费,不应计算在此期间的奖金、福利等报酬,通常采取人工单价乘以折算系数计算;

③ 正确区分停工损失与因监理人临时改变工作内容或作业方法的功效降低损失的区别,凡可改做其他工作的,不应按停工损失计算,但可以适当补偿降效损失。

5. 监理人对索赔的反驳

索赔反驳仅仅指的是反驳承包人不合理索赔或者索赔中的不合理部分,而绝对不是把承包人当作对立面、偏袒业主,设法不给或尽量少给承包人补偿。索赔反驳的措施是指监理人针对一些可能发生索赔的领域,为了今后有充分证据反驳承包人的不合理要求而采取的监督管理措施。索赔反驳措施实际上是包括在工程师的日常监理工作中的,能否有力地进行索赔反驳,是衡量工程师工作成效的重要尺度。

对承包人的施工活动进行日常现场检查是工程师执行监理工作的基础。这种检查工作由监理人授权的现场检查员进行,其目的是监督现场施工按合同要求进行。检查员应具有一定的实践经验,具有认真的工作态度和良好的合作精神。检查员素质的高低很大程度上决定了监理人监理工作的成效。检查员应该善于发现问题。检查员必须始终留在现场,随时独立保存有关情况记录,绝对不能简单照抄承包人的记录。检查员必要时应对某些施工情况拍摄工程照片;每天下班前还必须把一天的施工情况和自己的观察结果简明扼要地写成工程检查日志,特别是要指出承包人在哪些方面没有达到合同或计划要求。这种日志应该逐级汇总分析,最后由监理人代表或其他授权代表把承包人施工中存在的问题连同处理建议书面通知承包人,为今后索赔反驳提供依据。

合同通常都会规定承包人应该在多长时间内或什么时间以前向监理人提交什么资料,供工程师批准、同意或参考。监理人最好事先编制一份承包人应提交的资料清单,其内容包括资料名称、合同依据、时间要求、格式要求及监理人处理时间要求等,以便随时核对。如果到约定时间,承包人没有提交或提交资料的格式等不符合要求,监理人应该及时记录在案,并通知承包人。承包人的这种问题,可能是今后用来说明某项索赔或索赔中的某部分应由承包人自己负责的重要依据。

监理人要了解承包人施工材料和设备到货情况,包括材料质量、数量和存储方式,以及设备种类、型号和数量。毫无疑问,材料设备情况会直接影响工程施工的进度和质量,影响工程成本。如果承包人施工材料和设备到货情况不符合合同要求或双方同意的计划要求,监理人应该及时记录在案,并通知承包人。这些也可能是今后反驳索赔的重要依据。

与承包人一样,对监理人来说,做好资料档案管理工作也是非常重要的。如果自己的资料档案不全,索赔处理会处于被动,只能人云亦云,即便明知某些要求不合理,也无法予以反驳,更谈不上与承包人打官司了。监理人必须保存好与工程有关的全部文件资料,特别是自己独立采集的工程监理资料。

监理人可以对承包人的索赔提出质疑的情况有:

① 索赔事项不属于发包人或监理人的责任,而是与承包人有关的其他第三方的责任;

② 发包人和承包人共同负有责任,承包人必须划分和证明双方责任大小;

③ 事实依据不足;

④ 合同依据不足;

⑤ 承包人未遵守意向通知要求;

⑥ 合同中的开脱责任条款已经免除了发包人的补偿责任;

⑦ 承包人以前已经放弃(明示或暗示)了索赔要求;

⑧ 承包人没有采取适当措施避免或减少损失;

⑨ 承包人必须提供进一步的证据;

⑩ 损失计算夸大等。

6. 监理人对索赔的预防和减少

索赔虽然不可能完全避免,但可以通过努力减少发生。

1)正确理解合同规定

合同是规定当事人双方权利义务关系的文件。正确理解合同规定,是双方协调一致地合理、完全履行合同的前提条件。施工合同通常比较复杂,理解合同规定就有一定的困难。双方站在各自立场上对合同规定的理解往往不可能完全一致,总会或多或少地存在某些分歧。这种分歧经常是产生索赔的重要原因之一,所以发包人、监理人和承包人都应该认真研究合同文件,尽可能在诚信的基础上正确、一致地理解合同的规定,减少索赔的发生。

2)做好日常监理工作,随时与承包人保持协调

毫无疑问,做好日常监理工作是减少索赔的重要手段。监理人应善于预见、发现和解决问题。监理人如果能够在某些问题对工程产生额外成本或其他不良影响以前,就把它们纠正过来,就可以避免发生与此有关的索赔。因此,现场检查作为工程师监理工作的第一个环节,应该发挥应有的作用。对工程质量、完全工作量等,监理人应该尽可能在日常工作中与承包人随时保持协调,每天或每周对当天或本周的情况进行会签、取得一致意见,而不要等到需要付款时再一次处理。这样就比较容易取得一致意见,可以避免不必要的分歧。

3)尽量为承包人提供力所能及的帮助

承包人在施工过程中肯定会遇到各种各样的困难。虽然从合同上讲,发包人(监理人)没有义务向其提供帮助,但从共同努力建设好工程这一点来讲,发包人(监理人)还是应该尽可能提供一些帮助。从工程建设的大局来说,发包人帮助承包人也就是帮助自己。这样,发包人可以免遭或少遭损失,从而避免或减少索赔;承包人对某些似是而非、模棱两可的索赔机会,还可能基于友好考虑而主动放弃。

4)建立和维护监理人处理合同事务的威信

监理人必须有公正的立场、良好的合作精神和处理问题的能力,这是建立和维护其威信的基础;发包人应该积极支持监理人独立、公正地处理合同事务,不无理干涉;承包人应充分尊重监理人,主动接受监理人的协调和监督,与监理人保持良好的关系。如果承包人认为监理人明显偏袒发包人或处理问题能力较差甚至是非不分,他就会更多地提出索赔,而不管是否有足够的依据,以求"以量取胜"或"蒙混过关"。如果监理人处理合同事务立场公正、有丰富的经验知识、有较高的威信,就会使承包人在提出索赔前认真做好准备工作,只提出那些有充足依据的索赔,"以质取胜",从而减少提出索赔的数量。发包人、监理人和承包人应该从一开始就努力建立和维持相互关系的良性循环,这对合同顺利实施是非常重要的。

6.4.2 承包人的施工索赔管理

1. 承包人索赔管理的任务

1)预测、分析索赔事件发生的可能性

承包人从投标之日起就应对合同进行分析,预测索赔事件发生的可能性,根据索赔事件的原因及早采取对策,并避免因自己的过失而不能获得索赔。

建设工程承包人的
施工索赔管理

2)认真分析合同,以便使用保护自己正当权利的条款

承包人必须熟悉合同,以便发生索赔事件后能及时找到保护自己的合同条款,避免因合同不熟悉而失去索赔机会或索赔失败。

3）寻找索赔机会

承包人的合同管理人员应每天把实施合同的情况与合同的约定进行对照,查找监理人或发包人的疏漏形成的干扰事件,及其给承包人带来的损失,发现索赔的机会。

4）做好索赔工作

（1）合同管理人员应及时处理日常的单项索赔。

（2）对于发包人坚持的一揽子索赔,合同管理人员必须积累日常的工程资料,准备好索赔的证据。

5）加强内部联系

承包人的工程技术、施工管理、物资供应和财务等部门之间应建立密切联系,定期共同研究索赔和额外费用补偿问题。

6）处理好与分包人的关系

对于分包人,承包人除要求他们提交相应保函、保单外,还应在分包合同中写明主承包合同对分包合同的约束力,写明违约责任等各种责任条款。

2. 确定正确的索赔策略

承包人的索赔,切忌孤立地处理索赔问题,而应从整个企业的经营出发,确定正确的索赔策略,用来指导具体的索赔工作。

1）确定索赔目标

确定索赔目标是指承包人确定索赔的基本要求。确定索赔目标的方法如下：

① 对要达到的目标进行分解,按难易程度排,确定最低、最高目标；

② 分析实现目标的风险,要抓住索赔机会；

③ 按期完成合同约定的工程内容,保证工程质量,按期交付工程,全面履行合同义务,防范发包人的反索赔。

2）根据企业的经营状况确定承包人的索赔策略

承包人应根据以下经营方面的因素,决定索赔的要求和解决的办法：

① 承包人有没有可能与业主进行新的合作；

② 承包人是否在当地继续扩展业务；

③ 承包人与发包人之间的关系对在当地开展业务的影响等。

3）对被索赔方进行分析,确定每次索赔的对策

承包人应对被索赔方进行如下分析：

① 分析被索赔方的兴趣和利益所在；

② 对于理由充分的重要索赔要争取尽早解决,尽可能避免采用一揽子索赔方式；

③ 适当让步,为了取得索赔成功,承包人可在不过多损害自己利益的情况下,针对对方的利益,做出适当的让步。

4）相关关系分析

承包人应主动与监理工程师、设计单位、发包人的上级主管部门等对发包人有影响力的单位和个人建立良好的合作关系,必要时可以请他们进行调解,争取索赔的成功。

3. 承包人的索赔策略

1）建立和健全合同管理机构,专人负责索赔工作

① 企业设立强有力的稳健的合同管理部门,每项工程设立专职的合同管理人员。

② 任用高素质的索赔人员。索赔工作涉及面广,要求索赔人员通晓法律法规、合同、商务、施工技术等知识和具有工程承包的实际经验。索赔人员的个性、品格、才能等对索赔的成败影响极大。索赔人员应当头脑冷静、思维敏捷、处事公正、性格刚毅且有耐心、坚持以理服人。

2)签订好合同

合同是索赔和反索赔的第一依据,按照合同规定提出的索赔容易获得成功。合同当事人签订合同时的各项承诺,在履行合同中必须信守。

(1)承包人在投标报价时就应考虑索赔问题。例如在单价分析中列入生产效率、工程成本与投入资源的效率的关系等,作为生产效率降低等索赔的合同依据。

(2)承包人应对明显把重大风险转移给承包人的条款,提出修改的要求,并将达成的修改协议,以谈判纪要的书面形式,作为合同文件的组成部分。

(3)对于开脱发包人责任的合同内容,要通过谈判予以纠正。如果在谈判时不予修正,将来就很难进行索赔。开脱发包人责任的合同内容主要有合同中没有索赔条款;工程款支付或拖期付款无时限、无利息;没有调价条款;发包人认为某部分工程不满意,就有权决定扣减工程款;发包人对不可预见的工程施工条件不承担责任等。

3)及早发现索赔机会,把握好提出索赔的时机

(1)指派专人收集和整理由各职能部门提供的有关合同履行的信息资料。

(2)做好施工记录,作为效率降低论证的证据,包括每天使用的设备台班、材料和人工数量、完成的工程量和施工中遇到的问题等。

(3)在索赔时效期限内择时提出索赔。提出索赔过早,对方有充足的时间寻找理由反驳;提出索赔过迟容易导致超过有效期而遭到拒绝。

4)及时办理口头变更指令的确认手续

监理人的指令常常是口头的,很难作为索赔的证据,但承包人又必须执行。最好的对策是承包人的有关人员及时记录监理人的口头变更指令,提请监理人当场签字确认。

5)索赔计价方法和款额要适当

索赔的基本原则是权利人向责任人追回已经发生但不应由自己承担的损失,施工索赔时采用附加成本法,只计算索赔事件引起的合同外的附加支出和额外损失,容易被发包人接受。另外,索赔计价项目要具体、合理,索赔计价不能过高。

6)采用单项索赔方式解决索赔问题

单项索赔解决问题及时,事件和责任容易分析清楚。索赔事件能得到及时解决,可以减少或避免对后续工程的影响。

7)索赔处理中要防止产生对立局面

承发包双方关系融洽,友好合作,有利于合同的顺利履行。合情合理的索赔一般都能得到解决。反之,产生对立情绪,将使一些本来可以解决的问题也悬而不绝,索赔难以获得成功。

8)同监理人建立融洽信任的工作关系

施工合同履行过程中,承包人应积极配合监理人的监理工作,建立融洽信任的工作关系。尽力争取监理人对索赔做出公正裁决,避免通过仲裁或诉讼解决争议。

4. 对发包人反索赔的处理

如果发包人向承包人提出了反索赔,承包人的处理如下。

(1)承包人收到发包人提交的索赔报告后,应及时审查索赔报告的内容、查验发包人的证明材料。

（2）承包人应在收到索赔报告或有关索赔的进一步证明材料后 28 天内，将索赔处理结果答复发包人。如果承包人未在上述期限内做出答复，则视为对发包人索赔要求的认可。

（3）承包人接受索赔处理结果的，发包人可从应支付给承包人的合同价款中扣除赔付的金额或延长缺陷责任期；发包人不接受索赔处理结果的，双方按争议解决的约定处理。

6.4.3　发包人的反索赔

发包人索赔的目的是维护发包人的经济利益。为了实现这个目的，发包人需要进行两方面的工作。首先，发包人要对承包人的索赔报告进行评论和反驳，否定其索赔要求，或者削减索赔款额；其次，发包人要对承包人的违约，提出经济赔偿要求。

建设工程包人
的反索赔

1. 对承包人履约中的违约责任进行索赔

根据合同约定，发包人认为有权得到赔付金额和（或）延长缺陷责任期的，监理人应向承包人发出通知并附有详细的证明。

发包人应在知道或应当知道索赔事件发生后 28 天内通过监理人向承包人提出索赔意向通知书，发包人未在 28 天内发出索赔意向通知书的，丧失要求赔付金额和（或）延长缺陷责任期的权利。发包人应在发出索赔意向通知书后 28 天内，通过监理人向承包人正式递交索赔报告。

2. 对承包人提出的索赔要求进行评审、反驳与修正

一方面，发包人要对无理的索赔要求进行有理的驳斥与拒绝；另一方面，在肯定承包人具有索赔权前提下，发包人和监理人要对承包人提出的索赔报告进行详细审核，对索赔款的各个部分逐项审核、查对单据和证明文件，确定哪些不能列入索赔款额，哪些款额偏高，哪些在计算上有错误和重复。通过检查，发包人可以削减承包人提出的索赔款额，使其更加准确。

6.5　建设工程施工索赔案例分析

建设工程施工索赔是一项涉及面较广泛和细致的工作，包括工程建设项目施工过程中的各个环节和各个方面。承包人的任何索赔要求，只有准确地计算要求赔偿的额度，并证明此数额是正确的和合情合理的，索赔才能获得成功。下面介绍一些建设工程施工索赔案例。

案例 6-5

某工程项目通过公开招标的方式确定了三个不同性质的施工单位承担该项工程的全部施工任务，建设单位分别与 A 公司签订了土建施工合同；与 B 公司签订了设备安装合同；与 C 公司签订了电梯安装合同。三个合同协议都对甲提出了一个相同的条款，即建设单位应协调现场其他施工单位，为三个公司创造可利用条件。合同执行过程中发生了如下事件。

事件一：A 公司在签订合同后因自身资金周转困难，和 D 公司签订了分包合同，在分包合同中约定分包人 D 按照建设单位与承包人 A 约定的合同金额的 10% 向承包人 A 支付管理费，一切责任由分包人 D 承担。

事件二:A 公司在现场施工时间拖延了 5 天,造成 B 公司的开工时间相应推迟了 5 天,B 公司向 A 公司提出了索赔。

事件三:顶层结构楼板吊装后,A 公司立刻拆除塔吊,改用卷扬机运材料做屋面及装饰,C 公司原计划由甲方协调使用塔吊将电梯设备吊上 9 层楼顶的设想落空后,提出用 A 公司的卷扬机运送,A 公司提出卷扬机吨位不足,不能运送。最后,C 公司只好为机房设备的吊装重新设计方案。C 公司就新方案的实施引起的费用增加和工期延误向建设单位提出索赔。

问题:(1) 事件一中,A 公司的做法是否符合国家有关法律规定? 其行为属于什么行为?

(2) 事件二中,B 公司向 A 公司提出索赔是否正确? 如不正确,说明正确的做法。

(3) 事件三中,C 公司向建设单位提出的索赔是否合理,理由是什么?

解析

(1) A 公司的做法不符合国家有关法律的规定。A 公司的行为属于非法转包,这是《中华人民共和国招标投标法》中禁止的行为。

(2) 事件二中,B 公司向 A 公司提出的索赔不正确。正确做法:B 公司就因 A 公司的拖延造成其开工推迟的工期和费用损失,向建设单位提出索赔。

(3) 事件三中,C 公司向建设单位提出的索赔是合理的。因为施工合同中约定,建设单位应协调现场其他施工单位为承包人创造可利用条件。

案例 6-6

某工程项目施工采用了包工包全部材料的合同。工程招标文件参考资料中提供的用砂地点距工地 4 公里。但是开工后,检查发现该砂质量不符合要求,承包人只得从另一距工地 20 公里的供砂地点采购。而在一个关键工作面上又发生了几种原因造成的临时停工:5 月 20 日至 5 月 26 日,承包人的施工设备出现了从未出现过的故障;应于 5 月 24 日交给承包人的后续图纸直到 6 月 10 日才交给承包人;6 月 7 日到 6 月 12 日,施工现场下了罕见的特大暴雨,造成了 6 月 11 日到 6 月 14 日该地区的供电全面中断。

问题:(1) 承包人的索赔要求成立的条件是什么?

(2) 供砂距离的增大,必然引起费用的增加,承包人经过认真计算后,在业主指令下达的第 3 天,向发包人的造价工程师提交了将原用砂单价每吨提高 5 元的索赔要求。作为一名造价工程师,你批准该索赔要求吗,为什么?

(3) 由于几种情况的暂时停工,承包人在 6 月 25 日向发包人的造价工程师提出延长工期 26 天,成本损失费人民币 2 万元/天(此费率已经造价工程师核准)和利润损失费人民币 2000 元/天的索赔要求,共计索赔款 57.2 万元。作为一名造价工程师,你批准延长工期多少天,索赔款额多少万元?

解析

(1) 承包人的索赔要求成立必须同时具备如下三个条件:

① 与合同相对照,事件已造成了承包人施工成本的额外支出,或直接工期损失;

② 造成费用增加或工期损失的原因,按合同约定不属于承包人的行为责任或风险责任;

③ 承包人按合同规定的时限和程序提交了索赔意向通知和索赔报告。

(2) 因砂场地点的变化提出的索赔不能被批准,原因如下:

① 承包人应对自己就招标文件的解释负责;

② 承包人应对自己报价的正确性与完备性负责;

③ 一个有经验的承包人可以通过现场踏勘确认招标文件参考资料中提供的用砂质量是否合格,若承包人没有通过现场踏勘发现用砂质量问题,相关风险应由承包人承担。

(3) 可以批准的延长工期为 19 天,经济索赔额为 32 万元。

① 5 月 20 日至 5 月 26 日出现的设备故障,属于承包人应承担的风险,不应考虑承包人的延长工期和费用索赔要求。

② 5 月 27 日至 6 月 9 日由于业主迟交图纸引起的工期延长,为业主应承担的风险,应延长工期 14 天。成本损失索赔额为 14 天×2 万元/天＝28 万元,但不应考虑承包人的利润要求。

③ 6 月 10 日至 6 月 12 日的特大暴雨属于双方应共同承担的风险,应延长工期 3 天,但不应考虑承包人的费用索赔。

④ 6 月 13 日至 6 月 14 日的停电属于有经验的承包人无法预见的自然条件变化,为业主应承担的风险,应延长工期 2 天,索赔额为 2 天×2 万元/天＝4 万元,但不应考虑承包人的利润要求。

案例 6-7

某厂(甲方)与某建筑公司(乙方)订立了某工程项目施工合同,同时与某降水公司(丙方)订立了工程降水合同。建筑公司编制了施工网络计划,工作 B、E、G 为关键路线上的关键工作,工作 D 有总时差 8 天。工程施工中发生如下事件:

① 降水方案错误,使工作 D 推迟 2 天,乙方人员配合用工 5 个工日,窝工 6 个工日;

② 因供电中断,停工 2 天,造成人员窝工 16 个工日,一台机械闲置 2 天;

③ 因设计变更,工作 E 的工程量由招标文件中的 300 m^3 增至 350 m^3,原计划工期为 6 天;

④ 为保证施工质量,乙方在施工中将工作 B 的原设计尺寸扩大,增加的工程量为 15 m^3;

⑤ 在工作 D、E 均完成后,甲方指令增加一项临时工作 K,假设工作 K 为关键工作,经核准,完成该工作需要 1 天时间,机械 1 台班,人工 10 个工日。

问题:(1) 上述哪些事件中,乙方可以提出索赔要求,为什么?哪些事件中,乙方不能提出索赔要求,为什么?

(2) 每项事件的工期索赔各是多少天?总工期索赔为多少天?

(3) 若合同约定每一分项工程实际工程量增加超过招标文件的 10% 以上调整单价,E 工作的原全费用单价为 110 元/m^3,经协商调整后的全费用单价为 100 元/m^3,则 E 工作的结算价为多少?

(4) 假设人工工日单价为 50 元/工日,人工费补贴为 25 元/工日,因增加用工所需管理费为增加人工费的 20%,工作 K 的综合取费为人工费的 80%,台班费为 400 元/台班,台班折旧费为 240 元/台班。计算除事件③外合理的费用索赔总额。

解析

(1) 事件①中,乙方可提出索赔要求,因为降水工程由甲方另外发包,是甲方的风险。

事件②中,乙方可提出索赔要求,因为外部停电、停水属于不可抗力。

事件③中,乙方可提出索赔要求,因为设计变更是甲方的责任。

事件④中,乙方不应提出索赔要求,因为保证施工质量的技术措施费应由乙方承担。

事件⑤中,乙方可提出索赔要求,因为甲方指令增加工作是甲方的责任。

(2)事件①中,工作D有总时差为8天,现推迟2天,不影响工期,因此,乙方可索赔工期0天。

事件②中,供电中断2天,乙方可索赔工期2天。

事件③中,因为E工作为关键工作,乙方可索赔工期$(350-300)/(300/6)$天$=1$天。

事件⑤中,因为工作K为关键工作,乙方可索赔工期1天。

总工期索赔为$(0+2+1+1)$天$=4$天。

(3)E工作的结算价的计算步骤如下。

按原单价结算的工程量为$300×(1+10\%)$ m³$=330$ m³。

按新单价结算的工程量为$(350-330)$ m³$=20$ m³。

E工作的结算价为$(330×110+20×100)$元$=38\ 300$元。

(4)事件①中,人工费为$[6×25+5×50×(1+20\%)]$元$=450$元。

事件②中,人工费为$16×25$元$=400$元。

机械费为$2×240$元$=480$元。

事件⑤中,人工费为$10×50×(1+80\%)$元$=900$元。

机械费为$1×400$元$=400$元。

合理的费用索赔总额为$(450+400+480+900+400)$元$=2630$元。

案例 6-8

某承包人承建一基础设施项目,基础设施项目的施工网络进度计划如图6-4所示。工程实施到第5个月末检查时,A_2工作刚好完成,B_1工作已进行了1个月。在施工过程中发生了如下事件。

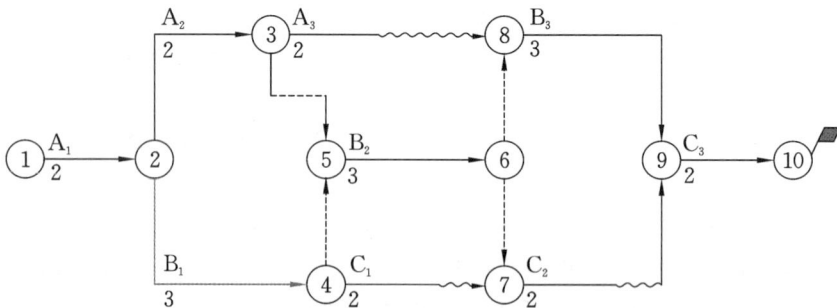

图6-4 基础设施项目的施工网络进度计划

事件1:A_1工作施工半个月,承包人发现业主提供的地质资料不准确,经与业主、设计单位协商确认,将原设计进行变更。设计变更后工程量没有增加,但承包人提出了索赔。因为设计变更使A_1工作的施工时间增加1个月,承包人要求将原合同工期延长1个月。

事件2:工程施工到第6个月,遭受飓风袭击,造成了相应的损失,承包人及时向业主提出了费用索赔和工期索赔,经业主工程师审核后的内容如下。

① 部分已建工程遭受不同程度的破坏,费用损失为30万元。

② 在施工现场,承包人用于施工的机械受到损坏,造成损失 5 万元;用于工程的待安装设备(承包人供应)损坏,造成损失 1 万元。

③ 现场停工造成机械台班损失 3 万元,人工窝工费 2 万元。

④ 施工现场承包人使用的临时设施损坏,造成损失 1.5 万元。

⑤ 灾害造成施工现场停工 0.5 个月,索赔工期 0.5 个月。

⑥ 灾后清理施工现场,恢复施工需费用 3 万元。

事件 3:A_3 工作施工过程中,业主供应的材料没有及时到场,致使该工作的工期延长 1.5 个月,发生人员窝工 500 个工日,机械闲置费用 45 个台班(有签证)。人工工资单价为 60 元,合同约定的窝工费补偿为 30 元/工日;该机械为施工企业租赁的机械,租赁费为 300 元/台班,机械台班单价为 500 元/台班。

问题:(1) 根据第 5 个月末的检查情况判断如果后续工作按原进度计划执行,工期将是多少个月。

(2) 指出事件 1 中承包人的索赔是否成立并说明理由。

(3) 指出事件 2 中承包人的索赔是否成立并说明理由。

(4) 承包人可得到的索赔费用是多少?合同工期可顺延多长时间?

解析

(1) 由网络进度计划和第 5 月末的检查情况可知,A_2 工作拖后 1 个月,但 A_2 工作的总时差为 1 个月,不会影响总工期;B_1 工作拖后两个月,并且 B_1 工作是关键工作,所以该工程项目将被推迟两个月完成,工期为 15 个月。

(2) 工期索赔成立,因为地质资料不准确属业主风险,且 A_1 工作是关键工作。

(3) ① 索赔成立,因为不可抗力造成的部分已建工程费用损失,应由业主支付。

② 承包人用于施工的机械损坏索赔不成立,因为不可抗力造成各方的损失由各方承担。

用于工程的待安装设备损坏索赔成立,虽然用于工程的设备是承包人供应的,但将形成业主资产,不可抗力造成的待安装设备损坏由业主承担,所以业主应支付相应费用。

③ 索赔不成立,因为不可抗力给承包人造成的各类费用损失不予补偿,施工机械设备的损坏由承包人自己承担。

④ 承包人使用的临时设施损坏的索赔不成立,因为不可抗力造成承包人使用的临时设施损失由自己承担。

⑤ 索赔成立,因为不可抗力造成工期延误,经业主签证,可顺延合同工期。

⑥ 索赔成立,因为不可抗力引起的清理现场和修复费用应由业主承担。

(4) ① 索赔费用的计算步骤如下。

事件 2:(30+1+3)万元=34 万元。

事件 3:(60×500+300×45)元=43 500 元=4.35 万元。

索赔费用为(34+4.35)万元=38.35 万元。

② 工期索赔的计算步骤如下。

事件 1:1 月。

事件 2:0.5 月。

事件 3:0 月。因为 A_3 工作是非关键工作,通过计算,该工作的总时差为 2 个月,大于该工作的延误事件 1.5 个月,该工作不能得到工期索赔。

因此,工期索赔为(1+0.5)个月＝1.5 个月。

案例 6-9

某施工单位(乙方)与某建设单位(甲方)签订了建造无线电发射试验基地的施工合同,合同工期为 38 天。由于该项目急于投入使用,双方在合同中规定,工期每提前(或拖后)1 天奖励(或罚款)5000 元。乙方按时提交了施工方案和施工网络进度计划(见图 6-5),并得到甲方代表的批准。

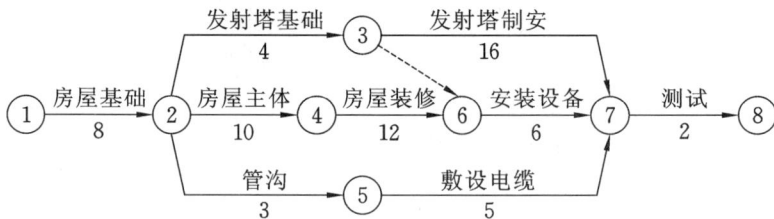

图 6-5 无线电发射试验基地的施工网络进度计划

实际施工过程中发生了如下事件。

事件 1:在房屋基坑开挖后,乙方发现局部有软弱下卧层,按甲方代表指示,乙方配合地质复查,配合用工为 10 个工日。地质复查后,根据经甲方代表批准的地基处理方案,增加直接费 4 万元,地基复查和处理使房屋基础作业时间延长 3 天,人工窝工 15 个工日。

事件 2:在发射塔基础施工时,因发射塔原设计尺寸不当,甲方代表要求拆除已施工的基础,重新定位施工,造成增加用工 30 工日、材料费 1.2 万元、机械台班费 3000 元,发射塔基础作业时间拖延 2 天。

事件 3:在房屋主体施工中,施工机械故障造成工人窝工 8 个工日,该项工作作业时间延长 2 天。

事件 4:在房屋装修施工基本结束时,甲方代表对某项电气暗管的敷设位置是否准确有疑义,要求乙方进行剥离检查。检查结果为某部位的偏差超出了规范允许范围,乙方根据甲方代表的要求进行了返工处理,合格后,甲方代表签字验收。该项返工及覆盖用工 20 个工日,材料费为 1000 元。该项电气暗管的重新检验和返工处理使安装设备的开始作业时间推迟了 1 天。

事件 5:在敷设电缆时,因乙方购买的电缆线材质量差,甲方代表令乙方重新购买合格线材,造成该项工作多用人工 8 个工日,作业时间延长 4 天,材料损失费为 8000 元。

事件 6:鉴于该工程工期较紧,经甲方代表同意,乙方在安装设备作业过程中采取了加快施工的技术组织措施,使该项工作作业时间缩短 2 天,该项技术组织措施费为 6000 元。

其余各项工作实际作业时间和费用均与原计划相符。

问题:(1) 在上述事件中,乙方可以就哪些事件向甲方提出工期补偿和费用补偿要求,为什么?

(2) 该工程的实际施工天数为多少天? 可得到的工期补偿为多少天? 工期奖罚款为多少元?

(3) 假设工程所在地人工费标准为 30 元/工日,应由甲方给予补偿的窝工人工费补偿标准为 18 元/工日,该工程综合取费率为 30%。则在该工程结算时,乙方应该得到的索赔款为多少?

解析

（1）事件 1 中，乙方可以提出工期补偿和费用补偿要求，因为地质条件变化属于甲方应承担的责任，且该项工作位于关键路线上。

事件 2 中，乙方可以提出费用补偿要求，不能提出工期补偿要求，因为发射塔设计位置变化是甲方的责任，增加的费用应由甲方承担，但该项工作的拖延时间（2 天）没有超出其总时差（8 天）。

事件 3 中，乙方不能提出工期和费用补偿要求，因为施工机械故障属于乙方应承担的责任。

事件 4 中，乙方不能提出工期和费用补偿要求，因为乙方应该对自己完成的产品的质量负责。甲方代表有权要求乙方对已覆盖的分项工程剥离检查，检查后发现质量不合格，其费用由乙方承担，工期也不补偿。

事件 5 中，乙方不能提出工期和费用补偿要求，因为乙方应该对自己购买的材料的质量和完成的产品的质量负责。

事件 6 中，乙方不能提出补偿要求，因为通过采取施工技术组织措施使工期提前，可按合同规定的工期奖罚办法处理，因赶工而发生的施工技术组织措施费应由乙方承担。

（2）① 通过对图的分析，该工程施工网络进度计划的关键路线为①—②—④—⑥—⑦—⑧，计划工期为 38 天，与合同工期相同。将图中所有各项工作的持续时间均以实际持续时间代替，计算结果表明，关键路线不变（仍为①—②—④—⑥—⑦—⑧），实际工期为 42 天。

② 将图中所有由甲方负责的各项工作持续时间延长天数加到原计划相应工作的持续时间上，计算结果表明，关键路线亦不变（仍为①—②—④—⑥—⑦—⑧），工期为 41 天。（41－38）天＝3 天，所以，该工程可补偿工期天数为 3 天。

③ 工期罚款为 $[42-(38+3)] \times 5000$ 元＝5000 元。

（3）乙方应该得到的索赔款有两项。

① 由事件 1 引起的索赔款：$[(10 \times 30+40\,000) \times (1+30\%)+15 \times 18]$ 元＝52 660 元。

② 由事件 2 引起的索赔款：$(30 \times 30+12\,000+3000) \times (1+30\%)$ 元＝20 670 元。

所以，乙方应该得到的索赔款为（52 660＋20 670）元＝73 330 元。

思考题

1. 简述建设工程索赔的概念。

2. 简述单项索赔和总索赔的特点。

3. 简述不可抗力的概念及种类。

4. 简述施工索赔的程序。

5. 简述索赔报告的内容。

6. 简述编写索赔报告的一般要求。

7. 简述索赔成立的条件。

8. 简述监理人索赔管理的任务。

9. 简述监理人的索赔管理的原则。

10. 简述承包人索赔管理的任务。

11. 简述发包人反索赔的种类。

习 题

一、单选题

1. 按照索赔事件的性质分类,在施工中发现地下流砂引起的索赔属于(　　)。

A. 工程变更索赔　　　　　　　　　　B. 工程延误索赔

C. 意外风险和不可预见因素索赔　　　　D. 合同被迫终止的索赔

2. 发包人的索赔主要根据(　　)提出。

A. 施工质量缺陷　　　　　　　　　　B. 设计变更

C. 工程量减少　　　　　　　　　　　D. 施工进度计划修改

3. 对于合同当事人而言,所在国爆发战争是一种(　　)。

A. 合法行为　　　　B. 违法行为　　　　C. 自然事件　　　　D. 社会事件

4. 在出现"共同延误"的情况下,承担拖期责任的是(　　)。

A. 造成拖期最长者　　　　　　　　　B. 最先发生者

C. 最后发生者　　　　　　　　　　　D. 按划成拖期的长短,在各共同延误者之间分担

5. 监理人一般有权处理的索赔是承包人(　　)。

A. 依据合同条款提出的索赔　　　　　B. 依据法律法规提出的索赔

C. 提出的道义索赔　　　　　　　　　D. 提出的缺少证据的索赔

6. 施工企业的项目经理指挥失误,给建设单位造成损失的,建设单位应当要求(　　)赔偿。

A. 施工企业　　　　　　　　　　　　B. 施工企业的法定代表人

C. 施工企业的项目经理　　　　　　　D. 具体的施工人员

7. 发包人指定的分包人,在施工中受到非自身原因造成损害时,他应向(　　)提交索赔报告。

A. 发包人　　　　　　　　　　　　　B. 总承包人

C. 监理工程师　　　　　　　　　　　D. 发包人或监理工程师

8. 承包人应在索赔事件发生后的(　　)天内监理人递交索赔意向通知。

A. 14　　　　　　B. 28　　　　　　C. 7　　　　　　D. 56

9. 下列关于建设工程索赔程序的说法正确的是(　　)。

A. 设计变更发生后,承包人应在 28 天内向发包人提交索赔报告

B. 索赔事件持续进行时,承包人应在事件终了后立即提交索赔报告

C. 索赔意向通知发出后的 14 天内,承包人应向监理人提交索赔报告及有关资料

D. 监理人收到承包人送交的索赔报告和有关资料后 28 天内未答复或未对承包人做进一步

要求,视为该项索赔已被认可

10.某工程项目的合同价为 2000 万元,合同工期为 20 个月,后因增建该项目的附属配套工程需增加工程费用 160 万元,则承包人可提出的工期索赔为(   )。

    A.0.8 个月   B.1.2 个月   C.1.6 个月   D.1.8 个月

11.某工作的自由时差为 1 天,总时差为 4 天。该工作施工期间,发包人延迟提供工程设备导致施工暂停。以下关于该项工作工期索赔的说法正确的是(   )。

    A.若施工暂停 2 天,则承包人可获得工期补偿 1 天

    B.若施工暂停 3 天,则承包人可获得工期补偿 1 天

    C.若施工暂停 4 天,则承包人可获得工期补偿 3 天

    D.若施工暂停 5 天,则承包人可获得工期补偿 1 天

12.某施工合同在履行过程中,先后在不同时间发生了如下事件:业主对隐蔽工程复检导致某关键工作停工 2 天,隐蔽工程复检合格;异常恶劣天气导致工程全面停工 3 天;季节大雨导致工程全面停工 4 天。则承包商可索赔的工期为(   )天。

    A.2   B.3   C.5   D.9

13.某土方工程的业主与施工单位签订了土方施工合同,合同约定的土方工程量为 8000 m^3,合同工期为 16 天,合同约定工程量增加 20% 以内为施工单位应承担的工期风险。挖运过程中,出现了较深的软弱下卧层,致使土方量增加了 10 200 m^3,则施工方可提出的工期索赔为(   )天。(结果四舍五入取整)

    A.1   B.4   C.17   D.14

14.在材料采购合同的履行中,采购方已按期派车到指定地点接收货物,而供货方又不能交货时,则派车损失由(   )支付费用。

    A.采购方   B.供货方

    C.采购方和供货方共同   D.施工承包人

15.施工过程中,承包人提出要求使用专利技术经监理人批准后,应由(   )。

    A.承包人办理申报手续,发包人承担费用

    B.承包人办理申报手续,承包人承担费用

    C.发包人办理申报手续,承包人承担费用

    D.发包人办理申报手续,发包人承担费用

16.因承包人原因,实际施工落后于进度计划。若此时工程的某部位施工与其他承包人发生干扰,监理人发布指示改变了他的施工时间和顺序,导致施工成本的增加和效率降低,此时,承包人(   )。

    A.有权要求赔偿

    B.只能获得增加成本的一定比例的赔偿

    C.由发包人协调不同承包人间的赔偿问题

    D.无权要求赔偿

17.合同履行过程中,发包人要求保护施工现场的一棵古树。因此,承包人的一台塔吊累计停工 2 天,后又因监理人指令增加新的工作,需增加塔吊 2 个台班,台班单价 1000 元/台班,折旧费为 200 元/台班,则承包人可提出的直接费补偿为(   )。

A. 2000 元　　　　B. 2400 元　　　　C. 4000 元　　　　D. 4800 元

18. 某建设项目的发包人与施工单位签订了可调价格合同。合同中约定:主导施工机械一台为施工单位自有设备,台班单价 800 元/台班,折旧费为 100 元/台班,人工日工资单价为 40元/工日,窝工费为 10 元/工日。合同履行中,因场外停电,全场停工 2 天,造成人员窝工 20 个工日;发包人指令增加一项新工作,完成该工作需要 5 天时间,机械 5 台班,人工 20 个工日,材料费5000 元。则施工单位可向发包人提出直接费补偿额为(　　)元。

A. 10 600　　　　B. 10 200　　　　C. 11 600　　　　D. 12 200

19. 某工程施工中,监理人指令错误,使承包人的工人窝工 50 工日,增加配合用工 10 工日,机械一个台班。合同约定人工单价为 30 元/工日,机械台班为 360 元/台班,人员窝工补贴费为12 元/日,含税的综合费率为 17%。承包人可得索赔费用为(　　)。

A. 1260 元　　　　B. 1263.6 元　　　　C. 1372.2 元　　　　D. 1474.2 元

20. 监理人对工程索赔的影响不包括(　　)。

A. 监理人可能会引起承包人的索赔

B. 监理人无权单方面做出索赔处理决定

C. 监理人有权将合理的索赔要求纳入工程进度款中签发付款证书

D. 监理人在有争议的诉讼过程中作为见证人

21. 异常恶劣的气候条件造成的停工是(　　)。

A. 不可原谅延期不给补偿费用　　　　B. 不可原谅延期但给补偿费用

C. 可原谅延期且给补偿费用　　　　D. 可原谅延期但不给补偿费用

22. 在施工合同履行中,发包人按合同约定购买了玻璃,现场交货前未通知承包人派代表共同进行现场交货清点,单方检验接收后直接交承包人的仓库保管员保管。施工使用时承包人发现部分玻璃损坏,则应由(　　)。

A. 保管员负责赔偿损失　　　　B. 发包人承担损失责任

C. 承包人负责赔偿损失　　　　D. 发包人与承包人共同承担损失责任

23. 监理人在处理索赔时应注意自己的权力范围,下列情形中,(　　)不属于监理人的权力。

A. 检查承包人现场同期的记录

B. 指示承包人缩短合同工期

C. 当监理人与承包人就补偿达不成一致时,监理人单方面作出处理决定

D. 把批准的索赔要求纳入该月的工程进度款

24. 发包人提供的设计图纸错误导致分包人返工,分包人可以向承包人提出索赔。承包人应(　　)。

A. 因不属于自己的原因拒绝索赔要求

B. 认为索赔成立,先行支付后再向发包人索赔

C. 不予支付,以自己的名义向监理人提交索赔通知

D. 予支付,以分包人的名义向监理人提交索赔报告

25. 监理人直接向分包人发布了错误指令,分包人经承包人确认后实施,但该错误指令导致分包工程返工,分包人向承包人提出费用索赔,承包人应(　　)。

A. 以不属于自己的原因拒绝索赔要求

B.认为要求合理,先行支付后再向业主索赔

C.不予支付,以自己的名义向监理人提交索赔报告

D.不予支付,以分包人的名义向监理人提交索赔报告

26.下列关于索赔和反索赔的说法正确的是(　　　)。

A.索赔实际上是一种经济惩罚行为　　　　B.反索赔是发包人的一种特权

C.索赔和反索赔具有同时性　　　　D.索赔可以给承包人带来额外的报酬

27.基础工程隐蔽前已经工程师验收合格,在主体结构施工时因墙体开裂,对基础重新检验发现部分部位存在施工质量问题,则对重新检验的费用和工期的处理表述正确的是(　　　)

A.费用由监理人承担,工期由承包人承担

B.费用由承包人承担,工期由发包人承担

C.费用由承包人承担,工期由承发包双方协商

D.费用和工期均由承包人承担

28.监理人对已经同意承包人隐蔽的工程部位施工质量产生怀疑后,要求承包人进行剥露后的重新检验。检验结果表明,施工质量存在缺陷,承包人按监理人的指示修复后再次覆盖。此项事件按照施工合同的规定,对增加的施工成本和延误的工期的处理应是(　　　)。

A.工期顺延,施工成本的增加由承包人承担

B.工期不顺延,施工成本的增加由承包人承担

C.顺延工期,补偿剥露和重新覆盖的成本,修复缺陷成本由承包人承担

D.工期不顺延,补偿剥露和重新覆盖的成本,修复缺陷成本由承包人承担

29.合同当事人之间出现合同纠纷,要求仲裁机构仲裁,仲裁机构受理仲裁的前提是当事人提交(　　　)。

A.合同公证书　　　　B.仲裁协议书　　　　C.履约保函　　　　D.合同担保书

30.索赔处理的最主要依据是(　　　)。

A.合同文件　　　　B.工程变更　　　　C.结算文件　　　　D.市场价格

二、多选题

1.下列对索赔的理解,正确的是(　　　)。

A.合同双方均有权索赔　　　　B.是客观存在的

C.是单方行为　　　　D.前提是经济损失或权利损害

E.必须经对方确认

2.工程索赔的处理原则有(　　　)。

A.必须以合同为依据　　　　B.必须及时合理地处理索赔

C.必须按国际惯例处理　　　　D.必须加强预测,杜绝索赔事件发生

E.必须坚持统一性和差别性相结合

3.索赔按目的划分包括(　　　)。

A.综合索赔　　　　B.单项索赔　　　　C.工期索赔

D.合同内索赔　　　　E.费用索赔

4.下列有关不可抗力的表述中,正确的是(　　　)。

A.不可抗力是指合同当事人不能预见,或可以预见但不能避免和克服的客观情况

B.不可抗力包括战争、动乱、空中飞行物坠落等情况

C. 风、雨、雪、洪水等自然灾害应根据专用合同条款的约定判断是否为不可抗力

D. 不可抗力事件导致的停工，承包人既可索赔费用，又可索赔工期

E. 不可抗力导致的工程清理费用，由发包人承担

5.《建设工程施工合同（示范文本）》中，属于发包人的义务有（　　）。

A. 负责土地征用、拆迁补偿、平整施工场地等工作，使施工场地具备施工条件，并在开工后继续解决以上事项的遗留问题

B. 将施工所需水、电、电讯线路从施工场地外部接至专用合同条款约定的地点，并保证施工的需要

C. 开通施工现场与城乡公共道路的通道以及专用合同条款约定的施工现场内的主要交通干道，满足施工运输的需要，保证施工期间的道路畅通

D. 向工程师提供年、季度、月工程进度计划及相应统计报表

E. 按工程需要提供和维修非夜间施工使用的照明、围栏设施，并负责安全保卫

6. 接到承包人提交的索赔意向通知后，监理人应（　　）。

A. 及时检查承包人的施工现场同期纪录　　B. 审查承包人的施工是否受到延误

C. 核对承包人是否增加了施工成本　　　　D. 分析索赔事件的合同责任

E. 认为索赔要求不合理，不予理睬

7.《建设工程施工合同（示范文本）》中，以下原因造成的工期延误，经监理人确认，工期相应顺延：（　　）。

A. 承包人未能按合同约定的质量标准施工

B. 发包人未能按约定的日期支付工程预付款、进度款，使施工不能正常进行

C. 监理人未按合同约定提供所需指令、批准等，使施工不能正常进行

D. 设计变更和工程量增加

E. 一周内非承包人的原因停水、停电、停气造成停工累计超过 8 小时

8. 根据《标准施工招标文件》，下列因不可抗力而发生的费用或损失中，应由发包人承担的有（　　）。

A. 承包人的人员伤亡相关费用

B. 已运至施工场地的材料和工程设备的损害

C. 因工程损害造成的第三者财产损失

D. 承包人设备的损害

E. 承包人应监理人要求在停工期间照管工程的人工费用

9. 承包人索赔后，监理人可以对索赔提出质疑的情况包括（　　）。

A. 承包人以前已表明放弃索赔

B. 提交的证据不足以说明索赔的部分

C. 发包人与承包人共同负有责任，责任未划分

D. 损失计算不足

E. 承包人没有采取措施避免或减少损失的部分

三、案例分析题

1. 某建筑公司于 2015 年 3 月 8 日与某建设单位签订了修建建筑面积为 3000 m² 的工业厂房（带地下室）的施工合同。该建筑公司编制的施工方案和进度计划已获监理工程师批准。双

方针对施工进度计划已经达成一致意见。合同规定由于建设单位责任造成施工窝工时,窝工费用按原人工费、机械台班费的60%计算。工程师应在收到索赔报告之日起28天内确认,工程师无正当理由不确认时,自索赔报告送达之日起28天后视为索赔已经被确认。根据双方的商定,人工费定额为30元/工日,机械台班费为1000元/台班。建筑公司在履行施工合同的过程中发生了以下事件。

事件一:基坑开挖后,建筑公司发现地下情况和建设单位提供的地质资料不符,有古河道,认为须将河道中的淤泥清除并对地基进行二次处理。建设单位以书面形式通知施工单位停工10天,人工窝工费和机械闲置费合计为3000元。

事件二:2015年5月18日下了罕见大暴雨,一直到5月21日开始施工,造成20名工人窝工。

事件三:5月21日,建筑公司用30个工日修复被大雨冲坏的永久道路,5月22日恢复正常挖掘工作。

事件四:5月27日因租赁的挖掘机大修,挖掘工作停工2天,造成人员窝工10个工日。

事件五:5月29日因外部供电故障,工期延误2天,造成共计20人和2台班施工机械窝工。

事件六:在施工过程中,因发包人提供的图纸存在问题,建筑公司停工3天进行设计变更,造成窝工60个工日,机械闲置9个台班。

问题:(1)分别说明事件一至事件六的工期延误和费用增加应由谁承担。并说明理由。如果是建设单位的责任,建设单位应向建筑公司补偿的工期和费用分别为多少?

(2)建设单位应给予承包单位补偿工期多少天,补偿费用多少元?

2.某承包商与某业主签订了一项工程施工合同。合同工期为22天;工期每提前(或拖延)1天,奖励(或罚款)600元。按业主要求,承包商在开工前递交了一份施工方案和施工进度计划并获批准,如图6-6所示。

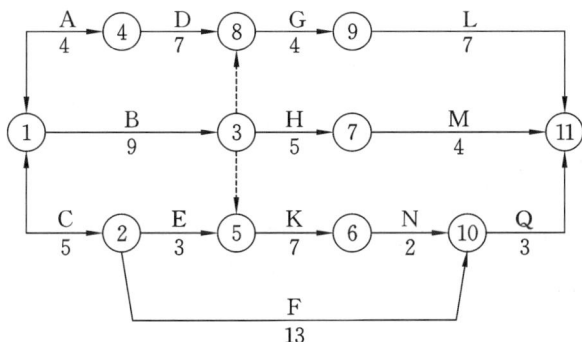

图6-6 施工进度计划(案例分析题2)

根据图6-6所示的计划安排,工作A、K、Q要使用同一种施工机械,而承包商可供使用的该种机械只有1台。在工程施工中,由于业主负责提供的材料及设计图纸原因,C工作的持续时间延长了3天;由于承包商自身机械设备原因,N工作的持续时间延长了2天。在该工程竣工前1天,承包商向业主提交了工期和费用索赔申请。

问题:(1)简述工程施工索赔的程序。

(2)承包商可得到的合理的工期索赔为多少天?

(3)假设该种机械闲置台班费用为280元/天,则承包商可得到的合理的费用追加额为多少元？

3. 某工程项目建筑面积为 3.8 万平方米，地下一层，地上十六层。施工单位（乙方）与建设单位（甲方）签订了施工总承包合同，合同工期为 600 天。合同约定，工期每提前（或拖后）1 天，奖励（或罚款）1 万元。乙方将屋面和设备安装两项工程的劳务进行了分包，分包合同约定，若造成乙方关键工作的工期延误，每延误一天，分包方应赔偿损失 1 万元。主体结构混凝土施工使用的大模板采用租赁方式，租赁合同约定，大模板到货每延误一天，供货方赔偿 1 万元。乙方提交了施工进度计划，并得到了监理单位和甲方的批准，如图 6-7 所示。

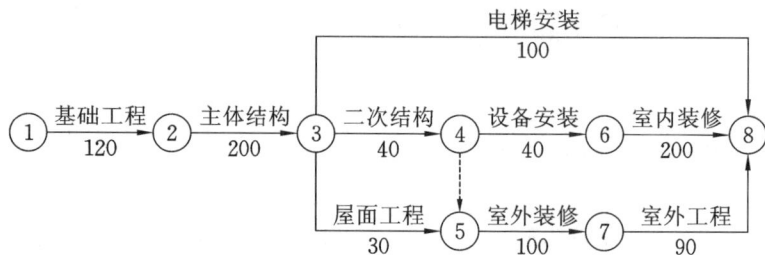

图 6-7 施工进度计划（案例分析题 3）

施工过程中发生了以下事件。

事件一：底板防水工程施工时，因特大暴雨突发洪水，基础工程施工工期延长 5 天，人员窝工和施工机械闲置造成乙方直接经济损失 10 万元。

事件二：主体结构施工时，大模板未能按期到货，造成乙方主体结构施工工期延长 10 天，直接经济损失 20 万元。

事件三：屋面工程施工时，乙方的劳务分包方不服从指挥，造成乙方返工，屋面工程施工工期延长 3 天，直接经济损失 0.8 万元。

事件四：中央空调设备安装过程中，甲方采购的制冷机组因质量问题退换货，造成乙方设备安装工期延长 9 天，直接费用增加 3 万元。

事件五：因为甲方对外装修设计的色彩不满意，局部设计变更通过审批后，乙方外装修施工晚开工 30 天，直接费损失 0.5 万元；其余各项工作，实际完成工期和费用与原计划相符。

问题：（1）用文字或符号标出该网络计划的关键路线。

（2）指出乙方向甲方索赔成立的事件，并分别说明索赔内容和理由。

（3）指出乙方可以向大模板供货方和屋面工程劳务分包方索赔的内容和理由。

（4）该工程实际总工期多少天？乙方可得到甲方的工期补偿为多少天？工期奖（罚）款是多少万元？

（5）乙方可得到各劳务分包方和大模板供货方的费用赔偿是多少万元？

（6）如果只有室内装修工程有条件可以压缩工期，在发生以上事件的前提条件下，为了能最大限度地获得甲方的工期奖，室内装修工程工期至少应压缩多少天？

习题参考答案　　学习情境 6
建设工程索赔

学习情境 7

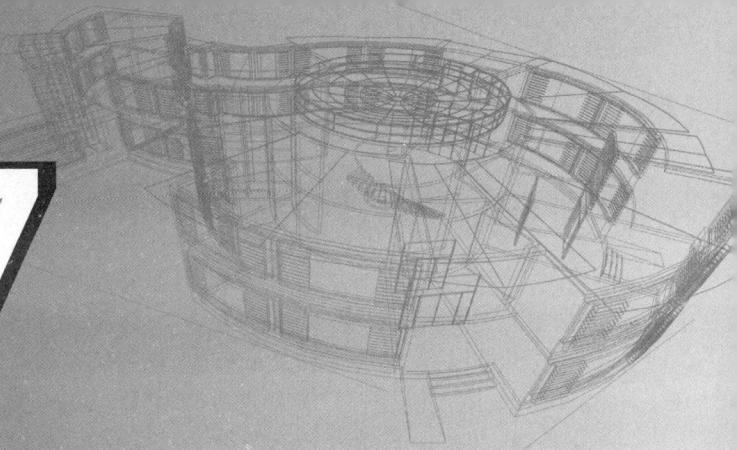

FIDIC 施工合同条件

7.1 FIDIC 概述

FIDIC 指国际咨询工程师联合会,是该联合会法文名称的缩写。该联合会是被世界银行认可的咨询服务机构,总部设在瑞士洛桑。它的成员在每个国家只有一个,中国于 1996 年 10 月正式加入该组织。

FIDIC 是欧洲三个国家的咨询工程师协会于 1913 年成立的,经过近一个世纪的发展,现已有全球各地 80 多个国家和地区的成员加入,可以说,FIDIC 代表了世界上大多数独立的咨询工程师,是国际上最具有权威的咨询工程师的组织。其目标是共同促进各成员协会的专业影响。它推动了全球范围内的高质量的工程咨询服务业的发展。

FIDIC 下设五个长期性的专业委员会:业主-咨询工程师关系委员会(CCRC)、合同委员会(CECC)、风险管理委员会(RMC)、质量管理委员会(QMC)和环境委员会(ENVC)。FIDIC 的各专业委员会编制了许多规范性的文件,这些文件被许多国际组织和国家采用,世界银行、亚洲开发银行、非洲开发银行的招标样本也常常采用其中最常用的《土木工程施工合同条件》(FIDIC"红皮书")、《电气和机械工程合同条件》(FIDIC "黄皮书")、《业主/咨询工程师标准服务协议书》(FIDIC"白皮书")、《设计-建造与交钥匙工程合同条件》(FIDIC"橘皮书")和《土木工程施工分包合同条件》等。为了适应国际工程市场的需要,1999 年,FIDIC 又出版了新的《施工合同条件》(红皮书)、《生产设备和设计-建造合同条件》(黄皮书)、《设计采购施工(EPC)/交钥匙项目合同条件》(银皮书)和《简明合同格式》(绿皮书)4 本新的合同条件,旨在逐步取代以前的合同条件。

FIDIC 合同条件的涵义及发展历程

2017 年 12 月,国际咨询工程师联合会(FIDIC)在伦敦举办的国际用户会议上,发布了 1999 年版三本合同条件的第二版,分别是《施工合同条件》(conditions of contract for construction)(红皮书)、《生产设备和设计-建造合同条件》(conditions of contract for plant and design-build)(黄皮书)和《设计-采购-施工与交钥匙项目合同条件》(conditions of contract for EPC/turnkey projects)(银皮书)。2017 年版系列合同条件加强了项目管理工具和机制的运用;进一步平衡了合同双方的风险及责任分配,更强调合同双方的对等关系;力求反映当今国际工程领域的最佳实践;解决 1999 年版合同条件在使用过程中产生的问题等。红皮书及黄皮书有工程师参与,银皮书有业主代表参与;红皮书中,业主承担了大部分或全部设计工作,而黄皮书和银皮书中,承包商承担了大部分或全部设计工作,因此黄皮书和银皮书对设计做了详细规定;红皮书以单价合同为主,因此在测量与估价方面进行了详细的规定,而黄皮书和银皮书则为总价合同,因此没有相应条款,同时,黄皮书和银皮书是总承包/交钥匙工程,因此对竣工后试验描述更多。但是,正因为这三本合同条件适用于不同的情境,其二级子条款的调整幅度较大,有些条款尽管标题相同,但具体内容可能不同。

7.1.1 FIDIC 合同条件的发展历程

由于全球一体化进程快速推进,国际工程建设的快速发展,工程建设规模不断扩大、风险增加,这给当事人签订合同时再做约定带来一定的困难,需要对当事人的权利和义务有更明确详细的约定。在客观上,国际工程界需要一种标准合同文本,能在工程项目建设中普遍使用或稍加修改即可使用。标准合同文本在工程的费用、进度、质量、当事人的权利义务方面都有明确而详细的规定。FIDIC 合同条件正是顺应这个要求而产生的。

1957 年,FIDIC 与欧洲建筑工程联合会(FIEIC)一起在英国土木工程师协会(ICE)编写的《标准合同》的基础上,制定了 FIDIC 合同条件第一版。该版主要沿用英国的传统做法和法律体系,包括一般条件和特殊条件两部分。1969 年修订的第二版 FIDIC 合同条件,没有修改第一版的内容,只是增加了适用疏浚工程的特殊条件。1977 年修订的第三版 FIDIC 合同条件,对第二版做了较大修改,同时还出版了《土木工程合同文件注释》。1987 年 FIDIC 合同条件第四版出版,此后 FIDIC 又于 1988 年出版了第四版修订版。第四版出版后,为指导应用,FIDIC 又于 1989 年出版了一本更加详细的《土木工程施工合同条件应用指南》。1999 年,FIDIC 又出版了新的合同条件。

我国是接受世界银行和亚洲开发银行贷款最多的国家之一,20 世纪 80 年代初以来,利用世行和亚行贷款开发的基础设施项目几乎全部采用 FIDIC 施工合同条件。不仅如此,我国建设部和国家工商管理局联合颁布的 1992 和 1999 年施工合同示范文本也是在参考 FIDIC 的合同条件的基础上编纂的。

7.1.2　2017 年版 FIDIC 合同条件简介

1.《施工合同条件》(简称"红皮书")

《施工合同条件》包括通用条件、专用条件编写指南及附件(担保函、投标函、中标函、合同协议书和争端避免/裁决协议书格式)三个部分。其通用条件共 20 个一级条款,包括一般规定,雇主,工程师,承包商,指定的分包商,职员和劳工,生产设备、材料和工艺,开工、延误和暂停、竣工检验,雇主的接收,缺陷责任,测量和估价,变更和调整,合同价格和支付,雇主提出终止,承包商提出暂停和终止,风险和责任,保险,不可抗力,索赔、争端和仲裁。专用条件编写指南包括合同数据和特殊条款两部分。

2017 年版"红皮书"主要适用于建设规模大、复杂程度高的项目,一般由业主提供大部分的设计,雇用工程师管理合同并由工程师监理施工和签发支付证书,在工程施工的全过程中业主持续得到全部信息;按工程量表中的单价来支付完成的工程量(即单价合同)。承包商仅根据业主提供的图样资料进行施工,当有要求时,承包商要根据要求承担结构、机械和电气部分的设计工作。

2.《生产设备和设计-建造合同条件》(简称"黄皮书")

2017 年版"黄皮书"适用于设计-建造承包模式(design and build)。在该模式下,承包商根据业主要求,负责项目大部分的设计和施工工作,而且可能负责设计并提供生产设备或其他工程。通常情况是由承包商按照业主要求,设计和提供生产设备或其他工程,包括土木、机械、电气和建筑物等。该合同条件包括通用条件、专用条件编写指南及附件(担保函、投标函、中标函、合同协议书和争端避免/裁决协议书格式)三个部分。其通用条款共 20 个一级条款,包括一般规定,雇主,工程师,承包商,设计,职员和劳工,生产设备、材料和工艺,开工、延误和暂停,竣工检验,雇主的接收,缺陷责任,竣工后检验,变更和调整,合同价格和支付,雇主提出终止,承包商提出暂停和终止,风险与责任,保险,不可抗力,索赔、争端和仲裁。专用条件编写指南包括合同数据和特殊条款两部分。

《生产设备和设计-建造合同条件》合同范本适用于建设项目规模大、复杂程度高、承包商提供设计的情况。其与《施工合同条件》相比,最大的区别在于前者中,业主不再将合同的绝大部分风险由自己承担,而是将一定的风险转移给承包商。

3.《设计-采购-施工与交钥匙项目合同条件》(简称"银皮书")

2017 年版"银皮书"适用于采用设计、采购和施工及交钥匙模式的工艺或电厂项目,如工厂、基础设施或类似工程。它包含了项目策划、可行性研究、具体设计、采购、建造、安装、试运行等在内的全过程承包方式。承包商"交钥匙"时,提供的是一套配套完整的可以运行的设施。该合同条件也包括通用条件、专用条件编写指南及附件(担保函、投标函、合同协议书和争端避免/裁

2017 年版 FIDIC
合同条件简介

决协议书格式)三个部分。其通用条款共 20 条,包括一般规定,雇主,雇主的管理,承包商,设计,职员和劳工,生产设备、材料和工艺,开工、延误和暂停,竣工检验,雇主的接收,缺陷责任,竣工后检验,变更和调整,合同价格和支付,雇主提出终止,承包商提出暂停和终止,风险与责任,保险,不可抗力,索赔、争端和仲裁。专用条件编写指南包括合同数据和特殊条款两部分。

4.《简明合同格式》(简称"绿皮书")

《简明合同格式》最大的特点就是简单,主要适用于价值较低的或形式简单、重复性的、工期短的房屋建筑和土木工程。通常情况是由承包商按照雇主或其代表提供的设计进行施工。《简明合同格式》由协议书、通用条件、裁决规则、指南注释四部分构成。其通用条件共 15 条 52 款;指南注释非合同组成部分。

7.1.3　FIDIC 合同条件的应用方式

FIDIC 合同条件的应用方式通常有以下几种。

1. 国际金融组织贷款和一些国际项目直接采用

FIDIC 合同条件的
应用方式

在世界各地,凡世界银行、亚洲开发银行、非洲开发银行贷款的工程项目以及一些国家和地区的工程招标文件,大部分采用 FIDIC 合同条件。在我国,亚洲开发银行贷款项目,全文采用 FIDIC《施工合同条件》。世界银行贷款项目,在执行世界银行有关合同原则的基础上,执行我国财政部在世行批准和指导下编制的有关合同条件。

2. 合同管理中对比分析使用

许多国家在学习、借鉴 FIDIC 合同条件的基础上,编制了一系列适合本国国情的标准合同条件。这些合同条件的项目和内容与 FIDIC 合同条件大同小异,主要差异体现在处理问题的程序规定上以及风险分担规定上。FIDIC 合同条件的各项程序是相当严谨的,处理业主和承包商风险、权利及义务也比较公正。因此,业主、咨询工程师、承包商通常都会将 FIDIC 合同条件作为一把尺子、与工作中遇到的其他合同条件相对比,进行合同分析和风险研究,制定相应的合同管理措施,防止合同管理上出现漏洞。

3. 在合同谈判中使用

FIDIC 合同条件的国际性、通用性和权威性使合同双方在谈判中可以以"国际惯例"为理由要求对方对其合同条款的不合理、不完善之处做出修改或补充,以维护双方的合法权益。这种方式在国际工程项目合同谈判中普遍使用。

4. 部分选择使用

即使不全文采用 FIDIC 合同条件,在编制招标文件、分包合同条件时,编制人仍可以部分选择其中的某些条款、某些规定、某些程序,甚至某些思路,使所编制的文件更完善、更严谨。在项目实施过程中,编制人也可以借鉴 FIDIC 合同条件的思路和程序来解决和处理有关问题。

另外,FIDIC 在编制各类合同条件的同时,还编制了相应的"应用指南"。"应用指南"除了介绍招标程序、合同各方及工程师职责外,还对合同每一条款进行了详细解释和说明,这对使用者是很有帮助的。而且,每份合同条件的前面均列有有关措辞的定义和释义。这些定义和释义非常重要,它们不仅适合于合同条件,也适合于其全部合同文件。

7.2 FIDIC 施工合同条件

● ● ●

7.2.1 2017年版FIDIC施工合同条件的特点

1. 合同条件的适用范围更加广泛

1）通用条件

通用条件是指工程建设项目不论属于哪个行业，也不管处于何地，只要是土木工程类的施工均可适用的条件。2017年版系列合同条件的通用条件总体结构和条款的排列顺序基本不变，有些条款的名称略有调整，但所涵盖的内容范围基本不变。2017年版与1999年版相比，合同条件各部分内容均有所增加，最大的变化是通用条件的篇幅大幅增加。条款内容涉及合同履行过程中业主和承包商各方的权利与义务、工程师的权利和职责、各种可能预见到事件发生后的责任界限、合同正常履行过程中各方应遵循的工作程序，以及因意外事件而使合同被迫解除时各方应遵循的工作准则等。

2）专用条件

专用条件是相对于通用而言的，是根据准备实施项目的工程专业特点以及工程所在地的政治、经济、法律、自然条件等地域特点，将通用条件中条款的规定具体化的条件。专用条件可以对通用条件中的规定进行相应补充完善、修订，或取代其中的某些内容，增补通用条件中没有规定的条款。专用条件的条款序号应与通用条件的条款序号对应，通用条件和专用条件中相同序号的条款共同构成对某一问题的约定责任。如果通用条件的某一条款内容完备、适用，专用条件可不再重复此条款。

3）标准化的文件格式

FIDIC编制的标准化合同文本，除了通用条件和专用条件以外，还包括有标准化的投标书（及附录）和协议书的格式文件。

2. 对合同各方的权利和义务做了更严格明确的规定

第一，施工合同条件中明确指出这是由发包人负责设计的合同条件。对于设计和施工的关系，合同条件明确规定了这个合同文件适用于"由发包人提供设计"的合同，并把此标明在合同文件的题目上。这就是说，"红皮书"施工合同适用于设计施工分离的项目。其他的设计施工结合的方式，如承包人负责设计和施工，以至完全意义上的总体提供项目，分别适用于其他合同条件的规定。这点非常重要，因为在本文件中，所有与设计有关的风险将由发包人承担，承包人只承担施工风险。

第二，合同条件明确提出了业主索赔的概念。在承包商可以根据合同索赔额外付款及合同工期延长的同时，业主同样可以根据合同的相关条款索赔费用及延长缺陷通知期。

第三，相对于业主在投标阶段审查承包商的财务状况的权利，承包商同样可以要求业主出示合理的证据，证明其财务安排已经落实并得以保持，使业主有能力向承包商进行支付。

3. 工程师地位的转变

传统FIDIC合同沿用英国ICE合同，在业主与承包商间引入工程师，意图建立一个以咨询工程师为中心的专家管理体系。工程师独立做出决定，并在合同双方之间公正行事，具有设计人、施工监理、准仲裁人和业主代理等多重身份。因此，工程师举足轻重，相对人的合同关系往往被看作业主、工程师和承包商的三角关系。到了1999年，新版的FIDIC施工合同对工程师的职能定位更明确，规定代表业主管理和执行合同的工程师，在法律意义上不具有第三方的地位，明确规定了工程师由业主任命作为业主方人员代表业主执行合同，取消了从前对工程师"行为公正"的明确条款要求和应由工程师对合同争议进行仲裁前的"最终决定"条款。工程师的公正行为体现在他必须忠实地执行业主与承包人签订的合同。2017年版系列合同对工程师人员的资质提出了更高、更详细的要求。同时，合同增加了工程师代表这个角色，并要求工程师代表要常驻现场，而且工程师不能随意更换其代表。合同对工程师做出回复的时间进行很多限制，促使其在合同管理过程中不能随意拖延承包商发出的通知或请求，工程师无需经业主同意即可根据"商定或决定"条款做出决定。工程师在处理合同事务时要使用"商定或决定"条款，尤其是在处理索赔问题时要保持中立，此时，工程师不应被视为代表业主行事。

7.2.2　施工合同条件中的部分重要定义

1. 合同的相关概念

1）合同

合同实际上是全部合同文件的总称，包括合同协议书、中标函、投标函、合同条件、规范、图纸和资料等内容。此外，补充协议、来往信函、备忘录、会议纪要或者中标函中列明的其他文件也属于合同文件的范畴。

2）合同协议书

合同协议书是合同当事人为明确双方享有的权利和应尽的义务而达成的协议。FIDIC施工合同条件附录中列有合同协议书的推荐格式，供合同当事人选择使用。

3）中标函

中标函系指由业主签署的投标函的正式接受函，包括任何随附的备忘录、双方之间签订的协议。签发或接收中标函的日期是指签署合同协议书的日期。

4）投标函

投标函系指由承包商签署的投标函，包括承包商为实施工程向业主提出的报价。

5）合同条件

合同条件系指经专用条件修改的通用条件。

6）专用条款

专用条款系指合同中标题为合同专用条款的文件，由A部分（合同资料）和B部分（专用条款）组成。

2. 承包商的相关概念

1）承包商

承包商系指业主接受的投标函中指定为承包商的人员及其合法继承人。

2）承包商文件

承包商文件系指承包商按照规定编制的文件，包括计算、数字文件、计算机程序和其他软件、图纸、手册、模型、规范和其他技术性文件。

3）承包商设备

承包商设备系指承包商实施工程所需的所有仪器、设备、机械、施工设备、车辆和其他物品。承包商设备不包括临时工程、永久设备、材料和任何其他拟构成或构成永久工程一部分的物品。

4）承包商人员

承包商人员系指承包商代表和承包商在现场或工程实施中安排的所有人员，包括承包商和各分包商的职员、劳工和其他雇员，以及协助承包商实施工程的任何其他人员。

5）承包商代表

承包商代表系指承包商在合同中指定的或由承包商根据规定任命的代表承包商行为的自然人。

3. 业主的相关概念

1）业主

业主系指合同资料中被称为业主的人以及该业主的合法继承人。

2）业主的人员

业主的人员系指工程师、工程师代表、工程师的助理人员以及履行合同义务的业主的职员、劳工和其他雇员，以及通过业主或工程师通知承包商为业主工作的那些人员。

3）工程师

工程师系指合同资料中指定的由业主为合同的目的任命为工程师的人。

4）业主的设备

业主的设备系指业主根据规定提供给承包商的仪器、设备、机械、施工设备或车辆。

5）业主提供的材料

业主提供的材料系指业主根据规定向承包商提供的材料。

4. 日期、工期的相关概念

1）基准日期

基准日期系指投标截止日期前 28 天的日期。

2）开工日期

开工日期系指根据合同约定工程师发出的开工通知中规定的日期。工程师应在开工日期前不少于 14 天，向承包商发出通知，说明开工日期。除非专用条件中另有规定，开工日期应在承包商收到中标函后 42 天内。

3）竣工日期

竣工日期系指工程师签发的接收证书中注明的日期或者指工程或区段根据合同被视为已完成的日期。

4）缺陷通知期

缺陷通知期系指合同资料中规定的，根据合同约定通知工程、某区段或某部分中的缺陷或损害的期限（如未规定，一般为一年），以及根据规定可以延长的期限。该期限自工程、分项工程或部分工程竣工之日起计算。

5. 价款与支付的相关概念

1）合同价格

合同价格系指合同规定的工程价值，应根据合同进行调整、增加（包括承包商在这些条件下有权获得的成本或成本加利润）或扣减。

2）中标合同金额

中标合同金额系指中标函中根据合同实施工程而接受的金额。

3）成本

成本系指承包商在履行合同过程中合理发生（或将要发生）的所有支出，无论是在现场内还是现场外，包括税金、日常开支和类似费用，不包括利润。如果承包商根据合同条件的某一款有权获得费用的支付，则应将其加到合同价格中。

4）成本加利润

成本加利润是指成本加上合同数据中规定的适用利润百分比（如果未说明，则为百分之五）。如果承包商根据合同条件的一个子条款有权获得成本加利润的支付，则该百分比只应加到成本中，成本加利润只应加到合同价格中。

5）暂列金额

暂列金额系指业主在合同中规定的，作为暂定金额的一笔款项，用于实施工程的任何部分或根据合同约定提供永久设备、材料或服务。

6）预付款证书

预付款证书系指工程师根据合同规定签发的预付款支付证书。

7）期中付款证书

期中付款证书系指工程师根据合同规定颁发的期中付款证书。

8）最终支付证书

最终支付证书系指工程师根据合同规定颁发的最终支付证书。

7.2.3 施工阶段的合同管理

1. 施工进度管理

1）进度计划

承包商应在收到根据开工条款发出的开工通知后 28 天内，向工程师提交一份工程实施的初步计划。承包商还应提交一份修订后的计划，该计划应能准确地反映工程的实际进度。初步计划和每个修订计划应按合同资料的规定，按要求的形式提交给工程师，并应包括以下内容：

① 工程及分段工程的开始日期及完成时间；

② 根据合同资料中规定的时间，业主应向承包商授予的进入和占用现场各部分的权利的日期，即承包商应要求业主给予的进入和占用现场每个部分的权利的日期；

③ 承包商计划实施工程的顺序，包括设计每个阶段的预期时间安排、承包商文件的准备和提交、采购、制造、检验、运输、施工、安装以及任何指定分包商要进行的工程内容；

④ 规范中规定或要求的提交任何文件的审查期；

⑤ 合同规定或要求的检验和试验的顺序和时间；

⑥ 以逻辑方式链接所有活动并显示每个活动和关键路径的最早和最晚开始和结束日期；

⑦ 所有当地公认的休息日和假日的日期；

⑧ 生产设备和材料的所有关键交付日期；

⑨ 修订后的计划和每项活动迄今为止的实际进度、该进度的任何延误以及该延误对其他活动的影响。

工程师应审查承包商提交的初步进度计划和每一份修订后的进度计划，并可向承包商发出通知，说明计划与合同规定不相符的程度。如果工程师未发出此类通知，在收到初始进度计划后 21 天内，或在收到修订进度计划后 14 天内，工程师应被视为已发出无异议通知，初始进度计划或修订进度计划应为合同履行的进度计划。承包商应按照计划进行施工,但应遵守合同规定的承包商其他义务。业主人员在计划其活动时有权依据该计划。如果工程师在任何时候通知承包商该进度计划不符合合同规定,或与承包商的义务不符,承包商应在收到此通知后 14 天内,向工程师提交一份修改后的进度计划。

2)预警

影响进度的可能事件或情况发生时,一方应通知另一方和工程师,工程师也应在任何已知或可能的未来事件或情况发生前通知双方,因为这些事件或情况可能会造成如下影响:

① 对承包商人员的工作造成不利影响;

② 对工程竣工后的性能产生不利影响;

③ 提高合同价格;

④ 延误工程或某区段的实施。

工程师可要求承包商提交一份建议书,以避免或减少此类事件或情况的影响。

3)竣工时间的延长

如果竣工因下列任何原因受到或将受到延误,则承包商有权获得延期:

① 变更;

② 异常不利的气候条件;

③ 流行病或政府行为导致人员或货物可用性出现不可预见的短缺;

④ 由业主、业主人员或业主在现场的其他承包商造成或归因于业主、业主雇佣人员或业主雇佣的其他承包商的任何延误或阻碍。

根据规定,任何工程项目测量的工程量大于工程量清单或其他清单中该项目的估计工程量的百分之十(10%)以上时,根据规定,此类增加的工程量会导致竣工延误。如果由业主责任引起的延误与由承包商责任引起的延误同时发生,工程师则应按照专用条款中规定的规则和程序评估承包商的索赔权利。

2. 施工质量管理

1)检查

业主人员应在合同资料中规定的所有正常工作时间内,以及在所有其他合理时间内,进行如下的检查:

① 完全可以进入现场的所有部分和获得材料的所有地方;

② 在生产、制造和施工期间(在现场和其他地方),检查、测量和测试(在规范中规定的范围内)材料、设备和工艺,检查及记录设备制造进度和材料生产制造进度;

③ 履行规范中规定的其他职责和检查,承包商应给予业主人员充分的机会开展这些活动,包括提供安全通道、设施、许可和安全设备。

当任何材料、永久设备或工程准备好接受检查时,以及在将其覆盖、置于视线之外或包装以供储存或运输之前,承包商应通知工程师。业主人员应立即进行检查、检验、测量或试验,不得无故拖延,业主人员不要求进行检查、检验、测量或试验时,工程师应立即通知承包商。如果工程师未发出此类通知或业主的人员未在承包商通知中规定的时间(或与承包商商定的时间)出席,承包商可继续遮盖、掩蔽或包装以备储存或运输。

如果承包商未能根据规定发出通知,则在工程师要求时,承包商应进行剥离检验,然后恢复原状,费用和风险由承包商承担。

2）质量缺陷和处理

如果检验、测量或试验发现任何永久设备、材料、承包商的设计或工艺有缺陷或不符合合同规定时，工程师应向承包商发出通知，说明发现的永久设备、材料、承包商的设计或工艺的缺陷。承包商应立即准备并提交必要补救工作的建议。工程师可审查此建议，并可向承包商发出通知，说明所建议的工程如果实施，将导致永久设备、材料、承包商的设计或工艺不符合合同要求。收到此类通知后，承包商应立即向工程师提交一份修改后的建议书。如果工程师在收到承包商的建议书（或修订后的建议书）后 14 天内未发出此类通知，则应视为工程师已发出不反对通知。

如果承包商未能及时提交补救工作的建议（或修订后的建议），或未能实施工程师已发出（或视为已发出）无异议通知的建议补救工作，工程师可指示承包商或通过向承包商发出通知，并说明理由，拒收永久设备、材料、承包商的设计（如有）或工艺。在修补任何永久设备、材料、设计或工艺的缺陷后，如果工程师要求对任何此类项目重新进行试验，则应按规定重新进行试验，风险和费用由承包商承担。如果此项拒绝和重新试验给业主带来了额外费用，业主有权根据索赔条款要求承包商支付这些费用。

3. 工程变更管理

1）变更权

在颁发工程的接收证书之前，工程师可随时根据变更程序提出变更。变更不应包括业主或其他方将要进行的任何工作的遗漏，除非双方另有协议。承包商应受变更指示的每一项变更的约束，并应迅速且毫不拖延地执行变更。变更可能包括如下内容：

① 合同中任何工程项目的工程量变更（但此类变更不一定构成变更）；

② 任何工程项目的质量和其他特性的变更；

③ 工程任何部分的标高、位置或尺寸的变化；

④ 遗漏任何工作，除非未经双方同意而由他人进行；

⑤ 永久工程所需的任何额外工作、永久设备、材料或服务，包括任何相关的竣工检验、钻孔和其他检验及勘探工作；

⑥ 工程施工顺序或时间的变更。

除非工程师根据"指示变更"的规定发出变更指示，否则承包商不得对永久工程进行任何变更或修改。

2）变更程序

2017 年版合同条件明确地将变更分为两种启动方式：指示性变更和征求建议书的变更。指示性变更要求承包商应提交详细的资料，包括将进行的工作、采用的资源和方法，执行变更的进度计划，修改进度计划和竣工时间的建议书，修改合同价格的建议（附证据），以及承包商认为应得的任何有关工期增加而发生的费用。当采用征求建议书的变更时，承包商因提交建议书增加的成本，可根据相关条款索赔。

（1）指示变更。

工程师可通过向承包商发出通知指示变更。承包商应执行变更，并在收到工程师的指示后 28 天内（或承包商提议并由工程师同意的其他期间）向工程师提交详细资料，包括如下内容：

① 对已执行或将要执行的各种工作的描述，包括承包商采用或将要采用的资源和方法的细节；

② 执行方案和承包商关于方案和完成时间对该方案进行任何必要修改的建议；

③ 承包商根据测量和估价条款对变更进行估价以调整合同价格的建议（应包括确定任何估

计的数量,如果承包商由于对完成时间的任何必要修改而增加了成本,则应显示承包商认为其有权得到的额外付款)。

如果双方同意遗漏由他人进行的任何工作,则承包商的建议还可包括该遗漏造成的承包商的任何工期损失和其的他损失费用。

（2）征求建议书的变更。

在指示变更前,工程师可以向承包商发出通知征求承包商提出变更的建议。承包商应尽快通过下列任一方式对通知做出答复:

① 提交建议;

② 说明承包商不能遵守依据变更权条款所述事项的理由。

如果承包商提出建议,工程师应在收到建议后尽快做出答复,向承包商发出通知,说明是否同意或其他情况,承包商在等待答复时不得拖延任何工作。

如果工程师同意该建议,工程师应指示变更。此后,承包商应提交给工程师可能合理建议的任何进一步的细节,并应适用"指令变更"的程序。如果工程师不同意该建议,且承包商由于提交该建议而发生了费用,承包商有权根据索赔等条款获得该费用。

3）法律改变引起的变更

合同价格应根据下列原因引起的费用增加或减少进行调整:

① 工程所在国的法律(包括引入新法律和废除或修改现有法律);

② 工程所在国法律的司法或官方政府解释;

③ 业主或承包商分别根据法律条款获得的任何许可、执照或批准;

④ 根据法律规定,承包商在基准日期后制定或正式发布的任何许可、执照或批准的要求,这些要求会影响承包商履行合同义务。

"法律变更"是指上述四项下的任何变更。如果承包商因法律变更遭受延误或导致费用增加,承包商有权获得此类费用。如果法律的任何变更导致费用减少,业主有权要求减少合同价格。如果因法律变更而有必要对工程实施进行调整时,承包商应立即通知工程师,或工程师应立即通知承包商。此后,工程师应根据规定指示变更,或按规定征求建议书。

4．工程进度款的支付管理

1）预付款

预付款又称动员预付款,是业主为了帮助承包商解决施工前期开展工作时的资金短缺的问题,从未来的工程款中提前支付的一笔款项。合同工程是否有预付款,以及预付款的金额、支付(分期支付的次数及时间)和扣还方式等均要在专用条款内约定。业主在收到承包商提交的预付款担保后,应根据合同约定的日期及时支付预付款。

（1）预付款保函。

承包商应提交与预付款金额相等的预付款保函,并应提交一份副本给工程师。在提交预付款保函时,承包商应确保预付款保函的有效性和可执行性,直到预付款已偿还,但其保函数额可按付款证明书规定的承包商偿还的金额逐步减少。如果预付款保函的条款规定了其到期日,并且预付款在到期日之前28天仍未还清,当事人可采取下列方法。

① 承包商应延长保函的有效期,直至预付款已偿还;

② 承包商应立即向业主提交延长期限的证据,并应向工程师提交副本;

③ 如果业主在保证期满前7天没有收到该证据,业主有权根据该保函要求赔偿未偿还的预

付款额。

(2)预付款证书。

工程师应在下列各项完成后14天内发出预付款证书：

① 业主已分别收到了履约保证和预付款保证；

② 工程师已收到承包商提出的预付款申请的副本。

(3)预付款的扣还。

预付款在分期支付工程进度款的支付中按百分比扣减的方式偿还。

① 起扣点。预付款自承包商获得工程进度款累计总额达到合同总价(减去暂列金额)10%那个月起扣。

② 每次支付时的扣减额度。本月证书中承包商应获得的合同款额(不包括预付款及保留金的扣减)中扣除25%作为预付款的偿还,直至还清全部预付款。每次扣还金额＝(本次支付证书中承包商应获得的款额-本次应扣的保留金)×25%。

(4)付款。

业主收到预付款证明书后,在合同数据规定的期限内(如未说明,则为21天)应向承包商支付预付款证书中核定的金额。

2)期中付款

期中付款是工程建设中,业主根据承包商完成的工程进度及工程量给予的进度付款。

(1)期中付款证书的申请。

如未特别约定,在每个月的月末,承包商可以向工程师提交申请期中付款的报表。对申请期中付款的报表的要求如下：

① 采用工程师可以接受的格式；

② 按合同规定提交一份纸质原件、一份电子副本和一份纸质副本；

③ 详细说明承包商认为其有权得到的数额,并附上证明文件以及有关进度的报告。

应注意的是,承包商应估算当月实际完成的工程实体量和合同价值。其中,保留金需按合同规定逐步扣减至合同规定的限额,因生产设备和材料而产生的费用也应当增减。

(2)期中付款证书的颁发。

工程师应在收到承包商的期中付款申请报表和证明文件后28天内向业主发出期中付款证书(IPC),说明应付金额并附说明,并将副本发给承包商。工程师在下述情况下可不签发付款证书或扣留承包商报表中的部分金额：

① 如果一次期中付款证书金额扣除保留金等应扣款后,净值小于期中付款证书的最低额度,则工程师无须开具期中付款证书并通知承包商,该款额结转至下月,超过最低额度后一并支付；

② 承包商实施的某项工作不符合合同要求时,工程师可以扣发相应的修正或重置费用,直至修正或重置工作完成；

③ 承包商未能按照合同规定执行工作或履行义务,并且工程师已经通知承包商执行工作或履行义务时,工程师可以扣发属于该部分工作的价值款项,直至承包商执行工作或履行义务。

②、③条的规定中,工程师可以扣发部分款项,但不得以任何理由扣发期中付款证书。例如,在浇筑混凝土时出现质量问题,工程师有权扣发混凝土浇筑工作的进度款,即从相关期中付款证书中暂时扣留这部分工作相应的款额,延迟到承包商解决这个质量问题后发放,但无权扣

留期中付款证书。

（3）付款。

工程师收到承包商的期中付款申请报表和证明材料后56天内，或业主收到期中付款证书后在合同数据规定的期限内（如未说明，则为28天），业主应将期中付款证书中核定的款额支付给承包商。

依据2017年版"红皮书"通用合同条件对计量与估价的规定，计量方式有两类：第一类是在工程现场实地测量，应由承包商和工程师共同完成；第二类是根据规范依据记录计量。原则上，单价合同工程计量一般应采用第一类方式，也有部分工作采用第二类方式，例如，工程量清单中的一般项（临时工程、设计、HSE工作等）、外加剂（需要依据配合比计算）、可依据批复的图纸确定结算工程量的工作（如土石方）无法或无须进行现场测量，可依据记录计量。

7.2.4 竣工验收阶段的合同管理

1. 竣工检验和颁发工程接收证书

1）竣工检验

承包商应在竣工检验的42天前，向工程师提交一份详细的检验计划，说明这些检验所需的计划时间和资源。工程师可审查拟议的检验计划，并可向承包商发出通知，说明其不符合合同的程度。在收到此通知后的14天内，承包商应修改检验计划，以纠正此类不合规情况。如果工程师在收到检验计划（或修改后的检验计划）后14天内未发出此类通知，则应视为工程师已发出不反对通知。在工程师发出（或视为已发出）不反对通知之前，承包商不得开始竣工检验。除检验计划中所示的任何日期外，承包商应至少在其准备好进行每项竣工检验的日期后21天内通知工程师。承包商应在该日期后14天内，或在工程师指示的某日或数日内开始竣工检验，并应按照工程师已发出（或视为已发出）无异议通知的承包商检验计划进行。一旦承包商认为工程或分项工程通过了竣工检验，承包商应向工程师提交一份此类检验结果的认证报告。工程师应审查此类报告，并可向承包商发出通知，说明检验结果与合同符合的程度。如果工程师在收到检验结果后14天内未发出此类通知，则应视为工程师已发出不反对通知。在考虑竣工检验结果时，工程师应考虑业主对工程任何部分的任何使用对工程的性能或其他特性的影响。

2）颁发工程接收证书

承包商可在其认为工程将完工并准备好接收前不超过14天，向工程师发出通知，申请工程接收证书。如果工程分为多个区段，承包商同样可以为每个区段申请接收证书。工程师应在收到承包商通知后28天内向承包商颁发接收证书，说明工程或分项工程按照合同规定完成的日期，或以通知的方式拒绝承包商申请，并说明理由。该通知应详细说明需要完成的工作、需要修补的缺陷或承包商为签发接收证书而需要提交的文件。

如果工程师在28天的期限内没有颁发工程接收证书或拒绝承包商的申请，并且工程验收的条件均已满足，工程或区段应被视为已在第14天根据合同完成。工程师收到承包商的申请通知后，应视为已颁发接收证书。

2. 未能通过竣工检验

1）重新检验

如果工程或某区段未能通过竣工检验，承包商需要对缺陷进行修复和改正。工程师或承包商可要求在相同的条款和条件下重复这些未通过的检验以及任何相关工程的竣工检验。

2）未能通过竣工检验

如果工程或某区段未能通过根据重新试验条款重复进行的竣工检验，工程师有权进行以下处理。

（1）工程师根据重新试验条款，要求进一步重复进行竣工检验。

（2）如果不合格的影响使业主基本上丧失了对工程的全部利益，工程师拒绝接收工程，在这种情况下，业主应获得补偿；如果某区段不能用于合同规定的预期目的，工程师拒绝接收该区段，在此情况下，业主应获得补偿。

（3）签发接收证书（如果业主同意）。承包商应按照合同规定的所有义务继续其他工作，业主有权根据相关索赔条款，要求承包商付款或减少合同价格。

3. 竣工结算

1）承包商报送竣工报表

依据 FIDIC 施工合同条件的规定，在工程竣工日期后 84 天内，承包商应根据"期中付款的申请"的规定，向工程师提交一份竣工报表，并附证明文件，说明以下内容：

① 截至工程竣工日期，根据合同完成的所有工作的价值；

② 承包商认为在工程竣工之日应支付的任何进一步款项；

③ 承包商认为在合同或其他规定的工程竣工日期后已到期或将到期的任何其他金额的估算，这些估计金额应单独列示，以便工程师签发支付证书。

2）最终结算与支付

在提交最终报表或部分商定的最终报表时，承包商应提交一份结清证明，确认该报表的总额，即根据合同或与合同有关的所有应付给承包商的全部款项和最终结算。在收到最终报表或部分商定的最终报表和结清证明后 28 天内，工程师应向业主出具最终付款证明（连同一份副本），业主应根据此证明中的价款进行支付。

7.2.5 保险条款及内容

1. 保险总体要求

FIDIC 施工合同条件规定了以下保险的总体要求。

（1）在不限制任何一方在合同中规定的义务或责任的情况下，承包商应向保险公司投保并续保其应负责的所有保险，保险条款应经业主同意。这些条款应与中标函日期前双方商定的条款一致。

（2）此处要求提供的保险是业主要求的最低保险，承包商可自费增加其认为应购买的其他保险。当业主需要时，承包商应出示合同要求其应实施的保险单。每次支付保险费后，承包商应立即向业主提交每份付款收据的副本（连同一份副本给工程师），或提交保险费已支付的确认书。

（3）如果承包商未能按规定办理并保持有效的保险，则在此类情况下，业主可办理并保持有效的此类保险，并支付必要的保险费，并通过持续扣除向承包商追回此类保险费，从应付给承包商的款项中或以其他方式从承包商处收回该费用。

（4）如果承包商或业主中的任何一方未能遵守合同规定的保险条件，则未能遵守的一方应赔偿另一方因此类违约而遭受的所有直接损失(包括法律费用和开支)。

(5)承包商还应负责以下事项:

① 通知保险人工程实施的性质、范围或计划的变更;

② 在合同履行期间,根据合同规定的保险的充分性和有效性。

任何保单中允许的扣除限额不得超过合同资料中规定的金额。如果存在共同责任,则损失应由每一方按照各自责任的比例承担,前提是承包商或业主未违反规定而导致保险公司无法追偿。因违约行为致使保险人无法追偿的,违约方应承担损失。

2. 承包商提供的保险

1)工程保险

承包商应以承包商和业主的联合名义,从开工日期到颁发工程接收证书之日,为以下各项投保。

(1)工程和承包商的文件,以及用于工程的材料和设备的全部重置价值。

保险范围应扩大到包括因使用有缺陷的材料、工艺设计或建造的构件出现故障而导致的工程任何部分的损失和损坏。

(2)该重置价值的百分之十五(15%)的额外金额(或合同资料中可能规定的其他金额),用以支付修复损失或损害所附带的任何额外费用,包括专业费用、拆除和清除的费用。在颁发工程接收证书之前,保险范围应包括业主和承包商因任何原因造成的所有损失或损害。此后,对于工程接收证书签发日期前发生的任何原因导致的任何未完成工程的损失或损害,以及承包商在任何运营车辆过程中的任何损失或损害,保险应持续至签发履约证书之日。

2)货物保险

承包商应以承包商和业主的联合名义,按合同资料中规定范围或金额为承包商运至现场的货物和其他物品投保。

3)专业责任的缺陷保险

在一定程度上,如果有的话,承包商应根据其义务或合同规定的其他永久工程的设计部分,按照工程照管和赔偿的规定,下列内容进行赔偿。

(1)承包商应为其在履行设计义务过程中的任何行为、错误或疏忽引起的责任投保专业赔偿保险,保险金额不低于合同资料中规定的金额。

(2)如果合同资料中有规定,此类专业赔偿保险还应保障承包商免于承担因其在履行合同规定的承包商设计义务过程中的任何行为、错误或疏忽产生的责任。承包商应在合同资料中规定的期限内维持该保险。

4)人身伤害和财产损失

承包商应以承包商和业主的联合名义,为履行合同引起的人员的死亡或伤害,或在履约证书颁发前发生的财产(工程除外)的损失或损坏进行投保,但不包括由于异常事件造成的损失或损坏。保险单应包括交叉责任条款,以便保险作为单独被保险人适用于承包商和业主。此类保险应在承包商开始现场工作之前生效,并应在颁发履约证书之前保持有效,且保险金额不得低于合同资料中规定的金额。

5)员工伤害

承包商应为因实施工程而引起的索赔、损害、损失和开支(包括法律费用和开支)投保,以防承包商或其雇用的人员受伤、生病或死亡。业主和工程师也应根据保险单得到赔偿,但该保险可排除因业主或业主人员的任何行为或疏忽引起的损失和索赔。在承包商人员协助实施工程的期间,保险应保持完全有效。对于分包商雇用的人员,保险可由分包商办理,但承包商应负责分包商遵守规定。

6)法律和当地惯例要求的其他保险

承包商应自费提供工程实施国法律要求的所有其他保险。当地惯例要求的其他保险应在合同资料中详细说明,承包商应根据给出的细节提供此类保险,并承担保险费用。

7.2.6 索赔条款及内容

2017 年版 FIDIC 施工合同条件中针对索赔执行过程中的规定主要有如下内容。

（1）承包商应在引起索赔的事件或情况发生后 28 天内向工程师提交索赔通知,承包商还应提交与此类事件或情况有关的其他通知,以及索赔的详细证明报告。

（2）承包商应做好用来证明索赔的同期纪录。工程师在收到上述通知后,在不必事先承认业主责任的情况下,监督此类记录,并可以指令承包商保持进一步的记录。承包商应按工程师的要求提供此类记录的复印件,并允许工程师审查所有记录。

（3）提交索赔报告。在引起索赔的事件或情况发生后 84 天之内,或在工程师批准的其他合理时间内,承包商应向工程师提交一份索赔报告,详细说明索赔的依据以及索赔的工期和索赔的金额。

（4）工程师应在收到索赔报告或该索赔进一步的详细证明报告后 14 天内,或在承包商同意的其他合理时间内,表示批准或不批准,并就索赔的原则做出反应。

（5）工程师应根据合同规定确定承包商可获得的工期延长和费用补偿。如果承包商提供的详细报告不足以证明全部的索赔,则他仅有权得到已被证实的那部分索赔,已被证实的索赔金额应列入每份支付证明。

（6）索赔的丧失和被削弱。如果承包商未能在引起索赔的事件或情况发生后 28 天内向工程师提交索赔通知,则承包商丧失索赔权。

在索赔的过程中,要注意的是,索赔是对损失而言的,因为一方的原因或是一方应承担的风险给另一方造成了损失,受损失的一方才能提出索赔。如果承包商不能证明自己遭受的损失或损害,那么他的索赔也就无从谈起。

7.2.7 争议解决条款及内容

2017 年版合同条件对 1999 年版合同条件的争端解决条款进行了较大幅度的修改,要求在项目开工后,尽快设立"争端回避/裁决委员会"(DAAB, dispute avoidance/adjudication board),并且强调 DAAB 是一个常设机构,还对当事人未能任命 DAAB 成员做了详细规定。2017 年版合同条件提出并强调了 DAAB 非正式地避免纠纷的作用,DAAB 可应合同双方的共同要求,非正式地参与或尝试

索赔条款
及内容

争议解决条款
及内容

解决合同双方的问题或分歧,相关要求可在除工程师对此事开展工作以外的任何时间发出。同时,若 DAAB 意识到问题或分歧存在,可邀请双方发起 DAAB 介入的请求,以尽量避免争端的发生。2017 年版合同条件要求在与工程师的决定有关的 NOD(notice of dissatisfaction)发出后 42 天内,将争端提交至 DAAB,如果超过此时间限制,则该决定将变为最终决定,并具有约束力。

FIDIC 施工合同条件的仲裁条款规定的仲裁一般依据如下:

① 争议应根据国际商会仲裁规则解决;

② 争议应由根据本规则任命的一名或三名仲裁员解决;

③ 仲裁应采用合同中规定的仲裁语言进行。

仲裁员应有充分的权力公开、审查和修改工程师的证明、决定(非最终决定和有约束力的决定)、指示、意见或估价,以及 DAAB 与争议有关的任何决定(非最终决定和有约束力的决定)。任何情况下,工程师都不应丧失被传唤为证人和在仲裁员面前就与争端有关的任何事项提供证据的资格。

在处理仲裁费用的裁决中,仲裁员可考虑到一方未能与另一方合作组建 DAAB。在进行的诉讼中,任何一方都不应局限于先前为获得 DAAB 的决定而提交给 DAAB 的证据或论据,DAAB 的任何决定都应在仲裁中被接受为证据。仲裁可在工程竣工之前或之后开始。双方、工程师和 DAAB 的义务不得因在工程进行过程中进行的任何仲裁而改变。如果裁决要求一方向另一方支付一笔款项,则该笔款项应立即到期支付,无须另行证明或通知。

FIDIC 施工合同条件规定的"未能遵守 DAAB 的决定"的处理方法如下。

如果一方未能遵守 DAAB 的决定,无论该决定是有约束力的还是没有约束力的,则另一方可在不损害其可能拥有的任何其他权利的情况下,根据仲裁的规定,将该未遵守行为直接提交仲裁,在这种情况下,争议不再适用"获得 DAAB 的决定"条款和"友好解决"条款。仲裁庭有权通过简易程序或其他快速程序,通过临时措施或裁决(根据适用法律或其他适当方式)命令未遵守行为的一方执行该决定。

对于 DAAB 具有约束力但非最终决定的情况,此类临时措施或裁决应明确保留,即保留双方关于争议案情的权利,直至通过裁决解决。

思考题

1. 2017 年版 FIDIC 合同条件包括哪些内容?

2. FIDIC 合同条件的应用方式通常有哪几种?

3. 简述 2017 年版 FIDIC 施工合同条件的特点。

4. 简述 2017 年版 FIDIC 施工合同条件仲裁的一般依据。

习题

单选题

1. FIDIC 合同条件规定在索赔的事件或情况发生后（　　）天之内,承包商应向工程师提交索赔报告。

A. 28　　　　　　　B. 56　　　　　　　C. 84　　　　　　　D. 24

2. 由承包商负责采购的材料,到货检验时发现与标准要求不符,承包商按工程师要求进行了重新采购,最后达到了标准要求。处理由此发生的费用和延误工期的正确方法是（　　）。

A. 费用由业主承担,工期顺延　　　　　B. 费用由业主承担,工期不顺延

C. 费用由承包商承担,工期顺延　　　　D. 费用由承包商承担,工期不顺延

3. 土木工程施工合同条件又称为（　　）。

A. 白皮书　　　　B. 黄皮书　　　　C. 红皮书　　　　D. 绿皮书

4. 承包商应在竣工检验的（　　）天前,向工程师提交一份详细的检验计划。

A. 28　　　　　　B. 56　　　　　　C. 42　　　　　　D. 24

5. FIDIC 是（　　）的简写。

A. 欧洲国际建筑联合会的英文　　　　B. 欧洲国际建筑联合会的法文

C. 国籍土木工程协会的英文　　　　　D. 国际咨询工程师联合会的法文

6. 预付款,自承包商获得工程进度款累计总额达到合同总价（　　）那个月起扣。

A. 5%　　　　　　B. 10%　　　　　　C. 15%　　　　　　D. 20%

7. 世行贷款公路项目主要采用（　　）。

A. 单价合同　　　　　　　　　　B. 总价合同

C. 成本加酬金合同　　　　　　　D. 设计施工总承包合同

8. FIDIC 土木工程施工合同条件适用于（　　）。

A. 固定总价合同　　　　　　　　B. 调值总价合同

C. 单价合同　　　　　　　　　　D. 成本加酬金合同

9. FIDIC 施工合同条件规定,属于业主的风险有（　　）。

A. 工程所在国军事政变的损失　　　　B. 放射性污染引起的损失

C. 施工质量出现问题的损失　　　　　D. 分包商的雇员因执行合同而引起的行为

E. 一个有经验承包商通常无法预测和防范的任何自然力作用

10. 采用 FIDIC 施工合同条件的工程,工程师发布变更指令的范围应限于（　　）等方面。

A. 对合同中任何工程量的改变

B. 工程任何部分标高的改变

C. 改变已认可的承包商施工时间和顺序安排

D. 删减部分约定的承包工作交给其他人完成

E. 改变违约责任的承担方式

FIDIC施工合同条件

习题参考答案

学习情境 7
FIDIC 施工合同条件

参 考 文 献

[1] 顾永才.建设法规[M].武汉:华中科技大学出版社,2007.

[2] 郭汉丁.工程施工项目管理[M].北京:化学工业出版社,2010.

[3] 王秀燕,李锦华.工程招投标与合同管理[M].北京:机械工业出版社,2009.

[4] 宋春岩.建设工程招投标与合同管理[M].3版.北京:北京大学出版社,2014.

[5] 程志雄,张妮丽.建设工程招投标与合同管理[M].武汉:武汉大学出版社,2013.

[6] 成如刚.建筑工程定额计量与计价[M].武汉:武汉大学出版社,2013.

[7] 李颖.工程造价控制[M].武汉:武汉理工大学出版社,2009.

[8] 项建国.建筑工程项目管理[M].3版.北京:中国建筑工业出版社,2015.

[9] 朱永祥,陈茂明.工程招投标与合同管理[M].武汉:武汉理工大学出版社,2005.

[10] 王艳艳,黄伟典.工程招投标与合同管理[M].北京:中国建筑工业出版社,2016.

[11] 陈正,李汉华.会诊工程法律纠纷疑难杂症[M].南京:东南大学出版社,2013.

[12] 中华人民共和国住房和城乡建设部.GF-2017-0201 建设工程施工合同(示范文本)[S].北京:中国建筑工业出版社,2017.

[13] 《标准招标文件》编制组.中华人民共和国标准施工招标文件[M].北京:中国计划出版社,2007.

[14] 中国建设监理协会.注册监理工程师继续教育培训教材 房屋建筑工程[M].北京:知识产权出版社,2008.

[15] 全国造价工程师职业资格考试培训教材编审委员会.全国二级造价工程师职业资格考试培训教材 建设工程造价管理基础知识[M].北京:中国计划出版社,2019.

[16] 全国二级建造师执业资格考试用书编写委员会.建设工程施工管理[M].北京:中国建筑工业出版社,2019.

[17] 全国二级建造师执业资格考试用书编写委员会.建设工程法规及相关知识[M].北京:中国建筑工业出版社,2019.

[18] 全国二级建造师执业资格考试用书编写委员会.建筑工程管理与实务[M].北京:中国建筑工业出版社,2019.

附录 A

中华人民共和国招标投标法(2017 年修正)

第一章　总　　则

第一条　为了规范招标投标活动,保护国家利益、社会公共利益和招标投标活动当事人的合法权益,提高经济效益,保证项目质量,制定本法。

第二条　在中华人民共和国境内进行招标投标活动,适用本法。

第三条　在中华人民共和国境内进行下列工程建设项目包括项目的勘察、设计、施工、监理以及与工程建设有关的重要设备、材料等的采购,必须进行招标:

（一）大型基础设施、公用事业等关系社会公共利益、公众安全的项目;

（二）全部或者部分使用国有资金投资或者国家融资的项目;

（三）使用国际组织或者外国政府贷款、援助资金的项目。

前款所列项目的具体范围和规模标准,由国务院发展计划部门会同国务院有关部门制定,报国务院批准。

法律或者国务院对必须进行招标的其他项目的范围有规定的,依照其规定。

第四条　任何单位和个人不得将依法必须进行招标的项目化整为零或者以其他任何方式规避招标。

第五条　招标投标活动应当遵循公开、公平、公正和诚实信用的原则。

第六条　依法必须进行招标的项目,其招标投标活动不受地区或者部门的限制。任何单位和个人不得违法限制或者排斥本地区、本系统以外的法人或者其他组织参加投标,不得以任何方式非法干涉招标投标活动。

第七条　招标投标活动及其当事人应当接受依法实施的监督。

有关行政监督部门依法对招标投标活动实施监督,依法查处招标投标活动中的违法行为。

对招标投标活动的行政监督及有关部门的具体职权划分,由国务院规定。

第二章　招　　标

第八条　招标人是依照本法规定提出招标项目、进行招标的法人或者其他组织。

第九条　招标项目按照国家有关规定需要履行项目审批手续的,应当先履行审批手续,取得批准。

招标人应当有进行招标项目的相应资金或者资金来源已经落实,并应当在招标文件中如实载明。

第十条　招标分为公开招标和邀请招标。

公开招标,是指招标人以招标公告的方式邀请不特定的法人或者其他组织投标。

邀请招标,是指招标人以投标邀请书的方式邀请特定的法人或者其他组织投标。

第十一条　国务院发展计划部门确定的国家重点项目和省、自治区、直辖市人民政府确定的地方重点项目不适宜公开招标的,经国务院发展计划部门或者省、自治区、直辖市人民政府批准,可以进行邀请招标。

第十二条　招标人有权自行选择招标代理机构,委托其办理招标事宜。任何单位和个人不得以任何方式为招标人指定招标代理机构。

招标人具有编制招标文件和组织评标能力的,可以自行办理招标事宜。任何单位和个人不得强制其委托招标代理机构办理招标事宜。

依法必须进行招标的项目,招标人自行办理招标事宜的,应当向有关行政监督部门备案。

第十三条　招标代理机构是依法设立、从事招标代理业务并提供相关服务的社会中介组织。

招标代理机构应当具备下列条件:

(一)有从事招标代理业务的营业场所和相应资金;

(二)有能够编制招标文件和组织评标的相应专业力量;

第十四条　招标代理机构与行政机关和其他国家机关不得存在隶属关系或者其他利益关系。

第十五条　招标代理机构应当在招标人委托的范围内办理招标事宜,并遵守本法关于招标人的规定。

第十六条　招标人采用公开招标方式的,应当发布招标公告。依法必须进行招标的项目的招标公告,应当通过国家指定的报刊、信息网络或者其他媒介发布。

招标公告应当载明招标人的名称和地址、招标项目的性质、数量、实施地点和时间以及获取招标文件的办法等事项。

第十七条　招标人采用邀请招标方式的,应当向三个以上具备承担招标项目的能力、资信良好的特定的法人或者其他组织发出投标邀请书。

投标邀请书应当载明本法第十六条第二款规定的事项。

第十八条　招标人可以根据招标项目本身的要求,在招标公告或者投标邀请书中,要求潜在投标人提供有关资质证明文件和业绩情况,并对潜在投标人进行资格审查;国家对投标人的资格条件有规定的,依照其规定。

招标人不得以不合理的条件限制或者排斥潜在投标人,不得对潜在投标人实行歧视待遇。

第十九条　招标人应当根据招标项目的特点和需要编制招标文件。招标文件应当包括招标项目的技术要求、对投标人资格审查的标准、投标报价要求和评标标准等所有实质性要求和条件以及拟签订合同的主要条款。

国家对招标项目的技术、标准有规定的,招标人应当按照其规定在招标文件中提出相应要求。

招标项目需要划分标段、确定工期的,招标人应当合理划分标段、确定工期,并在招标文件中载明。

第二十条　招标文件不得要求或者标明特定的生产供应者以及含有倾向或者排斥潜在投标人的其他内容。

第二十一条 招标人根据招标项目的具体情况,可以组织潜在投标人踏勘项目现场。

第二十二条 招标人不得向他人透露已获取招标文件的潜在投标人的名称、数量以及可能影响公平竞争的有关招标投标的其他情况。

招标人设有标底的,标底必须保密。

第二十三条 招标人对已发出的招标文件进行必要的澄清或者修改的,应当在招标文件要求提交投标文件截止时间至少十五日前,以书面形式通知所有招标文件收受人。该澄清或者修改的内容为招标文件的组成部分。

第二十四条 招标人应当确定投标人编制投标文件所需要的合理时间;但是,依法必须进行招标的项目,自招标文件开始发出之日起至投标人提交投标文件截止之日止,最短不得少于二十日。

第三章 投　标

第二十五条 投标人是响应招标、参加投标竞争的法人或者其他组织。

依法招标的科研项目允许个人参加投标的,投标的个人适用本法有关投标人的规定。

第二十六条 投标人应当具备承担招标项目的能力;国家有关规定对投标人资格条件或者招标文件对投标人资格条件有规定的,投标人应当具备规定的资格条件。

第二十七条 投标人应当按照招标文件的要求编制投标文件。投标文件应当对招标文件提出的实质性要求和条件作出响应。

招标项目属于建设施工的,投标文件的内容应当包括拟派出的项目负责人与主要技术人员的简历、业绩和拟用于完成招标项目的机械设备等。

第二十八条 投标人应当在招标文件要求提交投标文件的截止时间前,将投标文件送达投标地点。招标人收到投标文件后,应当签收保存,不得开启。投标人少于三个的,招标人应当依照本法重新招标。

在招标文件要求提交投标文件的截止时间后送达的投标文件,招标人应当拒收。

第二十九条 投标人在招标文件要求提交投标文件的截止时间前,可以补充、修改或者撤回已提交的投标文件,并书面通知招标人。补充、修改的内容为投标文件的组成部分。

第三十条 投标人根据招标文件载明的项目实际情况,拟在中标后将中标项目的部分非主体、非关键性工作进行分包的,应当在投标文件中载明。

第三十一条 两个以上法人或者其他组织可以组成一个联合体,以一个投标人的身份共同投标。

联合体各方均应当具备承担招标项目的相应能力;国家有关规定或者招标文件对投标人资格条件有规定的,联合体各方均应当具备规定的相应资格条件。由同一专业的单位组成的联合体,按照资质等级较低的单位确定资质等级。

联合体各方应当签订共同投标协议,明确约定各方拟承担的工作和责任,并将共同投标协议连同投标文件一并提交招标人。联合体中标的,联合体各方应当共同与招标人签订合同,就中标项目向招标人承担连带责任。

招标人不得强制投标人组成联合体共同投标,不得限制投标人之间的竞争。

第三十二条 投标人不得相互串通投标报价,不得排挤其他投标人的公平竞争,损害招标人或者其他投标人的合法权益。

投标人不得与招标人串通投标,损害国家利益、社会公共利益或者他人的合法权益。

禁止投标人以向招标人或者评标委员会成员行贿的手段谋取中标。

第三十三条　投标人不得以低于成本的报价竞标,也不得以他人名义投标或者以其他方式弄虚作假,骗取中标。

第四章　开标、评标和中标

第三十四条　开标应当在招标文件确定的提交投标文件截止时间的同一时间公开进行;开标地点应当为招标文件中预先确定的地点。

第三十五条　开标由招标人主持,邀请所有投标人参加。

第三十六条　开标时,由投标人或者其推选的代表检查投标文件的密封情况,也可以由招标人委托的公证机构检查并公证;经确认无误后,由工作人员当众拆封,宣读投标人名称、投标价格和投标文件的其他主要内容。

招标人在招标文件要求提交投标文件的截止时间前收到的所有投标文件,开标时都应当当众予以拆封、宣读。

开标过程应当记录,并存档备查。

第三十七条　评标由招标人依法组建的评标委员会负责。

依法必须进行招标的项目,其评标委员会由招标人的代表和有关技术、经济等方面的专家组成,成员人数为五人以上单数,其中技术、经济等方面的专家不得少于成员总数的三分之二。

前款专家应当从事相关领域工作满八年并具有高级职称或者具有同等专业水平,由招标人从国务院有关部门或者省、自治区、直辖市人民政府有关部门提供的专家名册或者招标代理机构的专家库内的相关专业的专家名单中确定;一般招标项目可以采取随机抽取方式,特殊招标项目可以由招标人直接确定。

与投标人有利害关系的人不得进入相关项目的评标委员会;已经进入的应当更换。

评标委员会成员的名单在中标结果确定前应当保密。

第三十八条　招标人应当采取必要的措施,保证评标在严格保密的情况下进行。

任何单位和个人不得非法干预、影响评标的过程和结果。

第三十九条　评标委员会可以要求投标人对投标文件中含义不明确的内容作必要的澄清或者说明,但是澄清或者说明不得超出投标文件的范围或者改变投标文件的实质性内容。

第四十条　评标委员会应当按照招标文件确定的评标标准和方法,对投标文件进行评审和比较;设有标底的,应当参考标底。评标委员会完成评标后,应当向招标人提出书面评标报告,并推荐合格的中标候选人。

招标人根据评标委员会提出的书面评标报告和推荐的中标候选人确定中标人。招标人也可以授权评标委员会直接确定中标人。

国务院对特定招标项目的评标有特别规定的,从其规定。

第四十一条　中标人的投标应当符合下列条件之一:

(一)能够最大限度地满足招标文件中规定的各项综合评价标准;

(二)能够满足招标文件的实质性要求,并且经评审的投标价格最低;但是投标价格低于成本的除外。

第四十二条　评标委员会经评审,认为所有投标都不符合招标文件要求的,可以否决所有投标。

依法必须进行招标的项目的所有投标被否决的,招标人应当依照本法重新招标。

第四十三条　在确定中标人前,招标人不得与投标人就投标价格、投标方案等实质性内容进行谈判。

第四十四条　评标委员会成员应当客观、公正地履行职务,遵守职业道德,对所提出的评审意见承担个人责任。

评标委员会成员不得私下接触投标人,不得收受投标人的财物或者其他好处。

评标委员会成员和参与评标的有关工作人员不得透露对投标文件的评审和比较、中标候选人的推荐情况以及与评标有关的其他情况。

第四十五条　中标人确定后,招标人应当向中标人发出中标通知书,并同时将中标结果通知所有未中标的投标人。

中标通知书对招标人和中标人具有法律效力。中标通知书发出后,招标人改变中标结果的,或者中标人放弃中标项目的,应当依法承担法律责任。

第四十六条　招标人和中标人应当自中标通知书发出之日起三十日内,按照招标文件和中标人的投标文件订立书面合同。招标人和中标人不得再行订立背离合同实质性内容的其他协议。

招标文件要求中标人提交履约保证金的,中标人应当提交。

第四十七条　依法必须进行招标的项目,招标人应当自确定中标人之日起十五日内,向有关行政监督部门提交招标投标情况的书面报告。

第四十八条　中标人应当按照合同约定履行义务,完成中标项目。中标人不得向他人转让中标项目,也不得将中标项目肢解后分别向他人转让。

中标人按照合同约定或者经招标人同意,可以将中标项目的部分非主体、非关键性工作分包给他人完成。接受分包的人应当具备相应的资格条件,并不得再次分包。

中标人应当就分包项目向招标人负责,接受分包的人就分包项目承担连带责任。

第五章　法 律 责 任

第四十九条　违反本法规定,必须进行招标的项目而不招标的,将必须进行招标的项目化整为零或者以其他任何方式规避招标的,责令限期改正,可以处项目合同金额千分之五以上千分之十以下的罚款;对全部或者部分使用国有资金的项目,可以暂停项目执行或者暂停资金拨付;对单位直接负责的主管人员和其他直接责任人员依法给予处分。

第五十条　招标代理机构违反本法规定,泄露应当保密的与招标投标活动有关的情况和资料的,或者与招标人、投标人串通损害国家利益、社会公共利益或者他人合法权益的,处五万元以上二十五万元以下的罚款,对单位直接负责的主管人员和其他直接责任人员处单位罚款数额百分之五以上百分之十以下的罚款;有违法所得的,并处没收违法所得;情节严重的,禁止其一年至两年内代理依法必须进行招标的项目并予以公告,直至由工商行政管理机关吊销营业执照;构成犯罪的,依法追究刑事责任。给他人造成损失的,依法承担赔偿责任。

前款所列行为影响中标结果的,中标无效。

第五十一条　招标人以不合理的条件限制或者排斥潜在投标人的,对潜在投标人实行歧视待遇的,强制要求投标人组成联合体共同投标的,或者限制投标人之间竞争的,责令改正,可以处一万元以上五万元以下的罚款。

第五十二条　依法必须进行招标的项目的招标人向他人透露已获取招标文件的潜在投标人的名称、数量或者可能影响公平竞争的有关招标投标的其他情况的,或者泄露标底的,给予警告,可以并处一万元以上十万元以下的罚款;对单位直接负责的主管人员和其他直接责任人员依法给予处分;构成犯罪的,依法追究刑事责任。

前款所列行为影响中标结果的,中标无效。

第五十三条 投标人相互串通投标或者与招标人串通投标的,投标人以向招标人或者评标委员会成员行贿的手段谋取中标的,中标无效,处中标项目金额千分之五以上千分之十以下的罚款,对单位直接负责的主管人员和其他直接责任人员处单位罚款数额百分之五以上百分之十以下的罚款;有违法所得的,并处没收违法所得;情节严重的,取消其一年至两年内参加依法必须进行招标的项目的投标资格并予以公告,直至由工商行政管理机关吊销营业执照;构成犯罪的,依法追究刑事责任。给他人造成损失的,依法承担赔偿责任。

第五十四条 投标人以他人名义投标或者以其他方式弄虚作假,骗取中标的,中标无效,给招标人造成损失的,依法承担赔偿责任;构成犯罪的,依法追究刑事责任。

依法必须进行招标的项目的投标人有前款所列行为尚未构成犯罪的,处中标项目金额千分之五以上千分之十以下的罚款,对单位直接负责的主管人员和其他直接责任人员处单位罚款数额百分之五以上百分之十以下的罚款;有违法所得的,并处没收违法所得;情节严重的,取消其一年至三年内参加依法必须进行招标的项目的投标资格并予以公告,直至由工商行政管理机关吊销营业执照。

第五十五条 依法必须进行招标的项目,招标人违反本法规定,与投标人就投标价格、投标方案等实质性内容进行谈判的,给予警告,对单位直接负责的主管人员和其他直接责任人员依法给予处分。

前款所列行为影响中标结果的,中标无效。

第五十六条 评标委员会成员收受投标人的财物或者其他好处的,评标委员会成员或者参加评标的有关工作人员向他人透露对投标文件的评审和比较、中标候选人的推荐以及与评标有关的其他情况的,给予警告,没收收受的财物,可以并处三千元以上五万元以下的罚款,对有所列违法行为的评标委员会成员取消担任评标委员会成员的资格,不得再参加任何依法必须进行招标的项目的评标;构成犯罪的,依法追究刑事责任。

第五十七条 招标人在评标委员会依法推荐的中标候选人以外确定中标人的,依法必须进行招标的项目在所有投标被评标委员会否决后自行确定中标人的,中标无效,责令改正,可以处中标项目金额千分之五以上千分之十以下的罚款;对单位直接负责的主管人员和其他直接责任人员依法给予处分。

第五十八条 中标人将中标项目转让给他人的,将中标项目肢解后分别转让给他人的,违反本法规定将中标项目的部分主体、关键性工作分包给他人的,或者分包人再次分包的,转让、分包无效,处转让、分包项目金额千分之五以上千分之十以下的罚款;有违法所得的,并处没收违法所得;可以责令停业整顿;情节严重的,由工商行政管理机关吊销营业执照。

第五十九条 招标人与中标人不按照招标文件和中标人的投标文件订立合同的,或者招标人、中标人订立背离合同实质性内容的协议的,责令改正;可以处中标项目金额千分之五以上千分之十以下的罚款。

第六十条 中标人不履行与招标人订立的合同的,履约保证金不予退还,给招标人造成的损失超过履约保证金数额的,还应当对超过部分予以赔偿;没有提交履约保证金的,应当对招标人的损失承担赔偿责任。

中标人不按照与招标人订立的合同履行义务,情节严重的,取消其两年至五年内参加依法必须进行招标的项目的投标资格并予以公告,直至由工商行政管理机关吊销营业执照。

因不可抗力不能履行合同的,不适用前两款规定。

第六十一条　本章规定的行政处罚,由国务院规定的有关行政监督部门决定。本法已对实施行政处罚的机关作出规定的除外。

第六十二条　任何单位违反本法规定,限制或者排斥本地区、本系统以外的法人或者其他组织参加投标的,为招标人指定招标代理机构的,强制招标人委托招标代理机构办理招标事宜的,或者以其他方式干涉招标投标活动的,责令改正;对单位直接负责的主管人员和其他直接责任人员依法给予警告、记过、记大过的处分,情节较重的,依法给予降级、撤职、开除的处分。

个人利用职权进行前款违法行为的,依照前款规定追究责任。

第六十三条　对招标投标活动依法负有行政监督职责的国家机关工作人员徇私舞弊、滥用职权或者玩忽职守,构成犯罪的,依法追究刑事责任;不构成犯罪的,依法给予行政处分。

第六十四条　依法必须进行招标的项目违反本法规定,中标无效的,应当依照本法规定的中标条件从其余投标人中重新确定中标人或者依照本法重新进行招标。

第六章　附　　则

第六十五条　投标人和其他利害关系人认为招标投标活动不符合本法有关规定的,有权向招标人提出异议或者依法向有关行政监督部门投诉。

第六十六条　涉及国家安全、国家秘密、抢险救灾或者属于利用扶贫资金实行以工代赈、需要使用农民工等特殊情况,不适宜进行招标的项目,按照国家有关规定可以不进行招标。

第六十七条　使用国际组织或者外国政府贷款、援助资金的项目进行招标,贷款方、资金提供方对招标投标的具体条件和程序有不同规定的,可以适用其规定,但违背中华人民共和国的社会公共利益的除外。

第六十八条　本法自2000年1月1日起施行。

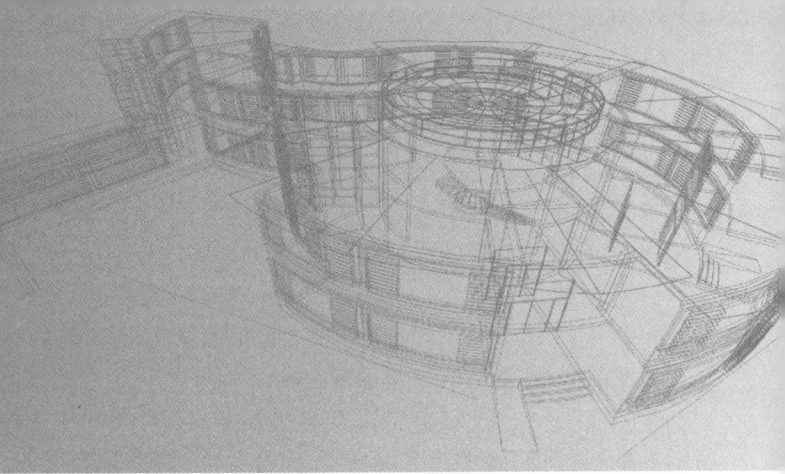

中华人民共和国民法典（合同部分）

第一分编　通　则

第一章　一般规定

第四百六十三条　本编调整因合同产生的民事关系。

第四百六十四条　合同是民事主体之间设立、变更、终止民事法律关系的协议。

婚姻、收养、监护等有关身份关系的协议，适用有关该身份关系的法律规定；没有规定的，可以根据其性质参照适用本编规定。

第四百六十五条　依法成立的合同，受法律保护。

依法成立的合同，仅对当事人具有法律约束力，但是法律另有规定的除外。

第四百六十六条　当事人对合同条款的理解有争议的，应当依据本法第一百四十二条第一款的规定，确定争议条款的含义。

合同文本采用两种以上文字订立并约定具有同等效力的，对各文本使用的词句推定具有相同含义。各文本使用的词句不一致的，应当根据合同的相关条款、性质、目的以及诚信原则等予以解释。

第四百六十七条　本法或者其他法律没有明文规定的合同，适用本编通则的规定，并可以参照适用本编或者其他法律最相类似合同的规定。

在中华人民共和国境内履行的中外合资经营企业合同、中外合作经营企业合同、中外合作勘探开发自然资源合同，适用中华人民共和国法律。

第四百六十八条　非因合同产生的债权债务关系，适用有关该债权债务关系的法律规定；没有规定的，适用本编通则的有关规定，但是根据其性质不能适用的除外。

第二章　合同的订立

第四百六十九条　当事人订立合同，可以采用书面形式、口头形式或者其他形式。

书面形式是合同书、信件、电报、电传、传真等可以有形地表现所载内容的形式。

以电子数据交换、电子邮件等方式能够有形地表现所载内容，并可以随时调取查用的数据电文，视为书面形式。

第四百七十条　合同的内容由当事人约定，一般包括下列条款：

(一)当事人的姓名或者名称和住所；

(二)标的；

(三)数量；

(四)质量；

(五)价款或者报酬；

(六)履行期限、地点和方式；

(七)违约责任；

(八)解决争议的方法。

当事人可以参照各类合同的示范文本订立合同。

第四百七十一条　当事人订立合同，可以采取要约、承诺方式或者其他方式。

第四百七十二条　要约是希望与他人订立合同的意思表示，该意思表示应当符合下列条件：

(一)内容具体确定；

(二)表明经受要约人承诺，要约人即受该意思表示约束。

第四百七十三条　要约邀请是希望他人向自己发出要约的表示。拍卖公告、招标公告、招股说明书、债券募集办法、基金招募说明书、商业广告和宣传、寄送的价目表等为要约邀请。

商业广告和宣传的内容符合要约条件的，构成要约。

第四百七十四条　要约生效的时间适用本法第一百三十七条的规定。

第四百七十五条　要约可以撤回。要约的撤回适用本法第一百四十一条的规定。

第四百七十六条　要约可以撤销，但是有下列情形之一的除外：

(一)要约人以确定承诺期限或者其他形式明示要约不可撤销；

(二)受要约人有理由认为要约是不可撤销的，并已经为履行合同做了合理准备工作。

第四百七十七条　撤销要约的意思表示以对话方式作出的，该意思表示的内容应当在受要约人作出承诺之前为受要约人所知道；撤销要约的意思表示以非对话方式作出的，应当在受要约人作出承诺之前到达受要约人。

第四百七十八条　有下列情形之一的，要约失效：

(一)要约被拒绝；

(二)要约被依法撤销；

(三)承诺期限届满，受要约人未作出承诺；

(四)受要约人对要约的内容作出实质性变更。

第四百七十九条　承诺是受要约人同意要约的意思表示。

第四百八十条　承诺应当以通知的方式作出；但是，根据交易习惯或者要约表明可以通过行为作出承诺的除外。

第四百八十一条　承诺应当在要约确定的期限内到达要约人。

要约没有确定承诺期限的，承诺应当依照下列规定到达：

(一)要约以对话方式作出的，应当即时作出承诺；

(二)要约以非对话方式作出的，承诺应当在合理期限内到达。

第四百八十二条　要约以信件或者电报作出的，承诺期限自信件载明的日期或者电报交发之日开始计算。信件未载明日期的，自投寄该信件的邮戳日期开始计算。要约以电话、传真、电子邮件等快速通讯方式作出的,承诺期限自要约到达受要约人时开始计算。

第四百八十三条　承诺生效时合同成立,但是法律另有规定或者当事人另有约定的除外。

第四百八十四条　以通知方式作出的承诺,生效的时间适用本法第一百三十七条的规定。

承诺不需要通知的,根据交易习惯或者要约的要求作出承诺的行为时生效。

第四百八十五条　承诺可以撤回。承诺的撤回适用本法第一百四十一条的规定。

第四百八十六条　受要约人超过承诺期限发出承诺,或者在承诺期限内发出承诺,按照通常情形不能及时到达要约人的,为新要约;但是,要约人及时通知受要约人该承诺有效的除外。

第四百八十七条　受要约人在承诺期限内发出承诺,按照通常情形能够及时到达要约人,但是因其他原因致使承诺到达要约人时超过承诺期限的,除要约人及时通知受要约人因承诺超过期限不接受该承诺外,该承诺有效。

第四百八十八条　承诺的内容应当与要约的内容一致。受要约人对要约的内容作出实质性变更的,为新要约。有关合同标的、数量、质量、价款或者报酬、履行期限、履行地点和方式、违约责任和解决争议方法等的变更,是对要约内容的实质性变更。

第四百八十九条　承诺对要约的内容作出非实质性变更的,除要约人及时表示反对或者要约表明承诺不得对要约的内容作出任何变更外,该承诺有效,合同的内容以承诺的内容为准。

第四百九十条　当事人采用合同书形式订立合同的,自当事人均签名、盖章或者按指印时合同成立。在签名、盖章或者按指印之前,当事人一方已经履行主要义务,对方接受时,该合同成立。

法律、行政法规规定或者当事人约定合同应当采用书面形式订立,当事人未采用书面形式但是一方已经履行主要义务,对方接受时,该合同成立。

第四百九十一条　当事人采用信件、数据电文等形式订立合同要求签订确认书的,签订确认书时合同成立。

当事人一方通过互联网等信息网络发布的商品或者服务信息符合要约条件的,对方选择该商品或者服务并提交订单成功时合同成立,但是当事人另有约定的除外。

第四百九十二条　承诺生效的地点为合同成立的地点。

采用数据电文形式订立合同的,收件人的主营业地为合同成立的地点;没有主营业地的,其住所地为合同成立的地点。当事人另有约定的,按照其约定。

第四百九十三条　当事人采用合同书形式订立合同的,最后签名、盖章或者按指印的地点为合同成立的地点,但是当事人另有约定的除外。

第四百九十四条　国家根据抢险救灾、疫情防控或者其他需要下达国家订货任务、指令性任务的,有关民事主体之间应当依照有关法律、行政法规规定的权利和义务订立合同。

依照法律、行政法规的规定负有发出要约义务的当事人,应当及时发出合理的要约。

依照法律、行政法规的规定负有作出承诺义务的当事人,不得拒绝对方合理的订立合同要求。

第四百九十五条　当事人约定在将来一定期限内订立合同的认购书、订购书、预订书等,构成预约合同。

当事人一方不履行预约合同约定的订立合同义务的,对方可以请求其承担预约合同的违约责任。

第四百九十六条　格式条款是当事人为了重复使用而预先拟定,并在订立合同时未与对方协商的条款。

采用格式条款订立合同的,提供格式条款的一方应当遵循公平原则确定当事人之间的权利和义务,并采取合理的方式提示对方注意免除或者减轻其责任等与对方有重大利害关系的条款,按照对方的要求,对该条款予以说明。提供格式条款的一方未履行提示或者说明义务,致使对方没有注意或者理解与其有重大利害关系的条款的,对方可以主张该条款不成为合同的内容。

第四百九十七条　有下列情形之一的,该格式条款无效:

(一)具有本法第一编第六章第三节和本法第五百零六条规定的无效情形;

(二)提供格式条款一方不合理地免除或者减轻其责任、加重对方责任、限制对方主要权利;

(三)提供格式条款一方排除对方主要权利。

第四百九十八条　对格式条款的理解发生争议的,应当按照通常理解予以解释。对格式条款有两种以上解释的,应当作出不利于提供格式条款一方的解释。格式条款和非格式条款不一致的,应当采用非格式条款。

第四百九十九条　悬赏人以公开方式声明对完成特定行为的人支付报酬的,完成该行为的人可以请求其支付。

第五百条　当事人在订立合同过程中有下列情形之一,造成对方损失的,应当承担赔偿责任:

(一)假借订立合同,恶意进行磋商;

(二)故意隐瞒与订立合同有关的重要事实或者提供虚假情况;

(三)有其他违背诚信原则的行为。

第五百零一条　当事人在订立合同过程中知悉的商业秘密或者其他应当保密的信息,无论合同是否成立,不得泄露或者不正当地使用;泄露、不正当地使用该商业秘密或者信息,造成对方损失的,应当承担赔偿责任。

第三章　合同的效力

第五百零二条　依法成立的合同,自成立时生效,但是法律另有规定或者当事人另有约定的除外。

依照法律、行政法规的规定,合同应当办理批准等手续的,依照其规定。未办理批准等手续影响合同生效的,不影响合同中履行报批等义务条款以及相关条款的效力。应当办理申请批准等手续的当事人未履行义务的,对方可以请求其承担违反该义务的责任。

依照法律、行政法规的规定,合同的变更、转让、解除等情形应当办理批准等手续的,适用前款规定。

第五百零三条　无权代理人以被代理人的名义订立合同,被代理人已经开始履行合同义务或者接受相对人履行的,视为对合同的追认。

第五百零四条　法人的法定代表人或者非法人组织的负责人超越权限订立的合同,除相对人知道或者应当知道其超越权限外,该代表行为有效,订立的合同对法人或者非法人组织发生效力。

第五百零五条　当事人超越经营范围订立的合同的效力,应当依照本法第一编第六章第三节和本编的有关规定确定,不得仅以超越经营范围确认合同无效。

第五百零六条　合同中的下列免责条款无效：

（一）造成对方人身损害的；

（二）因故意或者重大过失造成对方财产损失的。

第五百零七条　合同不生效、无效、被撤销或者终止的，不影响合同中有关解决争议方法的条款的效力。

第五百零八条　本编对合同的效力没有规定的，适用本法第一编第六章的有关规定。

第四章　合同的履行

第五百零九条　当事人应当按照约定全面履行自己的义务。

当事人应当遵循诚信原则，根据合同的性质、目的和交易习惯履行通知、协助、保密等义务。

当事人在履行合同过程中，应当避免浪费资源、污染环境和破坏生态。

第五百一十条　合同生效后，当事人就质量、价款或者报酬、履行地点等内容没有约定或者约定不明确的，可以协议补充；不能达成补充协议的，按照合同相关条款或者交易习惯确定。

第五百一十一条　当事人就有关合同内容约定不明确，依据前条规定仍不能确定的，适用下列规定：

（一）质量要求不明确的，按照强制性国家标准履行；没有强制性国家标准的，按照推荐性国家标准履行；没有推荐性国家标准的，按照行业标准履行；没有国家标准、行业标准的，按照通常标准或者符合合同目的的特定标准履行。

（二）价款或者报酬不明确的，按照订立合同时履行地的市场价格履行；依法应当执行政府定价或者政府指导价的，依照规定履行。

（三）履行地点不明确，给付货币的，在接受货币一方所在地履行；交付不动产的，在不动产所在地履行；其他标的，在履行义务一方所在地履行。

（四）履行期限不明确的，债务人可以随时履行，债权人也可以随时请求履行，但是应当给对方必要的准备时间。

（五）履行方式不明确的，按照有利于实现合同目的的方式履行。

（六）履行费用的负担不明确的，由履行义务一方负担；因债权人原因增加的履行费用，由债权人负担。

第五百一十二条　通过互联网等信息网络订立的电子合同的标的为交付商品并采用快递物流方式交付的，收货人的签收时间为交付时间。电子合同的标的为提供服务的，生成的电子凭证或者实物凭证中载明的时间为提供服务时间；前述凭证没有载明时间或者载明时间与实际提供服务时间不一致的，以实际提供服务的时间为准。

电子合同的标的物为采用在线传输方式交付的，合同标的物进入对方当事人指定的特定系统且能够检索识别的时间为交付时间。

电子合同当事人对交付商品或者提供服务的方式、时间另有约定的，按照其约定。

第五百一十三条　执行政府定价或者政府指导价的，在合同约定的交付期限内政府价格调整时，按照交付时的价格计价。逾期交付标的物的，遇价格上涨时，按照原价格执行；价格下降时，按照新价格执行。逾期提取标的物或者逾期付款的，遇价格上涨时，按照新价格执行；价格下降时，按照原价格执行。

第五百一十四条　以支付金钱为内容的债，除法律另有规定或者当事人另有约定外，债权人可以请求债务人以实际履行地的法定货币履行。

第五百一十五条　标的有多项而债务人只需履行其中一项的,债务人享有选择权;但是,法律另有规定、当事人另有约定或者另有交易习惯的除外。

享有选择权的当事人在约定期限内或者履行期限届满未作选择,经催告后在合理期限内仍未选择的,选择权转移至对方。

第五百一十六条　当事人行使选择权应当及时通知对方,通知到达对方时,标的确定。标的确定后不得变更,但是经对方同意的除外。

可选择的标的发生不能履行情形的,享有选择权的当事人不得选择不能履行的标的,但是该不能履行的情形是由对方造成的除外。

第五百一十七条　债权人为二人以上,标的可分,按照份额各自享有债权的,为按份债权;债务人为二人以上,标的可分,按照份额各自负担债务的,为按份债务。

按份债权人或者按份债务人的份额难以确定的,视为份额相同。

第五百一十八条　债权人为二人以上,部分或者全部债权人均可以请求债务人履行债务的,为连带债权;债务人为二人以上,债权人可以请求部分或者全部债务人履行全部债务的,为连带债务。

连带债权或者连带债务,由法律规定或者当事人约定。

第五百一十九条　连带债务人之间的份额难以确定的,视为份额相同。

实际承担债务超过自己份额的连带债务人,有权就超出部分在其他连带债务人未履行的份额范围内向其追偿,并相应地享有债权人的权利,但是不得损害债权人的利益。其他连带债务人对债权人的抗辩,可以向该债务人主张。

被追偿的连带债务人不能履行其应分担份额的,其他连带债务人应当在相应范围内按比例分担。

第五百二十条　部分连带债务人履行、抵销债务或者提存标的物的,其他债务人对债权人的债务在相应范围内消灭;该债务人可以依据前条规定向其他债务人追偿。

部分连带债务人的债务被债权人免除的,在该连带债务人应当承担的份额范围内,其他债务人对债权人的债务消灭。

部分连带债务人的债务与债权人的债权同归于一人的,在扣除该债务人应当承担的份额后,债权人对其他债务人的债权继续存在。

债权人对部分连带债务人的给付受领迟延的,对其他连带债务人发生效力。

第五百二十一条　连带债权人之间的份额难以确定的,视为份额相同。

实际受领债权的连带债权人,应当按比例向其他连带债权人返还。

连带债权参照适用本章连带债务的有关规定。

第五百二十二条　当事人约定由债务人向第三人履行债务,债务人未向第三人履行债务或者履行债务不符合约定的,应当向债权人承担违约责任。

法律规定或者当事人约定第三人可以直接请求债务人向其履行债务,第三人未在合理期限内明确拒绝,债务人未向第三人履行债务或者履行债务不符合约定的,第三人可以请求债务人承担违约责任;债务人对债权人的抗辩,可以向第三人主张。

第五百二十三条　当事人约定由第三人向债权人履行债务,第三人不履行债务或者履行债务不符合约定的,债务人应当向债权人承担违约责任。

第五百二十四条　债务人不履行债务,第三人对履行该债务具有合法利益的,第三人有权向债权人代为履行;但是,根据债务性质、按照当事人约定或者依照法律规定只能由债务人履行的除外。

债权人接受第三人履行后,其对债务人的债权转让给第三人,但是债务人和第三人另有约定的除外。

第五百二十五条　当事人互负债务,没有先后履行顺序的,应当同时履行。一方在对方履行之前有权拒绝其履行请求。一方在对方履行债务不符合约定时,有权拒绝其相应的履行请求。

第五百二十六条　当事人互负债务,有先后履行顺序,应当先履行债务一方未履行的,后履行一方有权拒绝其履行请求。先履行一方履行债务不符合约定的,后履行一方有权拒绝其相应的履行请求。

第五百二十七条　应当先履行债务的当事人,有确切证据证明对方有下列情形之一的,可以中止履行:

(一)经营状况严重恶化;

(二)转移财产、抽逃资金,以逃避债务;

(三)丧失商业信誉;

(四)有丧失或者可能丧失履行债务能力的其他情形。

当事人没有确切证据中止履行的,应当承担违约责任。

第五百二十八条　当事人依据前条规定中止履行的,应当及时通知对方。对方提供适当担保的,应当恢复履行。中止履行后,对方在合理期限内未恢复履行能力且未提供适当担保的,视为以自己的行为表明不履行主要债务,中止履行的一方可以解除合同并可以请求对方承担违约责任。

第五百二十九条　债权人分立、合并或者变更住所没有通知债务人,致使履行债务发生困难的,债务人可以中止履行或者将标的物提存。

第五百三十条　债权人可以拒绝债务人提前履行债务,但是提前履行不损害债权人利益的除外。

债务人提前履行债务给债权人增加的费用,由债务人负担。

第五百三十一条　债权人可以拒绝债务人部分履行债务,但是部分履行不损害债权人利益的除外。

债务人部分履行债务给债权人增加的费用,由债务人负担。

第五百三十二条　合同生效后,当事人不得因姓名、名称的变更或者法定代表人、负责人、承办人的变动而不履行合同义务。

第五百三十三条　合同成立后,合同的基础条件发生了当事人在订立合同时无法预见的、不属于商业风险的重大变化,继续履行合同对于当事人一方明显不公平的,受不利影响的当事人可以与对方重新协商;在合理期限内协商不成的,当事人可以请求人民法院或者仲裁机构变更或者解除合同。

人民法院或者仲裁机构应当结合案件的实际情况,根据公平原则变更或者解除合同。

第五百三十四条　对当事人利用合同实施危害国家利益、社会公共利益行为的,市场监督管理和其他有关行政主管部门依照法律、行政法规的规定负责监督处理。

第五章　合同的保全

第五百三十五条　因债务人怠于行使其债权或者与该债权有关的从权利,影响债权人的到期债权实现的,债权人可以向人民法院请求以自己的名义代位行使债务人对相对人的权利,但是该权利专属于债务人自身的除外。

代位权的行使范围以债权人的到期债权为限。债权人行使代位权的必要费用,由债务人负担。

相对人对债务人的抗辩,可以向债权人主张。

第五百三十六条　债权人的债权到期前,债务人的债权或者与该债权有关的从权利存在诉讼时效期间即将届满或者未及时申报破产债权等情形,影响债权人的债权实现的,债权人可以代位向债务人的相对人请求其向债务人履行、向破产管理人申报或者作出其他必要的行为。

第五百三十七条　人民法院认定代位权成立的,由债务人的相对人向债权人履行义务,债权人接受履行后,债权人与债务人、债务人与相对人之间相应的权利义务终止。债务人对相对人的债权或者与该债权有关的从权利被采取保全、执行措施,或者债务人破产的,依照相关法律的规定处理。

第五百三十八条　债务人以放弃其债权、放弃债权担保、无偿转让财产等方式无偿处分财产权益,或者恶意延长其到期债权的履行期限,影响债权人的债权实现的,债权人可以请求人民法院撤销债务人的行为。

第五百三十九条　债务人以明显不合理的低价转让财产、以明显不合理的高价受让他人财产或者为他人的债务提供担保,影响债权人的债权实现,债务人的相对人知道或者应当知道该情形的,债权人可以请求人民法院撤销债务人的行为。

第五百四十条　撤销权的行使范围以债权人的债权为限。债权人行使撤销权的必要费用,由债务人负担。

第五百四十一条　撤销权自债权人知道或者应当知道撤销事由之日起一年内行使。自债务人的行为发生之日起五年内没有行使撤销权的,该撤销权消灭。

第五百四十二条　债务人影响债权人的债权实现的行为被撤销的,自始没有法律约束力。

第六章　合同的变更和转让

第五百四十三条　当事人协商一致,可以变更合同。

第五百四十四条　当事人对合同变更的内容约定不明确的,推定为未变更。

第五百四十五条　债权人可以将债权的全部或者部分转让给第三人,但是有下列情形之一的除外:

(一)根据债权性质不得转让;

(二)按照当事人约定不得转让;

(三)依照法律规定不得转让。

当事人约定非金钱债权不得转让的,不得对抗善意第三人。当事人约定金钱债权不得转让的,不得对抗第三人。

第五百四十六条　债权人转让债权,未通知债务人的,该转让对债务人不发生效力。

债权转让的通知不得撤销,但是经受让人同意的除外。

第五百四十七条　债权人转让债权的,受让人取得与债权有关的从权利,但是该从权利专属于债权人自身的除外。

受让人取得从权利不因该从权利未办理转移登记手续或者未转移占有而受到影响。

第五百四十八条　债务人接到债权转让通知后,债务人对让与人的抗辩,可以向受让人主张。

第五百四十九条　有下列情形之一的,债务人可以向受让人主张抵销:

(一)债务人接到债权转让通知时,债务人对让与人享有债权,且债务人的债权先于转让的债权到期或者同时到期;

(二)债务人的债权与转让的债权是基于同一合同产生。

第五百五十条　因债权转让增加的履行费用,由让与人负担。

第五百五十一条　债务人将债务的全部或者部分转移给第三人的,应当经债权人同意。

债务人或者第三人可以催告债权人在合理期限内予以同意,债权人未作表示的,视为不同意。

第五百五十二条　第三人与债务人约定加入债务并通知债权人,或者第三人向债权人表示愿意加入债务,债权人未在合理期限内明确拒绝的,债权人可以请求第三人在其愿意承担的债务范围内和债务人承担连带债务。

第五百五十三条　债务人转移债务的,新债务人可以主张原债务人对债权人的抗辩;原债务人对债权人享有债权的,新债务人不得向债权人主张抵销。

第五百五十四条　债务人转移债务的,新债务人应当承担与主债务有关的从债务,但是该从债务专属于原债务人自身的除外。

第五百五十五条　当事人一方经对方同意,可以将自己在合同中的权利和义务一并转让给第三人。

第五百五十六条　合同的权利和义务一并转让的,适用债权转让、债务转移的有关规定。

第七章　合同的权利义务终止

第五百五十七条　有下列情形之一的,债权债务终止:

(一)债务已经履行;

(二)债务相互抵销;

(三)债务人依法将标的物提存;

(四)债权人免除债务;

(五)债权债务同归于一人;

(六)法律规定或者当事人约定终止的其他情形。

合同解除的,该合同的权利义务关系终止。

第五百五十八条　债权债务终止后,当事人应当遵循诚信等原则,根据交易习惯履行通知、协助、保密、旧物回收等义务。

第五百五十九条　债权债务终止时,债权的从权利同时消灭,但是法律另有规定或者当事人另有约定的除外。

第五百六十条　债务人对同一债权人负担的数项债务种类相同,债务人的给付不足以清偿全部债务的,除当事人另有约定外,由债务人在清偿时指定其履行的债务。

债务人未作指定的,应当优先履行已经到期的债务;数项债务均到期的,优先履行对债权人缺乏担保或者担保最少的债务；均无担保或者担保相等的，优先履行债务人负担较重的债务；负担相同的，按照债务到期的先后顺序履行；到期时间相同的，按照债务比例履行。

第五百六十一条 债务人在履行主债务外还应当支付利息和实现债权的有关费用，其给付不足以清偿全部债务的，除当事人另有约定外，应当按照下列顺序履行：

（一）实现债权的有关费用；

（二）利息；

（三）主债务。

第五百六十二条 当事人协商一致，可以解除合同。

当事人可以约定一方解除合同的事由。解除合同的事由发生时，解除权人可以解除合同。

第五百六十三条 有下列情形之一的，当事人可以解除合同：

（一）因不可抗力致使不能实现合同目的；

（二）在履行期限届满前，当事人一方明确表示或者以自己的行为表明不履行主要债务；

（三）当事人一方迟延履行主要债务，经催告后在合理期限内仍未履行；

（四）当事人一方迟延履行债务或者有其他违约行为致使不能实现合同目的；

（五）法律规定的其他情形。

以持续履行的债务为内容的不定期合同，当事人可以随时解除合同，但是应当在合理期限之前通知对方。

第五百六十四条 法律规定或者当事人约定解除权行使期限，期限届满当事人不行使的，该权利消灭。

法律没有规定或者当事人没有约定解除权行使期限，自解除权人知道或者应当知道解除事由之日起一年内不行使，或者经对方催告后在合理期限内不行使的，该权利消灭。

第五百六十五条 当事人一方依法主张解除合同的，应当通知对方。合同自通知到达对方时解除；通知载明债务人在一定期限内不履行债务则合同自动解除，债务人在该期限内未履行债务的，合同自通知载明的期限届满时解除。对方对解除合同有异议的，任何一方当事人均可以请求人民法院或者仲裁机构确认解除行为的效力。

当事人一方未通知对方，直接以提起诉讼或者申请仲裁的方式依法主张解除合同，人民法院或者仲裁机构确认该主张的，合同自起诉状副本或者仲裁申请书副本送达对方时解除。

第五百六十六条 合同解除后，尚未履行的，终止履行；已经履行的，根据履行情况和合同性质，当事人可以请求恢复原状或者采取其他补救措施，并有权请求赔偿损失。

合同因违约解除的，解除权人可以请求违约方承担违约责任，但是当事人另有约定的除外。

主合同解除后，担保人对债务人应当承担的民事责任仍应当承担担保责任，但是担保合同另有约定的除外。

第五百六十七条 合同的权利义务关系终止，不影响合同中结算和清理条款的效力。

第五百六十八条 当事人互负债务，该债务的标的物种类、品质相同的，任何一方可以将自己的债务与对方的到期债务抵销；但是，根据债务性质、按照当事人约定或者依照法律规定不得抵销的除外。

当事人主张抵销的，应当通知对方。通知自到达对方时生效。抵销不得附条件或者附期限。

第五百六十九条 当事人互负债务，标的物种类、品质不相同的，经协商一致，也可以抵销。

第五百七十条　有下列情形之一,难以履行债务的,债务人可以将标的物提存:

(一)债权人无正当理由拒绝受领;

(二)债权人下落不明;

(三)债权人死亡未确定继承人、遗产管理人,或者丧失民事行为能力未确定监护人;

(四)法律规定的其他情形。

标的物不适于提存或者提存费用过高的,债务人依法可以拍卖或者变卖标的物,提存所得的价款。

第五百七十一条　债务人将标的物或者将标的物依法拍卖、变卖所得价款交付提存部门时,提存成立。

提存成立的,视为债务人在其提存范围内已经交付标的物。

第五百七十二条　标的物提存后,债务人应当及时通知债权人或者债权人的继承人、遗产管理人、监护人、财产代管人。

第五百七十三条　标的物提存后,毁损、灭失的风险由债权人承担。提存期间,标的物的孳息归债权人所有。提存费用由债权人负担。

第五百七十四条　债权人可以随时领取提存物。但是,债权人对债务人负有到期债务的,在债权人未履行债务或者提供担保之前,提存部门根据债务人的要求应当拒绝其领取提存物。

债权人领取提存物的权利,自提存之日起五年内不行使而消灭,提存物扣除提存费用后归国家所有。但是,债权人未履行对债务人的到期债务,或者债权人向提存部门书面表示放弃领取提存物权利的,债务人负担提存费用后有权取回提存物。

第五百七十五条　债权人免除债务人部分或者全部债务的,债权债务部分或者全部终止,但是债务人在合理期限内拒绝的除外。

第五百七十六条　债权和债务同归于一人的,债权债务终止,但是损害第三人利益的除外。

第八章　违约责任

第五百七十七条　当事人一方不履行合同义务或者履行合同义务不符合约定的,应当承担继续履行、采取补救措施或者赔偿损失等违约责任。

第五百七十八条　当事人一方明确表示或者以自己的行为表明不履行合同义务的,对方可以在履行期限届满前请求其承担违约责任。

第五百七十九条　当事人一方未支付价款、报酬、租金、利息,或者不履行其他金钱债务的,对方可以请求其支付。

第五百八十条　当事人一方不履行非金钱债务或者履行非金钱债务不符合约定的,对方可以请求履行,但是有下列情形之一的除外:

(一)法律上或者事实上不能履行;

(二)债务的标的不适于强制履行或者履行费用过高;

(三)债权人在合理期限内未请求履行。

有前款规定的除外情形之一,致使不能实现合同目的的,人民法院或者仲裁机构可以根据当事人的请求终止合同权利义务关系,但是不影响违约责任的承担。

第五百八十一条　当事人一方不履行债务或者履行债务不符合约定,根据债务的性质不得强制履行的,对方可以请求其负担由第三人替代履行的费用。

第五百八十二条 履行不符合约定的,应当按照当事人的约定承担违约责任。对违约责任没有约定或者约定不明确,依据本法第五百一十条的规定仍不能确定,受损害方根据标的的性质以及损失的大小,可以合理选择请求对方承担修理、重作、更换、退货、减少价款或者报酬等违约责任。

第五百八十三条 当事人一方不履行合同义务或者履行合同义务不符合约定的,在履行义务或者采取补救措施后,对方还有其他损失的,应当赔偿损失。

第五百八十四条 当事人一方不履行合同义务或者履行合同义务不符合约定,造成对方损失的,损失赔偿额应当相当于因违约所造成的损失,包括合同履行后可以获得的利益;但是,不得超过违约一方订立合同时预见到或者应当预见到的因违约可能造成的损失。

第五百八十五条 当事人可以约定一方违约时应当根据违约情况向对方支付一定数额的违约金,也可以约定因违约产生的损失赔偿额的计算方法。

约定的违约金低于造成的损失的,人民法院或者仲裁机构可以根据当事人的请求予以增加;约定的违约金过分高于造成的损失的,人民法院或者仲裁机构可以根据当事人的请求予以适当减少。

当事人就迟延履行约定违约金的,违约方支付违约金后,还应当履行债务。

第五百八十六条 当事人可以约定一方向对方给付定金作为债权的担保。定金合同自实际交付定金时成立。

定金的数额由当事人约定;但是,不得超过主合同标的额的百分之二十,超过部分不产生定金的效力。实际交付的定金数额多于或者少于约定数额的,视为变更约定的定金数额。

第五百八十七条 债务人履行债务的,定金应当抵作价款或者收回。给付定金的一方不履行债务或者履行债务不符合约定,致使不能实现合同目的的,无权请求返还定金;收受定金的一方不履行债务或者履行债务不符合约定,致使不能实现合同目的的,应当双倍返还定金。

第五百八十八条 当事人既约定违约金,又约定定金的,一方违约时,对方可以选择适用违约金或者定金条款。

定金不足以弥补一方违约造成的损失的,对方可以请求赔偿超过定金数额的损失。

第五百八十九条 债务人按照约定履行债务,债权人无正当理由拒绝受领的,债务人可以请求债权人赔偿增加的费用。

在债权人受领迟延期间,债务人无须支付利息。

第五百九十条 当事人一方因不可抗力不能履行合同的,根据不可抗力的影响,部分或者全部免除责任,但是法律另有规定的除外。因不可抗力不能履行合同的,应当及时通知对方,以减轻可能给对方造成的损失,并应当在合理期限内提供证明。

当事人迟延履行后发生不可抗力的,不免除其违约责任。

第五百九十一条 当事人一方违约后,对方应当采取适当措施防止损失的扩大;没有采取适当措施致使损失扩大的,不得就扩大的损失请求赔偿。

当事人因防止损失扩大而支出的合理费用,由违约方负担。

第五百九十二条 当事人都违反合同的,应当各自承担相应的责任。

当事人一方违约造成对方损失,对方对损失的发生有过错的,可以减少相应的损失赔偿额。

第五百九十三条 当事人一方因第三人的原因造成违约的,应当依法向对方承担违约责任。当事人一方和第三人之间的纠纷,依照法律规定或者按照约定处理。

第五百九十四条　因国际货物买卖合同和技术进出口合同争议提起诉讼或者申请仲裁的时效期间为四年。

第二分编　典型合同

第十八章　建设工程合同

第七百八十八条　建设工程合同是承包人进行工程建设，发包人支付价款的合同。

建设工程合同包括工程勘察、设计、施工合同。

第七百八十九条　建设工程合同应当采用书面形式。

第七百九十条　建设工程的招标投标活动，应当依照有关法律的规定公开、公平、公正进行。

第七百九十一条　发包人可以与总承包人订立建设工程合同，也可以分别与勘察人、设计人、施工人订立勘察、设计、施工承包合同。发包人不得将应当由一个承包人完成的建设工程支解成若干部分发包给数个承包人。

总承包人或者勘察、设计、施工承包人经发包人同意，可以将自己承包的部分工作交由第三人完成。第三人就其完成的工作成果与总承包人或者勘察、设计、施工承包人向发包人承担连带责任。承包人不得将其承包的全部建设工程转包给第三人或者将其承包的全部建设工程支解以后以分包的名义分别转包给第三人。

禁止承包人将工程分包给不具备相应资质条件的单位。禁止分包单位将其承包的工程再分包。建设工程主体结构的施工必须由承包人自行完成。

第七百九十二条　国家重大建设工程合同，应当按照国家规定的程序和国家批准的投资计划、可行性研究报告等文件订立。

第七百九十三条　建设工程施工合同无效，但是建设工程经验收合格的，可以参照合同关于工程价款的约定折价补偿承包人。

建设工程施工合同无效，且建设工程经验收不合格的，按照以下情形处理：

（一）修复后的建设工程经验收合格的，发包人可以请求承包人承担修复费用；

（二）修复后的建设工程经验收不合格的，承包人无权请求参照合同关于工程价款的约定折价补偿。

发包人对因建设工程不合格造成的损失有过错的，应当承担相应的责任。

第七百九十四条　勘察、设计合同的内容一般包括提交有关基础资料和概预算等文件的期限、质量要求、费用以及其他协作条件等条款。

第七百九十五条　施工合同的内容一般包括工程范围、建设工期、中间交工工程的开工和竣工时间、工程质量、工程造价、技术资料交付时间、材料和设备供应责任、拨款和结算、竣工验收、质量保修范围和质量保证期、相互协作等条款。

第七百九十六条　建设工程实行监理的，发包人应当与监理人采用书面形式订立委托监理合同。发包人与监理人的权利和义务以及法律责任，应当依照本编委托合同以及其他有关法律、行政法规的规定。

第七百九十七条　发包人在不妨碍承包人正常作业的情况下，可以随时对作业进度、质量进行检查。

第七百九十八条　隐蔽工程在隐蔽以前,承包人应当通知发包人检查。发包人没有及时检查的,承包人可以顺延工程日期,并有权请求赔偿停工、窝工等损失。

第七百九十九条　建设工程竣工后,发包人应当根据施工图纸及说明书、国家颁发的施工验收规范和质量检验标准及时进行验收。验收合格的,发包人应当按照约定支付价款,并接收该建设工程。

建设工程竣工经验收合格后,方可交付使用;未经验收或者验收不合格的,不得交付使用。

第八百条　勘察、设计的质量不符合要求或者未按照期限提交勘察、设计文件拖延工期,造成发包人损失的,勘察人、设计人应当继续完善勘察、设计,减收或者免收勘察、设计费并赔偿损失。

第八百零一条　因施工人的原因致使建设工程质量不符合约定的,发包人有权请求施工人在合理期限内无偿修理或者返工、改建。经过修理或者返工、改建后,造成逾期交付的,施工人应当承担违约责任。

第八百零二条　因承包人的原因致使建设工程在合理使用期限内造成人身损害和财产损失的,承包人应当承担赔偿责任。

第八百零三条　发包人未按照约定的时间和要求提供原材料、设备、场地、资金、技术资料的,承包人可以顺延工程日期,并有权请求赔偿停工、窝工等损失。

第八百零四条　因发包人的原因致使工程中途停建、缓建的,发包人应当采取措施弥补或者减少损失,赔偿承包人因此造成的停工、窝工、倒运、机械设备调迁、材料和构件积压等损失和实际费用。

第八百零五条　因发包人变更计划,提供的资料不准确,或者未按照期限提供必需的勘察、设计工作条件而造成勘察、设计的返工、停工或者修改设计,发包人应当按照勘察人、设计人实际消耗的工作量增付费用。

第八百零六条　承包人将建设工程转包、违法分包的,发包人可以解除合同。

发包人提供的主要建筑材料、建筑构配件和设备不符合强制性标准或者不履行协助义务,致使承包人无法施工,经催告后在合理期限内仍未履行相应义务的,承包人可以解除合同。

合同解除后,已经完成的建设工程质量合格的,发包人应当按照约定支付相应的工程价款;已经完成的建设工程质量不合格的,参照本法第七百九十三条的规定处理。

第八百零七条　发包人未按照约定支付价款的,承包人可以催告发包人在合理期限内支付价款。发包人逾期不支付的,除根据建设工程的性质不宜折价、拍卖外,承包人可以与发包人协议将该工程折价,也可以请求人民法院将该工程依法拍卖。建设工程的价款就该工程折价或者拍卖的价款优先受偿。

第八百零八条　本章没有规定的,适用承揽合同的有关规定。

建设工程招投标与
合同管理附录 C

建设工程招投标与
合同管理附录 D

建设工程招投标与
合同管理附录 E